"十三五"国家重点出版物出版规划项目
面向可持续发展的土建类工程教育丛书
国家级一流本科课程配套教材
普通高等教育工程造价类专业系列教材

工程计价学

第4版

严 玲 尹贻林 主编

机械工业出版社

本书是国家级一流本科课程配套教材。

本书是根据高等学校工程造价专业的培养目标和培养方案，在第3版的基础上，依据国家和地方最新规范、最新动态和最新科研成果及相关客观案例，结合编者近年来工程造价教学、实践和科研成果修订而成，修订时有机融入了课程思政元素。

全书以全过程工程计价内容为主线，分为三篇，即基础知识、前期造价规划、合同价款管理。基础知识是本书的前三章，介绍工程造价的概念、费用构成和计价依据；前期造价规划是本书的第四、五章，包括建设工程的投资估算和建设工程的概预算，以工程计价的预测为主要内容；本书的重点和难点是第三篇合同价款管理，该篇以合同价格的形成、合同价款的调整及合同价款的结算与支付为主线，以工程计价的确定为主要内容。全书以合同缔约为界，分别阐述了对工程造价及其构成内容进行造价估计、预测以及对合同价款的调整和确定这两种类型的工程计价活动。

全书每章前设有"导言"和"本章导读"。"导言"从工程实践案例中引出本章内容的实践意义，"本章导读"概括了本章的基本逻辑框架。每章后都配有相应的综合训练，其中包括"基础训练""能力拓展""案例分析"等，为层层深入的阶梯形知识结构，同时含有开放式习题及较为活泼的学习活动。每章后还设置有"延展阅读"和"推荐阅读材料"，将每章前沿、新颖、实用的相关计价的依据、方法、工具、理念包含其中。章后还设置了二维码形式的客观题（题库），微信扫描二维码可在线做题，提交后可查看答案。

本书为高等院校工程造价专业本科生的教材，也可作为工程管理专业研究生的辅助教材。同时，可供工程造价行业专业人员和研究人员参考。

本书配有电子课件和课后习题参考答案，免费提供给选用本书作为教材的授课教师。需要者请登录机械工业出版社教育服务网（www.cmpedu.com）注册后下载。

图书在版编目（CIP）数据

工程计价学/严玲，尹贻林主编．—4版．—北京：机械工业出版社，2021.9（2024.4重印）
（面向可持续发展的土建类工程教育丛书）
"十三五"国家重点出版物出版规划项目　国家级一流本科课程配套教材　普通高等教育工程造价类专业系列教材
ISBN 978-7-111-68747-4

Ⅰ.①工⋯　Ⅱ.①严⋯②尹⋯　Ⅲ.①建筑造价-高等学校-教材　Ⅳ.①TU723.3

中国版本图书馆 CIP 数据核字（2021）第 141273 号

机械工业出版社（北京市百万庄大街 22 号　邮政编码 100037）
策划编辑：刘　涛　　责任编辑：刘　涛　舒　宜
责任校对：张　力　　封面设计：马精明
责任印制：邰　敏
北京富资园科技发展有限公司印刷
2024 年 4 月第 4 版第 4 次印刷
184mm×260mm・22.5 印张・557 千字
标准书号：ISBN 978-7-111-68747-4
定价：69.80 元

电话服务	网络服务
客服电话：010-88361066	机 工 官 网：www.cmpbook.com
010-88379833	机 工 官 博：weibo.com/cmp1952
010-68326294	金 书 网：www.golden-book.com
封底无防伪标均为盗版	机工教育服务网：www.cmpedu.com

前　言

随着我国建筑行业规范化和标准化的推行，迫切需要工程建设管理水平的提高和建设市场的完善。建设工程计价直接影响工程建设的各个方面，它不仅是工程建设管理的核心，而且是工程投资和造价管理的主要对象。科学、合理的工程计价对提高建设工程管理水平与质量，完善建设市场的造价管理，提升项目价值有十分重要的意义。

建设工程造价管理领域陆续颁布了《建设工程工程量清单计价规范》（GB 50500—2013）、《建筑安装工程费用项目组成》（建标〔2013〕44号）、《建设工程施工合同（示范文本）》（GF-2017-0201）、《建设项目工程总承包合同（示范文本）》（GF-2020-0216）、《最高人民法院关于审理建设工程施工合同纠纷案件适用法律问题的解释》（法释〔2020〕25号）等规范性文件，补齐了合同缔约后的工程价款管理，有力推动了工程计价从传统"算量计价"到"全过程工程造价的计价"转变。同时，国家于2020年7月发布的《住房和城乡建设部办公厅关于印发工程造价改革工作方案的通知》（建办标〔2020〕38号）中提出了"推行清单计量、市场询价、自主报价、竞争定价的工程计价方式，进一步完善工程造价市场形成机制"的改革目标。作者结合多年从事工程计价的一线教学经验和行业对工程造价专业学生的需求，结合新形势编写了《工程计价学》第4版教材，希望能为工程造价专业教材建设事业尽绵薄之力。

本书是根据高等院校工程造价专业的培养目标和培养方案，在第3版的基础上，依据国家和地方近年来的规范、动态和科研成果及相关客观案例，结合编者近年来的工程造价教学、实践和科研成果修订而成。本书着眼于工程造价专业学生的能力培养以及与我国工程造价管理行业协会制订的造价工程师的能力标准相结合，以工程实践需求为导向，以建设工程开展的各个阶段的工程计价内容为主线，着重于"计价依据、计价方法、计价前提、计价管理"，在编写过程中借鉴先进研究成果和英国工料测量行业的成熟做法，并与我国的工程计价实践结合，形成了符合我国工程建设行业的计价体系，同时引入了大量的典型工程实例，加强教材内容与工程实践的吻合性。

全书分为8章，每章前面设有"导言"，从工程实践案例中寻找本章内容的实践意义，并设有"本章导读"，概括本章的基本框架。每章后配有综合训练，其中包括"基础训练""能力拓展""案例分析"等，为层层深入的阶梯形知识结构，同时含有开放式习题及较为活泼的学习活动。每章后还设置有"延展阅读"和"推荐阅读材料"，将前沿、新颖、实用的相关计价的依据、方法、工具、理念包含其中。

全书以"总—分"的结构贯穿始终，前三章为工程计价的含义、内容、原理、依据、对象、方法等内容的介绍，后续章节根据建设工程各个阶段依序展开。从第四章开始，每章也是"总—分"结构，第一节先介绍本章的计价全部内容和本章的知识逻辑，然后再依序展开。

在内容上，全书以全过程的工程计价为主线，分为三篇，即基础知识、前期造价规划、合同价款管理。前三章是基础知识；第四、五章是前期造价规划，主要内容包括建设工程的投资估算和建设工程的概预算；本书的重点和难点是第三篇合同价款管理，该篇以签约合同价的形成、合同价款的调整及合同价款的结算与支付为主线，以合同价款的实现为主要内容，同时增添了合同管理的基础理论知识，目的是培养学生以工程造价管理为核心的合同管理的基本能力。

本书由天津理工大学严玲教授和尹贻林教授策划和组织。在2006年出版的《工程计价学》第1版基础上于2014年修订出版了《工程计价学》第2版。为了更好地满足教学要求，并反映自2016年5月1日起在建筑业内实施增值税的变化以及新颁布的工程造价管理政策和文件，2017年出版了《工程计价学》第3版。在第3版教材使用过程中，很多学校的老师和同学提出了宝贵意见，国家层面对工程造价管理也更新了相关文件。据此，我们又对第3版教材进行了修订。参与《工程计价学》第4版编写的人员名单如下：李政道执笔第一、二、三章，吕竺霖执笔第四、五章，赵春喆执笔第六章，周进朝执笔第七、八章。

本书主要供工程造价专业本科生使用，也可以作为工程管理专业研究生的辅助教材，还可以作为行业领域内专业人士的工具书及参考用书。

在修订过程中，编者查阅和检索了许多工程造价和合同方面的信息、资料，参考了有关专家、学者的著作、论文，并得到行业内许多同仁的支持，在此，表示衷心的感谢！由于工程计价的实务内容、理论和方法论需要在工程实践中不断地丰富、完善和发展，加之作者水平有限，难免有疏忽和遗漏，敬请行业内同仁、专家学者批评指正，以便再版时加以完善。

严　玲
于天津理工大学

目　录

前言

第一篇　基础知识

第一章　绪论 ………………………… 2
导言 …………………………………… 2
本章导读 ……………………………… 5
第一节　工程计价的含义、原理及
　　　　依据 ………………………… 5
第二节　工程计价的内容 …………… 12
第三节　工程计价学课程的知识体系 … 14
本章综合训练 ………………………… 16
二维码形式客观题 …………………… 21

第二章　工程造价的构成 …………… 22
导言 …………………………………… 22
本章导读 ……………………………… 24
第一节　我国现行建设项目工程
　　　　造价的构成 ………………… 24
第二节　设备及工器具购置费用的
　　　　构成及计算 ………………… 25
第三节　建筑安装工程费用的构成
　　　　及计算 ……………………… 30
第四节　工程建设其他费用的构成
　　　　和计算 ……………………… 41
第五节　预备费及建设期利息的
　　　　计算 ………………………… 48
本章综合训练 ………………………… 51
二维码形式客观题 …………………… 55

第三章　建设工程的计价依据 ……… 56
导言 …………………………………… 56
本章导读 ……………………………… 57
第一节　建设工程计价定额 ………… 57
第二节　工程量清单计价与计量
　　　　规范 ………………………… 77
第三节　工程造价信息 ……………… 84
本章综合训练 ………………………… 91
二维码形式客观题 …………………… 96

第二篇　前期造价规划

第四章　建设工程的投资估算 ……… 98
导言 …………………………………… 98
本章导读 ……………………………… 99
第一节　投资估算概述 ……………… 100
第二节　投资估算的编制方法 ……… 104
第三节　投资估算文件的编制 ……… 113
本章综合训练 ………………………… 120
二维码形式客观题 …………………… 138

第五章　建设工程的概预算 ………… 139
导言 …………………………………… 139
本章导读 ……………………………… 141
第一节　设计阶段的划分与概
　　　　预算 ………………………… 141

第二节　设计概算的编制……………143
第三节　施工图预算的编制与审查……………161
本章综合训练……………………176
二维码形式客观题…………………183

第三篇　合同价款管理

第六章　签约合同价的形成与确定……185
导言……………………………185
本章导读………………………187
第一节　签约合同价形成概述………187
第二节　工程量清单计价下的综合单价组价原理……………192
第三节　招标工程量清单及招标控制价的编制……………197
第四节　投标报价的编制……………208
第五节　签约合同价的确定…………221
本章综合训练……………………231
二维码形式客观题…………………236

第七章　合同价款调整……………237
导言……………………………237
本章导读………………………239
第一节　合同价款调整概述…………239
第二节　法律法规变化类事项引起的合同价款调整……………241
第三节　工程变更类事项引起的合同价款调整……………243
第四节　物价变化类事项引起的合同价款调整……………262
第五节　索赔类事项引起的合同价款调整……………272
第六节　现场签证和暂列金额引起的合同价款调整……………291
本章综合训练……………………297
二维码形式客观题…………………301

第八章　合同价款的结算与支付………302
导言……………………………302
本章导读………………………304
第一节　概述……………………304
第二节　工程预付款…………………307
第三节　工程进度款…………………312
第四节　竣工结算款…………………323
第五节　工程质量保证金……………331
第六节　最终结清款…………………334
第七节　合同解除的工程结算款……337
本章综合训练……………………341
二维码形式客观题…………………351

参考文献………………………352

第一篇 基础知识

第一章　绪论
第二章　工程造价的构成
第三章　建设工程的计价依据

第一章 绪论

> 工程造价专业人员要实现从"被动"向"主动"的转变,即从被动地反映工程造价转变为能动地影响工程造价。
>
> ——徐大图[一]

导　言

港珠澳大桥的"价值"

这是世界上最长的跨海大桥,兼具世界上最长的沉管海底隧道——港珠澳大桥,它将中国香港、珠海、澳门三地连为一体。工程师们用科技和勇气完成这个工程奇迹,他们启用了世界上最大的巨型振锤来完成人工岛的建造,沟通跨海大桥与海底隧道,这也是一项史无前例的工程。

关于这座桥,早在2008年之前,它的设计方案就已经出炉:

第一种设计方案是由合和实业主席兼董事总经理胡应湘提出,大桥全长约28km,由香港赤腊角的北大屿山公路起经大澳,接上一条长1400m,能让大型船舶通过的斜拉桥,再转为较低矮桥身越过珠江出口,然后在接近陆地时做Y形分叉,一条通往珠海,另一条接澳门,投资约150亿元人民币。

[一] 徐大图（1947—1998）,男,天津理工学院（现天津理工大学）前院长,中国工程造价专业的缔造者,中国工程造价学科建设的先驱。

第二种设计方案由三地专家提出，港口与大桥并举，以珠海万山群岛的青州岛、牛头岛为中心，建立一个可停泊第五、第六代集装箱船和100只散杂货船、油船，年吞吐能力1.5亿t的国际枢纽深水港——万山港，东连香港大屿山鸡翼角，西连珠海拱北，南连澳门大水塘，全桥长32km，预计投资约250亿元人民币。这个方案的最诱人之处是，港区造地6.45万亩（1亩=666.67m²），按每亩地价40万元计算，可得土地收入260亿元，几乎等于零投资。究竟用哪种方案，各地专家学者、国家发展与改革委员会（简称国家发改委）等进行了充分论证。2008年3月10日，国家发改委公布港珠澳大桥采用单"Y"结构（在深圳没有落点）。

2008年8月，该项目可行性研究报告中推荐大桥采用北线走向，即东岸起点为香港大屿山石散石湾，为保证香港侧航道通航净高达41m，大桥线位在香港航道处水域需向南拐后再折回，沿23DY锚地北侧向西跨海到达分离设置的珠海及澳门海区，其中往珠海方向通过隧道穿越拱北建成区，再与规划中的太澳高速公路相连。但是，大桥总造价超过早先预想的600亿元而达到720亿元人民币左右。

澳门于2008年8月提出规划，在澳门口岸位置附近填海，作为口岸的人工岛将与澳门连成一体，若进度不延后，则无须考虑澳门口岸人工岛至澳门本岛间的连接桥工程。

据中央电视台综合频道报道，港珠澳大桥项目的工程造价，按内地估算编制原则进行编制，其中海中桥隧香港段的建设费用，根据香港特别行政区的市场行情进行调整。

海中桥隧主体工程（粤港分界线以西至珠海、澳门口岸）的费用按照珠海的材料单价，适当考虑地区特殊性予以计算。造价中尚没有包括香港和澳门地区的土地占用费。

大桥于2009年12月15日开工建设。港珠澳大桥跨海逾35km，相当于9座深圳湾公路大桥，成为世界最长的跨海大桥；大桥将建6km多长的海底隧道，施工难度世界第一；港珠澳大桥建成后，使用寿命长达120年，可以抗击8级地震。

据大桥工程可行性研究报告，港珠澳大桥工程计划单列5000万元作为景观工程费，使其成为一道令世人叹为观止的亮丽风景线！港珠澳大桥有以下亮点：

1）大桥工程分别在珠江口伶仃洋海域南北两侧，通过填海建造2个人工岛，人工岛间将通过海底隧道予以连接，隧道、桥梁间通过人工岛完美结合。同时，源于珠海作为中国有名的蚝贝类产销基地，人工岛设计也采取蚝壳的特色造型。而且，人工岛将成为集交通、管理、服务、救援和观光功能为一体的综合运营中心。

2）港珠澳大桥主桥采用斜拉桥，主桥净跨幅度最大的是青州航道区段，大桥工程可行性研究报告推荐采用主跨双塔双索面钢箱梁斜拉桥，这成为大桥主桥型最突出外貌。该斜拉桥的整体造型及断面形式除了满足抗风、抗震等要求外，还充分考虑景观效果，总高170.69m。

2012年7月15日大桥主体开工,历时5年,大桥于2017年7月7日实现主体工程全线贯通,于2018年2月6日完成主体工程验收,于2018年10月24日上午9时开通运营。自2018年12月1日起,首批粤澳非营运小汽车可免加签通行港珠澳大桥跨境段。自此,香港与珠海、澳门之间4个小时车程缩短为半小时,珠三角西部已纳入香港3小时车程范围内。港珠澳大桥的建成,为粤港澳大湾区建成继国际三大湾区——东京湾区、纽约湾区和旧金山湾区后,又一个国际一流湾区和世界级城市群提供坚实基础和活力源泉,珠三角将形成世界瞩目的超级城市群。

港珠澳大桥都市夜景

港珠澳大桥的建成给粤港澳大湾区带来巨大的发展机遇。但与此同时,面对时间跨度如此之长、技术要求要达到120年设计年限标准、现有计价依据存在空白、防台防汛频繁、不可抗力因素多等诸多问题和困难,如何控制成本?如何进行造价管理工作?已然成为超级工程项目管理的重点。从立项决策到可行性研究再到建设过程直至运营的整个过程,造价工程师扮演着怎样的角色?需要承担哪些工作?如何把控整个工程的造价?通过本课程的学习,为你揭开"工程造价"的神秘面纱。

——资料来源:

[1] 胡占凡.《超级工程》第一集 港珠澳大桥 [EB/OL]. (2012-09-24) [2020-12-21]. http: //tv. cctv. com/2013/01/14/VIDE1358156809128595. shtml? spm=C31267. P663no7RuiKA. S17731. 849

[2] 张永财,高星林,曾雪芳,钟勇华. 港珠澳大桥主体工程造价特点及管理措施解析 [J]. 公路,2019,64 (08):175-179.

本章导读

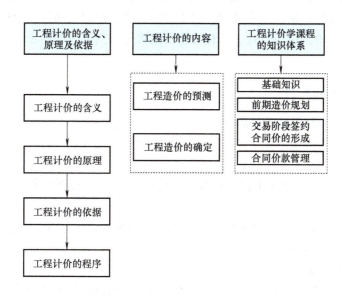

第一节 工程计价的含义、原理及依据

一、工程计价的含义

工程计价是工程造价管理的重要组成部分。工程造价是指建设项目在建设期预计或实际支出的建造费用，即建设项目在建设期间内所花费的费用总和。工程计价是指按照规定的程序、方法和依据，对工程造价及其构成内容进行预测或确定的行为。而工程造价管理则是指综合运用管理学、经济学和工程技术等方面的知识与技能，对工程造价所进行的预测、计划、控制、核算、分析和评价等的工作过程。

可见与工程计价相关的三个概念的含义并不相同，工程计价的概念应该从以下三个方面进行理解：

第一，工程计价是全过程的。一般来说，工程计价突出的是全过程的工程计价，在建设程序的决策阶段、设计阶段、交易阶段、施工阶段、竣工阶段等五个阶段合理预测和确定投资估算价、设计概算价、施工图预算价、合同价、竣工结算价、竣工决算价。但在不同阶段工程计价的目的不同，因此其具体的计价内容、计价依据和计价方法等有所差异。

第二，工程计价是全方位的。工程计价不单是建设项目建设中承发包双方的工作，政府、社会（如行业协会、造价管理机构、中介机构）等各方都以各自角色参与到工程造价的计价工作中。政府主管部门主要是在国家利益的基础上进行宏观的指导和管理工作；行业协会、造价管理机构、中介机构等主要是从技术角度进行专业化的业务指导、管理和服务。

第三，工程计价包含预测和确定两种类型的计价活动。工程计价不能仅从字面的简单释义来理解，认为它仅仅是对工程造价的计算。实际上，工程计价既包括建设项目发包之前业主对项目投资进行造价规划的活动，即在项目建设的前期阶段对工程造价进行估算和预测等活动，也包括合同从缔约到执行阶段合同价款的约定、调整与结算等活动，即对工程造价进行确定的计价活动。建设项目发包前的工程计价活动从项目立项直至发包之前的施工图预算，本质上是对建设项目制订投资计划，对工程造价进行预测与估算。建设项目工程造价的确定本质上是对合同价款进行管理，工程计价活动贯穿合同价款的约定、调整、结算与支付等合同管理工作之中。

二、工程计价的原理

(一) 建设项目分部组合计价原理

当建设项目设计深度足够时，对其工程造价估计可采用分部组合计价，其基本原理可以通过公式表述如下：

$$建筑安装工程造价 = \sum [单位工程基本构造要素工程量(分项工程) \times 工程单价] \tag{1-1}$$

式 (1-1) 中包含工程造价分部组合计价的三大组成要素：①单位工程基本构造要素的划分；②工程计量；③工程计价。

1. 单位工程基本构造要素的划分

建设项目是兼具单件性与多样性的集合体。每一个建设项目的建设都需要按业主的特定需要进行单独设计、单独施工，不能批量生产和按整个项目确定价格，只能采用特殊的计价程序和计价方法，即将整个项目进行分解，划分为可以按有关技术经济参数测算价格的基本构造要素（或称分部、分项工程），这样就能很容易地计算出基本构造要素的费用。一般来说，分解结构层次越多，基本子项也越细，计算也更精确。

任何一个建设项目都可以分解为一个或几个单项工程；任何一个单项工程都是由一个或几个单位工程组成。作为单位工程的各类建筑工程和安装工程仍然是一个比较复杂的综合实体，还需要进一步分解；就建筑工程来说，又可以按照施工顺序细分为土（石）方工程、砖石砌筑工程、混凝土及钢筋混凝土工程、木结构工程、楼地面工程等分部工程；分解成分部工程后，虽然每一部分都包括不同的结构和装修内容，但是从工程计价的角度来看，还需要把分部工程按照不同的施工方法、不同的构造及不同的规格，加以更为细致的分解，划分为更为简单细小的部分。这样逐步分解到分项工程后，就可以得到基本构造要素了。

工程造价计价的基本思路就是将建设项目细分至最基本的构造单元，找到适当的计量单位及当时当地的单价，就可以采取一定的计价方法，进行分项分部组合汇总，计算出某工程的工程总造价。工程造价计价的基本原理就是项目的分解与组合，是一种从下而上的分部组合计价方法。

2. 工程计量

工程计量工作包括建设项目的划分和工程量的计算。

1) 单位工程基本构造单元的确定，即划分建设项目。编制工程概算预算时，主要是按工程定额进行项目的划分；编制工程量清单时主要是按照工程量清单计量范围规定的清单项目进行划分。

2) 工程量的计算就是按照建设项目的划分和工程计算规则，就施工图设计文件和施工组织设计对分项工程实物量进行计算。工程实物量是计价的基础，不同的计价依据有不同的计算规则。目前，工程量计算规则包括两大类，即：

① 各类工程定额规定的计算规则。定额工程量是根据预算定额工程量计算规则计算的工程量，受施工方法、环境、地质条件等影响，一般包括实体工程中实际用量和损耗量。

② 各专业工程工程量清单计量规范附录中规定的计算规则。清单工程量是根据工程量清单计量规范规定计算工程量，不考虑施工方法和加工余量，是指实体工程的净量。

3. 工程组价

工程组价包括工程单价的确定以及总价的计算。

1）工程单价是指完成单位工程基本构造单元的工程量所需要的基本费用。工程单价包括工料单价和综合单价。

① 工料单价也称直接工程费单价，包括人工、材料、施工机具使用费，是各种人工消耗量、各种材料消耗量、各类机械台班消耗量与其相应单价的乘积。

住建部发布的《关于做好建筑业营改增建设工程计价依据调整准备工作的通知》（建办标〔2016〕4号）指出建筑业要实施增值税，增值税是价外税。因此，工程造价中的人工费、材料费、施工机具使用费、企业管理费、利润和规费等各项费用均以不包含增值税可抵扣进项税额的价格来计算，因而工料单价也为不含税价格，用下式表示：

$$工料单价 = \sum [人材机消耗量 \times 人材机单价] \tag{1-2}$$

② 综合单价包括人工费、材料费、施工机具使用费，还包括企业管理费、利润和风险因素。综合单价根据国家、地区、行业定额或企业定额消耗量和相应生产要素的不包括增值税可抵扣进项税额后的市场价格来确定。

2）工程总价是指经过规定的程序或办法逐级汇总的相应工程造价。

根据采用单价的不同，总价的计算程序有所不同。

① 采用工料单价时，在工料单价确定后，乘以相应定额项目工程量并汇总，得出相应工程的人工费、材料费、施工机具使用费，再按照相应的取费程序计算管理费、利润、规费等费用，汇总后形成相应的税前工程造价，然后再按9%计取增值税销项税额，得到工程造价＝税前工程造价×(1+9%)。

建设工程概预算的编制采用的工程单价是工料单价，具体计价内容、程序和方法参见第五章。

② 采用综合单价时，在综合单价确定后，乘以相应项目工程量，经汇总即可得出分部分项工程费，再按相应的办法计取措施项目费、其他项目费、规费，汇总后得出相应的不含税工程造价，再按9%计取增值税销项税额，得到工程造价＝税前工程造价×(1+9%)。

工程量清单计价模式下招标控制价、投标报价的编制采用的工程单价是综合单价，具体计价内容、程序和方法参见第六章。

（二）建设项目类比估算计价原理

在建设项目的前期设计深度不足或项目资料不齐全，无法采用分部组合计价时，可采用类比估算计价。

1. 利用函数关系对拟建项目的成本进行类比估算

当一个建设项目还没有具体的图样和工程量清单时，需要利用产出函数对建设项目投资进行匡算。在微观经济学中把过程的产出和资源的消耗这两者之间的关系称为产出函数。在建筑工程中，产出函数建立了产出的总量或规模与各种投入（比如人力、材料、机械等）之间的关系。因此，对某一特定的产出，可以通过对各投入参数赋予不同的值，从而找到一个最低的生产成本。房屋建筑面积的大小和消耗的人工之间的关系就是产出函数的一个例子。

投资的匡算常常基于某个表明设计能力或者形体尺寸的变量，比如建筑面积、高速公路的长度、工厂的生产能力等。在这种类比估算方法下尤其要注意规模对造价的影响。项目的成本并不总是和规模大小呈线性关系的，典型的规模经济或规模不经济都会出现。因此要慎重选择合适的产出函数，寻找规模和经济有关的经验数，以便尽可能利用最低的单位成本，例如生产能力指数法与单位生产能力估算法就是采用不同的生产函数。

当利用基于经验的成本函数估算成本时，需要一些统计技术，这些技术将建造或运营某设施与系统的一些重要特征或属性联系起来。数理统计推理的目的是找到最合适的参数值或者常数，用于在假定的成本函数中进行成本估算。

2. 利用单位成本估算法进行类比估算

如果一个建设项目的设计方案已经确定，常用的是一种单位成本估算法。首先是将项目分解成多个层次，将某工作分解成许多项任务，当然每项任务都是为建设服务的。一旦这些任务确定，并有了工作量的估算，用单价与每项任务的量相乘就可以得出每项任务的成本，从而得出每项工作的成本。当然，必须对在工程量清单表格中项目每个组成部分进行估算，才能计算出总的造价。

单位成本估算法的简单原理如下：

为进行成本估算，假设一个建设项目分解成 n 个组成元素，Q_i 为第 i 个元素的工程量，u_i 为其相应的单价，那么项目的总成本计算如下：

$$y = \sum_{i=1}^{n} u_i Q_i \tag{1-3}$$

根据施工现场的特点，所采用的施工技术或者管理方法，每个组成元素的成本单价 u_i 可能要进行调整。

利用单位成本估算法还可有一种特殊的应用，就是"因子估算法"。工业项目通常会包括几个主要的设备系统，如化工厂的锅炉、塔、泵、辅助设施（如管道、阀门、电气设备等）。项目的总造价主要就是由这些主要设备及其配件的采购和安装成本组成。这种情况下可以采用主要设备的成本为基础，再增加一部分或乘以一个因子来计算辅助设备和配件。

3. 利用混合成本分配估算法进行类比估算

在建设项目中，将混合成本分配到各种要素的原则经常应用于成本估算。由于难以在每一个要素和其相关的成本之间建立一种因果联系，因此混合成本通常按比例分配到各种要素的基本费用中。例如，通常是将建设单位管理费、土地征用费、勘察设计费等按比例进行分配。

三、工程计价的依据

我国的工程造价管理体系可划分为工程造价管理的相关法律法规体系、工程造价管理标准体系、工程计价定额体系和工程计价信息体系四个主要部分。法律法规是实施工程造价管理的制度依据和重要前提；工程造价管理的标准是在法律法规要求下，规范工程造价管理的技术要求；工程计价定额是进行工程计价工作的重要基础和核心内容；工程计价信息是市场经济体制下，准确反映工程价格的重要支撑，也是政府进行公共服务的重要内容。从工程造价管理体系的总体架构看，前两项工程造价管理的法律法规体系、工程造价管理的标准体系，属于工程造价宏观管理的范畴，后两项工程计价定额体系、工程计价信息体系主要用的是工程计价，属于工程造价微观管理的范畴。工程造价管理体系中的工程造价管理标准体系、工程计价定额体系和工程计价信息体系是当前我国工程造价管理机构最主要的工作依据，也是工程计价的主要依据，一般将这三个方面称为工程计价依据体系。

1. 工程造价管理标准

工程造价管理标准泛指除应以法律、法规进行管理和规范的内容外，应以国家标准、行业标准进行规范的工程管理和工程造价咨询行为、质量的有关技术内容。工程造价管理标准体系按照管理性质可分为：统一工程造价管理的基本术语、费用构成等的基础标准；规范工程造价管理行为、项目划分和工程量计算规则等管理性规范；规范各类工程造价成果文件编制的业务操作规程；规范工程造价咨询质量和档案的质量管理标准；规范工程造价指数发布及信息交换的信息管理规范等。

（1）基础标准　基础标准包括《工程造价术语标准》（GB/T 50875）、《建设工程计价设备材料划分标准》（GB/T 50531）等。此外，我国目前还没有统一的建设工程造价费用构成标准，而这一标准的制定应是规范工程计价最重要的基础工作。

（2）管理性规范　管理性规范包括《建设工程工程量清单计价规范》（GB 50500）、《建设工程造价咨询规范》（GB/T 51095）、《建设工程造价鉴定规范》（GB/T 51262）、《建筑工程建筑面积计算规范》（GB/T 50353）以及不同专业的建设工程工程量计算规范等。建设工程工程量计算规范由《房屋建筑与装饰工程工程量计算规范》（GB 50854）、《仿古建筑工程工程量计算规范》（GB 50855）、《通用安装工程工程量计算规范》（GB 50856）、《市政工程工程量计算规范》（GB 50857）、《园林绿化工程工程量计算规范》（GB 50858）、《矿山工程工程量计算规范》（GB 50859）、《构筑物工程工程量计算规范》（GB 50860）、《城市轨道交通工程工程量计算规范》（GB 50861）、《爆破工程工程量计算规范》（GB 50862）组成，也包括各专业部委发行的各类清单计价、工程量计算规范，如《水利工程工程量清单计价规范》（GB 50501）、《水运工程工程量清单计价规范》（JTS 271）以及各省市发布的公路工程工程量清单计价规范等。

（3）操作规程　操作规程主要包括中国建设工程造价管理协会陆续发布的各类成果文件编审的操作规程：《建设项目投资估算编审规程》（CECA/GC-1）、《建设项目设计概算编审规程》（CECA/GC-2）、《建设项目施工图预算编审规程》（CECA/GC-5）、《建设项目工程结算编审规程》（CECA/GC-3）、《建设项目工程竣工决算编制规程》（CECA/GC-9）、《建设工程招标控制价编审规程》（CECA/GC-6）、《建设工程造价鉴定规程》（CECA/GC-8）、《建设项目全过程造价咨询规程》（CECA/GC-4）。其中，《建设项目全过程造价咨询规程》是我国最早发布的涉及建设项目全过程工程咨询的标准之一。

（4）质量管理标准　质量管理标准主要包括《建设工程造价咨询成果文件质量标准》（CECA/GC-7），该标准编制的目的是对工程造价咨询成果文件和过程文件的组成、表现形式、质量管理要素、成果质量标准等进行规范。

（5）信息管理规范　信息管理规范主要包括《建设工程人工材料设备机械数据标准》（GB/T 50851）和《建设工程造价指标指数分类与测算标准》（GB/T 51290）等。

2. 工程定额

工程定额主要是指国家、地方或行业主管部门制定的各种定额，包括工程消耗量定额和工程计价定额等。工程消耗量定额主要是指完成规定计量单位合格建筑安装产品所消耗的人工、材料、施工机具台班的数量标准。工程计价定额是指直接用于工程计价的定额或指标，包括预算定额、概算定额、概算指标和投资估算指标等。此外，部分地区和行业造价管理部门还会颁布工期定额，工期定额是指在正常的施工技术和组织条件下，完成建设项目和各类工程所需的工期标准。

根据《住房城乡建设部关于进一步推进工程造价管理改革的指导意见》（建标〔2014〕142号）的要求，工程定额的定位应为"对国有资金投资工程，作为其编制估算、概算、最高投标限价的依据；对其他工程仅供参考。"同时通过购买服务等多种方式，充分发挥企业、科研单位、社团组织等社会力量在工程定额编制中的基础作用，提高工程定额编制水平。并应鼓励企业编制企业定额。

应建立工程定额全面修订和局部修订相结合的动态调整机制，及时修订不符合市场实际的内容，提高定额时效性。编制有关建筑产业现代化、建筑节能与绿色建筑等工程定额，发挥定额在新技术、新工艺、新材料、新设备推广应用中的引导约束作用，支持建筑业转型升级。

3. 工程计价信息

工程计价信息是指工程造价管理机构发布的建设工程人工、材料、工程设备、施工机具的价格信息，以及各类工程的造价指数、指标等。

四、工程计价的基本程序

（一）工程概预算编制的基本程序

工程概预算的编制是应用国家、地方或行业主管部门统一颁布的计价定额或指标，对建筑产品价格进行计价的活动。如果用工料单价法进行概预算编制，则应按概算定额或预算定额规定的定额子目，逐项计算工程量，套用概预算定额单价（或单位估价表）确定直接费（包括人工费、材料费、施工机具使用费），然后按规定的取费标准确定间接费（包括企业管理费、规费），再计算利润和税金，经汇总后即工程概算、预算价值。工料单价法下工程概预算编制的基本程序如图1-1所示。

工程概预算价格的形成过程就是依据概预算定额所确定的消耗量乘以定额单价或市场价，经过不同层次的计算形成相应造价的过程。可以用公式进一步明确工程概预算编制的基本方法和程序：

每一计量单位建筑产品的基本构造单元(假定建筑安装产品)的工料单价

$$= 人工费 + 材料费 + 施工机具使用费 \tag{1-4}$$

式中 $人工费 = \sum (人工工日数量 \times 人工单价)$ (1-5)

$材料费 = \sum (材料消耗量 \times 材料单价) + 工程设备费$ (1-6)

$施工机具使用费 = \sum (施工机械台班消耗量 \times 机械台班单价) +$
$\sum (仪器仪表台班消耗量 \times 仪器仪表台班单价)$ (1-7)

$单位工程直接费 = \sum (假定建筑安装产品工程量 \times 工料单价)$ (1-8)

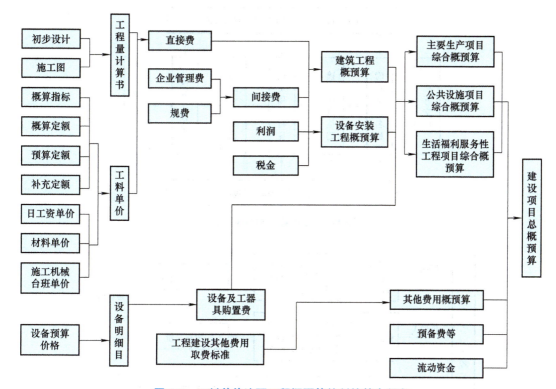

图 1-1　工料单价法下工程概预算编制的基本程序

单位工程概预算造价＝单位工程直接费+间接费+利润+税金 　　　　　　　　　(1-9)

单项工程概预算造价＝∑单位工程概预算造价+设备及工器具购置费 　　　　(1-10)

建设项目概预算造价 ＝∑单项工程的概预算造价+预备费+工程建设其他费+
建设期利息+流动资金 　　　　　　　　　　　　　　　　　　　　　　　(1-11)

若采用全费用综合单价法进行概预算编制，单位工程概预算的编制程序将更加简单，只需将概算定额或预算定额规定的定额子目的工程量乘以各子目的全费用综合单价汇总即可，然后可以用上述式（1-10）和式（1-11）计算单项工程概预算造价以及建设项目全部工程概预算造价。

（二）工程量清单计价的基本程序

工程量清单计价的过程可以分为两个阶段，即工程量清单的编制和工程量清单的应用两个阶段，工程量清单编制程序如图 1-2 所示，工程量清单的应用程序如图 1-3 所示。

工程量清单计价的基本原理可以描述为：按照工程量清单计价规范规定，在各相应专业工程工程量计算规范规定的清单项目设置和工程量计算规则基础上，针对具体工程的施工图和施工组织设计计算出各个清单项目的工程量，根据规定的方法计算出综合单价，并汇总各清单合价得出工程总价。

分部分项工程费＝∑（分部分项工程量×相应分部分项工程综合单价） 　　　(1-12)

措施项目费＝∑各措施项目费 　　　　　　　　　　　　　　　　　　　　　(1-13)

其他项目费＝暂列金额+暂估价+计日工+总承包服务费 　　　　　　　　　(1-14)

单位工程造价＝分部分项工程费+措施项目费+其他项目费+规费+税金 　　(1-15)

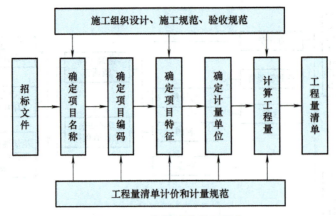

图 1-2　工程量清单编制程序

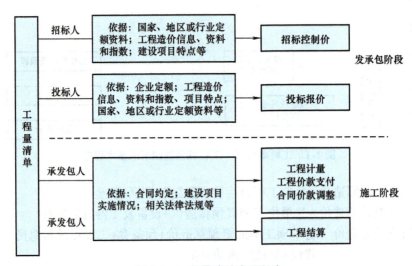

图 1-3　工程量清单应用程序

$$单项工程造价 = \sum 单位工程造价 \quad (1\text{-}16)$$
$$建设项目总造价 = \sum 单项工程造价 \quad (1\text{-}17)$$

综合单价是指完成一个规定清单项目所需的人工费、材料和工程设备费、施工机具使用费和企业管理费、利润以及一定范围内的风险费用。风险费用隐含于已标价工程量清单综合单价中，用于化解发承包双方在工程合同中约定的风险内容和范围的费用。

工程量清单计价活动涵盖施工招标、合同管理以及竣工交付全过程，主要包括：编制招标工程量清单、招标控制价、投标报价，确定合同价，工程计量与价款支付、合同价款的调整、工程结算和工程计价纠纷处理等活动。

第二节　工程计价的内容

根据建设项目管理的特点和全过程造价管理的理论，工程计价在合同签约前后分为两大内容。签约前工程计价的内容是针对拟建项目的工程造价及其构成内容进行预测，签约后工程计价的内容主要是针对拟建项目的合同价款进行调整、结算与支付，确定应支付给承包人的最终合同金额。

一、工程造价的预测

（一）投资估算

投资估算是以方案设计或可行性研究文件为依据，按照规定的程序、方法和依据，对拟建项目所需总投资及其构成进行的预测和估计。投资估算对工程总造价起控制作用，是项目决策的重要依据之一。此外，一般以投资估算作为编制设计文件的重要依据。

（二）设计概算

设计概算是以初步设计文件为依据，在单项工程综合概算的基础上计算建设项目概算总投资的成果文件。设计概算是设计文件不可分割的组成部分。初步设计、技术简单项目的设计方案均应有概算；技术设计应有修正概算。设计概算一般由设计单位编制。

（三）施工图预算

施工图预算是以施工图设计文件为依据，按照规定的程序、方法和依据，在工程施工前对建设项目的工程费用进行的预测与计算。施工图预算也是一种在投标前重要的工程造价规划。施工图预算一般由设计单位编制。

二、工程造价的确定

工程造价的确定主要是指围绕合同价款管理的各项工程计价活动，包括合同价款的约定，在这一过程中包括招标控制价、投标报价以及签约合同价的形成等计价活动。在工程价款的调整过程中，需要确定调整价款额度，工程计价也贯穿其中。合同价款的结算与支付仍然需要工程计价工作，以确定最终的支付额。

（一）合同价款的约定

1. 招标控制价

招标控制价是招标人根据国家或省级建设行政主管部门颁发的有关计价依据和办法，依据拟定的招标文件和招标工程量清单，结合工程具体情况发布的招标工程的最高投标限价。

2. 投标报价

投标报价是投标人依据招标文件、招标控制价、工程计价的有关规定及企业定额、市场价格等信息自主编制完成的。

3. 签约合同价

签约合同价（或合同价款）（Contract Sum）是指发承包双方在工程合同中约定的工程造价，包括了分部分项工程费、措施项目费、其他项目费、规费和税金的合同总金额。合同价款的内涵与签约合同价一致。签约合同价的形成是建设项目经过招投标程序确定的。一般来说，招标单位经过评标、定标过程确定中标人，发出中标通知书。在中标通知书发出 30 天内，招标人与中标人经过协商签订合同约定工程造价，且招标人和中标人不得再订立背离合同实质性内容的其他协议。签约合同价的概念与 FIDIC《施工合同条件》（1999 年版）中标合同款额（Accepted Contract Amount）的内涵是相同的，而非应付给承包商的最终工程款。

(二) 合同价款的调整

合同价款调整是指在合同价款调整因素出现后，发承包双方根据合同约定，对合同价款进行变动的提出、计算和确认。《建设工程工程量清单计价规范》（GB 50500—2013）中给出了 15 个合同价款调整因素，诸如变更、调价、索赔、签证等调整事项。当发生这些因素后可以按照合同约定对合同价款进行调整。

(三) 合同价款的结算与支付

合同价款的结算也被称为工程结算，是指发承包双方根据国家有关法律、法规规定和合同约定，对合同工程实施中、终止时、已完工的建设项目进行合同价款的计算、调整和确认。工程结算内容包括期中结算、终止结算和竣工结算。合同价款的支付则对应于发包人按照工程结算内容所确认的合同金额向承包人进行的各类付款，包括工程预付款、工程进度款、竣工结算款以及最终结清款等。

1. 工程预付款

工程预付款是由发包人按照合同约定，在正式开工前由发包人预先支付给承包人，用于购买工程施工所需的材料和组织施工机械和人员进场的价款。

2. 工程进度款

工程进度款是发包人在合同工程施工过程中，按照合同约定对付款周期内承包人完成的合同价款给予支付的款项，也是合同价款期中结算支付。

3. 竣工结算款

竣工结算款也称为竣工结算价，是指发承包双方依据国家有关法律、法规和标准规定，按照合同约定确定的，包括在履行合同过程中按合同约定进行的合同价款调整，是承包人按合同约定完成全部承包工作后，发包人应付给承包人的合同总金额。

4. 最终结清款

最终结清款主要是在合同约定的缺陷责任期终止后，承包人已按合同规定完成全部剩余工作且质量合格的，发包人与承包人结清的全部剩余款项。在发承包双方约定的缺陷责任期期满时，发包人向承包人应返还工程质量保证金。

第三节 工程计价学课程的知识体系

一、基础知识

(一) 工程造价的构成

本书按照四大模块介绍工程造价各部分的构成及计算，分别是设备及工器具购置费，建筑安装工程费，工程建设其他费，预备费及建设期利息等费用的构成和计算。

(二) 工程计价的依据

工程计价依据是指与计价内容、计价方法和价格标准相关的工程计量计价标准、工程计价定额、工程量清单以及工程造价信息等。

二、建设项目前期工程造价规划

（一）决策阶段的投资估算

主要介绍内容：①投资估算的概述，包括投资估算的基本概念、投资估算划分与精度要求、投资估算的编制原理；②投资估算的编制，包括建设投资的估算，建设期贷款利息的估算、流动资金的估算及建设项目总投资的估算。

（二）设计阶段的概预算

主要介绍内容：①设计阶段的划分以及设计阶段与概预算的关系；②设计概算的编制与审查，包括设计概算的概述、设计概算的编制方法、设计概算的审查及设计概算的调整；③施工图预算的编制与审查，包括施工图预算的概述、施工图预算的编制方法及施工图预算的审查。

三、建设项目交易阶段合同价格的约定

业主首先提供招标文件，是一个要约邀请的活动，在招标文件中业主要对承包商的投标价进行约定，这一约定就是招标控制价，招标控制价也是评判承包商是否使用不平衡报价的基础。

承包商在获得招标文件后编制投标文件，承包商递交投标文件是一个要约的活动，投标文件要包括投标价这一实质内容，投标报价应满足业主的要求并且不高于招标控制价，也不能低于工程成本。

业主组织评标委员会对合格的投标文件进行评标，确定中标人，中标人的投标价即中标价。业主和中标人签订合同，依据中标价确定工程造价，并在合同中载明，这样就形成了签约合同价，即经过评标和合同谈判之后确定下来的名义上的"合同价格"。

四、建设项目履约阶段合同价款的管理

（一）合同价款的调整

当建设项目在建设过程中发生变更、调价、索赔、签证等事项后，会调整结算，从而调整合同价款。依据《建设工程工程量清单计价规范》（GB 50500—2013）中规定的引起合同价款调整的 15 个事项，将之归并为五类。本部分内容包括：①合同价款调整的原因；②法律法规变化类事项引起的合同价款调整；③工程变更类事项引起的合同价款调整；④物价变化类事项引起的合同价款调整；⑤工程索赔类事项引起的合同价款调整；⑥现场签证和暂列金额引起的合同价款调整。

（二）合同价款的结算与支付

《建设工程工程量清单计价规范》（GB 50500—2013）对预付款、进度款、竣工结算款、质量保证金及最终结清的结算与支付内容都进行了规定。据此，建设工程合同价款的结算与支付主要内容包括：①工程预付款的预付与扣回；②工程进度款的计量与支付；③竣工结算款的编制与审核；④工程质量保证金的扣留与返还；⑤最终结清款的确定与支付；⑥合同解除后的合同价款结算与支付。

本课程的知识体系如图 1-4 所示。

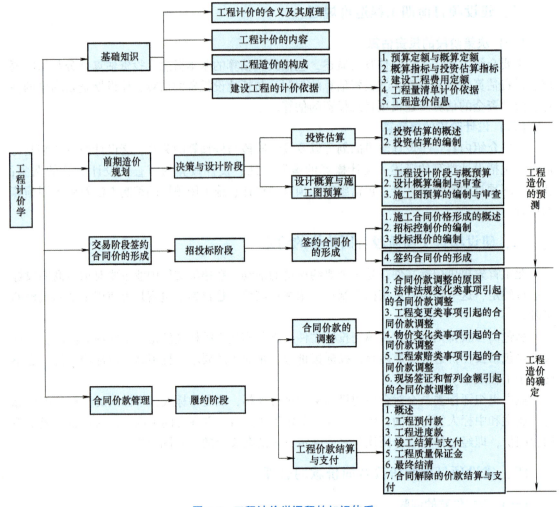

图1-4 工程计价学课程的知识体系

本章综合训练

基础训练

1. 试述工程计价的含义与原理。
2. 试述工程计价的内容。
3. 合同价款与工程价款有没有区别？如果有，请具体说明。
4. 工程价款支付包含哪些内容？

能力拓展

根据国际全面造价管理促进会在其协会章程中的定义，全面造价管理就是有效地使用专业知识和专门技术去计划和控制资源、造价、盈利和风险。全面造价管理是一种系统方法，这种方法是通过在整个管理过程中以造价工程和造价管理的原理、已获验证的方法和最新的技术支持而实现的。建设工程全面造价管理主要包括全寿命周期造价管理、全过程造价管理、全要素造价管理。【摘自戚安邦《工程项目全面造价管理》】

全生命周期造价管理是指从项目或产品的整个生命周期出发,是对于建设项目建设前期、建设期、使用期和维护期等各个时期全部造价的管理。

全过程造价管理是按照建设项目的过程与活动的组成如分解的规律而实现的,是对于建设项目整个实现过程的全部造价管理,不包括项目使用期的运营与维护成本的管理。

全要素造价管理是除控制建设工程成本外,工程造价管理还考虑工期、质量、安全、环境,从而实现工程造价、工期、质量、安全、环境的集成管理。

根据以上知识及相关资料,结合图1从全过程造价管理、全要素造价管理和全生命周期造价管理三个层面分析建设项目全面造价管理体系。

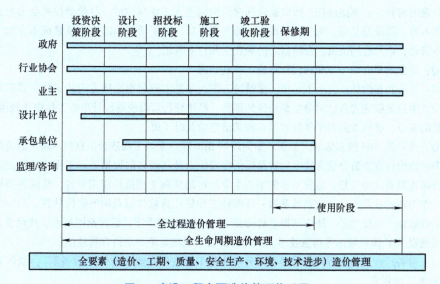

图1 建设工程全面造价管理体系图

案例分析

【案例】访谈:入行多年的造价工程师告诉你造价之路怎么走

本次"你好造价之旅"如约而至,造价访谈模式按时重启,本期让经验丰富的造价师与主播一起用专业的视角帮你解读造价专业学生的发展问题。愿我们的这些交流能够帮助大学生在学习及就业中破解迷津。

本期话题:造价之路怎么走

同学Q是某普通院校工程造价专业的大学生,成绩优秀,专业知识扎实。由于尚未走进社会,实践经验匮乏,对未来在工程造价领域的从业前景了无头绪。本期,我们邀请几位入行多年的造价工程师,从不同侧面对专业问题进行交流,以期抛砖引玉。

同学Q: 我们都知道,工程各方对造价师能力要求侧重点不尽相同,那么作为造价咨询企业的造价工程师,您有哪些经验呢?您认为造价工程师需要具备哪些能力呢?

嘉宾A: 我最初是在施工单位,后来跳槽到咨询单位,目的是想拓宽一下自己的专业范围。毕竟市政工程有9个专业,施工单位只能接触到某一两个方面。在咨询单位这几年,我参与了不同的工程,提高了自己的业务范围以及对造价的掌控能力。如果将来大家就职于咨询单位,会发现在咨询单位能接触的工程类型比较广阔,需要学会主动学习,多了解各类计价依据文件,遇到问题一定要追根溯源。大量、广泛地参与不同类型的工程,是在咨询单位的主要目的。在咨询单位工作,要具有多方面的专业能力,就我而言,我认为最重要也是最基本的能力主要包括:能够编审建设项目投资估算和项目建议书、可行性研究报告,对建设项目进行经济评价;能够对建设项目设计、对施工方案进行技术经济分析、论证和优化;能够编审工程量清单、工程概预算、招标工程标底、投标报价,对标书进行分析、评定;能够编审建设项目建设投资计划、在建设项目建设全过程中对工程造价实施控制和管理，编制工程结算及决算，处理工程造价纠纷和索赔；能够测定、收集、整理各类工程造价数据和编审工程定额。

同学 Q：请您介绍一下您在施工单位的经验。

嘉宾 B：四年来我一直都在一线施工现场，从计量算量开始一步步走到成本负责人。由于岗位的限制，我对投标、组价这方面接触甚少。当我今年年初想要跳槽时，一度缺乏信心，后来发现施工现场的经验是日后说话的底气。对于现场、工序的了解是在施工单位工作过的人员最大的优势。我在施工单位工作时，从挖第一根桩，到最后一步装交通信号灯、画标识线都在现场参与过。我有每天去现场溜达2小时的习惯，4年积累下来就是自己最宝贵的经验。无论是与施工单位谈论技术问题，还是与专家评审说方案，或者对业主给予合理的解释，我都能胜任。所以建议同学们刚刚进入工作单位时，尽量要找机会参与合同、成本方向的工作内容。算量是基础，充分了解现场、施工工序后，施工项目部的进阶就是成本方面。做好成本预测、成本管理，以及合同决策，会给以后的职业生涯打下基础。

同学 Q：请您简单介绍一下您在设计单位工作的情况。

嘉宾 C：目前我在设计单位干了5年，接触的工作大多是工程前期经济方向的工作。就我的工作情况而言，在设计单位能够完善自己对全生命造价的理解。经济评价可以说是设计单位工作中比较困难的部分，也是最重要的部分，必须加强对于各种政策、相关信息的及时了解。

同学 Q：现阶段 BIM 的实施如火如荼，如何理解 BIM 等一系列工程造价信息技术对于造价的作用？

嘉宾 D：造价行业中造价信息技术的普及逐渐将造价人员从烦琐的数据处理工作中解放出来，工程造价信息化毋庸置疑是大势所趋。造价专业的毕业生应尽可能掌握工程造价应用软件，适应各类清单和定额套用软件。作为造价从业人员，应熟练掌握一至两种工程量计算软件以及钢筋翻样软件，用以准确快速地处理工程造价数据。除此之外，还应掌握 CAD 制图技术，掌握建设项目管理制图技术、建设项目管理应用系统及工程建设 BIM 体系应用等信息技术，从而为日后在职场竞争中获得有利地位。

通过以上对各行业造价工程师的采访，试分析作为工程造价专业人士的"后备军"，如何实现从"菜鸟"到"精英"的蜕变。

延展阅读

造价工程师与工料测量师

一、造价工程师及其执业范围

我国自1996年建立了造价工程师执业资格制度，2006年建设部又颁布了《注册造价工程师管理办法》（建设部令第150号），对造价工程师的注册、执业、继续教育和监督管理进行了规定。该管理办法对注册造价工程师的表述为："通过全国造价工程师执业资格统一考试或者资格认定、资格互认，取得中华人民共和国造价工程师资格，并按照本办法注册，取得中华人民共和国造价工程师注册执业证书和执业印章，从事工程造价活动的专业人员。"根据该办法对注册造价工程师注册条件的要求可以看出，造价工程师不仅可以在工程造价咨询企业执业，还可以受聘于工程建设领域的建设、勘察设计、施工、招标代理、工程监理、工程造价管理等单位从事工程造价的管理工作。

根据《注册造价工程师管理办法》，注册造价工程师的执业范围如下：

1) 建设项目建议书、可行性研究投资估算的编制和审核，项目经济评价，工程概、预、结算、竣工结（决）算的编制和审核。

2) 工程量清单、标底（或者控制价）、投标报价的编制和审核，工程合同价款的签订及变更、调整、工程款支付与工程索赔费用的计算。

3) 建设项目管理过程中设计方案的优化、限额设计等工程造价分析与控制，工程保险理赔的核查。

4) 工程经济纠纷的鉴定。

此外，由中华人民共和国住房和城乡建设部组织编制的国家标准《建设工程造价咨询规范》（GB/T 51095—2015），经住房和城乡建设部正式批准发布，已于2015年11月1日在全国实施。该规范涵盖了对决策阶段、设计阶段、发承包阶段、实施阶段、竣工阶段及工程造价鉴定工作中各个环节的规范及要求。

根据《建设工程造价咨询规范》(GB/T 51095—2015)要求，国内工程造价咨询企业可承接的业务分为基础业务和增值业务，其范围见表1。

表1 国内工程造价咨询企业的基础和增值业务范围

基础业务				
决策阶段	设计阶段	交易阶段	施工阶段	竣工阶段
投资估算的编制与审核	设计概算的编制审核与调整	工程量清单的编制与审核	工程计量与工程款审核	竣工结算的编制与审核
建设项目经济评价	施工图预算的编制与审核	最高投标价编制与审核	询价与核价	竣工决算的编制与审核
		招标策划、招标文件的拟定与审核	工程结算的编制与审核	
		完善合同/补充条款	工程变更及工程索赔和工程签证的审核	
		清标	合同终止、分阶段工程及专业工程分包工程结算的编制与审核	
		投标报价编制		
增值业务				
工程造价动态管理				
建设项目融资方案设计				
方案的比选、限额设计、价值工程、优化设计的造价咨询				
合同管理咨询				
工程造价鉴定				
工程造价信息咨询服务				
建设项目后评价				

二、工料测量师及其执业范围

英、美等发达国家所认可的造价咨询专业人士所从事的领域更为宽广，对其自身专业素养的要求也更为苛刻。我国香港地区建筑业专业人士的执业就是采用英国的相关体系。

我国香港地区建设项目实施全过程中，在不同阶段执业的专业人士主要包括项目经理（Project Manager）、建筑师（Architect）、景观技师（Landscape Architect）、屋宇装备工程师（Building Services Engineer）、工料测量师[一]（Quantity Surveyor）、结构工程师（Structure Engineer）、维护测量师（Maintenance Surveyor）等。在建设项目实施全过程的各阶段，上述专业人士均能够结合自身专业优势，为雇主提供专业化的知识或技能服务。我国香港地区建筑产业各种专业人士基本执业范围如图2所示。

[一] 工料测量师一般可在政府部门、发展商/业主、顾问公司和承包商/分包商等机构服务，主要在工程材料、工程数量、工程变更、额外工程报价、现金流量分析及工程成本控制等方面为项目管理提供可靠的数字依据。其工作类似于国内的造价工程师，但其方法和具体操作又有明显区别。具体地说，工料测量师主要负责整个工程中与"数量"有关的工作，包括整个工程的工程量计算与核算，对工程收支的管理与控制等，是集工程概算、验工计价、项目索赔等于一身的、综合性和技术性很强的专业技术人员。

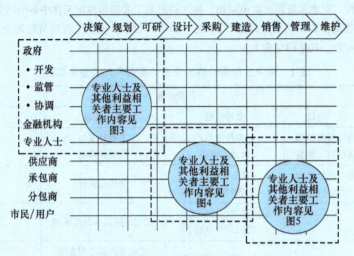

图2 我国香港地区建筑产业各种专业人士基本执业范围

可见，上述专业人士不仅能够直接参与建设项目自规划设计至实施建造的传统的全过程服务的执业，而且向前可以为政府制定有关政策提供专业化建议，向后则延伸至项目建成以后的运行、维护阶段的各种专业化服务。

结合建设项目实施的生命周期，在不同阶段各相关主体的主要工作内容如图3~图5所示。

	政策	规划	可研
政府作为开发者	土地供应/政策规划与建造规章法律、融资结构	预算(提供)满足社会需要的设施	项目优先级融资
开发商	获取土地开发正确的项目(在合适的时间)	获取土地开发正确的项目(在合适的时间)	融资计划符合法定约束
金融机构			提供融资
专业人士	为政府方提供专业建议	提供金融、法律及规划的专业知识	规划、设计、工程及管理等服务

图3 项目前期决策阶段各相关主体的主要工作内容——以香港地区为例

	设计	采购	建造
开发商	定义项目的范围及需求		
专业人士	提供满足财政、功能及审美等需求的设计	现金流计划合同策划	建造计划项目管理
供应商	早期介入(在DBB模式下)	投标	进度、质量和成本
承包商	早期介入(在DBB模式下)	投标	进度、质量和成本
分包商		投标	进度、质量和成本

图4 项目设计及建造阶段各相关主体的主要工作内容——以香港地区为例

	销售	管理	销售
开发商	利润最大化	长期成本最小化	长期成本最小化
专业人士	估价与定价 市场战略	提高功能绩效 维持运行效率	全生命周期分析 全成本周期分析
供应商			产品评价
承包商			维护
分包商			维护（分包）
市民/用户	物有所值（Value for Money）改善生活质量		

图 5　项目运行、维护阶段各相关主体的主要工作内容——以香港地区为例

其中，工料测量师作为专业人士中的一员，在项目建设全过程的主要执业范围是：

1) 成本规划（计划）（Cost Planning），包括规划、可研、设计、招标投标等各阶段的各种造价或成本估算。

2) 制定合同策略（Contract Strategy），包括编制工程量清单、施工规范及图样、各种费率表、拟定合同条款、分包策略、资格预审等。

3) 编制招标文件（Tender Document）及参与招标其他工作，包括编制招标文件、有效投标评估、工程变更估量。

4) 招标（Invite Tenders）过程服务，即根据项目预算造价、工程量清单、图样及其他有关文件，评估各投标人、选择合适的承包商。

5) 合同管理（Contract Management），包括造价控制（项目预算、月造价报表等）、现金流计划、工程变更管理、中期支付（对比工程量清单核实已完工程量、单价等）。

6) 竣工结算（Final Account），指发承包双方根据国家有关法律、法规规定和合同约定，在承包人完成合同约定的全部工作后，对最终工程价款的调整和确定。

7) 争端解决（Dispute Resolution），即作为争端解决顾问，为寻求调解、仲裁或法院裁决等合理方式提供建议。

推荐阅读材料

［1］威安邦．工程项目全面造价管理［M］．天津：南开大学出版社，2000．
［2］全国造价工程师执业资格考试培训教材编审委员会．建设工程计价［M］．北京：中国计划出版社，2013．
［3］李建峰，等．建设工程定额原理与实务［M］．2 版．北京：机械工业出版社，2017．
［4］周和生，尹贻林．建设项目全过程造价管理［M］．天津：天津大学出版社，2008．
［5］中华人民共和国住房和城乡建设部．建设工程造价咨询规范：GB/T 51095—2015［S］．北京：中国建筑工业出版社，2015．
［6］中华人民共和国住房和城乡建设部．工程造价术语标准：GB/T 50875—2013［S］．北京：中国计划出版社，2013．
［7］周和生，尹贻林．工程造价咨询手册［M］．天津：天津大学出版社，2012．
［8］丰艳萍，邹坦，冯羽生．工程造价管理［M］．2 版．北京：机械工业出版社，2015．

二维码形式客观题

微信扫描二维码，可在线做题，提交后可查看答案。

第一章
客观题

第二章
工程造价的构成

投资是投资主体为了特定的目的预先进行资金垫付，以达到预期效果的一系列经济行为。工程建设实质上就是一系列投资活动。而工程造价是衡量工程建设投资形成固定资产费用的数量标准。

——尹贻林[一]

导 言

三峡工程的投资构成

三峡工程作为我国重大工程项目的代表，是当今世界瞩目的规模宏伟、技术复杂的特大型水利工程。该工程跳出了"投资无底洞、工期马拉松"的怪圈，为重大工程项目的投资控制提供了可借鉴的宝贵经验。研究三峡工程的成功经验，归纳和提炼其中蕴藏的管理思想和管理模式，对提升重大工程项目管理水平，提高投资效益，具有重要意义。

对于是否兴建三峡工程以及采取什么方案兴建，国家的决策是非常慎重的，其间论证的焦点除了安全、航运、生态环境以及工程技术问题之外，一个关键因素就是建设投资和后续费用国力能否承受，即建设资金来源和投资控制的问题。为慎重起见，国家专门组织了投资估算专家论证组，历经数年反复测算修订，最终确定了1994年经国家批准的三峡工程初步设计静态总概算为 900.9 亿元（1993 年 5 月价格水平），其中枢纽工程 500.9 亿元，水库淹没处理及移民安置 400 亿元。1993 年根据当时拟定的工程资金来源、利息水平和物价上涨的预测，估算计入物价上涨及施工期贷款利息的总投资约为 2039 亿元。项目的论证决策过程就是投资测算越来越精确的过程，从投资估算到批准的初步设计概算，三峡工程的投资控制目标得以确定。

[一] 尹贻林（1957—），男，博士，教授，中国工程造价本科专业创建人，全国高等学校管理科学与工程类学科教学指导委员会（教育部）委员，全国高等学校工程管理专业教学指导委员会（住建部）委员，中国建设工程造价管理协会（CECA）副理事长，全国工程造价教育专家委员会主任委员，中国建筑经济学会常务理事、工程造价专业委员会主席，英国皇家特许测量师学会资深会员（FRICS），亚太地区测量师协会 PAQS 教育组理事，管理科学与工程学会 2009—2013 年第一届理事会理事。

三峡工程的总投资包括静态投资和动态投资两部分。静态投资主要由建设方案和现场条件决定，对于建设项目系统来说，属于内部因素，是通过建设主体的努力可以控制的一部分投资；动态投资则主要受外界环境制约的因素决定，如价差和因利率、汇率变动而引起的融资成本的变化。静态投资与动态投资之间是正相关的。静态投资越高，则价差调整越多，筹资成本也越高。三峡工程投资构成见下图。

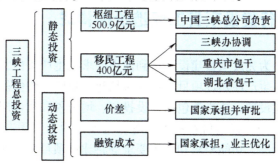

三峡工程投资构成示意图

静态投资 500.9 亿元就是业主控制静态投资的最高限额（确定的目标值，定值），不得突破，而价差部分是根据每年的物价上涨指数，经过有资质的中介机构测算后，报上级主管部门审批后执行（随动控制）。对于设计变更的控制，在现场地质条件与设计不符时，现场实际情况的信息由施工方提出，经监理方和业主会签后送达设计方，设计方在做出设计修改的同时会将该变更产生的投资变化信息反馈给业主和监理方，由业主最后决策是否采用该项变更，这就是一个顺馈控制与反馈控制相结合的多级递阶控制过程。

在工程建设过程中，三峡总公司采用"静态控制、动态管理"的投资控制模式，以 500.9 亿元的初步设计概算作为控制枢纽工程静态投资的最高限额，通过优化设计、规范招标投标、严格合同管理、加强风险控制、实行技术创新和管理创新等措施对静态投资实施控制；以总额控制，总体包干的方式将移民安置费包干给重庆市和湖北省；通过多渠道融资，多途径降低融资成本以及分年度测算审批价差的方式控制动态投资。

读完三峡工程投资控制的经验介绍，人们会感叹三峡工程的浩大，同时一定会对大型工程投资形成感到疑惑，本章将帮你了解工程投资构成和工程造价的关系，以及工程造价各项费用的构成和计算。

——资料来源：张桂林．三峡办：三峡工程累计投资 1849 亿元 综合效益凸显 [EB/OL]．（2009-09-13）[2020-12-23]．http：//www.gov.cn/jrzg/2009-09/13/content_1416634.htm．

本 章 导 读

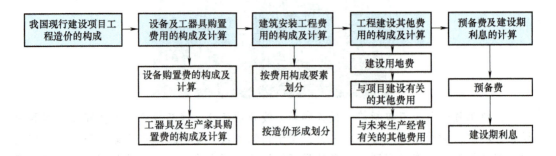

第一节　我国现行建设项目工程造价的构成

建设项目总投资是为完成项目建设并达到使用要求或生产条件，在建设期内预计或实际投入的全部费用总和。生产性建设项目总投资包括建设投资、增值税、建设期利息和流动资金四部分。非生产性建设项目总投资包括建设投资、增值税和建设期利息三部分。其中，固定资产投资与建设项目的工程造价在量上相等。也就是说，工程造价是按照确定的建设内容、建设规模、建设标准、功能要求和使用要求等将建设项目全部建设并验收合格交付使用所需的全部费用，由建设投资、增值税和建设期利息三部分构成。

根据国家发展改革委、建设部审定印发的《建设项目经济评价方法与参数》（第三版）（发改投资〔2006〕1325号）的规定，建设投资包括工程费用、工程建设其他费用和预备费三部分。其中，工程费用是建设期内直接用于工程建造、设备购置及其安装的建设投资；工程建设其他费用是指建设期发生的与土地使用权取得、整个建设项目建设以及未来生产经营有关的构成建设投资但不包括在工程费用中的费用；预备费是在建设期内因各种不可预见因素的变化而预留的可能增加的费用，包括基本预备费和价差预备费。

根据财政部和国家税务总局印发的《关于全面推开营业税改征增值税试点的通知》（财税〔2016〕36号），建筑业自2016年5月1日起实施营业税改增值税。建设项目总投资中包含的增值税是指国家税法规定的应计入的增值税销项税额。增值税是价外税，因此，增值税销项税额应以工程费用、工程建设其他费用、预备费等不包括增值税可抵扣进项税额的费用作为基数，按工程费、工程建设其他费和预备费的费率分别计取。

建设期利息则是在建设期内发生的为工程项目筹措资金的融资费用及债务资金利息。

流动资金是指为进行正常生产运营，用于购买原材料、燃料、支付工资及其他运营费用等所需的周转资金。在可行性研究阶段用于财务分析时计为全部流动资金，在初步设计及以后阶段用于计算"项目报批总投资"或"项目概算总投资"时计为铺底流动资金。铺底流动资金是指生产经营性建设项目为保证投产后正常的生产运营所需，并在项目资本金中筹措的自有流动资金。

建设项目总投资及工程造价的构成如图2-1所示。

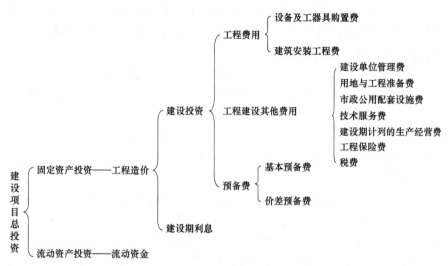

图 2-1　我国现行建设项目总投资及工程造价的构成

第二节　设备及工器具购置费用的构成及计算

设备及工器具购置费用是由设备购置费和工具、器具及生产家具购置费组成的，它是固定资产投资中的积极部分。在生产性工程建设中，设备及工器具购置费用占工程造价比重的增大，意味着生产技术的进步和资本有机构成的提高。

一、设备购置费的构成及计算

设备购置费是指购置或自制的达到固定资产标准的设备、工器具及生产家具等所需的费用，由设备原价和设备运杂费构成，均指不包含增值税可抵扣进项税额的价格。

$$设备购置费 = 设备原价 + 设备运杂费 \tag{2-1}$$

上式中，设备原价是指国内采购设备的出厂（场）价格，或国外采购设备的抵岸价格。设备运杂费是指国内采购设备自来源地、国外采购设备自到岸港运至工地仓库或指定堆放地点发生的采购、运输、运输保险、保管、装卸等费用。

1. 国产设备原价的构成及计算

国产设备原价一般指的是设备制造厂的交货价，或订货合同价。它一般根据生产厂或供应商的询价、报价、合同价确定，或采用一定的方法计算确定。国产设备原价分为国产标准设备原价和国产非标准设备原价。

（1）国产标准设备原价　国产标准设备是指按照主管部门颁布的标准图样和技术要求，由我国设备生产厂批量生产的，符合国家质量检测标准的设备。国产标准设备原价有两种，即带有备件的原价和不带有备件的原价。在计算时，一般采用带有备件的原价。

（2）国产非标准设备原价　国产非标准设备是指国家尚无定型标准，各设备生产厂不可能在工艺过程中采用批量生产，只能按一次订货，并根据具体的设计图样制造的设备。非标准设备原价有多种不同的计算方法，如成本计算估价法、系列设备插入估价法、分部组合估价法、定额估价法等。但无论采用哪种方法都应该使非标准设备计价接近实际出厂价，并且计算方法要简便。按成本计算估价法，非标准设备的原价由以下各项组成：

1）材料费。其计算公式如下：

$$材料费 = 材料净重 \times (1 + 加工损耗系数) \times 每吨材料综合单价 \tag{2-2}$$

2）加工费。包括生产工人工资和工资附加费、燃料动力费、设备折旧费、车间经费等。其计算公式如下：

$$加工费 = 设备总重量(吨) \times 设备每吨加工费 \tag{2-3}$$

3）辅助材料费（简称辅材费）。包括焊条、焊丝、氧气、氩气、氮气、油漆、电石等费用。其计算公式如下：

$$辅助材料费 = 设备总重量 \times 辅助材料费指标 \tag{2-4}$$

4）专用工具费。按1）~3）项之和乘以一定百分比计算。

5）废品损失费。按1）~4）项之和乘以一定百分比计算。

6）外购配套件费。按设备设计图样所列的外购配套件的名称、重量，根据相应的价格加运杂费计算。

7）包装费。按以上1）~6）项之和乘以一定百分比计算。

8）利润。可按1）~5）项加第7）项之和乘以一定利润率计算。

9）税金。主要指增值税⊖，通常是指设备制造厂销售设备时向购入设备方收取的销项税额。其计算公式如下：

$$当前销项税额 = 销售额 \times 适用增值税税率 \tag{2-5}$$

其中，销售额为1）~8）项之和。

10）非标准设备设计费。按国家规定的设计费收费标准计算。

综上所述，单台非标准设备原价可用下面的公式表达：

$$\begin{aligned}单台非标准设备原价 = &\{[(材料费 + 加工费 + 辅助材料费) \times (1 + 专用工具费率) \times \\ &(1 + 废品损失费率) + 外购配套件费] \times (1 + 包装费率) - \\ &外购配套件费\} \times (1 + 利润率) + 外购配套件费 + 销项税额 + \\ &非标准设备设计费\end{aligned}$$

$$\tag{2-6}$$

【例2-1】 某工厂采购一台国产非标准设备，制造厂生产该台设备所用材料费50万元，设备质量20t，每吨加工费3000元，辅助材料费200元/t，专用工具费率2%，废品损失费率10%，外购配套件费14万元，包装费率1%，利润率7%，增值税税率13%，非标准设备设计费5万元，求该国产非标准设备的原价。

【解】 材料费 = 50万元

设备加工费 = (20 × 0.3)万元 = 6万元

辅助材料费 = (20 × 0.02)万元 = 0.4万元

⊖ 虽然根据《营业税改征增值税试点实施办法》（财税〔2016〕36号）的规定，购入不动产、无形资产时支付或者负担的增值税额可以作为进项税额抵扣。但一方面并非所有的投资项目的进项税额都可以抵扣；另一方面即使可抵扣的进项税额依然是项目投资过程中所必须支付的费用之一，因此在计算设备原价时，依然包括增值税，同理，在后文中建筑安装工程费、工程建设其他费用中也包括相应的增值税。

专用工具费 = (50 + 6 + 0.4) 万元 × 2% = 1.128 万元
外购配套件费 = 14 万元
废品损失费 = (50 + 6 + 0.4 + 1.128) 万元 × 10% = 5.753 万元
包装费 = (50 + 6 + 0.4 + 1.128 + 14 + 5.753) 万元 × 1% = 0.77 万元
利润 = (50 + 6 + 0.4 + 1.128 + 5.753 + 0.77) 万元 × 7% = 4.484 万元
销项税额 = (50 + 6 + 0.4 + 1.128 + 14 + 5.753 + 0.77 + 4.484) 万元 × 13%
    = 10.729 万元
国产非标准设备的原价 = (50 + 6 + 0.4 + 1.128 + 14 + 5.753 + 0.77 + 4.484 + 10.729 + 5) 万元 = 98.264 万元

2. 进口设备原价的构成及计算

进口设备的原价是指进口设备的抵岸价,即抵达买方边境港口或边境车站,且交完关税等税费后形成的价格。进口设备抵岸价的构成与进口设备的交货类别有关。

(1) 进口设备的交货类别　进口设备的交货类别可分为内陆交货类、目的地交货类、装运港交货类。

1) 内陆交货类。即卖方在出口国内陆的某个地点交货。在交货地点,卖方及时提交合同规定的货物和有关凭证,并负担交货前的一切费用和风险;买方按时接受货物,交付货款,负担接货后的一切费用和风险,并自行办理出口手续和装运出口。货物的所有权也在交货后由卖方转移给买方。

2) 目的地交货类。即卖方在进口国的港口或内地交货,有目的港船上交货价、目的港船边交货价 (FOB) 和目的港码头交货价 (关税已付) 及完税后交货价 (进口国的指定地点) 等几种交货价。它们的特点是:买卖双方承担的责任、费用和风险是以目的地约定交货点为分界线,只有当卖方在交货点将货物置于买方控制下才算交货,才能向买方收取货款。这种交货类别对卖方来说承担的风险较大,在国际贸易中卖方一般不愿采用。

3) 装运港交货类。即卖方在出口国装运港交货,主要有装运港船上交货价 (FOB),习惯称离岸价格,运费在内价 (CFR) 和运费、保险费在内价 (CIF),习惯称到岸价格。它们的特点是:卖方按照约定的时间在装运港交货,只要卖方把合同规定的货物装船后提交货运单据便完成交货任务,可凭单据收回货款。

装运港船上交货价 (FOB) 是我国进口设备采用最多的一种货价。采用船上交货价时卖方的责任是:在规定的期限内,负责在合同规定的装运港口将货物装上买方指定的船只,并及时通知买方;负担货物装船前的一切费用和风险,负责办理出口手续;提供出口国政府或有关方面签发的证件;负责提供有关装运单据。买方的责任是:负责租船或订舱,支付运费,并将船期、船名通知卖方;负担货物装船后的一切费用和风险;负责办理保险及支付保险费,办理在目的港的进口和收货手续;接受卖方提供的有关装运单据,并按合同规定支付货款。

(2) 进口设备原价的构成及计算　进口设备原价是由到岸价格和进口从属费用两部分构成。

$$\text{进口设备到岸价} = \text{离岸价格} + \text{国际运费} + \text{运输保险费} \tag{2-7}$$

$$\text{进口从属费} = \text{银行财务费} + \text{外贸手续费} + \text{关税} + \text{消费税} + \text{进口环节增值税} + \text{车辆购置税} \tag{2-8}$$

$$\text{进口设备原价} = \text{进口设备到岸价(CIF)} + \text{进口从属费} \qquad (2\text{-}9)$$

进口设备的离岸价格、到岸价格、抵岸价格以及设备原价和设备购置费的关系如图2-2所示。

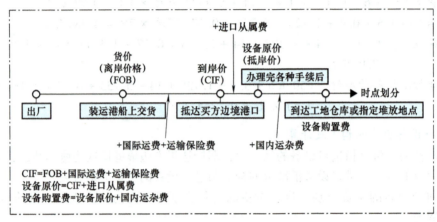

图2-2 进口设备购置费的组成内容及其关系

1) 货价。一般是指装运港船上交货价（FOB）。设备货价分为原币货价和人民币货价，原币货价一律折算为美元表示，人民币货价按原币货价乘以外汇市场美元兑换人民币中间价确定。进口设备货价按有关生产厂商询价、报价、订货合同价计算。

2) 国际运费。即从装运港（站）到达我国抵达港（站）的运费。我国进口设备大部分采用海洋运输，小部分采用铁路运输，个别采用航空运输。进口设备国际运费计算公式为

$$\text{国际运费(海、陆、空)} = \text{原币货价(FOB)} \times \text{运费率} \qquad (2\text{-}10)$$

$$\text{国际运费(海、陆、空)} = \text{运量} \times \text{单位运价} \qquad (2\text{-}11)$$

其中，运费率或单位运价参照有关部门或进出口公司的规定执行。

3) 运输保险费。对外贸易货物运输保险是由保险人（保险公司）与被保险人（出口人或进口人）订立保险契约，在被保险人交付议定的保险费后，保险人根据保险契约的规定对货物在运输过程中发生的承保责任范围内的损失给予经济上的补偿。这是一种财产保险。计算公式为

$$\text{运输保险费} = \frac{\text{原币货价(FOB)} + \text{国外运费}}{1 - \text{保险费率}} \times \text{保险费率} \qquad (2\text{-}12)$$

其中，保险费率按保险公司规定的进口货物保险费率计算。

4) 银行财务费。一般是指中国银行手续费，可按下式简化计算：

$$\text{银行财务费} = \text{人民币货价(FOB)} \times \text{银行财务费率} \qquad (2\text{-}13)$$

5) 外贸手续费。是指按对外经济贸易部规定的外贸手续费率计取的费用费率，一般取1.5%。计算公式为

$$\text{外贸手续费} = \left(\text{装运港船上交货价(FOB)} + \text{国际运费} + \text{运输保险费} \right) \times \text{外贸手续费率} \qquad (2\text{-}14)$$

6) 关税。由海关对进出国境或关境的货物和物品征收的一种税。计算公式为

$$\text{关税} = \text{到岸价格(CIF)} \times \text{进口关税税率} \qquad (2\text{-}15)$$

其中，到岸价格（CIF）作为关税完税价格。进口关税税率分为优惠和普通两种。优惠税率适用于与我国签订有关税互惠条款的贸易条约或协定的国家的进口设备；普通税率适用于与我国未订有关税互惠条款的贸易条约或协定的国家的进口设备。进口关税税率按我国海关总署发布的进口关税税率计算。

7）消费税。对部分进口设备（如轿车、摩托车等）征收，一般计算公式为

$$应纳消费税额 = \frac{到岸价格 + 关税}{1 - 消费税税率} \times 消费税税率 \qquad (2-16)$$

其中，消费税税率根据规定的税率计算。

8）进口环节增值税。是指对从事进口贸易的单位和个人，在进口商品报关进口后征收的税种。《中华人民共和国增值税暂行条例》规定，进口应税产品均按组成计税价格和增值税税率直接计算应纳税额，即

$$进口环节增值税额 = 组成计税价格 \times 增值税税率 \qquad (2-17)$$
$$组成计税价格 = 关税完税价格 + 关税 + 消费税 \qquad (2-18)$$

其中，增值税税率根据规定的税率计算。

9）海关监管手续费。是指海关对进口减税、免税、保税货物实施监督、服务的手续费。对于全额征收进口关税的货物不计本项费用。其公式如下：

$$海关监管手续费 = 到岸价格 \times 海关监管手续费率（一般为0.3\%） \qquad (2-19)$$

10）车辆购置附加费。进口车辆需缴进口车辆购置附加费。其公式如下：

$$进口车辆购置附加费 = （到岸价格 + 关税 + 消费税） \times 进口车辆购置附加费率 \qquad (2-20)$$

【例2-2】 某设备拟从国外进口，重量1850t，装运港船上交货价为460万美元，国际运费标准为330美元/t，海上运输保险费率为0.267%。中国银行财务费率为0.45%，外贸手续费率为1.7%，关税税率为22%，美元对人民币的银行牌价为1:6.83，增值税税率为16%，消费税税率为10%，设备的国内运杂费率为2.3%，求该设备的购置投资。

【解】 进口设备货价 = (460×6.83) 万元 = 3141.80万元
国际运费 = (1850×330×6.83)元 = 416.97万元
国外运输保险费 = [(3141.80+416.97)×0.267%/(1-0.267%)]万元 = 9.53万元
进口设备到岸价格(CIF) = (3141.80+416.97+9.53)万元 = 3568.30万元
银行财务费 = 3141.80万元×0.45% = 14.14万元
外贸手续费 = (3141.80+416.97+9.53)万元×1.7% = 60.66万元
进口关税 = (3141.80+416.97+9.53)万元×22% = 785.03万元
消费税 = $\frac{3568.30+785.03}{1-10\%}$ 万元×10% = 483.70万元
增值税 = (3568.30+785.03+483.70)万元×16% = 773.92万元
进口从属费 = (14.14+60.66+785.03+483.70+773.92)万元 = 2117.45万元
进口设备原价 = (3568.30+2117.45)万元 = 5685.75万元
设备购置投资 = 5685.75万元×(1+16%) = 6595.47万元

3. 设备运杂费的构成及计算

（1）设备运杂费的构成　设备运杂费通常由下列各项构成：

1) 运费和装卸费。国产设备由设备制造厂交货地点起至工地仓库（或施工组织设计指定的需要安装设备的堆放地点）止所发生的运费和装卸费；进口设备则由我国到岸港口或边境车站起至工地仓库（或施工组织设计指定的需要安装设备的堆放地点）止所发生的运费和装卸费。

2) 包装费。在设备原价中没有包含的，为运输而进行的包装支出的各种费用。

3) 设备供销部门的手续费。按有关部门规定的统一费率计算。

4) 采购与仓库保管费。是指采购、验收、保管和收发设备所发生的各种费用，包括设备采购人员、保管人员和管理人员的工资、工资附加费、办公费、差旅交通费，设备供应部门办公和仓库所占固定资产使用费、工具用具使用费、劳动保护费、检验试验费等。

这些费用可按主管部门规定的采购与保管费费率计算。

（2）设备运杂费的计算　设备运杂费按设备原价乘以设备运杂费率计算，其公式为

$$设备运杂费 = 设备原价 \times 设备运杂费率 \tag{2-21}$$

其中，设备运杂费率按各部门及省、市等的规定计取。

二、工具、器具及生产家具购置费的构成及计算

工具、器具及生产家具购置费是指新建或扩建项目初步设计规定的，保证初期正常生产必须购置的没有达到固定资产标准的设备、仪器、工卡模具、器具、生产家具和备品备件等的购置费用。一般以设备购置费为计算基数，按照部门或行业规定的工具、器具及生产家具费率计算。计算公式为

$$工具、器具及生产家具购置费 = 设备购置费 \times 定额费率 \tag{2-22}$$

第三节　建筑安装工程费用的构成及计算

依据住房城乡建设部 财政部《关于印发〈建筑安装工程费用项目组成〉的通知》（建标〔2013〕44号），建筑安装工程费用可按费用构成要素和造价形成这两种不同的方式来划分。同时，依据住房和城乡建设部标准定额研究所关于征求《建筑业营改增建设工程计价规则调整方案》等三个文件征求意见稿意见的函（建标造〔2014〕51号），建筑安装工程造价构成各项费用均指不包含增值税的价格。

一、按费用构成要素划分建筑安装工程费用项目构成和计算

按照费用构成要素划分，建筑安装工程费由人工费、材料费（包含工程设备，下同）、施工机具使用费、企业管理费、规费、利润以及税金组成，如图2-3所示。

（一）人工费构成与计算方法

1. 人工费的计算要素

人工费是指支付给直接从事建筑安装工程施工的生产工人的各项费用。计算人工费的基本要素有两个，即人工工日消耗量和人工日工资单价。

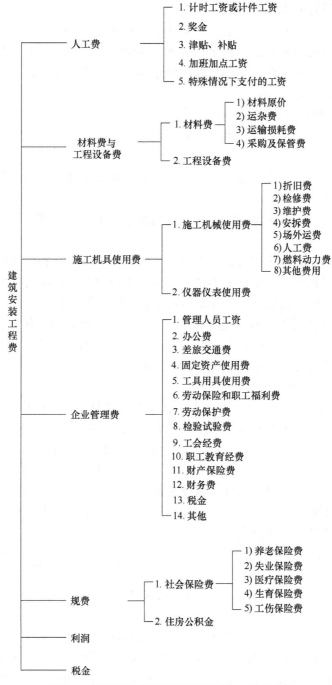

图 2-3 按费用构成要素划分的建筑安装工程费

(1) 人工工日消耗量　人工工日消耗量是指在正常施工生产条件下，完成规定计量单位的建筑安装产品所消耗的生产工人的工日数量。它由分项工程所综合的各个工序劳动定额包括的基本用工、其他用工两部分组成。

(2) 人工日工资单价　人工日工资单价是指直接从事建筑安装工程施工的生产工人在每个法定工作日的工资、津贴及奖金等。

人工费的基本计算公式为

$$人工费 = \sum(工日消耗量 \times 日工资单价) \quad (2-23)$$

人工日工资单价是指施工企业平均技术熟练程度的生产工人在每工作日（国家法定工作时间内）按规定从事施工作业应得的日工资总额。合理确定人工日工资单价是正确计算人工费和工程造价的前提和基础。

2. 人工日工资单价组成内容

人工日工资单价由计时工资或计件工资，奖金，津贴、补贴以及特殊情况下支付的工资组成。

（1）计时工资或计件工资 是指按计时工资标准和工作时间或对已做工作按计件单价支付给个人的劳动报酬。

（2）奖金 是指对超额劳动和增收节支支付给个人的劳动报酬，如节约奖、劳动竞赛奖等。

（3）津贴、补贴 是指为了补偿职工特殊或额外的劳动消耗和因其他原因支付给个人的津贴，以及为了保证职工工资水平不受物价影响支付给个人的物价补贴，如流动施工津贴、特殊地区施工津贴、高温（寒）作业临时津贴、高空津贴等。

（4）特殊情况下支付的工资 是指根据国家法律、法规和政策规定，因病、工伤、产假、计划生育假、婚丧假、事假、探亲假、定期休假、停工学习、执行国家或社会义务等原因按计时工资标准或计件工资标准的一定比例支付的工资。

3. 人工日工资单价确定方法

（1）年平均每月法定工作日 由于人工日工资单价是每一个法定工作日的工资总额，因此需要对年平均每月法定工作日进行计算。计算公式如下：

$$年平均每月法定工作日 = \frac{全年日历日 - 法定假日}{12} \quad (2-24)$$

式（2-22）中，法定假日指双休日和法定节日。

（2）日工资单价的计算 确定了年平均每月法定工作日后，将上述工资总额进行分摊，即形成人工日工资单价。计算公式如下：

$$日工资单价 = \frac{生产工人平均月工资（计时、计件） + 平均月\left(奖金 + 津贴、补贴 + \begin{array}{c}特殊情况下\\支付的工资\end{array}\right)}{年平均每月法定工作日}$$

$$(2-25)$$

（3）日工资单价的管理 虽然施工企业投标报价时可以自主确定人工费，但由于人工日工资单价在我国具有一定的政策性，因此工程造价管理机构确定日工资单价应根据工程项目的技术要求，通过市场调查并参考实物工程量人工单价综合分析确定，发布的最低日工资单价不得低于工程所在地人力资源和社会保障部门所发布的最低工资标准的：普工 1.3 倍、一般技工 2 倍、高级技工 3 倍。

（二）材料费与工程设备费构成及计算方法

1. 材料费的计算要素

建筑安装工程费中的材料费是指工程施工过程中耗费的各种原材料、半成品、构配件、工程设备等的费用，以及周转材料等的摊销、租赁费用。计算材料费的基本要素是材料消耗量和材料单价。

(1) 材料消耗量　材料消耗量是指在正常施工生产条件下，完成规定计量单位的建筑安装产品所消耗的各类材料的净用量和不可避免的损耗量。

(2) 材料单价　材料单价是指建筑材料从其来源地运到施工工地仓库直至出库形成的综合平均单价，由材料原价、运杂费、运输损耗费、采购及保管费组成。当采用一般计税方法时，材料单价中的材料原价、运杂费等均应扣除增值税进项税额。

材料费的基本计算公式为

$$材料费 = \sum (材料消耗量 \times 材料单价) \tag{2-26}$$

2. 材料单价的构成与计算

(1) 材料原价（或供应价格）　材料原价是指国内采购材料的出厂价格，国外采购材料抵达买方边境、港口或车站并交纳完各种手续费、税费（不含增值税）后形成的价格。在确定原价时，凡同一种材料因来源地、交货地、供货单位、生产厂家不同，而有几种价格（原价）时，根据不同来源地供货数量比例，采取加权平均的方法确定其综合原价。

若材料供货价格为含税价格，则材料原价应以购进货物适用的税率（13%或9%）或征收率（3%）扣除增值税进项税额。

(2) 材料运杂费　材料运杂费是指国内采购材料自来源地、国外采购材料自到岸港运至工地仓库或指定堆放地点发生的费用（不含增值税）。含外埠中转运输过程中所发生的一切费用和过境过桥费用，包括调车和驳船费、装卸费、运输费及附加工作费等。同一品种的材料有若干个来源地，应采用加权平均的方法计算材料运杂费。

若运输费用为含税价格，则需要按"两票制"和"一票制"两种支付方式分别调整。所谓"两票制"材料，是指材料供应商就收取的货物销售价款和运杂费向建筑业企业分别提供货物销售和交通运输两张发票的材料。在这种方式下，运杂费以接受交通运输与服务适用税率9%扣除增值税进项税额。所谓"一票制"材料，是指材料供应商就收取的货物销售价款和运杂费合计金额向建筑业企业仅提供一张货物销售发票的材料。在这种方式下，运杂费采用与材料原价相同的方式扣除增值税进项税额。

(3) 运输损耗　在材料的运输中应考虑一定的场外运输损耗费用。这是指材料在运输装卸过程中不可避免的损耗。运输损耗的计算公式是：

$$运输损耗 = (材料原价 + 运杂费) \times 运输损耗率 \tag{2-27}$$

(4) 采购及保管费　采购及保管费是指为组织采购、供应和保管材料过程中所需要的各项费用，包含：采购费、仓储费、工地保管费和仓储损耗。

综上所述，材料单价的一般计算公式为

$$材料单价 = \{(供应价格 + 运杂费) \times [1 + 运输损耗率]\} \\ \times [1 + 采购及保管费率] \tag{2-28}$$

3. 工程设备费构成及计算方法

(1) 工程设备费构成　工程设备是指构成或计划构成永久工程一部分的机电设备、金属结构设备、仪器装置及其他类似的设备和装置。

(2) 工程设备费计算方法

$$工程设备费 = \sum (工程设备量 \times 工程设备单价) \tag{2-29}$$

$$工程设备单价 = (设备原价 + 运杂费) \times [1 + 采购保管费率] \tag{2-30}$$

(三) 施工机具使用费构成及计算方法

建筑安装工程费中的施工机具使用费是指施工作业所发生的施工机械、仪器仪表使用费或其租赁费。

1. 施工机械使用费的计算要素

施工机械使用费是指施工机械作业发生的使用费或租赁费。构成施工机械使用费的基本要素是施工机械台班消耗量和机械台班单价。

1) 施工机械台班消耗量是指在正常施工生产条件下，完成规定计量单位的建筑安装产品所消耗的施工机械台班的数量。

2) 施工机械台班单价是指折合到每台班的施工机械使用费。

施工机械使用费的基本计算公式为

$$\text{施工机械使用费} = \sum (\text{施工机械台班消耗量} \times \text{机械台班单价}) \tag{2-31}$$

2. 施工机械台班单价的组成与计算

施工机械台班单价通常由折旧费、检修费、维护费、安拆费及场外运费、人工费、燃料动力费和其他费用组成。

1) 折旧费：是指施工机械在规定的使用年限内，陆续收回其原值的费用。

2) 检修费：是指施工机械按规定的大修理间隔台班进行必要的大修理，以恢复其正常功能所需的费用。

3) 维护费：是指施工机械除大修理以外的各级保养和临时故障排除所需的费用，包括为保障机械正常运转所需替换设备与随机配备工具附具的摊销和维护费用，机械运转中日常保养所需润滑与擦拭的材料费用及机械停滞期间的维护和保养费用等。

4) 安拆费及场外运费：安拆费是指施工机械（大型机械除外）在现场进行安装与拆卸所需的人工、材料、机械和试运转费用以及机械辅助设施的折旧、搭设、拆除等费用；场外运费是指施工机械整体或分体自停放地点运至施工现场或由一施工地点运至另一施工地点的运输、装卸、辅助材料及架线等费用。

5) 人工费：是指机上驾驶员（司炉）和其他操作人员的人工费。

6) 燃料动力费：是指施工机械在运转作业中所消耗的各种燃料及水、电费等。

7) 其他费用：是指施工机械按照国家规定应缴纳的车船使用税、保险费及年检费等。

3. 仪器仪表使用费构成与计算方法

仪器仪表使用费是指工程施工所需使用的仪器仪表的摊销及维修费用。与施工机械使用费类似，仪器仪表使用费的基本计算公式为

$$\text{仪器仪表使用费} = \sum (\text{仪器仪表台班消耗量} \times \text{仪器仪表台班单价}) \tag{2-32}$$

仪器仪表台班单价通常由折旧费、维护费、校验费和动力费组成。

当采用一般计税方法时，施工机械台班单价和仪器仪表台班单价中的相关子项均需扣除增值税进项税额。

(四) 企业管理费构成及计算方法

1. 企业管理费构成

企业管理费是指施工单位为组织施工生产和经营管理所发生的费用。内容包括：

（1）管理人员工资　是指按规定支付给管理人员的计时工资、奖金、津贴补贴、加班加点工资及特殊情况下支付的工资等。

（2）办公费　是指企业管理办公用的文具、纸张、账表、印刷、邮电、书报、办公软件、现场监控、会议、水电、烧水和集体取暖降温（包括现场临时宿舍取暖降温）等费用。由于营业税改增值税，办公费以购进货物适用的相应税率扣减，其中购进图书、报纸、杂志适用的税率为13%，其他一般为17%。

（3）差旅交通费　是指职工因公出差、调动工作的差旅费、住勤补助费、市内交通费和误餐补助费，职工探亲路费，劳动力招募费，职工退休、退职一次性路费，工伤人员就医路费，工地转移费以及管理部门使用的交通工具的油料、燃料等费用。

（4）固定资产使用费　是指管理和试验部门及附属生产单位使用的属于固定资产的房屋、设备、仪器等的折旧、大修、维修或租赁费。

（5）工具用具使用费　是指企业施工生产和管理使用的不属于固定资产的工具、器具、家具、交通工具和检验、试验、测绘、消防用具等的购置、维修和摊销费。

（6）劳动保险和职工福利费　是指由企业支付的职工退职金、按规定支付给离休干部的经费，集体福利费、夏季防暑降温、冬季取暖补贴、上下班交通补贴等。

（7）劳动保护费　是指企业按规定发放的劳动保护用品的支出，如购买工作服、手套、防暑降温饮料的支出以及在有碍身体健康的环境中施工的保健费用等。

（8）检验试验费　是指施工企业按照有关标准规定，对建筑以及材料、构件和建筑安装物进行一般鉴定、检查所发生的费用，包括自设实验室进行试验所耗用的材料等费用。不包括新结构、新材料的试验费，对构件做破坏性试验及其他特殊要求检验试验的费用和建设单位委托检测机构进行检测的费用，对此类检测发生的费用，由建设单位在工程建设其他费用中列支。但对施工企业提供的具有合格证明的材料进行检测不合格的，该检测费用由施工企业支付。

（9）工会经费　是指企业按《中华人民共和国工会法》规定的全部职工工资总额比例计提的工会经费。

（10）职工教育经费　是指按职工工资总额的规定比例计提，企业为职工进行专业技术和职业技能培训，专业技术人员继续教育、职工职业技能鉴定、职业资格认定以及根据需要对职工进行各类文化教育所发生的费用。

（11）财产保险费　是指施工管理用财产、车辆等的保险费用。

（12）财务费　是指企业为施工生产筹集资金或提供预付款担保、履约担保、职工工资支付担保等所发生的各种费用。

（13）税金　是指企业按规定缴纳的房产税、非生产性车船使用税、土地使用税、印花税、城市维护建设税、教育费附加和地方教育附加等各项税费。

（14）其他　包括技术转让费、技术开发费、投标费、业务招待费、绿化费、广告费、公证费、法律顾问费、审计费、咨询费、保险费等。

2. 企业管理费计算方法

企业管理费一般采用取费基数乘以费率的方法计算，取费基数有三种，分别是：以直接费为计算基础、以人工费和施工机具使用费合计为计算基础及以人工费为计算基础。企业管理费费率计算方法如下：

（1）以直接费为计算基础

$$企业管理费费率 = \frac{生产工人年平均管理费}{年有效施工天数 \times 人工单价} \times 人工费占直接费的比例 \times 100\%$$

(2-33)

直接费包括人工费、材料费、施工机具使用费。

（2）以人工费和施工机具使用费合计为计算基础

$$企业管理费费率 = \frac{生产工人年平均管理费}{年有效施工天数 \times (人工单价 + 每一台班施工机具使用费)} \times 100\% \quad (2-34)$$

（3）以人工费为计算基础

$$企业管理费费率 = \frac{生产工人年平均管理费}{年有效施工天数 \times 人工单价} \times 100\% \quad (2-35)$$

工程造价管理机构在确定计价定额中的企业管理费时，应以定额人工费或定额人工费与施工机具使用费之和作为计算基数，其费率根据历年积累的工程造价资料，辅以调查数据确定。

（五）规费

1. 规费的内容

规费是指按国家法律、法规规定，由省级政府和省级有关权力部门规定施工单位必须缴纳或计取，应计入建筑安装工程造价的费用，主要包括社会保险费、住房公积金。

（1）社会保险费　社会保险费包括以下内容：

1）养老保险费：是指企业按规定标准为职工缴纳的基本养老保险费。

2）失业保险费：是指企业按照国家规定标准为职工缴纳的失业保险费。

3）医疗保险费：是指企业按照规定标准为职工缴纳的基本医疗保险费。

4）工伤保险费：是指企业按照国务院制定的行业费率为职工缴纳的工伤保险费。

5）生育保险费：是指企业按照国家规定为职工缴纳的生育保险费。根据"十三五"规划纲要，生育保险与基本医疗保险合并的实施方案已在12个试点城市行政区域进行试点。

（2）住房公积金　是指企业按规定标准为职工缴纳的住房公积金。

2. 规费的计算

社会保险费和住房公积金应以定额人工费为计算基础，根据工程所在地省、自治区、直辖市或行业建设主管部门规定费率计算。

$$社会保险费和住房公积金 = \sum (工程定额人工费 \times 社会保险费和住房公积金费率) \quad (2-36)$$

社会保险费和住房公积金费率可以每万元发承包价的生产工人人工费和管理人员工资含量与工程所在地规定的缴纳标准综合分析取定。

（六）利润

利润是指施工单位从事建筑安装工程施工所获得的盈利，由施工企业根据企业自身需求并结合建筑市场实际自主确定。工程造价管理机构在确定计价定额中利润时，应以定额人工费、材料费和施工机具使用费之和，或以定额人工费、定额人工费与施工机具使用费之和作为计算基数，其费率根据历年积累的工程造价资料，并结合建筑市场实际、项目竞争情况、项目规模与难易程度等确定，以单位（单项）工程测算，利润在税前建筑安装工程费的比重可按不低于5%且不高于7%计算。

（七）税金构成及计算方法

1. 税金构成

建筑安装工程费用中的税金指增值税。增值税是指国家税法规定的应计入建设项目总投资内的增值税销项税额。增值税是基于商品或服务的增值额而征收的一种价外税。

2. 增值税计算方法

建筑安装工程费用中的增值税按税前造价乘以增值税税率确定。

（1）一般计税方法　当采用一般计税方法时，建筑业增值税税率为9%。计算公式为

$$增值税 = 税前造价 \times 9\% \qquad (2-37)$$

税前造价为人工费、材料费、施工机具使用费、企业管理费、规费和利润之和，各费用项目均以不包含增值税可抵扣进项税额的价格计算。

【增值税价外税计税原理】一般计税方法，价税分离原理。

$$
\begin{aligned}
工程造价 &= 人工费 + 材料费 + 机具费 + 管理费 + 规费 + 利润 + 应纳增值税额 \\
&= 税前费用 + 应纳增值税额 \\
&= 税前除税价款 + 进项税额 + 应纳增值税额 \\
&= 税前除税价款 + (应纳增值税额 + 进项税额) \\
&= 税前除税价款 + [(销项税额 - 进项税额) + 进项税额] \\
&= 税前造价 + 销项税额
\end{aligned}
$$

通过价税分离原理的说明可以知道，建筑安装工程造价构成各项费用均指不包含增值税的价格，即税前造价，也称为税前除税价款。

【例2-3】　某市一施工企业承接的钢筋混凝土工程各项费用和相应取费费率见表2-1，所有购入要素都有合法的进项税抵扣凭证，求该钢筋混凝土工程的增值税额及工程造价。

表2-1　措施项目费的计算方法

序号	项目（万元）	数额/取费基数/费率	可抵扣的进项税额（万元）
一	直接费		
1	人工费	30	
2	钢筋	100	17
3	混凝土	50	1.5
4	水（无票）	2	0
5	机械费	18	3
二	社保费（规费）	取费基数：人工费+机械费；费率：12.84%	
三	企业管理费	取费基数：人工费+机械费；费率：18.65%	
四	利润	取费基数：人工费+机械费；费率：9.32%	

【解】　社保费 = (30+18)万元 × 12.84% = 6.16 万元

企业管理费 = (30+18)万元 × 18.65% = 8.95 万元

利润 = (30+18)万元 × 9.32% = 4.47 万元

税前工程造价 = 直接费+社保费+企业管理费+利润
　　　　　　 = (30+100+50+2+18+6.16+8.95+4.47)万元
　　　　　　 = 219.58 万元

增值税销项税额 = 税前工程造价 × 9% = 219.58 万元 × 9% = 19.76 万元

工程造价 = 税前工程造价 × (1+9%) = 219.58 万元 × (1+9%) = 239.34 万元

(2) 简易计税方法

1) 简易计税的适用范围。根据《营业税改征增值税试点实施办法》《营业税改征增值税试点有关事项的规定》以及《关于建筑服务等营改增试点政策的通知》的规定，简易计税方法主要适用于以下几种情况：

① 小规模纳税人发生应税行为适用简易计税方法计税。小规模纳税人通常是指纳税人提供建筑服务的年应征增值税销售额未超过 500 万元，并且会计核算不健全，不能按规定报送有关税务资料的增值税纳税人。年应税销售额超过 500 万元，但不经常发生应税行为的单位，也可选择按照小规模纳税人计税。

② 一般纳税人以清包工方式提供的建筑服务，可以选择适用简易计税方法计税。以清包工方式提供建筑服务，是指施工方不采购建筑工程所需的材料或只采购辅助材料，并收取人工费、管理费或者其他费用的建筑服务。

③ 一般纳税人为甲供工程提供的建筑服务，可以选择适用简易计税方法计税。甲供工程是指全部或部分设备、材料、动力由工程发包方自行采购的建筑工程。其中建筑工程总承包单位为房屋建筑的地基与基础、主体结构提供工程服务，建设单位自行采购全部或部分钢材、混凝土、砌体材料、预制构件的，适用简易计税方法计税。

④ 一般纳税人为建筑工程老项目提供的建筑服务，可以选择适用简易计税方法计税。建筑工程老项目：《建筑工程施工许可证》注明的合同开工日期在 2016 年 4 月 30 日前的建筑工程项目；未取得《建筑工程施工许可证》的，建筑工程承包合同注明的开工日期在 2016 年 4 月 30 日前的建筑工程项目。

2) 简易计税的计算方法。当采用简易计税方法时，建筑业增值税税率为 3%。计算公式为

$$增值税 = 税前造价 \times 3\% \tag{2-38}$$

税前造价为人工费、材料费、施工机具使用费、企业管理费、利润和规费之和，各费用项目均以包含增值税进项税额的含税价格计算。

二、按造价形成划分建筑安装工程费用项目构成和计算

按照工程造价形成划分，建筑安装工程费由分部分项工程费、措施项目费、其他项目费、规费和税金等组成。

（一）分部分项工程费

分部分项工程费是指工程量清单计价中，各分部分项工程所需的直接费、企业管理费、利润、风险费、规费的总和。各类专业工程的分部分项工程划分应遵循现行国家或行业计量规范的规定。分部分项工程费通常用分部分项工程量乘以综合单价进行计算。

$$分部分项工程费 = \sum (分部分项工程量 \times 综合单价) \tag{2-39}$$

综合单价指完成一个规定清单项目所需的人工费、材料和工程设备费、施工机具使用费、企业管理费和利润以及一定范围内的风险费用。

（二）措施项目费

1. 措施项目费的构成

措施项目费是指为完成建设工程施工，发生于该工程施工前和施工过程中的技术、生活、安全、环境保护等方面的费用。措施项目及其包含的内容应遵循各类专业工程的现行国

家或行业计量规范。

以《房屋建筑与装饰工程工程量计算规范》（GB 50854—2013）中的规定为例[⊖]，措施项目费可以归纳为以下几项：

1）安全文明施工费。是指工程施工期间按照国家现行的环境保护、建筑施工安全、施工现场环境与卫生标准和有关规定，购置和更新施工安全防护用具及设施、改善安全生产条件和作业环境所需要的费用，通常由环境保护费、文明施工费、安全施工费、临时设施费组成。

2）夜间施工增加费。是指因夜间施工所发生的夜班补助费、夜间施工降效、夜间施工照明设备摊销及照明用电等费用。

3）非夜间施工照明费。是指为保证工程施工正常进行，在地下室等特殊施工部位施工时所采用的照明设备的安拆、维护及照明用电等费用。

4）二次搬运费。是指由于施工场地条件限制而发生的材料、成品、半成品等一次运输不能达到堆放地点，必须进行二次或多次搬运的费用。

5）冬雨季施工增加费。是指在冬季或雨季施工需增加的临时设施、防滑、排除雨雪，人工及施工机械效率降低等费用。

6）地上、地下设施、建筑物的临时保护设施费。是指在工程施工过程中，对已建成的地上、地下设施和建筑物进行的遮盖、封闭、隔离等必要保护措施所发生的费用。

7）已完工程及设备保护费。是指竣工验收前，对已完工程及设备采取的覆盖、包裹、封闭、隔离等必要保护措施所发生的费用。

8）脚手架工程费。是指施工需要的各种脚手架搭、拆、运输费用以及脚手架购置费的摊销（或租赁）费用。

9）混凝土模板及支架（撑）费。是指混凝土施工过程中需要的各种钢模板、木模板、支架等的支拆、运输费用及模板、支架的摊销（或租赁）费用。

10）垂直运输费。是指现场所用材料、机具从地面运至相应高度以及人员上下工作面等所发生的运输费用。

11）超高施工增加费。当单层建筑物檐口高度超过 20m，多层建筑物超过 6 层时，可计算超高施工增加费。

12）大型机械设备进出场及安拆费。是指机械整体或分体自停放场地运至施工现场或由一个施工地点运至另一个施工地点，所发生的机械进出场运输及转移费用及机械在施工现场进行安装、拆卸所需的人工费、材料费、机械费、试运转费和安装所需的辅助设施的费用。

13）施工排水、降水费。是指将施工期间有碍施工作业和影响工程质量的水排到施工场地以外，以及防止在地下水位较高的地区开挖深基坑出现基坑浸水，地基承载力下降，在动水压力作用下还可能引起流沙、管涌和边坡失稳等现象而必须采取有效的降水和排水措施费用。

14）其他。根据项目的专业特点或所在地区不同，可能会出现其他的措施项目。如工程定位复测费和特殊地区施工增加费等。

⊖ 其余专业工程请自行查阅相关的工程量计算规范。

2. 措施项目费的计算

按照有关专业计量规范规定,措施项目分为应予计量的措施项目和不宜计量的措施项目两类。

(1) 应予计量的措施项目　基本与分部分项工程费的计算方法相同,公式为

$$措施项目费 = \sum(措施项目工程量 \times 综合单价) \tag{2-40}$$

不同的措施项目其工程量的计算单位是不同的,分列如下:

1) 脚手架费通常按建筑面积或垂直投影面积以 m^2 为单位计算。

2) 混凝土模板及支架(撑)费通常是按照模板与现浇混凝土构件的接触面积以 m^2 为单位计算。

3) 垂直运输费可根据需要用两种方法进行计算:①按照建筑面积以 m^2 为单位计算;②按照施工工期日历天数以天为单位计算。

4) 超高施工增加费通常按照建筑物超高部分的建筑面积以 m^2 为单位计算。

5) 大型机械设备进出场及安拆费通常按照机械设备的使用数量以台次为单位计算。

6) 施工排水、降水费分两个不同的独立部分计算:①成井费用通常按照设计图示尺寸以钻孔深度按 m 计算;②排水、降水费用通常按照排、降水日历天数按昼夜计算。

(2) 不宜计量的措施项目　对于不宜计量的措施项目,通常用计算基数乘以费率的方法予以计算。

1) 安全文明施工费。计算公式为

$$安全文明施工费 = 计算基数 \times 安全文明施工费费率 \tag{2-41}$$

计算基数应为定额基价(定额分部分项工程费+定额中可以计量的措施项目费)、定额人工费或定额人工费与机械费之和,其费率由工程造价管理机构根据各专业工程的特点综合确定。

2) 其余不宜计量的措施项目。包括夜间施工增加费,非夜间施工照明费,二次搬运费,冬雨季施工增加费,地上、地下设施、建筑物的临时保护设施费,已完工程及设备保护费等。计算公式为

$$措施项目费 = 计算基数 \times 措施项目费费率 \tag{2-42}$$

式 (2-42) 中的计算基数应为定额人工费或定额人工费与定额机械费之和,其费率由工程造价管理机构根据各专业工程特点和调查资料综合分析后确定。措施项目费的计算方法见表 2-2。

表 2-2　措施项目费的计算方法

措施项目类别	计 算 公 式
1. 按单价计算的措施项目	措施项目费 = ∑(措施项目工程量 × 综合单价)
2. 按总价计算的措施项目	安全文明施工费=计算基数×安全文明施工费费率
	夜间施工增加费=计算基数×夜间施工增加费费率
	二次搬运费=计算基数×二次搬运费费率
	冬雨季施工增加费=计算基数×冬雨季施工增加费费率
	已完工程及设备保护费=计算基数×已完工程及设备保护费费率

（三）其他项目费

1. 暂列金额

暂列金额是指招标人暂定并包括在合同中的一笔款项，用于施工合同签订时尚未确定或者不可预见的所需材料、设备、服务的采购，施工中可能发生的工程变更、合同约定调整因素出现时的工程价款以及发生的索赔、现场签证确认等的费用。

此部分费用实际发生了才给予支付，在确定暂列金额时应根据施工图的深度、暂估价设定的水平、合同价款约定调整的因素及工程实际情况合理确定，一般为分部分项工程量清单的 10%～15%，不同专业预留的暂列金额应可以分开列项，比例也可以根据不同专业的情况具体确定。

暂列金额由建设单位根据工程特点，按有关计价规定估算，施工过程中由建设单位支配使用，扣除合同价款调整后如有余额，归建设单位。

2. 暂估价

暂估价是指招标人在招标文件中提供的用于支付必然发生但暂时不能确定价格的材料、工程设备的单价以及专业工程的金额，包括材料暂估单价、工程设备暂估单价、专业工程暂估价。

3. 计日工

计日工是指在施工过程中，承包人完成发包人提出的工程合同范围以外的零星项目或工作，按合同中约定的单价计价的一种方式。

4. 总承包服务费

总承包服务费是指总承包人为配合、协调发包人进行的专业工程发包，对发包人自行采购的材料、工程设备等进行保管以及施工现场管理、竣工资料汇总整理等服务所需的费用。总承包服务费由发包人在招标控制价中根据总包服务范围和有关计价规定编制，总承包人投标时自主报价，施工过程中按签约合同价执行。

（四）规费和税金

规费和税金的构成与计算方法同本节第一部分内容。

第四节　工程建设其他费用的构成和计算

工程建设其他费用是指建设期发生的与土地使用权取得、全部工程项目建设以及未来生产经营有关的，除工程费用、预备费、增值税、建设期融资费用、流动资金以外的费用。

政府有关部门对建设项目管理监督所发生的，并由其部门财政支出的费用，不得列入相应建设项目的工程造价。

一、建设单位管理费

1. 建设单位管理费的内容

建设单位管理费是指项目建设单位从项目筹建之日起至办理竣工财务决算之日止发生的管理性质的支出，包括工作人员薪酬及相关费用、办公费、办公场地租用费、差旅交通费、劳动保护费、工具用具使用费、固定资产使用费、招募生产工人费、技术图书资料费（含软件)、业务招待费、竣工验收费和其他管理性质开支。

2. 建设单位管理费的计算

建设单位管理费按照工程费用之和(包括设备工器具购置费和建筑安装工程费用)乘以建设单位管理费费率计算。其计算公式如下:

$$\text{建设单位管理费} = \text{工程费用} \times \text{建设单位管理费费率} \tag{2-43}$$

实行代建制管理的项目,计列代建管理费等同建设单位管理费,不得同时计列建设单位管理费。委托第三方行使部分管理职能的,其技术服务费列入技术服务费项目。

二、用地与工程准备费

用地与工程准备费是指取得土地与工程建设施工准备所发生的费用,包括土地使用费和补偿费、场地准备费、临时设施费等。

(一) 土地使用费和补偿费

建设用地的取得,实质是依法获取国有土地的使用权。根据《中华人民共和国土地管理法》《中华人民共和国土地管理法实施条例》《中华人民共和国城市房地产管理法》规定,获取国有土地使用权的基本方法有两种:一是出让方式,二是划拨方式。建设土地取得的基本方式还包括租赁和转让方式。

建设用地若通过行政划拨方式取得,则须承担征地补偿费用或对原用地单位或个人的拆迁补偿费用;若通过市场机制取得,则不但承担以上费用,还须向土地所有者支付有偿使用费,即土地出让金。

1. 征地补偿费

(1) 土地补偿费 土地补偿费是对农村集体经济组织因土地被征用而造成的经济损失的一种补偿。征用耕地的补偿费,为该耕地被征用前3年平均年产值的6~10倍。土地补偿费归农村集体经济组织所有。

(2) 青苗补偿费和地上附着物补偿费 青苗补偿费是因征地时对其正在生长的农作物损害而做出的一种赔偿。在农村实行承包责任制后,农民自行承包土地的青苗补偿应付给本人,属于集体种植的青苗补偿费可纳入当年集体收益。凡在协商征地方案后抢种的农作物、树木等,一律不予补偿。地上附着物是指房屋、水井、树木、涵洞、桥梁、公路、水利设施、林木等地面建筑物、构筑物、附着物等。视协商征地方案前地上附着物价值与折旧情况确定,应根据"拆什么、补什么;拆多少,补多少,不低于原来水平"的原则确定。如果附着物产权属个人,则该项补助费付给个人。地上附着物的补偿标准由省、自治区、直辖市相关单位规定。

(3) 安置补助费 安置补助费应支付给被征地单位和安置劳动力的单位,作为劳动力安置与培训的支出,以及作为不能就业人员的生活补助。征收耕地的安置补助费应按照需要安置的农业人口数计算。需要安置的农业人口数应按照被征收的耕地数量除以征地前被征收单位平均每人占有耕地的数量计算。每一个需要安置的农业人口的安置补助费标准为该耕地被征收前3年平均年产值的4~6倍。但是,每公顷被征收耕地的安置补助费最高不得超过被征收前3年平均年产值的15倍。土地补偿费和安置补助费尚不能使需要安置的农民保持原有生活水平的,经省、自治区、直辖市人民政府批准,可以增加安置补助费。但是,土地补偿费和安置补助费的总和不得超过土地被征收前3年平均年产值的30倍。另外,对于失去土地的农民，还需要支付养老保险补偿。

（4）新菜地开发建设基金　新菜地开发建设基金是指征用城市郊区商品菜地时支付的费用。这项费用交给地方财政，作为开发建设新菜地的投资。菜地是指城市郊区为供应城市居民蔬菜，连续3年以上常年种菜地或者养殖鱼、虾等的商品菜地和精养鱼塘。一年只种一茬或因调整茬口安排种植蔬菜的，均不作为需要收取开发基金的菜地。征用尚未开发的规划菜地，不缴纳新菜地开发建设基金。在蔬菜产销放开口，能够满足供应，不再需要开发新菜地的城市，不收取新菜地开发基金。

（5）耕地开垦费和森林植被恢复费　征用耕地的包括耕地开垦费用，涉及森林草原的包括森林植被恢复费用等。

（6）生态补偿与压覆矿产资源补偿费　水土保持等生态补偿费是指建设项目对水土保持等生态造成影响所发生的除工程费之外补救或者补偿费用；压覆矿产资源补偿费是指项目工程对被其压覆的矿产资源利用造成影响所发生的补偿费用。

（7）其他补偿费　其他补偿费是指建设项目涉及的对房屋、市政、铁路、公路、管道、通信、电力、河道、水利、厂区、林区、保护区、矿区等不附属于建设用地但与建设项目相关的建筑物、构筑物或设施的拆除、迁建补偿、搬迁运输补偿等费用。

（8）土地管理费　土地管理费主要作为征地工作中所发生的办公、会议、培训、宣传、差旅、借用人员工资等必要的费用。土地管理费的收取标准一般是在土地补偿费、青苗补偿费、地上附着物补偿费、安置补助费四项费用之和的基础上提取2%~4%。如果是征地包干，还应在四项费用之和后再加上粮食价差、副食补贴、不可预见费等费用，在此基础上提取2%~4%作为土地管理费。

2. 拆迁补偿费用

在城市规划区内国有土地上实施房屋拆迁，拆迁人应当对被拆迁人给予补偿、安置。

1）拆迁补偿金，补偿方式可以实行货币补偿，也可以实行房屋产权调换。

货币补偿的金额根据被拆迁房屋的区位、用途、建筑面积等因素，以房地产市场评估价格确定。具体办法由省、自治区、直辖市人民政府制定。

实行房屋产权调换的，拆迁人与被拆迁人按照计算得到的被拆迁房屋的补偿金额和所调换房屋的价格，结清产权调换的差价。

2）迁移补偿费。包括征用土地上的房屋及附属构筑物、城市公共设施等拆除、迁建补偿费、搬迁运输费，企业单位因搬迁造成的减产、停工损失补贴费，拆迁管理费等。

拆迁人应当对被拆迁人或者房屋承租人支付搬迁补助费，对于在规定的搬迁期限届满前搬迁的，拆迁人可以付给提前搬家奖励费；在过渡期限内，被拆迁人或者房屋承租人自行安排住处的，拆迁人应当支付临时安置补助费；被拆迁人或者房屋承租人使用拆迁人提供的周转房的，拆迁人不支付临时安置补助费。

迁移补偿费的标准由省、自治区、直辖市人民政府规定。

3. 出让金、土地转让金

土地使用权出让金为用地单位向国家支付的土地所有权收益，出让金标准一般参考城市基准地价并结合其他因素制定。基准地价由市土地管理局会同市物价局、市国有资产管理局、市房地产管理局等部门综合平衡后报市级人民政府审定通过，它以城市土地综合定级为基础，用某一地价或地价幅度表示某一类别用地在某一土地级别范围的地价，以此作为土地使用权出让价格的基础。

在有偿出让和转让土地时,政府对地价不做统一规定,但应坚持以下原则:地价对目前的投资环境不产生大的影响;地价与当地的社会经济承受能力相适应;地价要考虑已投入的土地开发费用、土地市场供求关系、土地用途、所在区类、容积率和使用年限等。有偿出让和转让使用权,要向土地受让者征收契税;转让土地如有增值,要向转让者征收土地增值税;土地使用者每年应按规定的标准缴纳土地使用费。土地使用权出让或转让,应先由地价评估机构进行价格评估后,再签订土地使用权出让和转让合同。

土地使用权出让合同约定的使用年限届满,土地使用者需要继续使用土地的,应当至少于届满前一年申请续期,除根据社会公共利益需要收回该幅土地的,应当予以批准。经批准予续期的,应当重新签订土地使用权出让合同,依照规定支付土地使用权出让金。

(二) 场地准备及临时设施费

1. 场地准备及临时设施费的内容

1) 建设项目场地准备费是指为使工程项目的建设场地达到开工条件,由建设单位组织进行的场地平整等准备工作而发生的费用。

2) 建设单位临时设施费是指建设单位为满足施工建设需要而提供的未列入工程费用的临时水、电、路、信、气、热等工程和临时仓库等建(构)筑物的建设、维修、拆除、推销费用或租赁费用,以及货场、码头租赁等费用。

2. 场地准备及临时设施费的计算

1) 场地准备及临时设施应尽量与永久性工程统一考虑。建设场地的大型土石方工程应计入工程费用中的总图运输费用中。

2) 新建项目的场地准备和临时设施费应根据实际工程量估算,或按工程费用的比例计算。改扩建项目一般只计拆除清理费。

$$场地准备和临时设施费 = 工程费用费率 + 拆除清理费 \qquad (2-44)$$

3) 发生拆除清理费时可按新建同类工程造价或主材费、设备费的比例计算。凡可回收材料的拆除工程采用以料抵工方式冲抵拆除清理费。

4) 此项费用不包括已列入建筑安装工程费用中的施工单位临时设施费用。

三、市政公用配套设施费

市政公用配套设施费是指使用市政公用设施的工程项目,按照项目所在地政府有关规定建设或缴纳的市政公用设施建设配套费用。

市政公用配套设施可以是界区外配套的水、电、路、信等,包括绿化、人防等配套设施。

四、技术服务费

技术服务费是指在项目建设全部过程中委托第三方提供项目策划、技术咨询、勘察设计、项目管理和跟踪验收评估等技术服务发生的费用。技术服务费包括可行性研究费、专项评价费、勘察设计费、监理费、研究试验费、特殊设备安全监督检验费、监造费、招标费、设计评审费、技术经济标准使用费、工程造价咨询费及其他咨询费。按照《国家发展改革委关于进一步放开建设项目专业服务价格的通知》(发改价格〔2015〕299号)的规定,技术服务费应实行市场调节价。

(一) 可行性研究费

可行性研究费是指在工程项目投资决策阶段，对有关建设方案、技术方案或生产经营方案进行的技术经济论证，以及编制、评审可行性研究报告等所需的费用，包括项目建议书、预可行性研究、可行性研究费等。

(二) 专项评价费

专项评价费是指建设单位按照国家规定委托相关单位开展专项评价及有关验收工作发生的费用。

专项评价费包括环境影响评价费、安全预评价费、职业病危害预评价费、地震安全性评价费、地质灾害危险性评价费、水土保持评价费、压覆矿产资源评价费、节能评估费、危险与可操作性分析及安全完整性评价费以及其他专项评价及验收费。

1. 环境影响评价费

环境影响评价费是指在工程项目投资决策过程中，对其进行环境污染或影响评价所需的费用，包括编制环境影响报告书（含大纲）、环境影响报告表和评估等所需的费用，以及建设项目竣工验收阶段环境保护验收调查和环境监测、编制环境保护验收报告的费用。

2. 安全预评价费

安全预评价费是指为预测和分析建设项目存在的危害因素种类和危险危害程度，提出先进、科学、合理可行的安全技术和管理对策，而编制评价大纲、编写安全评价报告书和评估等所需的费用。

3. 职业病危害预评价费

职业病危害预评价费是指建设项目因可能产生职业病危害，而编制职业病危害预评价书、职业病危害控制效果评价书和评估所需的费用。

4. 地震安全性评价费

地震安全性评价费是指通过对建设场地和场地周围的地震活动与地震、地质环境的分析，而进行的地震活动环境评价、地震地质构造评价、地震地质灾害评价，编制地震安全评价报告书和评估所需的费用。

5. 地质灾害危险性评价费

地质灾害危险性评价费是指在灾害易发区对建设项目可能诱发的地质灾害和建设项目本身可能遭受的地质灾害危险程度的预测评价，编制评价报告书和评估所需的费用。

6. 水土保持评价费

水土保持评价费是指对建设项目在生产建设过程中可能造成水土流失进行预测，编制水土保持方案和评估所需的费用。

7. 压覆矿产资源评价费

压覆矿产资源评价费是指对需要压覆重要矿产资源的建设项目，编制压覆重要矿床评价和评估所需的费用。

8. 节能评估费

节能评估费是指对建设项目的能源利用是否科学合理进行分析评估，并编制节能评估报告以及评估所发生的费用。

9. 危险与可操作性分析及安全完整性评价费

危险与可操作性分析及安全完整性评价费是指对应用于生产具有流程性工艺特征的新

建、改建、扩建项目进行工艺危害分析和对安全仪表系统的设置水平及可靠性进行定量评估所发生的费用。

10. 其他专项评价及验收费

根据国家法律法规、建设项目所在省、直辖市、自治区人民政府有关规定，以及行业规定需进行的其他专项评价、评估、咨询所需的费用，如重大投资项目社会稳定风险评估、防洪评价、交通影响评价费等。

（三）勘察设计费

1. 勘察费

勘察费是指勘察人根据发包人的委托，收集已有资料，现场踏勘，制定勘察纲要，进行勘察作业，以及编制工程勘察文件和岩土工程设计文件等收取的费用。

2. 设计费

设计费是指设计人根据发包人的委托，提供编制建设项目初步设计文件、施工图设计文件、非标准设备设计文件、竣工图文件等服务所收取的费用。

（四）监理费

监理费是指受建设单位委托，工程监理单位为工程建设提供监理服务所发生的费用。

（五）研究试验费

研究试验费是指为建设项目提供或验证设计参数、数据、资料等进行必要的研究试验，以及设计规定在建设过程中必须进行试验、验证所需的费用，包括自行或委托其他部门的专题研究、试验所需人工费、材料费、试验设备及仪器使用费等。这项费用按照设计单位根据本工程项目的需要提出的研究试验内容和要求计算。在计算时要注意不应包括以下项目：

1）应由科技三项费用（即新产品试制费、中间试验费和重要科学研究补助费）开支的项目。

2）应在建筑安装费用中列支的施工企业对建筑材料、构件和建筑物进行一般鉴定、检查所发生的费用及技术革新的研究试验费。

3）应由勘察设计费或工程费用中开支的项目。

（六）特殊设备安全监督检验费

特殊设备安全监督检验费是指对在施工现场安装的列入国家特种设备范围内的设备（设施）检验检测和监督检查所发生的应列入项目开支的费用。

（七）监造费

监造费是指对项目所需设备材料制造过程、质量进行驻厂监督所发生的费用。

设备材料监造是指承担设备监造工作的单位受项目法人或建设单位的委托，按照设备、材料供货合同的要求，坚持客观公正、诚信科学的原则，对工程项目所需设备、材料在制造和生产过程中的工艺流程、制造质量等进行监督，并对委托人（项目法人或建设单位）负责的服务。

（八）招标费

招标费是指建设单位委托招标代理机构进行招标服务所发生的费用。

（九）设计评审费

设计评审费是指建设单位委托有资质的机构对设计文件进行评审的费用。设计文件包括初步设计文件和施工图设计文件等。

(十) 技术经济标准使用费

技术经济标准使用费是指建设项目投资确定与计价、费用控制过程中使用相关技术经济标准时所发生的费用。

(十一) 工程造价咨询费

工程造价咨询费是指建设单位委托造价咨询机构进行各阶段相关造价业务工作所发生的费用。

五、建设期计列的生产经营费

建设期计列的生产经营费是指为达到生产经营条件在建设期发生或将要发生的费用，包括专利及专有技术使用费、联合试运转费、生产准备费等。

(一) 专利及专有技术使用费

专利及专有技术使用费是指在建设期内为取得专利、专有技术、商标权、商誉、特许经营权等发生的费用。

1. 专利及专有技术使用费的主要内容

1）工艺包费、设计及技术资料费、有效专利、专有技术使用费、技术保密费和技术服务费等。

2）商标权、商誉和特许经营权费。

3）软件费等。

2. 专利及专有技术使用费的计算

在专利及专有技术使用费的计算时应注意以下问题：

1）按专利使用许可协议和专有技术使用合同的规定计列。

2）专有技术的界定应以省、部级鉴定批准为依据。

3）项目投资中只计需在建设期支付的专利及专有技术使用费。协议或合同规定在生产期支付的使用费应在生产成本中核算。

4）一次性支付的商标权、商誉及特许经营权费按协议或合同规定计列。协议或合同规定在生产期支付的商标权或特许经营权费应在生产成本中核算。

5）为项目配套的专用设施投资，包括专用铁路线、专用公路、专用通信设施、送变电站、地下管道、专用码头等，如由项目建设单位负责投资但产权不归属本单位的，应作无形资产处理。

(二) 联合试运转费

联合试运转费是指新建或新增加生产能力的工程项目，在交付生产前按照设计文件规定的工程质量标准和技术要求，对整个生产线或装置进行负荷联合试运转所发生的费用净支出（试运转支出大于收入的差额部分费用）。试运转支出包括试运转所需原材料、燃料及动力消耗、低值易耗品、其他物料消耗、工具用具使用费、机械使用费、联合试运转人员工资、施工单位参加试运转人员工资、专家指导费，以及必要的工业炉烘炉费等；试运转收入包括试运转期间的产品销售收入和其他收入。联合试运转费不包括应由设备安装工程费用开支的调试及试车费用，以及在试运转中暴露出来的因施工原因或设备缺陷等发生的处理费用。

(三) 生产准备费

1. 生产准备费的内容

在建设期内，建设单位为保证项目正常生产所做的提前准备工作发生的费用，包括人员培训、提前进厂费，以及投产使用必备的办公、生活家具用具及工器具等的购置费用。具体包括以下几点：

1) 人员培训及提前进厂费，包括自行组织培训或委托其他单位培训的人员工资、工资性补贴、职工福利费、差旅交通费、劳动保护费、学习资料费等。

2) 为保证初期正常生产（或营业、使用）所必需的生产办公、生活家具用具购置费。

2. 生产准备费的计算

1) 新建项目按设计定员为基数计算，改扩建项目按新增设计定员为基数计算，公式如下：

$$生产准备费 = 设计定员 \times 生产准备费指标(元／人) \qquad (2\text{-}45)$$

2) 可采用综合的生产准备费指标进行计算，也可以按费用内容的分类指标计算。

六、工程保险费

工程保险费是指为转移工程项目建设的意外风险，在建设期内对建筑工程、安装工程、机械设备和人身安全进行投保而发生的费用，包括建筑安装工程一切险、引进设备财产保险和人身意外伤害险等。不同的建设项目可根据工程特点选择投保险种。

根据不同的工程类别，分别以其建筑、安装工程费乘以建筑、安装工程保险费率计算。民用建筑（住宅楼、综合性大楼、商场、旅馆、医院、学校）占建筑工程费的 2‰~4‰；其他建筑（工业厂房、仓库、道路、码头、水坝、隧道桥梁、管道等）占建筑工程费的 3‰~6‰；安装工程（农业、工业、机械、电子、电器、纺织、矿山、石油、化学及铁工业、钢结构桥梁）占建筑工程费的 3‰~6‰。

七、税费

按财政部印发的《基本建设项目建设成本管理规定》（财建〔2016〕504 号）工程其他费中的有关规定，税费统一归纳计列，是指耕地占用税、城镇土地使用税印花税、车船使用税等和行政性收费，不包括增值税。

第五节 预备费及建设期利息的计算

一、预备费

预备费是在建设期内因各种不可预见因素的变化而预留的可能增加的费用，包括基本预备费和价差预备费。

(一) 基本预备费的内容

基本预备费是指投资估算或工程概算阶段预留的，由于工程实施中不可预见的工程变更及洽商、一般自然灾害处理、地下障碍物处理、超规超限设备运输等而可能增加的费用。基本预备费一般由以下三部分构成：

1）在批准的初步设计范围内，技术设计、施工图设计及施工过程中所增加的工程费用；设计变更、工程变更、材料代用、局部地基处理等增加的费用。

2）一般自然灾害造成的损失和预防自然灾害所采取的措施费用。实行工程保险的建设项目，该费用应适当降低。

3）竣工验收时为鉴定工程质量对隐蔽工程进行必要的挖掘和修复费用。

$$基本预备费=(工程费用+工程建设其他费用)\times基本预备费费率 \qquad (2\text{-}46)$$

基本预备费费率的取值应执行国家及部门的有关规定。

（二）价差预备费的内容

价差预备费是指在建设期内利率、汇率或价格等因素的变化而预留的可能增加的费用。价差预备费的内容包括：在建设期间内人工、设备、材料、施工机械的价差费，建筑安装工程费及工程建设其他费用调整，利率、汇率调整等增加的费用。其计算公式为

$$PF = \sum_{t=1}^{n} I_t [(1+f)^m (1+f)^{0.5} (1+f)^{t-1} - 1] \qquad (2\text{-}47)$$

式中　PF——价差预备费；

　　　t——建设期年份数；

　　　I_t——建设期第 t 年的投资计划额，包括工程费用、工程建设其他费用及基本预备费，即第 t 年的静态投资；

　　　f——年均投资价格上涨率；

　　　m——建设前期年限（从编制估算到开工建设，年）。

【例2-4】　某建设项目建安工程费为5000万元，设备购置费为3000万元，工程建设其他费用为2000万元，已知基本预备费费率为5%，项目建设前期年限为1年，建设期为3年，各年投资计划额为：第一年完成投资20%，第二年60%，第三年20%。年均投资价格上涨率为6%，求建设项目建设期间价差预备费。

【解】　基本预备费 =（5000+3000+2000）万元×5% = 500万元

静态投资 =（5000+3000+2000+500）万元 = 10500万元

建设期第一年完成投资 = 10500万元×20% = 2100万元

第一年价差预备费为：$PF_1 = I_1[(1+f)(1+f)^{0.5}-1]$万元 = 191.8万元

第二年完成投资 = 10500万元×60% = 6300万元

第二年价差预备费为：$PF_2 = I_2[(1+f)(1+f)^{0.5}(1+f)-1]$万元 = 987.9万元

第三年完成投资 = 10500万元×20% = 2100万元

第三年价差预备费为：$PF_3 = I_3[(1+f)(1+f)^{0.5}(1+f)^2-1]$万元 = 475.1万元

所以，建设期的价差预备费为：PF =（191.8+987.9+475.1）万元

　　　　　　　　　　　　　　　= 1654.8万元

【案例】　某高速公路项目预算案例——计算公路工程预备费

某高速公路某标段桩号为K5+600—K11+100，四车道，位于平原微丘区，属于公路交通部门投资的项目。该项目于2011年1月1日编制设计文件，工期要求2011年3月1日开工，2011年9月30日竣工。

高速公路预算总金额包含：建筑安装工程费（以下简称第一部分费用）、设备工具器具及家具购置费（以下简称第二部分费用）、工程建设其他费用（以下简称第三部分费用）、

预备费。根据中华人民共和国行业标准《公路工程建设项目概算预算编制办法》（JTG 3830—2018）第3.4节对预备费的规定，设计文件编制至工程完工在1年以内的工程，不列此涨价预备费用；对于基本预备费的计算方法如下：以第一、二、三部分费用之和（扣除固定资产投资方向调节税和建设期贷款利息两项费用）为基数乘以相应费率。其中设计概算按5%计列；修正概算按4%计列；施工图预算按3%计列。该工程总造价为1.87亿元，项目建设单位报审的价差预备费为650万元，基本预备费为974万元。但是在有关部门核定审批中发现预备费计算有误，不符合相关规定。请分析原因。

【问题解析】

基本预备费费率的取值应执行国家及相关部门的有关规定，通常基本预备费率为5%~8%，但各地区部门取费标准有所不同，具体应以相关部门和文件规定为依据取费计算。在案例中的高速公路工程报审的650万元的价差预备费是不合理的，因为该项目的工期在一年以内。其次，由于该项目现阶段为施工图预算，所以报审的基本预备费按5%计列是不正确的，应按3%计列。

二、建设期利息

建设期利息是指在建设期内发生的为建设项目筹措资金的融资费用及债务资金利息。建设期利息包括向国内银行和其他非银行金融机构贷款、出口信贷、外国政府贷款、国际商业银行贷款以及在境内外发行的债券等在建设期间应计的借款利息。

国外贷款利息的计算中，还应包括国外贷款银行根据贷款协议向贷款方以年利率的方式收取的手续费、管理费、承诺费，以及国内代理机构经国家主管部门批准的以年利率的方式向贷款单位收取的转贷费、担保费、管理费等。其计算公式为

$$q_j = \left(P_{j-1} + \frac{1}{2}A_j\right)i \tag{2-48}$$

式中　q_j——建设期第 j 年应计利息；

　　　P_{j-1}——建设期第 ($j-1$) 年末贷款累计金额与利息累计金额之和；

　　　A_j——建设期第 j 年贷款金额；

　　　i——年利率。

【例2-5】 某新建项目，建设期3年，分年均衡进行贷款，第一年贷款300万元，第二年贷款600万元，第三年贷款400万元，年利率为12%，建设期内利息只计息不支付，计算建设期利息。

【解】 在建设期，各年利息计算如下：

$$q_1 = \frac{1}{2}A_1 i = \frac{1}{2} \times 300 \text{ 万元} \times 12\% = 18 \text{ 万元}$$

$$q_2 = \left(P_1 + \frac{1}{2}A_2\right)i = \left(300 + 18 + \frac{1}{2} \times 600\right) \text{ 万元} \times 12\% = 74.16 \text{ 万元}$$

$$q_3 = \left(P_2 + \frac{1}{2}A_3\right)i = \left(318 + 600 + 74.16 + \frac{1}{2} \times 400\right) \text{ 万元} \times 12\% = 143.06 \text{ 万元}$$

所以，建设期利息 = $q_1 + q_2 + q_3$ = (18 + 74.16 + 143.06) 万元 = 235.22 万元

本章综合训练

基础训练

1. 建筑安装工程费的划分方式和相应的构成是什么？
2. 总承包服务费是什么？它与总承包管理费的区别是什么？
3. 简述工程建设其他费用中包括哪些费用。
4. 区分 FOB、CFR、CIF 费用划分及风险转移的分界点。
5. 研究试验费在计算时不应包括哪些项目的计算。
6. 什么是基本预备费？一般包括哪些内容？

能力拓展

一、根据已知条件回答问题

1. 某工程项目工期为 4 个月，分项工程包括 A、B、C 三项，清单工程量分别为 $600m^3$、$800m^3$、$900m^2$，综合单价分别为 300 元/m^3、380 元/m^3、120 元/m^2。
2. 单价措施项目费用 6 万元，不予调整。
3. 总价措施项目费用 8 万元，其中，安全文明施工费按分项工程和单价措施项目费用之和的 5% 计取，除安全文明施工费之外的其他总价措施项目费用不予调整。
4. 暂列金额 5 万元。
5. 管理费和利润按人材机费用之和的 18% 计取，规费按人材机费和管理费、利润之和的 5% 计取，增值税率为 9%。
6. 上诉费用均不包括增值税可抵扣进项税额。

问题：

（1）计算该项目增值税销项税额、安全文明施工费。
（2）计算该项目的建安工程造价。

二、计算题

1. 某工厂采购一台国产非标准设备，制造厂生产该台设备所用材料费 20 万元，加工费 2 万元，辅助材料费 4000 元，制造厂为制造该设备。专用工具费率 1.5%，废品损失费率 10%，外购配套件费 5 万元，包装费率 1%，利润率为 7%，增值税率为 13%，非标准设备设计费 2 万元，求该国产非标准设备的原价及增值税销项税额。

2. 某建设项目，人工费 55 万元、材料费 210 万元（包含可抵扣进项税额 25 万元）、机械费 28 万元（包含可抵扣进项税额 5 万元），企业管理费、规费和利润费率分别为 18.65%、12.84% 和 9.32%，企业管理费、规费和利润取费基数均为人工费+机械费，增值税税率 9%，采用一般计税方法，求该建设项目增值税销项税额。

案例分析

【案例】总包合同下专业工程分包责任划分案例——区分总承包管理费与总承包服务费

天津某房地产公司（以下简称"甲方"）对某宾馆建设项目进行招标，最后确定北京某建筑工程公司（以下简称"乙方"）为总承包商并签订了施工总承包合同，有如下约定：工期为 184 天，工程为地下 2 层、地上 24 层，其中，甲方直接发包了安保系统专业工程，同时在合同中约定甲方支付给乙方总包管理费，该项费用为安保系统专业工程竣工结算价的 4%，同时要求乙方对安保系统专业工程履行施工配合义务。

安保系统工程由天津某安保系统专业施工单位（以下简称"分包方"）承担，施工过程中，采购的安保材料质量有问题，导致总承包工程已完工而安保系统工程不能按时完工，而且已完的工程有很多地方出现缺陷。甲方催告乙方履约但乙方没有给出回应，同时要求分包方对合同中约定的义务进行履行，但分包方并没有执行。甲方向法院提起诉讼，请求：①判令乙方与分包方共同连带向甲方承担由工期延误而导致的实际损失和预期利润；②判令乙方与分包方对工程返修一起承担责任。

【矛盾焦点】专业工程连带责任问题

总承包管理费中是否含有乙方管理分包商的义务？乙方与分包方是否具有连带责任要向甲方承担损失？因为甲方支付给了乙方总承包管理费，同时要求乙方对该专业建设项目履行配合义务，所以本问题的焦点是：本案原告以乙方收取"总承包管理费"为由而要求与分包方共同承担损失和返修责任，而乙方则以安保系统专业工程合同并非自身与分包方签订为理由拒绝承担损失和返修的责任，进而演变成了法律纠纷。

【问题分析】

（一）关于总承包管理费与总承包服务费的概念分析

总承包管理费是总承包商经业主同意后把自身承揽的非主体工程又发包给其他分包商，而在征得业主同意时，业主以同意其发包为条件要求直接与分包商对建设工程进行最终结算，并同意给予总承包商一定的总包管理费。

总承包服务费是指总承包人为配合协调发包人进行的专业工程发包，包括发包人自行采购的材料、工程设备等进行保管以及施工现场管理、竣工资料汇总整理等服务所需的费用。

本案例是在总承包模式加平行发包模式下，总承包商为发包人进行招标或指定的分包商提供配合工作而产生的费用，该专业工程由发包人直接指定发包，此项费用应该计取总承包服务费，且应由业主向总承包商进行支付。总承包管理费中并不含有乙方管理分包商的义务。

（二）关于专业工程连带责任的分析

在本案例中可以看出，总承包服务费和总承包管理费的实质内涵并不相同，其承担的责任也不同，从签订的合同来看，乙方所收取的费用虽是总承包管理费，但从合同实质内容上看，玻璃幕墙专业工程是由业主进行的发包，总承包商履行的义务仅是对分包商的施工提供方便和配合，应为总承包服务费，只承担履行义务时出现错误事件的法律责任。所以本案例中产生的损失和预期利润的赔偿应由分包商承担。

工程质量返修应由分包商承担，因为安保系统工程的质量和延误与乙方无关，应由分包商单独向甲方承担相应责任。

【案例总结】

本案例中的安保系统专业工程由甲方直接发包，虽然合同中总承包商收取了总承包管理费，但对分包商并没有履行总承包管理的义务。对于甲方直接指定发包的专业工程，总承包商应向甲方收取总承包服务费，来协调配合发包人推进工程进度。此外，纵使总承包商收取了总承包服务费，总承包商也只对履行配合时发生的事件承担责任。材料由发包人采购，且并没有提出总承包商保管的相关条款，因此总承包商对工程延误及损失并不具有连带责任。甲乙双方签订合同时应注意区分总承包服务费与总承包管理费的意义和范围，以免混淆导致在结算时发生纠纷。

延展阅读

BT模式下建设项目回购总价款的构成
——以北京地铁奥运支线BT项目为例

本章所介绍的建设项目总投资是针对一般建设工程而言，是指在建设项目建设阶段所需的全部工程费用的总和，包括固定资产投资和流动资金投资两大部分。随着我国经济建设的高速发展及国家宏观调控政策的实施，基础设施投资出现了融资+建设的模式，用以解决筹集建设资金的难题。为了解决部分公共建设项目建设资金不足，政府公共部门采用了建设移交（Build Transfer，BT）模式向私人举债。BT模式下，私人部门作为建设项目的承办方负责建设资金的筹集工作，政府公共部门则是项目的最终回购方。BT项目回购总价的控制是BT项目成功的关键，一旦失控必然造成回购总价偏高，带来巨大财政负担。因此，政府方及项目主办方对BT项目回购总价的确定与监控是BT项目成功的关键。

北京地铁奥运支线建设项目是国家举办2008年奥运会公用配套设施的重点建设项目（图1）。该项目在北京市乃至全国的轨道交通设施项目中，是采用 BT 模式较成功的项目。在确定其 BT 项目回购总价款构成时，造价工程师认定：回购总价款由回购基价和回购期投资收益两部分组成，如图 2 所示。

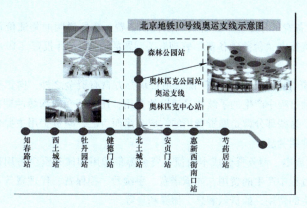

图 1　2008 年北京地铁 10 号线奥运支线示意图

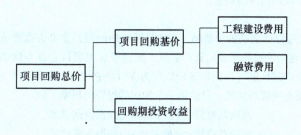

图 2　BT 项目回购总价款构成

1. 项目回购基价

回购基价是指项目主办方在项目开始回购时应该支付给项目承办方的全部费用，包括工程建设费用、建设期以及回购缓冲期融资费用，即：回购基价＝工程建设费用＋（建设期和缓冲期）融资费用。

（1）工程建设费用　城市轨道交通 BT 项目回购基价中的工程建设费用是指 BT 项目承办方为完成项目在建设期间所付出的一切费用。我国目前基础设施的工程造价由建设投资和建设期利息组成，根据国家发展改革委和建设部发布的《建设项目经济评价方法与参数》（第三版）（发改投资〔2006〕1325 号）的规定，建设投资（工程建设费用）包括工程费用、工程建设其他费用和预备费三部分，但是城市轨道交通 BT 项目回购总价款中的工程建设费用略有不同。

1）城市轨道交通 BT 项目回购总价款中的建筑安装工程费包括人工费、材料费、施工机具使用费、企业管理费、利润、规费、税金等部分，与《建筑安装工程费用项目组成》（建标〔2013〕44 号）规定的组成内容一致。

2）城市轨道交通 BT 项目回购总价款中的设备与工、器具购置费也是由设备购置费和工具、器具及生产家具购置费组成的，但是城市轨道交通工程单独地将车辆购置费从设备与工、器具购置费中拿出，独立列项，和建设期贷款利息、铺底流动资金一起列为专项费用，不列入城市轨道交通 BT 项目回购总价款中的设备与工、器具购置费。

3）城市轨道交通 BT 项目回购总价款中的工程建设其他费与普通的建筑安装工程建设其他费的构成有所不同，这主要是 BT 主办方已将项目的可行性研究阶段、初步设计阶段、征地拆迁和施工场地准备工作完成，BT 承办方从项目的施工图设计阶段开始接手，所以城市轨道交通工程 BT 项目回购总价款中的工程建设其他费用不包括项目前期固定资产其他费用中的建设用地费、可行性研究费、研究试验费、初步设计费、环境影响评价费等。需要补充的是，工程监理费依据具体项目情况而定，某些城市轨道交通BT项目工程监理由BT主办方招标并签订合同，而有些则由BT承办方招标并签订合同，这主要依据BT主办方的管理能力而定。

4）回购基价中的预备费可分为基本预备费和涨价预备费，需要说明的是涨价预备费根据《关于加强对基本建设大中型项目概算中"价差预备费"管理有关问题的通知》（计投资〔1999〕1340号）规定暂不计列。

（2）融资费用　融资费用就是BT模式下除去项目承办方自有资金之外，向银行等金融机构贷款所产生的利息费用，贷款活动过程中产生的手续费等辅助性费用，还包括在回购缓冲期内所产生的利息费，以及回购期内的利息费用，这些部分就是融资费用的构成。简而言之，融资费用主要包括建设期债务资金成本、缓冲期利息以及回购期利息。

1）建设期债务资金成本。债务资金成本由债务资金筹集费用和债务资金占用费用组成。债务资金筹集费是指债务资金筹集过程中产生的费用，如承诺费、手续费、担保费、代理费等；债务资金占用费是指债务资金使用过程中发生的费用，如贷款利息、债券利息等。

2）利息。BT模式下向银行等金融机构贷款所产生的利息费用，还包括在回购缓冲期内所产生的利息费，这些部分就是缓冲及回购期的利息。

2. 回购期投资收益

回购期投资收益[⊖]是指以回购基价为基础，在项目回购期间项目主办方需要支付给项目承办方的投资回报。当BT承办方投资建设完成后形成的资产数量、质量等达到项目主办方回购合同中的原定条件，政府和项目主办方将以其资产的价值（即回购基价）作为支付给PPP项目公司投资回报的计算基础。这里假设不再考虑项目承办方资金来源的构成，只使用一个加权的投资回报率。即

$$回购期投资收益 = 回购基价 \times 投资回报率$$
$$回购总价款 = 回购基价 + 回购期投资收益$$

由上述公式可以发现，BT项目资产形成过程中支出的回购基价（建安工程费、工程其他费、预备费、建设期利息等）是最终政府回购总价款确定的关键依据，因此对BT项目需要BT主办方的确认与监管。它如此重要，以至于直接影响到资产价值的公允性，以及政府方最终的回购总价款。

2014年以来，国家发展改革委和财政部在建设市场中强力推行PPP模式。从投资管理的角度来说，PPP项目的投资是由政府方与社会资本共同出资完成的，且一般情况下社会资本占投资主导地位，建成后的资产运营权也是由以社会投资人主导的项目公司运营。

对政府方而言，不同的投资回报方式应有不同的政府监管方向与监管利益。有一类PPP项目包括城市污水、燃气、电力、垃圾处理、养老社区等，社会资本的投资回报全部依赖于自身经营，且产品或服务定价确定与资产数量和质量无关。在这种模式下，可以说，在资产形成的过程中，社会资本与政府方具有共同的利益目标，都具有控制投资额过高的自然动力，也就是说，政府方可以不需要对项目建设过程进行造价监管即可实现投资资金的最优化配置。还有一类PPP项目，包括城市道路、管网、绿化、保障性住房、公立医院、园区基础设施开发、市民公园、水利基础设施等，在采用PPP模式运作时，是采用的以资产移交作为取得投资回报的途径之一，即资产的"可用性付费"。由此可见，政府方在对这类项目进行PPP项目监管的过程中，传统的工程造价管控依然是其主要监管方向。

在PPP模式下，政府方的造价监管与传统的工程造价控制是否有不同之处呢？从造价监控的最终目标而言，这两者有共同之处，也有不同之处。共同之处是：两者都需要对建安工程造价从合同签订、形成过程乃至结算审计进行监督、管理。不同之处也是很明显的，PPP模式下，造价监控管理的范畴需要扩大到项目总投资，而非建安工程费，包括工程其他费的监督管理，投资环节的流转税、费的监督管理，资本化

[⊖] 姜敬波. 风险分担视角下城市轨道交通工程BT项目的回购定价研究［D］. 天津：天津大学，2010.

利息的监督管理等；另外，PPP模式下，总投资的形成与最终投资回报支付总额的形成是一个动态的过程，需要将造价监控管理延伸至PPP特许经营期。

推荐阅读材料

[1] 严敏，张亚娟，严玲. 项目治理视角下BT项目投资控制关键问题研究：以某地铁工程为例 [J] 土木工程学报，2015 (8)：118-128.

[2] 姜敬波，尹贻林. 城市轨道交通BT项目的回购定价 [J]. 天津大学学报，2011，44 (6)：558-564.

[3] 严玲，赵华，杨苓刚. BT建设模式下回购总价的确定及控制策略研究 [J]. 财经问题研究，2009 (12)：75-81.

[4] 高华. 我国BT模式投资建设合同研究 [D]. 天津：天津大学，2009.

[5] 冯违. EPC工程总承包项目的合同管理研究 [D]. 广州：华南理工大学，2012.

[6] 杨俊萍. 基于系统观的PPP项目定价机制研究 [D]. 重庆：重庆大学，2012.

[7] 财政部，国家税务总局. 关于全面推开营业税改征增值税试点的通知：财税〔2016〕36号 [EB/OL]. (2016-03-23) [2020-12-24]. http://www.chinatax.gov.cn/n810341/n810755/c2043931/content.html.

[8] 中华人民共和国住房和城乡建设部办公厅. 住房城乡建设部办公厅关于做好建筑业营改增建设工程计价依据调整准备工作的通知：建办标〔2016〕4号 [EB/OL]. (2016-02-19) [2020-12-24]. http://www.mohurd.gov.cn/wjfb/201602/t20160222_226713.html.

[9] 李海凌，汤明松，朱钇璇，等. 建设项目工程总承包发承包价格的构成与确定 [M]. 北京：机械工业出版社，2020.

[10] 袁亮亮，邹东，蒋盛钢，等. 工程总承包项目投资管控研究：基于广州地铁18号22号线实践 [M]. 北京：中国建筑工业出版社，2020.

二维码形式客观题

微信扫描二维码，可在线做题，提交后可查看答案。

第二章 客观题

第三章
建设工程的计价依据

工程计价依据是指在工程计价活动中，所要依据的与计价方法、计价内容和价格标准相关的工程建设法律法规、工程造价管理标准，工程计价定额，工程计价信息等。

——吴佐民[一]

导 言

2010 年上海世博会中国馆的工程计价依据

中国馆位于世博园区南北、东西轴线交汇处的核心地段，东接云台路，南临南环路，北靠北环路，西依上南路，上海地铁 8 号线从基地西南角地下穿过。

中国馆由国家馆、地区馆和港澳台馆三个部分组成。

国家馆主体造型雄浑有力，宛如华冠高耸，天下粮仓；地区馆平台基座汇聚人流，寓意福泽神州，富庶四方。

国家馆和地区馆的整体布局隐喻天地交泰、万物咸亨。国家馆居中升起、层叠出挑，采用极富中国建筑文化元素的红色"斗冠"造型，建筑面积 $46457m^2$，高 69m，架空层高 33m，架空平台高 9m，上部最大边长为 138m×138m，下部四个立柱外边距离 70.2m，建筑面积约为 2.7 万 m^2。由地下 1 层、地上 6 层组成；地区馆高 13m，由地下 1 层、地上 1 层组成，建筑面积约 4.5 万 m^2，港澳台馆建筑面积约 $3000m^2$。外墙表面覆以"叠篆文字"，呈水平展开之势，形成建筑物稳定的基座，构造城市公共活动空间。

展馆建筑外观以"东方之冠，鼎盛中华，天下粮仓，富庶百姓"的构思主题，表达中国文化的精神与气质。展馆的展示以"寻觅"为主线，带领参观者行走在"东方足

[一] 吴佐民（1965—），男，教授级高级工程师，中国建设工程造价管理协会前秘书长，中国建设工程造价管理协会专家委员会常务副主任，住建部标准定额司工程计价专家委员会副主任，英国皇家特许测量师协会资深会员。

迹""寻觅之旅""低碳行动"三个展区,在"寻觅"中发现并感悟城市发展中的中华智慧。展馆从当代切入,回顾中国城市化的进程,凸显中国城市化的规模和成就,回溯、探寻中国城市的底蕴和传统。随后,一条绵延的"智慧之旅"引导参观者走向未来,感悟立足于中华价值观和发展观的未来城市发展之路。

中国馆造型奇特,是上海世博会的点睛之笔。大量的异形构件以及不规则形状的地下基础(其中还有弧形部分),尤其是异形构件中关联构件的扣减,地下基础也极为复杂,随之而来的工程量计算难度陡然增高。那么,其工程师是依据什么得到中国馆的工程造价的呢?

中国馆的电子设计图是用 AutoCAD 设计出来的,通过算量软件导入电子图后,1 万 m^2 工程仅需要 2~3 天即可完成算量工作。

算量软件根据各地定额设定好了计算规则,在计算的时候直接套用即可。中间还可以对计算规则进行调整,形成企业内部使用的计算规则。通过建立企业统一的计算规则,可以方便地对企业内部所有工程进行汇总和分析。

对于异形构件的工程造价确定,算量软件通过利用三维实体计算,不仅提高计算速度,也保证了工程量计算的准确性,使得这一难题迎刃而解。此外,工程师还要依据市场价格信息、国家的相关法律、法规、规章政策以及企业内部的成本数据库等来确定世博园中国馆的工程造价。

展望未来我国建筑业以及工程造价业的发展,工程建设项目各阶段工程造价的计价依据必定越来越精准,工程建设项目各阶段的工程造价的准确性也必将越来越高。这个过程中,需要各方的共同努力。

——资料来源:何关培.BIM 总论 [M]. 北京:中国建筑工业出版社,2011.

本章导读

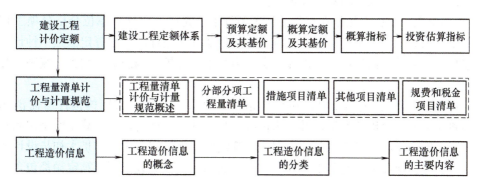

第一节 建设工程计价定额

一、建设工程定额体系

建设工程定额是指在正常施工条件下完成规定计量单位的合格建筑安装工程所消耗的人

工、材料、施工机具台班、工期天数及相关费率等的数量标准。

建设工程定额是一个综合概念,是建设工程造价计价和管理中各类定额的总称,包括许多种类的定额,可以按照不同的原则和方法对它进行分类。

(一) 按定额反映的生产要素消耗内容分类

可以把工程定额划分为劳动消耗定额、材料消耗定额和机具消耗定额三种。

1) 劳动消耗定额。简称劳动定额（也称为人工定额），是在正常的施工技术和组织条件下，完成规定计量单位合格的建筑安装产品所消耗的人工工日的数量标准。劳动定额的主要表现形式是时间定额，但同时也表现为产量定额。时间定额与产量定额互为倒数。

2) 材料消耗定额。简称材料定额，是指在正常的施工技术和组织条件下，完成规定计量单位合格的建筑安装产品所消耗的原材料、成品、半成品、构配件、燃料以及水、电等动力资源的数量标准。

3) 机具消耗定额。机具消耗定额由机械消耗定额与施工仪器仪表消耗定额组成。机械消耗定额是以一台机械一个工作班为计量单位，所以又称为机械台班定额，它是指在正常的施工技术和组织条件下，完成规定计量单位合格的建筑安装产品所消耗的施工机械台班的数量标准。机械消耗定额的主要表现形式是机械时间定额，也以产量定额表现。施工仪器仪表消耗定额的表现形式与机械消耗定额类似。

(二) 按定额的编制程序和用途分类

可以把工程定额分为施工定额、预算定额、概算定额、概算指标、投资估算指标等。

1) 施工定额。施工定额是完成一定计量单位的某一施工过程或基本工序所需消耗的人工、材料和施工机具台班数量标准。施工定额是施工企业（建筑安装企业）组织生产和加强管理在企业内部使用的一种定额，属于企业定额的性质。施工定额是以某一施工过程或基本工序作为研究对象，表示生产产品数量与生产要素消耗综合关系编制的定额。为了适应组织生产和管理的需要，施工定额的项目划分很细，是工程定额中分项最细、定额子目最多的一种定额，也是工程定额中的基础性定额。

2) 预算定额。预算定额是在正常的施工条件下，完成一定计量单位合格分项工程或结构构件所需消耗的人工、材料、施工机具台班数量及其费用标准。预算定额是一种计价性定额。从编制程序上看，预算定额是以施工定额为基础综合扩大编制的，它也是编制概算定额的基础。

3) 概算定额。概算定额是完成单位合格扩大分项工程或扩大结构构件所需消耗的人工、材料和施工机具台班的数量及其费用标准，是一种计价性定额。概算定额是编制扩大初步设计概算、确定建设项目投资额的依据。概算定额的项目划分粗细与扩大初步设计的深度相适应，一般是在预算定额的基础上综合扩大而成的，每一扩大分项概算定额都包含了数项预算定额。

4) 概算指标。概算指标是以单位工程为对象，反映完成一个规定计量单位建筑安装产品的经济指标。概算指标是概算定额的扩大与合并，以更为扩大的计量单位来编制的。概算指标的内容包括人工、材料、机具台班三个基本部分，同时还列出了分部工程量及单位工程的造价，是一种计价定额。

5) 投资估算指标。投资估算指标是以建设项目、单项工程、单位工程为对象，反映建设总投资及其各项费用构成的经济指标。它是在项目建议书和可行性研究阶段编制投资估算、计算投资需要量时使用的一种定额。它的概略程度与可行性研究阶段相适应。投资估算指标往往根据历史的预算、决算资料和价格变动等资料编制，但其编制基础仍然离不开预算定额、概算定额。

预算定额、概算定额、概算指标和投资估算指标是计价定额，可以直接用于工程计价的定额或指标，主要用来在建设项目的不同阶段作为确定和计算工程造价的依据。

上述各种定额的相互联系见表3-1。

表 3-1　各种定额的相互联系

	施工定额	预算定额	概算定额	概算指标	投资估算指标
对象	施工过程或基本工序	分项工程或结构构件	扩大的分项工程或扩大的结构构件	单位工程	建设项目、单项工程、单位工程
用途	编制施工预算	编制施工图预算	编制扩大初步设计概算	编制初步设计概算	编制投资估算
项目划分	最细	细	较粗	粗	很粗
定额水平	平均、先进	平均			
定额性质	生产性定额	计价性定额			

（三）按专业分类

由于工程建设涉及众多的专业，不同的专业所包含的内容也不同，因此就确定人工、材料和机具台班消耗数量标准的工程定额来说，也需按不同的专业分别进行编制和执行。

1) 建筑工程定额按专业对象分为建筑及装饰工程定额、房屋修缮工程定额、市政工程定额、铁路工程定额、公路工程定额、矿山井巷工程定额、水利工程定额、水运工程定额等。

2) 安装工程定额按专业对象分为电气设备安装工程定额、机械设备安装工程定额、热力设备安装工程定额、通信设备安装工程定额、化学工业设备安装工程定额、工业管道安装工程定额、工艺金属结构安装工程定额等。

（四）按主编单位和管理权限分类

工程定额可以分为全国统一定额、行业统一定额、地区统一定额、企业定额、补充定额等。

1) 全国统一定额是由国家建设行政主管部门综合全国工程建设中技术和施工组织管理的情况编制，并在全国范围内执行的定额。

2) 行业统一定额是考虑到各行业专业工程技术特点，以及施工生产和管理水平编制的。一般只在本行业和相同专业性质的范围内使用。

3) 地区统一定额包括省、自治区、直辖市定额。地区统一定额主要是考虑地区性特点，将全国统一定额水平做适当调整和补充编制的。

4) 企业定额是施工单位根据本企业的施工技术、机械装备和管理水平编制的人工、材料、机具台班等的消耗标准。企业定额在企业内部使用，是企业综合素质的标志。企业定额水平一般应高于国家现行定额，才能满足生产技术发展、企业管理和市场竞争的需要。在工程量清单计价方法下，企业定额是施工企业进行投标报价的依据。

5) 补充定额是指随着设计、施工技术的发展，现行定额不能满足需要的情况下，为了补充缺陷所编制的定额。补充定额只能在指定的范围内使用，可以作为以后修订定额的基础。

上述各种定额虽然适用于不同的情况和用途，但是它们是一个互相联系的、有机的整体，在实际工作中配合使用。

二、预算定额及其基价的编制

(一) 预算定额的概念与用途

1. 预算定额的概念

预算定额是在正常的施工条件下，完成一定计量单位合格分项工程和结构构件所需消耗的人工、材料、施工机具台班数量及其相应费用标准。预算定额是工程建设中的一项重要的技术经济文件，是编制施工图预算的主要依据，是确定和控制工程造价的基础。

2. 预算定额的用途和作用

1) 预算定额是编制施工图预算的基础。施工图设计一经确定，工程预算造价就取决于预算定额水平和人工、材料及机具台班的价格。

2) 预算定额可以作为编制施工组织设计的依据。施工单位在缺乏本企业施工定额的情况下，根据预算定额，能够比较精确地计算出施工中各项资源的需要量，为有计划地组织材料采购和预制件加工、劳动力和施工机具的调配提供了可靠的计算依据。

3) 预算定额可以作为工程结算的依据。工程结算是建设单位和施工单位按照工程进度对已完成的分部分项工程实现货币支付的行为。按进度支付工程款，需要根据预算定额将已完分项工程的造价算出。单位工程验收后，再按竣工工程量、预算定额和施工合同规定进行结算，以保证建设单位建设资金的合理使用和施工单位的经济收入。

4) 预算定额可以作为施工单位经济活动分析的依据。预算定额规定的物化劳动和劳动消耗指标是施工单位在生产经营中允许消耗的最高标准。施工单位可根据预算定额对施工中的人工、材料、机具的消耗情况进行具体的分析，以便找出并克服低功效、高消耗的薄弱环节，提高竞争能力。只有在施工中尽量降低劳动消耗，采用新技术、提高劳动者素质，提高劳动生产率，才能取得较好的经济效益。

5) 预算定额是编制概算定额的基础。概算定额是在预算定额基础上综合扩大编制的。利用预算定额作为编制依据，不但可以节省编制工作的大量人力、物力和时间，收到事半功倍的效果，还可以使概算定额在水平上与预算定额保持一致，以免造成执行中的不一致。

6) 预算定额是编制最高投标限价（招标控制价）的基础，并对投标报价的编制具有参考作用。随着工程造价管理改革的不断深化，预算定额的指令性作用日益削弱，但对控制招标工程的最高限价仍起一定的指导性作用，因此预算定额作为编制招标控制价依据的基础性作用仍然存在。同时，对于部分不具备编制企业定额能力或者企业定额体系不健全的投标人，预算定额依然可以作为投标报价的参考依据。

(二) 预算定额消耗量的编制

确定预算定额人工、材料、机具台班消耗指标时，必须先按施工定额的分项逐项计算出消耗指标，再按预算定额的项目加以综合。但是，这种综合不是简单地合并和相加，而需要在综合过程中增加两种定额之间的适当的水平差。预算定额的水平首先取决于这些消耗量的合理确定。

人工、材料和机具台班消耗量指标，应根据定额编制原则和要求，采用理论与实际相结合、图纸计算与施工现场测算相结合、编制人员与现场工作人员相结合等方法进行计算和确定，使定额既符合政策要求，又与客观情况一致，便于贯彻执行。

1. 预算定额中人工工日消耗量的计算

预算定额中的人工的工日消耗量可以有两种确定方法。一种是以劳动定额为基础确定；另一种是以现场观察测定资料为基础计算，主要用于遇到劳动定额缺项时，采用现场工作日写实等测时方法测定和计算定额的人工耗用量。

预算定额中人工工日消耗量是指在正常施工条件下，生产单位合格产品所必需消耗的人工工日数量，是由分项工程所综合的各个工序劳动定额包括的基本用工、其他用工两部分组成的。

（1）基本用工 基本用工是指完成一定计量单位的分项工程或结构构件的各项工作过程的施工任务所必需消耗的技术工种用工。其按技术工种相应劳动定额工时定额计算，以不同工种列出定额工日。基本用工包括：

1）完成定额计量单位的主要用工。其按综合取定的工程量和相应劳动定额进行计算。计算公式：

$$基本用工 = \sum（综合取定的工程量 \times 劳动定额） \tag{3-1}$$

例如，工程实际中的砖基础有1砖厚、1砖半厚、2砖厚等之分，它们用工各不相同，在预算定额中由于不区分厚度，需要按照统计的比例，加权平均得出综合的人工消耗。

2）按劳动定额规定应增（减）计算的用工量。例如，在砖墙项目中，分项工程的工作内容包括附墙烟囱孔、垃圾道、壁橱等零星组合部分的内容，其人工消耗量相应增加附加人工消耗。由于预算定额是在施工定额子目的基础上综合扩大的，包括的工作内容较多，施工的工效视具体部位而不一样，所以需要另外增加人工消耗，而这种人工消耗也可以列入基本用工内。

（2）其他用工 其他用工是辅助基本用工消耗的工日，包括超运距用工、辅助用工和人工幅度差用工。

1）超运距用工。超运距是指劳动定额中已包括的材料、半成品场内水平搬运距离与预算定额所考虑的现场材料、半成品堆放地点到操作地点的水平运输距离之差。

$$超运距 = 预算定额取定运距 - 劳动定额已包括的运距 \tag{3-2}$$

$$超运距用工 = \sum（超运距材料数量 \times 时间定额） \tag{3-3}$$

需要指出，实际工程现场运距超过预算定额取定运距时，可另行计算现场二次搬运费。

2）辅助用工。辅助用工是指技术工种劳动定额内不包括而在预算定额内又必须考虑的用工，例如机械土方工程配合用工、材料加工（筛砂、洗石、淋化石膏）、电焊点火用工等。其计算公式如下：

$$辅助用工 = \sum（材料加工数量 \times 相应的加工劳动定额） \tag{3-4}$$

3）人工幅度差。人工幅度差即预算定额与劳动定额的差额，主要是指在劳动定额中未包括而在正常施工情况下不可避免但又很难准确计量的用工和各种工时损失。其内容包括以下几点：

① 各工种间的工序搭接及交叉作业相互配合或影响所发生的停歇用工。

② 施工过程中，移动临时水电线路而造成的影响工人操作的时间。

③ 工程质量检查和隐蔽工程验收工作而影响工人操作的时间。
④ 同一现场内单位工程之间因操作地点转移而影响工人操作的时间。
⑤ 工序交接时对前一工序不可避免的修整用工。
⑥ 施工中不可避免的其他零星用工。

人工幅度差计算公式如下：

$$人工幅度差 = (基本用工 + 辅助用工 + 超运距用工) \times 人工幅度差系数 \quad (3-5)$$

人工幅度差系数一般为 10%~15%。在预算定额中，人工幅度差的用工量列入其他用工量中。

2. 预算定额中材料消耗量的计算

材料消耗量计算方法主要有以下几种：

1) 凡有标准规格的材料，按规范要求计算定额计量单位的耗用量，如砖、防水卷材、块料面层等。

2) 凡设计图标注尺寸及下料要求的按设计图尺寸计算材料净用量，如门窗制作用材料、方、板料等。

3) 换算法。各种胶结、涂料等材料的配合比用料，可以根据要求条件换算，得出材料用量。

4) 测定法。包括实验室试验法和现场观察法。指各种强度等级的混凝土及砌筑砂浆配合比的耗用原材料数量的计算，须按照规范要求试配，经过试压合格并经过必要的调整后得出的水泥、砂子、石子、水的用量。对新材料、新结构又不能用其他方法计算定额消耗用量时，须用现场测定方法来确定，根据不同条件可以采用写实记录法和观察法，得出定额的消耗量。

3. 预算定额中机具台班消耗量的计算

预算定额中的机具台班消耗量是指在正常施工条件下，生产单位合格产品（分部分项工程或结构构件）必需消耗的某种型号施工机具的台班数量。下面主要介绍机械台班消耗量的计算。

（1）根据施工定额确定机械台班消耗量的计算 这种方法是指用施工定额中机械台班产量加机械幅度差计算预算定额的机械台班消耗量。

机械台班幅度差是指在施工定额中所规定的范围内没有包括，而在实际施工中又不可避免产生的影响机械或使机械停歇的时间。其内容包括：

1) 施工机械转移工作面及配套机械相互影响损失的时间。
2) 在正常施工条件下，机械在施工中不可避免的工序间歇。
3) 工程开工或收尾时工作量不饱满所损失的时间。
4) 检查工程质量影响机械操作的时间。
5) 临时停机、停电影响机械操作的时间。
6) 机械维修引起的停歇时间。

综上所述，预算定额的机械台班消耗量按下式计算：

$$预算定额机械耗用台班 = 施工定额机械耗用台班 \times (1 + 机械幅度差系数) \quad (3-6)$$

【例 3-1】 已知某挖土机挖土，一次正常循环工作时间是 40s，每次循环平均挖土量 0.3m³，机械时间利用系数为 0.8，机械幅度差系数为 25%。求该机械挖土方 1000m³ 的预算定额机械耗用台班量。

【解】 机械纯工作 1h 循环次数 =（3600/40）次/台时 = 90 次/台时

机械纯工作 1h 正常生产率 =（90×0.3）m³/台时 = 27 m³/台时

施工机械台班产量定额 =（27×8×0.8）m³/台班 = 172.8 m³/台班

施工机械台班时间定额 =（1/172.8）台班/m³ = 0.00579 台班/m³

预算定额机械耗用台班 = [0.00579×（1+25%）] 台班/m³ = 0.00723 台班/m³

挖土方 1000m³ 的预算定额机械耗用台班量 =（1000×0.00723）台班 = 7.23 台班

（2）以现场测定资料为基础确定机械台班消耗量 如遇到施工定额缺项者，则需要依据单位时间完成的产量测定。

4. 预算定额示例

我国住房和城乡建设部于 2015 年组织修订了《房屋建筑与装饰工程消耗量定额》（编号为 TY01-31-2015）。该定额按施工顺序分部工程划章，按分项工程划节，按结构不同、材质品种、机械类型、使用要求不同划项。该定额共十七章，包括土石方工程，地基处理与边坡支护工程，桩基础工程，砌筑工程，混凝土及钢筋混凝土工程，金属结构工程，木结构工程，门窗工程，屋面及防水工程，保温、隔热、防腐工程，楼地面装饰工程，墙、柱面装饰与隔断、幕墙工程，天棚工程，油漆、涂料、裱糊工程，其他装饰工程，拆除工程，措施项目。

预算定额的说明包括定额总说明以及分章说明。项目表是定额手册的主要部分，定额编号按章项确定。

表 3-2 为单面清水砖墙定额。

表 3-2 单面清水砖墙定额

工作内容：调、运、铺砂浆，运、砌砖，安放木砖、垫块。

（计量单位：10m³）

定额编号				4-2	4-3	4-4	4-5	4-6
项 目				单面清水砖墙				
				1/2 砖	3/4 砖	1 砖	1 砖半	2 砖及 2 砖以上
名 称			单位	消 耗 量				
人工	合计工日		工日	17.096	16.599	13.881	12.895	12.125
	其中	普工	工日	4.600	4.401	3.545	3.216	2.971
		一般技工	工日	10.711	10.455	8.859	8.296	7.846
		高级技工	工日	1.785	1.743	1.477	1.383	1.308
材料	烧结煤矸石普通砖 240×115×53		千块	5.585	5.456	5.337	5.290	5.254
	干混砌筑砂浆 DM M10		m³	1.978	2.163	2.313	2.440	2.491
	水		m³	1.130	1.100	1.060	1.070	1.060
	其他材料费		%	0.180	0.180	0.180	0.180	0.180
机械	干混砂浆罐式搅拌机		台班	0.198	0.217	0.232	0.244	0.249

(三) 预算定额基价的编制

预算定额基价就是预算定额分项工程或结构构件的单价，我国现行各省预算定额基价的表达内容不尽统一。有的定额基价只包括人工费、材料费和施工机具使用费，即工料单价；也有的定额基价包括工料单价以外的管理费、利润的清单综合单价，即不完全综合单价；也有的定额基价包括规费、税金在内的全费用综合单价，即完全综合单价。

表 3-3 为某预算定额基价表（以工料单价为例）。

表 3-3 某预算定额基价表（以工料单价为例）　　　　　　　　（单位：10m³）

定额编号				3-1		3-2		3-4	
项目		单位	单价（元）	砖基础		混水砖墙			
						1/2 砖		3/4 砖	
				数量	合价（元）	数量	合价（元）	数量	合价（元）
基价				2036.50		2382.93		2353.03	
其中	人工费			495.18		845.88		824.88	
	材料费			1513.46		1514.01		1502.98	
	施工机具使用费			27.86		23.04		25.17	
	名称	单位	单价（元）	数量					
	综合工日	工日	42.00	11.790	495.180	20.140	845.880	19.640	824.880
材料	水泥砂浆 M5	m³	—	—	—	(1.950)	—	(2.130)	—
	水泥砂浆 M10	m³	—	(2.360)	—	—	—	—	—
	标准砖	千块	230.00	5.236	1204.280	5.641	1297.430	5.510	1267.300
	水泥 32.5 级	kg	0.32	649.000	207.680	409.500	131.040	447.300	143.136
	中砂	m³	37.15	2.407	89.420	1.989	73.891	2.173	80.727
	水	m³	3.85	3.137	12.077	3.027	11.654	3.075	11.839
机械	灰浆搅拌机 200L	台班	70.89	0.393	27.860	0.325	23.040	0.355	25.166

预算定额基价的编制方法，以工料单价为例，就是工、料、机的消耗量和工、料、机单价的结合过程。其中，人工费是由预算定额中每一分项工程各种用工数乘以地区人工工日单价之和算出；材料费是由预算定额中每一分项工程的各种材料消耗量乘以地区相应材料预算价格之和算出；机具费是由预算定额中每一分项工程的各种机械台班消耗量乘以地区相应施工机械台班预算价格之和，以及仪器仪表使用费汇总后算出。上述单价均为不含增值税进项税额的价格。

以基价为工料单价为例，分项工程预算定额基价的计算公式为

$$\text{分项工程预算定额基价} = \text{人工费} + \text{材料费} + \text{机具使用费} \tag{3-7}$$

其中：人工费 = ∑（现行预算定额中各种人工工日用量 × 人工日工资单价）　　（3-8）

材料费 = ∑（现行预算定额中各种材料耗用量 × 相应材料单价）　　（3-9）

机具使用费 = ∑（现行预算定额中机械台班用量 × 机械台班单价）+
∑（仪器仪表台班用量 × 仪器仪表台班单价）　　（3-10）

【例 3-2】 某预算定额基价表见表 3-3。其中定额子目 3-1 的定额基价计算过程为：

定额人工费 = (42×11.790) 元 = 495.18 元

定额材料费 = (230×5.236+0.32×649.000+37.15×2.407+3.85×3.137) 元 = 1513.46 元

定额机具使用费 = (70.89×0.393) 元 = 27.86 元

定额基价 = (495.18+1513.46+27.86) 元 = 2036.50 元

预算定额基价是根据现行定额和当地的价格水平编制的，具有相对的稳定性。在预算定额中列出的"预算价值"或"基价"，应视作该定额编制时的工程单价。为了适应市场价格的变动，在编制预算时，必须根据工程造价管理部门发布的调价文件对固定的工程预算单价进行修正。修正后的工程单价乘以根据图样计算出来的工程量，就可以获得符合实际市场情况的人工、材料、机具费用。

预算定额基价也可通过编制单位估价表、地区单位估价表及设备安装价目表确定单价，用于编制施工图预算。表 3-4 为单位估价表示例。

表 3-4 单位估价表示例 （单位：元）

定额编号	项目名称	定额单位	增值税（简易计税）				增值税（一般计税）			
			单价（含税）	人工费	材料费（含税）	机械费（含税）	单价（除税）	人工费	材料费（除税）	机械费（除税）
一、砖砌体										
4-1-1	M5.0 水泥砂浆砖基础	10m³	3587.58	1042.15	2497.62	47.81	3493.09	1042.15	2403.63	47.31
4-1-2	M5.0 混合砂浆方形砖柱	10m³	4505.17	1860.10	2602.36	42.71	4410.86	1860.10	2508.49	42.27
4-1-3	M5.0 混合砂浆异形砖柱	10m³	5316.49	1928.50	3334.92	53.07	5196.35	1928.50	3215.33	52.52
4-1-4	M5.0 混合砂浆实心砖墙墙厚 53mm	10m³	4624.56	1990.25	2610.40	23.91	4538.16	1990.25	2524.25	23.66
4-1-5	M5.0 混合砂浆实心砖墙墙厚 115mm	10m³	4333.60	1705.25	2588.99	39.36	4241.09	1705.25	2496.89	38.95
4-1-6	M5.0 混合砂浆实心砖墙墙厚 180mm	10m³	4101.95	1480.10	2575.63	46.22	4006.91	1480.10	2481.07	45.74
4-1-7	M5.0 混合砂浆实心砖墙墙厚 240mm	10m³	3825.30	1208.40	2570.68	46.22	3730.41	1208.40	2476.27	45.74
4-1-8	M5.0 混合砂浆实心砖墙墙厚 365mm	10m³	3703.61	1074.45	2580.55	48.61	3607.37	1074.45	2484.82	48.10
4-1-9	M5.0 混合砂浆实心砖墙墙厚 490mm	10m³	3655.94	1027.90	2578.48	49.56	3559.32	1027.90	2482.37	49.05
4-1-10	M5.0 混合砂浆多孔砖墙墙厚 90mm	10m³	4688.63	1730.90	2926.02	31.71	4589.62	1730.90	2827.34	31.38
4-1-11	M5.0 混合砂浆多孔砖墙墙厚 115mm	10m³	3416.29	1333.80	2052.69	29.80	3343.59	1333.80	1980.30	29.49
...	...	...	...	...	...	...	...	...	...	...

三、概算定额及其基价的编制

(一) 概算定额

1. 概算定额的概念

概算定额是在预算定额基础上，确定完成单位合格扩大分项工程或扩大结构构件所需消耗的人工、材料和施工机械台班的数量及其费用标准，所以概算定额又称为扩大结构定额。概算定额是预算定额的综合与扩大。它将预算定额中有联系的若干个分项工程项目综合为一个概算定额项目。如砖基础概算定额项目，就是以砖基础为主，综合了平整场地、挖地槽、铺设垫层、砌砖基础、铺设防潮层、回填土及运土等预算定额中分项工程项目。

概算定额与预算定额的相同之处，在于都是以建（构）筑物各个结构部分和分部分项工程为单位表示的，内容也包括人工、材料和机械台班使用量定额三个基本部分，并列有基准价。概算定额表达的主要内容、表达的主要方式及基本使用方法与预算定额相近。

概算定额与预算定额的不同之处，在于项目划分和综合扩大程度上的差异，同时，概算定额主要用于设计概算的编制。由于概算定额综合了若干分项工程的预算定额，因此使概算工程量计算和概算表的编制，都比编制施工图预算简化一些。

2. 概算定额的作用

1957年我国开始在全国试行统一的《建筑工程扩大结构定额》之后，各省、市、自治区根据本地区的特点，相继编制了概算定额。为了适应建筑业的改革，国家计委、中国建设银行在《关于改进工程建设概预算定额管理工作的若干规定》（计标〔1985〕352号）中指出，概算定额和概算指标由省、市、自治区在预算定额基础上组织编写，分别由主管部门审批，报国家计委备案。概算定额主要作用如下：

1) 是初步设计阶段编制概算、扩大初步设计阶段编制修正概算的主要依据。
2) 是对设计项目进行技术经济分析比较的基础资料之一。
3) 是建设工程主要材料计划编制的依据。
4) 是控制施工图预算的依据。
5) 是施工企业在准备施工期间，编制施工组织总设计或总规划时，对生产要素提出需要量计划的依据。
6) 是工程结束后，进行竣工决算和评价的依据。
7) 是编制概算指标的依据。

3. 概算定额的内容与形式

按专业特点和地区特点编制的概算定额手册，内容基本上是由文字说明、定额项目表和附录三个部分组成。概算定额手册的主要内容见表3-5。

表3-5 概算定额手册的主要内容

序 号	主要内容	内容说明
1	文字说明	包括总说明和分部工程说明，在总说明中，主要阐述概算定额的编制依据、使用范围、包括的内容及作用、应遵守的规则及建筑面积计算规则等。分部工程说明主要阐述本分部工程包括的综合工作内容及分部分项工程的工程量计算规则等

(续)

序号	主要内容	内容说明
2	定额项目表	主要包括定额项目的划分：通常可按工程结构或工程部位（分部）划分 定额项目表是概算定额手册的主要内容，由若干节定额组成。各节由工程内容、定额表及附注说明组成。定额表中列有定额编号，计量单位，概算价格，人工、材料、机械台班消耗量指标，综合了预算定额的若干项目和数量
3	附录	

4. 概算定额示例

建筑工程概算定额示例（现浇钢筋混凝土柱概算定额）见表3-6。

表3-6 现浇钢筋混凝土柱概算定额

工作内容：模板制作、安装、拆除，钢筋制作、安装，混凝土浇捣，抹灰，刷浆

（单位：10m³）

	概算定额编号			4-3		4-4	
				矩 形 柱			
	项 目	单位	单价（元）	周长1.8m以内		周长1.8m以外	
				数量	合价	数量	合价
	基准价	元			13428.76		12947.26
其中	人工费	元			2116.40		1728.76
	材料费	元			10272.03		10361.83
	机械费	元			1040.33		856.67
	合计工	工日	22.00	96.20	2116.40	78.58	1728.76
材料	中（粗）砂（天然）	t	35.81	9.494	339.98	8.817	315.74
	碎石5~20mm	t	36.18	12.207	441.65	12.207	441.65
	石灰膏	m³	98.89	0.221	20.75	0.155	14.55
	普通木成材	m³	1000.00	0.302	302.00	0.187	187.00
	圆钢（钢筋）	t	3000.00	2.188	6564.00	2.407	7221.00
机械	垂直运输费	元			628.00		510.00
	其他机械费	元			412.33		346.67

（二）概算定额基价的编制

概算定额基价和预算定额基价一样，根据不同的表达方法，概算定额基价可能是工料单价、综合单价或全费用综合单价，用于编制设计概算。

概算定额基价和预算定额基价的编制方法相同，单价均为不含增值税进项税额的价格，以概算定额基价为工料单价的情况为例，概算定额基价编制的过程如下：

$$概算定额基价 = 人工费 + 材料费 + 机具费 \tag{3-11}$$

$$其中：人工费 = 现行概算定额中人工工日消耗量 \times 人工单价 \tag{3-12}$$

$$材料费 = \sum（现行概算定额中材料消耗量 \times 相应材料单价） \tag{3-13}$$

机具费 = ∑（现行概算定额中机械台班消耗量 × 相应机械台班单价）+
∑（仪器仪表台班用量 × 仪器仪表台班单价）　　　　　　（3-14）

表 3-7 为某现浇钢筋混凝土柱概算定额基价。

表 3-7　某现浇钢筋混凝土柱概算定额基价

工作内容：1. 混凝土浇注、振捣、养护等。
　　　　　2. 混凝土泵送及管道安拆。
　　　　　3. 模板制作、安拆、整理堆放及场内运输。　　　　　　　　　　（单位：10m³）

	定额编号			GJ-4-4	GJ-4-5	GJ-4-6
				现浇混凝土柱		
	项　目			矩形		
				截面面积		
				≤0.25m²	≤0.5m²	>0.5m²
	基价（元）			11889.31	10206.80	8817.06
其中	人工费（元）			3934.33	3361.04	2876.62
	材料费（元）			7885.24	6778.26	5874.58
	机械费（元）			69.74	67.50	65.86
	名　称	单位	单价（元）	数　　量		
人工	综合工日（土建）	工日	95.00	41.4140	35.3794	30.2802
材料	C30现浇混凝土碎石<31.5	m³	359.22	9.8691	9.8691	9.8691
	水泥抹灰砂浆1:2	m³	345.67	0.2343	0.2343	0.2343
	塑料薄膜	m²	1.74	5.0000	5.0000	5.0000
	阻燃毛毡	m²	40.39	1.0000	1.0000	1.0000
	水	m³	4.27	2.1532	2.1532	2.1532
	草板纸80号	张	3.79	29.1780	20.9490	14.9160
	复合木模板	m²	29.06	28.2035	20.2493	14.4178
	零星卡具	kg	5.56	6.5456	4.6996	3.3462
	支撑钢管及扣件	kg	4.70	44.6812	32.0799	22.8414
	锯成材	m³	3527.01	0.7664	0.5503	0.3918
	圆钉	kg	5.13	4.4672	3.2073	2.2836
	隔离剂	kg	2.37	9.7260	6.9830	4.9720
	草袋	m²	4.52	1.8356	1.8356	1.8356
	输送钢管	m	135.04	0.1017	0.1017	0.1017
	弯管	个	323.08	0.0099	0.0099	0.0099
	橡胶压力管	m	62.77	0.0296	0.0296	0.0296
	输送管扣件	个	256.41	0.0099	0.0099	0.0099
	密封圈	个	13.68	0.0395	0.0395	0.0395
	镀锌低碳钢丝22号	kg	8.37	18.4800	18.4800	11.5500
	水泥基类间隔件	个	0.43	210.0000	210.0000	131.2500

(续)

定额编号			GJ-4-4	GJ-4-5	GJ-4-6
项 目			现浇混凝土柱		
			矩形		
			截面面积		
			≤0.25m²	≤0.5m²	>0.5m²
名 称	单位	单价（元）	数　量		
机械	灰浆搅拌机 200L	台班	157.71	0.0400	0.0400	0.0400
	混凝土振捣器插入式	台班	7.88	0.6767	0.6767	0.6767
	木工圆锯机 500mm	台班	27.49	0.2140	0.1536	0.1094
	木工双面压刨床 600mm	台班	53.04	0.0389	0.0279	0.0199
	混凝土输送泵 30m³/h	台班	612.42	0.0819	0.0819	0.0819

四、概算指标及其编制

（一）概算指标的概念及其作用

建筑安装工程概算指标通常是以单位工程为对象，以建筑面积、体积或成套设备装置的台或组为计量单位而规定的人工、材料、机具台班的消耗量标准和造价指标。

建筑安装工程概算定额与概算指标的主要区别如下。

1. 确定各种消耗量指标的对象不同

概算定额是以单位扩大分项工程或单位扩大结构构件为对象，而概算指标则是以单位工程为对象。因此，概算指标比概算定额更加综合与扩大。

2. 确定各种消耗量指标的依据不同

概算定额以现行预算定额为基础，通过计算之后才综合确定出各种消耗量指标，而概算指标中各种消耗量指标的确定，则主要来自各种预算或结算资料。

概算指标和概算定额、预算定额一样，都是与各个设计阶段相适应的多次性计价的产物，它主要用于初步设计阶段，其作用主要有：

1）概算指标可以作为编制投资估算的参考。
2）概算指标是初步设计阶段编制概算书，确定工程概算造价的依据。
3）概算指标中的主要材料指标可以作为匡算主要材料用量的依据。
4）概算指标是设计单位进行设计方案比较、设计技术经济分析的依据。
5）概算指标是编制固定资产投资计划，确定投资额和主要材料计划的主要依据。
6）概算指标是建筑企业编制劳动力、材料计划、实行经济核算的依据。

（二）概算指标的分类和表现形式

1. 概算指标的分类

概算指标可分为两大类，一类是建筑工程概算指标，另一类是设备及安装工程概算指标，如图 3-1 所示。

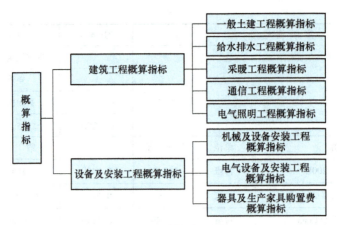

图 3-1 概算指标分类

2. 概算指标的组成内容及表现形式

(1) 概算指标的组成内容 其组成内容一般分为文字说明、列表形式,以及必要的附录。

1) 文字说明包括总说明和分册说明。其内容一般包括:概算指标的编制范围、编制依据、分册情况、指标包括的内容、指标未包括的内容、指标的使用方法、指标允许调整的范围及调整方法等。

2) 列表形式包括以下两点:

① 建筑工程列表形式。房屋建筑、构筑物一般是以建筑面积、建筑体积、"座""个"等为计算单位,附以必要的示意图,示意图画出建筑物的轮廓示意或单线平面图,列出综合指标:元/m^2 或元/m^3,自然条件(如地耐力、地震烈度等),建筑物的类型、结构形式及各部位中结构主要特点,主要工程量。

② 安装工程的列表形式。设备以"t"或"台"为计算单位,也可以设备购置费或设备原价的百分比(%)表示;工艺管道一般以"t"为计算单位;通信电话站安装以"站"为计算单位。列出指标编号、项目名称、规格、综合指标(元/计算单位),之后一般还要列出其中的人工费,必要时还要列出主要材料费、辅材费。

总体来讲,列表形式分为以下几个部分:

① 示意图。表明工程的结构,工业项目还表示起重机及起重能力等。

② 工程特征。对采暖工程特征应列出采暖热媒及采暖形式;对电气照明工程特征可列出建筑层数、结构类型、配线方式、灯具名称等;对房屋建筑工程特征主要对工程的结构形式、层高、层数和建筑面积进行说明。某内浇外砌住宅结构特征见表 3-8。

表 3-8 某内浇外砌住宅结构特征

结构类型	层 数	层 高	檐 高	建筑面积
内浇外砌	六层	2.8m	17.7m	4206m^2

③ 经济指标。说明项目每 100m^2 的造价指标及其土建、水暖和电气照明等单位工程的相应造价。某内浇外砌住宅经济指标(每 100m^2 建筑面积)见表 3-9。

表 3-9 某内浇外砌住宅经济指标（每 100m² 建筑面积）　　（单位：元）

项　目		合　计	其　中			
			直接费	间接费	利　润	税　金
单方造价		30422	21860	5576	1893	1093
其中	土建	26133	18778	4790	1626	939
	水暖	2565	1843	470	160	92
	电气照明	614	1239	316	107	62

④ 构造内容及工程量指标。说明工程项目的构造内容和相应计算单位的工程量指标及人工、材料消耗指标。某内浇外砌住宅构造内容及工程量指标和人工及主要材料消耗指标（每 100m² 建筑面积）见表 3-10 和表 3-11。

表 3-10 某内浇外砌住宅构造内容及工程量指标（每 100m² 建筑面积）

序　号	构造特征		工　程　量	
			单位	数　量
一、土建				
1	基础	灌注桩	m³	14.64
2	外墙	二砖墙、清水墙勾缝、内墙抹灰刷白	m³	24.32
3	内墙	混凝土墙、一砖墙、抹灰刷白	m³	22.70
4	柱	混凝土柱	m³	0.70
5	地面	碎砖垫层、水泥砂浆面层	m²	13
6	楼面	120mm 预制空心板、水泥砂浆面层	m²	65
7	门窗	木门窗	m²	62
8	屋面	预制空心板、水泥珍珠岩保温、三毡四油卷材防水	m²	21.7
9	脚手架	综合脚手架	m²	100
二、水暖				
1	采暖方式	集中采暖		
2	给水性质	生活给水明设		
3	排水性质	生活排水		
4	通风方式	自然通风		
三、电气照明				
1	配电方式	塑料管暗配电线		
2	灯具种类	日光灯		
3	用电量			

表 3-11 某内浇外砌住宅人工及主要材料消耗指标（每 100m² 建筑面积）

序号	名称	单位	数量	序号	名称	单位	数量
一、土建				二、水暖			
1	人工	工日	506	1	人工	工日	39
2	钢筋	t	3.25	2	钢管	t	0.18
3	型钢	t	0.13	3	暖气片	m²	20
4	水泥	t	18.10	4	卫生器具	套	2.35
5	白灰	t	2.10	5	水表	个	1.84
6	沥青	t	0.29	三、电气照明			
7	红砖	千块	15.10	1	人工	工日	20
8	木材	m³	4.10	2	电线	m	283
9	砂	m³	41	3	钢管	t	0.04
10	砾石	m³	30.5	4	灯具	套	8.43
11	玻璃	m²	29.2	5	电表	个	1.84
12	卷材	m²	80.8	6	配电箱	套	6.1
				四、机具使用费		%	7.5
				五、其他材料费		%	19.57

（2）概算指标的表现形式　概算指标在具体内容的表示方法上，分综合概算指标和单项概算指标两种形式。

1）综合概算指标。综合概算指标是按照工业或民用建筑及其结构类型而制定的概算指标。综合概算指标的概括性较大，其准确性、针对性不如单项指标。

2）单项概算指标。单项概算指标是指为某种建筑物或构筑物而编制的概算指标。单项概算指标的针对性较强，故指标中对工程结构形式要做介绍。只要工程项目的结构形式及工作内容与单项指标中的工程概况吻合，编制出的设计概算就比较准确。

（三）概算指标的编制

1. 概算指标的编制依据

1）标准设计图和各类工程典型设计。
2）国家颁发的建筑标准、设计规范、施工规范等。
3）现行的概算指标，以及已完工程的预算或结算资料。
4）人工工资标准、材料单价、机具台班单价及其他价格资料。

2. 概算指标的编制方法

每百平方米建筑面积造价指标编制方法如下：

1）编写资料审查意见及填写设计资料名称、设计单位、设计日期、建筑面积及构造情况，提出审查和修改意见。

2）在计算工程量的基础上，编制单位工程预算书，据以确定每百平方米建筑面积及构造情况以及人工、材料、机具消耗指标和单位造价的经济指标。

① 计算工程量，就是根据审定的图样和预算定额计算出建筑面积及各分部分项工程量，

然后按编制方案规定的项目进行归并，并以每平方米建筑面积为计算单位，换算出所含的工程量指标。

② 根据计算出的工程量和预算定额等资料，编出预算书，求出每百平方米建筑面积的预算造价及工、料、施工机具使用费和材料消耗量指标。

构筑物是以"座"为单位编制概算指标，因此在计算完工程量、编出预算书后，不必进行换算，预算书确定的价值就是每座构筑物概算指标的经济指标。

五、投资估算指标及其编制

（一）投资估算指标及其作用

工程建设投资估算指标是编制建设项目建议书、可行性研究报告等前期工作阶段投资估算的依据，也可以作为编制固定资产计划投资额的参考。与概预算定额比较，估算指标以独立的建设项目、单项工程或单位工程为对象，综合项目全过程投资和建设中的各类成本和费用，反映出其扩大的技术经济指标，既是定额的一种表现形式，又不同于其他的计价定额。投资估算指标既具有宏观指导作用，又能为编制项目建议书和可行性研究阶段投资估算提供依据。

1）在编制项目建议书阶段，它是项目主管部门审批项目建议书的依据之一，并对项目的规划及规模起参考作用。

2）在可行性研究报告阶段，它是项目决策的重要依据，也是多方案比选、优化设计方案、正确编制投资估算、合理确定项目投资额的重要基础。

3）在建设项目评价及决策过程中，它是评价建设项目投资可行性、分析投资效益的主要经济指标。

4）在项目实施阶段，它是限额设计和工程造价确定与控制的依据。

5）它是核算建设项目建设投资需要额和编制建设投资计划的重要依据。

6）合理准确地确定投资估算指标是进行工程造价管理改革，实现工程造价事前管理和主动控制的前提条件。

（二）投资估算指标编制原则和依据

1. 投资估算指标的编制原则

由于投资估算指标属于项目建设前期进行估算投资的技术经济指标，它不但要反映实施阶段的静态投资，还必须反映项目建设前期和交付使用期内发生的动态投资，以投资估算指标为依据编制的投资估算包含项目建设的全部投资额。这就要求投资估算指标比其他各种计价定额具有更大的综合性和概括性。因此投资估算指标的编制工作，除应遵循一般定额的编制原则外，还必须坚持以下原则：

1）投资估算指标项目的确定，应考虑以后几年编制建设项目建议书和可行性研究报告投资估算的需要。

2）投资估算指标的分类、项目划分、项目内容、表现形式等要结合各专业的特点，并且要与项目建议书、可行性研究报告的编制深度相适应。

3）投资估算指标的编制内容、典型工程的选择，必须遵循国家的有关建设方针政策，符合国家技术发展方向，贯彻国家发展方向原则，使指标的编制既能反映正常建设条件下的造价水平，也能适应今后若干年的科技发展水平。坚持技术上先进、可行和经济上的合理，力争以较少的投入求得最大的投资效益。

4) 投资估算指标的编制要反映不同行业、不同项目和不同工程的特点,投资估算指标要适应项目前期工作深度的需要,而且具有更大的综合性。投资估算指标要密切结合行业特点、项目建设的特定条件,在内容上既要贯彻指导性、准确性和可调性原则,又要有一定的深度和广度。

5) 投资估算指标的编制要贯彻静态和动态相结合的原则。要充分考虑在市场经济条件下,由于建设条件、实施时间、建设期限等因素的不同,考虑到建设期的动态因素,即价格、建设期利息及涉外工程的汇率等因素的变动导致指标的量差、价差、利息差、费用差等"动态"因素对投资估算的影响,对上述动态因素给予必要的调整办法和调整参数,尽可能减少这些动态因素对投资估算准确度的影响,使指标具有较强的实用性和可操作性。

2. 投资估算指标的编制依据

1) 依照不同的产品方案、工艺流程和生产规模,确定建设项目主要生产、辅助生产、公用设施及生活福利设施等单项工程内容、规模、数量以及结构形式,选择相应具有代表性、符合技术发展方向、数量足够的已经建成或正在建设的并具有重复使用可能的设计图样及其工程量清册、设备清单、主要材料用量表和预算资料、决算资料,经过分类、筛选、整理出编制依据。

2) 国家和主管部门制订颁发的建设项目用地定额、建设项目工期定额、单项工程施工工期定额及生产定员标准等。

3) 编制年度现行全国统一、地区统一的各类工程计价定额、各种费用标准。

4) 编制年度的各类工资标准、材料单价、机具台班单价及各类工程造价指数,应以所处地区的标准为准。

5) 设备价格。

(三) 投资估算指标的内容

投资估算指标是确定和控制建设项目全过程各项投资支出的技术经济指标,其范围涉及建设前期、建设实施期和竣工验收交付使用期等各个阶段的费用支出,内容因行业不同而各异,一般可分为建设项目综合指标、单项工程指标和单位工程指标3个层次。表3-12为某住宅项目投资估算指标示例。

1. 建设项目综合指标

建设项目综合指标是指按规定应列入建设项目总投资的从立项筹建开始至竣工验收交付使用的全部投资额,包括单项工程投资、工程建设其他费用和预备费等。

建设项目综合指标一般以项目的综合生产能力单位投资表示,如元/t、元/kW,或以使用功能表示,如医院床位:元/床。

2. 单项工程指标

单项工程指标是指按规定应列入能独立发挥生产能力或使用效益的单项工程内的全部投资额,包括建筑工程费,安装工程费,设备、工器具及生产家具购置费和可能包含的其他费用。单项工程一般划分为如下几类:

1) 主要生产设施,指直接参加生产产品的工程项目,包括生产车间或生产装置。

2) 辅助生产设施,指为主要生产车间服务的工程项目,包括集中控制室、中央实验室、机修、电修、仪器仪表修理及木工(模)等车间,原材料、半成品、成品及危险品等仓库。

表 3-12　某建设项目投资估算指标

一、工程概况（表一）

工程名称	住宅楼	工程地点	××市	建筑面积	4549m²
层数	7层	层高	3.00m	檐高	21.60m	结构类型	砖混
地耐力	130kPa	地震烈度		7度	地下水位		−0.65m、−0.83m

土建部分	地基处理		
	基础	C10混凝土垫层，C20钢筋混凝土带形基础，砖基础	
	墙体	外	一砖墙
		内	一砖、1/2砖墙
	柱	C20钢筋混凝土构造柱	
	梁	C20钢筋混凝土单梁、圈梁、过梁	
	板	C20钢筋混凝土平板，C30预应力钢筋混凝土空心板	
	地面	垫层	混凝土垫层
		面层	水泥砂浆面层
	楼面	水泥砂浆面层	
	屋面	块体刚性屋面，沥青铺加气混凝土块保温层，防水砂浆面层	
	门窗	木胶合板门（带纱），塑钢窗	
	装饰	天棚	混合砂浆、106涂料
		内粉	混合砂浆、水泥砂浆，106涂料
		外粉	水刷石
安装	水卫（消防）	给水镀锌钢管，排水塑料管，坐式大便器	
	电气照明	照明配电箱，PVC塑料管暗敷，穿铜芯绝缘导线，避雷网敷设	

二、每平方米综合造价指标（表二）　单位：元/m²

项目	综合指标	直接费				取费（综合费）
		合价	其中			三类工程
			人工费	材料费	机具费	
工程造价	530.39	407.99	74.69	308.13	25.17	122.40
土建	503.00	386.92	70.95	291.80	24.17	116.08
水卫（消防）	19.22	14.73	2.38	11.94	0.41	4.49
电气照明	8.67	6.35	1.36	4.39	0.60	2.32

三、土建工程各分部占直接费的比例及每平方米直接费（表三）

分部工程名称	占直接费（%）	元/m²	分部工程名称	占直接费（%）	元/m²
±0.00以下工程	13.01	50.40	楼地面工程	2.62	10.13
脚手架及垂直运输	4.02	15.56	屋面及防水工程	1.43	5.52
砌筑工程	16.90	65.37	防腐保温隔热工程	0.65	2.52

（续）

分部工程名称	占直接费（%）	元/m²	分部工程名称	占直接费（%）	元/m²
混凝土及钢筋混凝土工程	31.78	122.95	装饰工程	9.56	36.98
构件运输及安装工程	1.91	7.40	金属结构制作工程		
门窗及木结构工程	18.12	70.09	零星项目		

四、人工、材料消耗指标（表四）

项目	单位	每100m²消耗量	材料名称	单位	每100m²消耗量
一、定额用工	工日	382.06	二、材料消耗（土建工程）		
土建工程	工日	363.83	钢材	吨	2.11
			水泥	吨	16.76
水卫（消防）	工日	11.60	木材	m³	1.80
			标准砖	千块	21.82
电气照明	工日	6.63	中粗砂	m³	34.39
			碎（砾）石	m³	26.20

3）公用工程，包括给水排水系统（给水排水泵房、水塔、水池及全厂给水排水管网）、供热系统（锅炉房及水处理设施、全厂热力管网）、供电及通信系统（变配电所、开关所及全厂输电、电信线路）以及热电站、热力站、煤气站、空压站、冷冻站、冷却塔和全厂管网等。

4）环境保护工程，包括废气、废渣、废水等处理和综合利用设施及全厂性绿化。

5）总图运输工程，包括厂区防洪、围墙大门、传达及收发室、汽车库、消防车库、厂区道路、桥涵、厂区码头及厂区大型土石方工程。

6）厂区服务设施，包括厂部办公室、厂区食堂、医务室、浴室、哺乳室、自行车棚等。

7）生活福利设施，包括职工医院、住宅、生活区食堂、职工医院、俱乐部、托儿所、幼儿园、子弟学校、商业服务点以及与之配套的设施。

8）厂外工程，如水源工程、厂外输电、输水、排水、通信、输油等管线以及公路、铁路专用线等。

单项工程指标一般以单项工程生产能力单位投资，如"元/t"或其他单位表示。例如：变配电站："元/（kV·A）"；锅炉房："元/蒸汽吨"；供水站："元/m³"；办公室、仓库、宿舍、住宅等房屋则区别不同结构形式以"元/m²"表示。

3. 单位工程指标

单位工程指标按规定应列入能独立设计、施工的工程项目的费用，即建筑安装工程费用。

单位工程指标一般以如下方式表示：房屋区别不同结构形式以"元/m²"表示；道路区别不同结构层、面层以"元/m²"表示；水塔区别不同结构层、容积以"元/座"表示；管道区别不同材质、管径以"元/m"表示。

(四) 投资估算指标的编制方法

考虑到投资估算指标的编制涉及建设项目的产品规模、产品方案、工艺流程、设备选型、工程设计和技术经济等各个方面，既要考虑现阶段技术状况，又要展望技术发展趋势和设计动向。通常编制人员应具备较高的专业素质。在各个工作阶段，针对投资估算指标的编制特点，具体工作具有其特殊性。

1. 收集整理资料

收集整理已建成或正在建设的，符合现行技术政策和技术发展方向、有可能重复采用的、有代表性的工程设计施工图、标准设计以及相应的竣工决算或施工图预算资料等，这些资料是编制工作的基础，资料收集得越广泛，反映出的问题越多，编制工作考虑得越全面，就越有利于提高投资估算指标的实用性和覆盖面。同时，对调查收集到的资料要选择占投资比重大，相互关联多的项目进行认真的分析整理。由于已建成或正在建设的工程的设计意图、建设时间和地点、资料的基础等不同，相互之间的差异很大，需要去粗取精、去伪存真地加以整理，才能重复利用。将整理后的数据资料按项目划分栏目加以归类，按照编制年度的现行定额、费用标准和价格，调整成编制年度的造价水平及相互比例。

由于调查收集的资料来源不同，虽然经过一定的分析整理，但难免会由于设计方案、建设条件和建设时间上的差异带来的某些影响，使数据失准或漏项等。必须对有关资料进行综合平衡调整。

2. 测算审查

测算是将新编的指标和选定工程的概预算，在同一价格条件下进行比较，检验其"量差"的偏离程度是否在允许偏差的范围内，如偏差过大，则要查找原因，进行修正，以保证指标的确切、实用。测算也是对指标编制质量的一次系统检查，应由专人做，以保持测算口径的统一，在此基础上组织有关专业人员予以全面审查、定稿。

第二节 工程量清单计价与计量规范

一、工程量清单计价与计量规范概述

工程量清单是指载明建设工程分部分项工程项目、措施项目、其他项目名称和相应数量内容的明细清单。

由招标人根据国家标准、招标文件、设计文件以及施工现场实际情况编制的称为招标工程量清单，招标工程量清单应由具有编制能力的招标人或受其委托、具有相应资质的工程造价咨询人或招标代理人编制。

而已标价工程量清单是指构成合同文件组成部分的投标文件中已标明价格，经算术性错误修正（如有）且承包人已确认的工程量清单，包括其说明和表格。

采用工程量清单方式招标，招标工程量清单必须作为招标文件的组成部分，其准确性和完整性由招标人负责。招标工程量清单应以单位（项）工程为单位编制，由分部分项工程量清单、措施项目清单、其他项目清单组成。

工程量清单计价与计量规范包括：《建设工程工程量清单计价规范》（GB 50500—

2013)、《房屋建筑与装饰工程工程量计算规范》（GB 50854—2013）、《仿古建筑工程工程量计算规范》（GB 50855—2013）、《通用安装工程工程量计算规范》（GB 50856—2013）、《市政工程工程量计算规范》（GB 50857—2013）、《园林绿化工程工程量计算规范》（GB 50858—2013）、《矿山工程工程量计算规范》（GB 50859—2013）、《构筑物工程工程量计算规范》（GB 50860—2013）、《城市轨道交通工程工程量计算规范》（GB 50861—2013）、《爆破工程工程量计算规范》（GB 50862—2013）。

《建设工程工程量清单计价规范》（GB 50500—2013）包括总则、术语、一般规定、工程量清单编制、招标控制价、投标报价、合同价款约定、工程计量、合同价款调整、合同价款期中支付、竣工结算与支付、合同解除的价款结算与支付、合同价款争议的解决、工程造价鉴定、工程计价资料与档案、工程计价表格及 11 个附录。

各专业工程量计量规范包括总则、术语、工程计量、工程量清单编制、附录。

二、工程量清单与计价表的构成

（一）分部分项工程量清单

分部分项工程是"分部工程"和"分项工程"的总称。"分部工程"是单位工程的组成部分，是按结构部位、路段长度及施工特点或施工任务将单位工程划分为若干分部的工程。例如，房屋建筑与装饰工程分为土石方工程、桩基工程、砌筑工程、混凝土及钢筋混凝土工程、楼地面装饰工程、天棚工程等分部工程。"分项工程"是分部工程的组成部分，是按不同施工方法、材料、工序及路段长度等将分部工程划分为若干个分项或项目的工程。例如，现浇混凝土基础分为带形基础、独立基础、满堂基础、桩承台基础、设备基础等分项工程。

分部分项工程项目清单必须载明项目编码、项目名称、项目特征、计量单位和工程量。分部分项工程项目清单必须根据各专业工程计量规范规定的项目编码、项目名称、项目特征、计量单位和工程量计算规则进行编制。分部分项工程清单与计价表见表3-13，在分部分项工程量清单编制过程中，由招标人负责前 6 项内容填列，金额部分在编制招标控制价或投标报价时填列。

表 3-13 分部分项工程清单与计价表

工程名称：　　　　　　　　标段：　　　　　　　　　　　　　　　第　页共　页

序号	项目编码	项目名称	项目特征描述	计量单位	工程量	金额（元）		
						综合单价	合价	其中：暂估价

1. 项目编码

项目编码是分部分项工程和措施项目清单名称的阿拉伯数字标识。分部分项工程量清单项目编码以五级编码设置，用 12 位阿拉伯数字表示。一、二、三、四级编码为全国统一，即1~9位应按计价规范附录的规定设置；第五级编码即十至十二位为清单项目编码，应根据拟建工程的工程量清单项目名称设置，不得有重号，这3位清单项目编码由招标人针对招标工程项目具体编制，并应自001起顺序编制。

各级编码代表的含义如下：
1）第一级表示专业工程顺序码（分2位）。
2）第二级表示附录分类顺序码（分2位）。
3）第三级表示分部工程顺序码（分2位）。
4）第四级表示分项工程项目名称顺序码（分3位）。
5）第五级表示工程量清单项目名称顺序码（分3位）。

工程量清单项目编码结构如图3-2所示（以房屋建筑与装饰工程为例）。

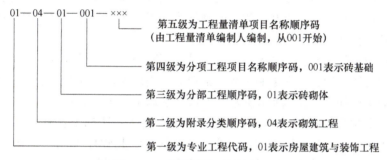

图3-2 工程量清单项目编码结构

当同一标段（或合同段）的一份工程量清单中含有多个单位工程且工程量清单是以单位工程为编制对象时，编制工程量清单应特别注意对项目编码10至12位的设置不得有重号的规定。

2. 项目名称

分部分项工程量清单的项目名称应按计价规范附录的项目名称结合拟建工程的实际确定。计价规范附录表中的"项目名称"为分项工程项目名称，是形成分部分项工程量清单项目名称的基础，在编制分部分项工程量清单时可予以适当调整或细化，清单项目名称应表达详细、准确。计价规范中的分项工程项目名称如有缺陷，招标人可进行补充，并报当地工程造价管理机构（省级）备案。

3. 项目特征

项目特征是对项目的准确描述，是确定清单项目综合单价不可缺少的重要依据，是区分清单项目的依据，是履行合同义务的基础。分部分项工程量清单的项目特征应按"清单计价规范"附录中规定的项目特征，结合技术规范、标准图集、施工图样，按照工程结构、使用材质及规格或安装位置等，予以详细而准确的表述和说明。凡项目特征中未描述到的其他独有特征，由清单编制人视项目具体情况确定，以准确描述清单项目为准。

4. 计量单位

计量单位应采用基本单位，除各专业另有特殊规定外均按以下单位计量：
1）以质量计算的项目——吨或千克（t或kg）。
2）以体积计算的项目——立方米（m³）。

3）以面积计算的项目——平方米（m²）。

4）以长度计算的项目——米（m）。

5）以自然计量单位计算的项目——个、套、块、樘、组、台等。

6）没有具体数量的项目——宗、项等。

各专业有特殊计量单位的，另外加以说明，当计量单位有两个或两个以上时，应根据所编工程量清单项目的特征要求，选择最适宜表现该项目特征并方便计量的单位。

5. 工程数量计算

工程数量主要通过工程量计算规则计算得到。工程量计算规则是指对清单项目工程量的计算规定。除另有说明外，所有清单项目的工程量应以实体工程量为准，并以完成后的净值计算；投标人投标报价时，应在单价中考虑施工中的各种损耗和需要增加的工程量。

根据工程量清单计价与计量规范的规定，工程量计算规则分为房屋建筑与装饰工程、仿古建筑工程、通用安装工程、市政工程、园林绿化工程、矿山工程、构筑物工程、城市轨道交通工程、爆破工程九大类。

随着工程建设中新材料、新技术、新工艺等的不断涌现，计量规范附录所列的工程量清单项目不可能包含所有项目。在编制工程量清单时，当出现计量规范附录中未包括的确定项目时，编制人应进行补充。在编制补充项目时应注意以下三个方面：

1）补充项目的编码应按计量规范的规定确定。具体做法如下：补充项目的编码由计量规范的代码与B和三位阿拉伯数字组成，并应从001起顺序编制，例如房屋建筑与装饰工程如需补充项目，则其编码应从01B001开始起顺序编制，同一招标工程的项目不得重码。

2）在工程量清单中应附补充项目的项目名称、项目特征、计量单位、工程量计算规则和工作内容。

3）将编制的补充项目报省级或行业工程造价管理机构备案。

（二）措施项目清单

措施项目是指为完成建设工程施工，发生于该工程施工前和施工过程中的技术、生活、安全、环境保护等方面的项目。编制措施项目清单需考虑多种因素，除工程本身的因素外，还涉及水文、气象、环境、安全等因素。措施项目清单应根据拟建工程实际情况，选择工程量清单计价与计量规范中的《建设工程工程量清单计价规范》（GB 50500—2013）和《房屋建筑与装饰工程工程量计算规范》（GB 50854—2013）、《仿古建筑工程工程量计算规范》（GB 50855—2013）、《通用安装工程工程量计算规范》（GB 50856—2013）、《市政工程工程量计算规范》（GB 50857—2013）、《园林绿化工程工程量计算规范》（GB 50858—2013）、《矿山工程工程量计算规范》（GB 50859—2013）、《构筑物工程工程量计算规范》（GB 50860—2013）、《城市轨道交通工程工程量计算规范》（GB 50861—2013）、《爆破工程工程量计算规范》（GB 50862—2013）九类专业工程计量规范中与工程类型对应的规范进行列项，若出现规范中未列的项目，可根据工程实际情况补充。

1）按单价计算的措施项目必须根据相关工程有关国家计量规范的规定编制。应根据拟建工程的实际情况列项，按单价计算的措施项目清单与计价表的形式与分部分项工程清单与计价表（表3-14）的形式一样。

2）安全文明施工费和按总价计算的措施项目清单与计价见表3-14。

表 3-14　按总价计算的措施项目清单与计价表

工程名称：　　　　　　　标段：　　　　　　　　　　　　　　　　第　页共　页

序号	项目编码	项目名称	计算基础	费率（%）	金额（元）	调整费率	调整后金额（元）	备注
		安全文明施工费						
		夜间施工增加费						
		二次搬运费						
		冬雨季施工增加费						
		已完工程及设备保护费						
		合计						

编制人员（造价人员）：　　　　　　　　复核人（造价工程师）：

注：1. "计算基础"中，安全文明施工费可为"定额计价""定额人工费"或"定额人工费+定额机械费"，其他项目可为"定额人工费"或"定额人工费+定额机械费"。

　　2. 按施工方案计算的措施项目费，若无"计算基础"和"费率"的数值，也可只填"金额"数值，但应在备注栏说明施工方案出处或计算方法。

（三）其他项目清单

其他项目清单是指分部分项工程量清单、措施项目清单所包含的内容以外，因招标人的特殊要求而发生的与拟建工程有关的其他费用项目和相应数量的清单。工程建设标准的高低、工程的复杂程度、工程的工期长短、工程的组成内容、发包人对工程管理要求等都直接影响其他项目清单的具体内容，其他项目清单宜按照表 3-15 所示的格式编制，出现未包含在表格中内容的项目，可根据工程实际情况补充。

其他项目清单的内容包括暂列金额、暂估价、计日工和总承包服务费等，见表 3-15。

表 3-15　其他项目清单与计价汇总表

工程名称：　　　　　　　标段：　　　　　　　　　　　　　　　　第　页共　页

序　号	项目名称	计量单位	金额（元）	备　注
1	暂列金额			明细详见表 3-17
2	暂估价			
2.1	材料（工程设备）暂估价		—	明细详见表 3-18
2.2	专业工程暂估价			明细详见表 3-19
3	计日工			明细详见表 3-20
4	总承包服务费			明细详见表 3-21
5	索赔与现场签证			
	合计			—

注：材料（工程设备）暂估单价计入清单项目综合单价，此处不汇总。

1. 暂列金额

暂列金额由招标人填写，列出项目名称、计量单位、暂定金额等。其标准格式见表3-16。

表3-16 暂列金额明细表

工程名称：　　　　　　标段：　　　　　　　　　　　　　第　页共　页

序号	项目名称	计量单位	暂定金额（元）	备注
1				
2				
3				
	合计			

注：此表由招标人填写，如不能详列，也可只列暂定金额总额，投标人应将上述暂列金额计入投标总价中。

2. 暂估价

暂估价包括材料暂估单价、工程设备暂估单价、专业工程暂估价。

1）材料、工程设备暂估价。暂估价中的材料、工程设备暂估单价可根据工程造价信息或参照市场价格估算，列出明细表，其标准格式见表3-17。此表由招标人填写"暂估单价"，并在备注栏说明暂估价的材料、工程设备拟用在哪些清单项目上，投标人应将上述材料、工程设备暂估单价计入工程量清单综合单价报价中。

表3-17 材料（工程设备）暂估单价及调整表

工程名称：　　　　　　标段：　　　　　　　　　　　　　第　页共　页

序号	材料名称（工程设备）、名称、规格、型号	计量单位	数量		暂估（元）		确认（元）		差额±（元）		备注
			暂估	确认	单价	合价	单价	合价	单价	合价	
	合计										

2）专业工程暂估价。专业工程暂估价分不同专业，按有关计价规定估算，列出明细表，其标准格式见表3-18。此表"暂估金额"由招标人填写，投标人应将"暂估金额"计入投标总价中。结算时按合同约定结算金额填写。

表3-18 专业工程暂估价及结算价表

工程名称：　　　　　　标段：　　　　　　　　　　　　　第　页共　页

序号	工程名称	工程内容	暂估金额（元）	结算金额（元）	差额±（元）	备注
	合计					

3. 计日工

计日工是指在施工过程中，承包人完成发包人提出的工程合同范围以外的零星项目或工作，按合同中约定的单价计价的一种方式。计日工单价由投标人通过投标报价确定，由人工费、材料费、施工机具使用费、企业管理费、利润等费用组成。计日工暂定数量由发包人给定，计日工实际数量由监理工程师根据承包人按发包人计日工指令实际完成的工作数量核定确认。计日工表中应列出项目名称、计量单位和暂估数量。其标准格式见表3-19。此表项目名称、暂定数量由招标人填写，编制招标控制价时，单价由招标人按有关规定确定；投标时，单价由投标人自主报价，按暂定数量计算合价计入投标总价中。结算时，按发承包双方确认的实际数量计算合价。

表 3-19 计日工表

工程名称：　　　　　　标段：　　　　　　　　　　　　第　页共　页

序号	项目名称	单位	暂定数量	实际数量	综合单价（元）	合价（元）	
						暂定	实际
一	人工						
1							
2							
...							
	人工小计						
二	材料						
1							
2							
...							
	材料小计						
三	施工机械						
1							
2							
...							
	施工机械小计						
	四、企业管理费和利润						
	总计						

4. 总承包服务费

总承包服务费是指总承包人为配合协调发包人进行的专业工程发包，包括发包人自行采购的材料、工程设备等进行保管以及施工现场管理、竣工资料汇总整理等服务所需的费用。总承包服务费应列出服务项目及其内容等。其标准格式见表3-20。此表项目名称、服务内容由招标人填写，编制招标控制价时，费率及金额由招标人按有关计价规定确定；投标时，费率及金额由投标人自主报价，计入投标总价中。

表 3-20　总承包服务费计价表

工程名称：　　　　　　　　标段：　　　　　　　　　　　　　　　　　　第　页共　页

序　号	项目名称	项目价值（元）	服务内容	计算基础	费率（%）	金额（元）
1	发包人发包专业工程					
2	发包人供应材料					
	合计		—	—	—	

（四）规费、税金项目清单

规费项目清单应按照下列内容列项：社会保险费，包括养老保险费、失业保险费、医疗保险费、工伤保险费、生育保险费，住房公积金。出现计价规范中未列的项目，应根据省级政府或省级有关权力部门的规定列项。

税金项目主要是指增值税。出现计价规范未列的项目，应根据税务部门的规定列项。

规费、税金项目计价表见表 3-21。

表 3-21　规费、税金项目计价表

工程名称：　　　　　　　　标段：　　　　　　　　　　　　　　　　　　第　页共　页

序　号	项目名称	计算基础	计算基数	计算费率（%）	金额（元）
1	规费	定额人工费			
1.1	社会保险费	定额人工费			
（1）	养老保险费	定额人工费			
（2）	失业保险费	定额人工费			
（3）	医疗保险费	定额人工费			
（4）	工伤保险费	定额人工费			
（5）	生育保险费	定额人工费			
1.2	住房公积金	定额人工费			
2	税金（增值税）	人工费+材料费+施工机具使用费+企业管理费+利润+规费			
		合计			

编制人（造价人员）：　　　　　　　　　　复核人（造价工程师）：

第三节　工程造价信息

一、工程造价信息的概念

工程造价信息是工程造价管理机构发布的建设工程人工、材料、工程设备、施工机械台班的价格信息，以及各类工程的造价指数、指标等。在工程承发包市场和工程建设过程中，工程造价总是不停地变化着，并呈现不同特征。人们对工程承发包市场和工程建设过程中工程造价的变化，是通过工程造价信息来认识和掌握的。

在工程承发包市场和工程建设中，工程造价信息是最灵敏的调节器和指示器，无论是政府工程造价主管部门还是工程承发包双方，都要通过工程造价信息来把握工程建设市场动态，预测工程造价发展，确定政府的工程造价政策和工程承发包价。因此，工程造价主管部门和工程承发包双方都要接收、加工、传递和利用工程造价信息，工程造价信息作为一种社会资源在工程建设中的地位日趋明显，特别是随着我国推行工程量清单计价制度，工程价格从政府计划的指令性价格向市场定价转化，而在市场定价的过程中，信息起着举足轻重的作用，因此工程造价信息资源开发的意义更为重要。

二、工程造价信息的分类

为便于对信息的管理，有必要将各种信息按一定的原则和方法进行区分和归集，并建立一定的分类系统和排列顺序。因此，在工程造价管理领域，也应该按照不同的标准对信息进行分类。主要分类方式有：

1) 从管理组织的角度划分，分为系统化工程造价信息和非系统化工程造价信息。
2) 按形式划分，分为文件式工程造价信息和非文件式工程造价信息。
3) 按信息来源划分，分为横向传递的工程造价信息和纵向传递的工程造价信息。
4) 按经济层面划分，分为宏观工程造价信息和微观工程造价信息。
5) 按动态性划分，分为过去的工程造价信息、现在的工程造价信息和未来的工程造价信息。
6) 按稳定程度划分，分为固定工程造价信息和流动工程造价信息。

三、工程造价信息的主要内容

广义上说，所有对工程造价的确定与控制起作用的资料都称为工程造价信息，如各种定额资料、标准规范、政策文件等。在这其中最能体现信息动态性变化特征，并且在工程造价的市场机制中起重要作用的工程造价信息主要包括三类：工程价格信息、已完工程信息和工程造价指数。

（一）工程价格信息

工程价格信息包括各种建筑材料、装修材料、安装材料、人工工资、施工机械等的最新市场价格。这些信息是比较初级的微观信息，一般没有经过系统加工处理，也可以称其为数据。

1. 人工价格信息

根据《关于开展建筑工程实物工程量与建筑工种人工成本信息测算和发布工作的通知》（建办标函〔2006〕765号），我国自2007年起开展建筑工程实物工程量与建筑工种人工成本信息（即人工价格信息）的测算和发布工作。其目的是引导建筑劳务合同双方合理确定建筑工人工资水平的基础，为建筑业企业合理支付个人劳动报酬，为调节、处理建筑工人劳动工资纠纷提供依据，也为工程招标投标中评定成本提供依据。人工价格信息又分为建筑工程实务工程量人工价格信息和建筑工种人工成本信息。

（1）建筑工程实物工程量人工价格信息 这种价格信息是以建筑工程的不同划分标准为对象，反映了单位实物工程量的人工价格信息。根据工程不同部位、作业难易并结合不同工种作业情况将建筑工程划分为：土石方工程、架子工程、砌筑工程、模板工程、钢筋工程、混凝土工程、防水工程、抹灰工程、木作业与木装饰工程、油漆工程、玻璃工程、金属制品制作及安装、其他工程十三项。其表现形式见表3-22。

表3-22　2012年一季度××市建筑工程实物工程量人工价格信息表

土石方工程					
项目编码	项目名称	工程量计算规则	计量单位	人工单价（元）	备注
010101001	平整场地	按实际平整面积计算	m²	4.41	一、二类
010101002	人工挖土方	按实际挖方的天然密实体积计算	m³	24.32	
010101003	人工挖沟槽、坑土方（深2m以内）			26.70	
010101006	人工挖淤泥、流沙			47.14	

（2）建筑工种人工成本信息　它是按照建筑工人的工种分类，反映不同工种的单位人工日工资单价。建筑工种是根据《中华人民共和国劳动法》和《中华人民共和国职业教育法》的有关规定，对从事技术复杂、通用性广、涉及国家财产、人民生命安全和消费者利益的职业（工种）的劳动者实行就业准入的规定，结合建筑行业实际情况确定的。其表现形式见表3-23。

表3-23　2012年二季度××市建筑工种人工成本信息

序号	工种	月工资（元）	日工资（元/工日）
1	建筑、装饰工程普工	2175	100
2	木工（模板工）	2697	124
3	钢筋工	2566.5	118
4	混凝土工	2370.75	109
5	架子工	2631.75	121

2. 材料价格信息

在材料价格信息的发布中，应披露材料类别、规格、供应地区、单价（不含可抵扣的进项税额）以及发布日期等信息。其表现形式见表3-24。

表3-24　2016年6月××市即时商品混凝土参考价

序号	名称	规格型号	单位	零售价（元）（不含可抵扣的进项税额）	供货城市	公司名称	发布日期
1	泵送商品混凝土	C30 坍落度12cm±3cm	m³	363.00	××市辖区	××××混凝土有限公司	2016.6
2	泵送商品混凝土	C25 坍落度12cm±3cm	m³	350.00	××市辖区	××××混凝土有限公司	2016.6

3. 机械价格信息

机械价格信息包括设备市场价格信息和设备租赁市场价格信息两个部分。相对而言，后者对于工程计价更为重要，发布的机械价格信息应包括机械设备名称、规格型号、供应厂商名称、租赁单价、发布日期等内容。其表现形式见表3-25。

表3-25　2016年6月××市设备租赁参考价

机械设备名称	规格型号	供应厂商名称	租赁单价（万元/月）（不含可抵扣的进项税额）	发布日期
塔式起重机	K80/115型 70m/11.5t	××××公司机租公司	19.8（最低价）	2016.6
塔式起重机	K80/115型 70m/11.5t	××××公司机租公司	22.5（最高价）	2016.6
塔式起重机	K30/21型/ 70m/2.1t	××××公司机租公司	4.3（最低价）	2016.6
塔式起重机	K30/21型/ 70m/2.1t	××××公司机租公司	4.8（最高价）	2016.6

（二）已完工程信息

1. 已完工程信息的概念

已完工程信息是指已建成竣工和在建的有使用价值和有代表性的投资估算、工程设计概算、施工预算、工程竣工结算、竣工决算、单位工程施工成本以及新材料、新结构、新设备、新施工工艺等建筑安装工程分部分项的单位价格分析等资料。这种信息也可称为工程造价资料。

2. 已完工程信息类型

已完工程信息可分为以下几种类别：

1）按照其不同工程类型，可划分为厂房、铁路、住宅、公共建筑、市政工程等已完工程信息，并分别列出其包含的单项工程和单位工程。

2）按照其不同阶段，一般分为项目可行性研究、投资估算、初步设计概算、施工图预算、竣工结算、竣工决算等。

3）按照其组成特点，一般分为建设项目、单项工程和单位工程造价资料，也包括有关新材料、新工艺、新设备、新技术的分部分项工程造价资料。

3. 已完工程信息积累的主要内容

已完工程信息积累的内容应包括"量"（如主要工程量、材料量、设备量等）和"价"，还要包括对造价确定有重要影响的技术经济文件，如工程概况、建设条件等。

（1）建设项目和单项工程造价资料，其主要包括：

1）对造价有重要影响的技术经济文件，如项目建设标准、建设工期、建设地点等。

2）主要的工程量、主要的材料量和主要设备的名称、型号、规格、数量等。

3）投资估算、概算、预算、竣工决算及造价指数等。

（2）单位工程造价资料　单位工程造价资料包括工程的内容、建筑结构特征、主要工程量、主要材料的用量和单价、人工工日和人工费以及相应的造价。

（3）其他　主要包括有关新材料、新工艺、新设备、新技术分部分项工程的人工工日，主要材料用量，机械台班用量。

4. 已完工程信息的运用

1) 已完或在建工程的各种造价信息，可以为拟建工程或在建工程造价提供依据。
2) 作为编制固定资产投资计划的参考，用作建设成本分析。
3) 进行单位生产能力投资分析。
4) 用作编制投资估算的重要依据。
5) 用作编制初步设计概算和审查施工图预算的重要依据。
6) 用作确定标底和投标报价的参考资料。
7) 用作技术经济分析的基础资料。
8) 用作编制各类定额的基础资料。
9) 用以测定调价系数、编制造价指数。
10) 用以研究同类工程造价的变化规律。

(三) 工程造价指数

1. 工程造价指数的概念

工程造价指数是反映一定时期价格变化对工程造价影响程度的一种指标，是调整工程造价价差的依据。以合理的方法编制的工程造价指数，能够较好地反映工程造价的变动趋势和变化幅度，正确反映建筑市场的供求关系和生产力发展水平。工程造价指数反映了报告期与基期相比的价格变动趋势。需要注意的是，基期价格和报告期价格计算口径一致，都是指不含增值税可抵扣进项税额的价格。

利用工程造价指数分析价格变动趋势及其原因，估计工程造价变化对宏观经济的影响，是业主控制投资、投标人确定报价的重要依据。

2. 工程造价指数的编制

工程造价指数一般应按各主要构成要素（建筑安装工程造价、设备工器具购置费和工程建设其他费用）分别编制价格指数，然后汇总得到工程造价指数。

(1) 各种单项价格指数的编制

1) 人工费、材料费、施工机械使用费等价格指数的编制。这种价格指数的编制可以直接用报告期价格与基期价格相比后得到。其计算公式如下：

$$人工费(材料费、施工机械使用费)价格指数 = P_n/P_0 \quad (3-15)$$

式中　P_0——基期人工日工资单价（材料价格、机械台班单价）；

　　　P_n——报告期人工日工资单价（材料价格、机械台班单价）。

2) 企业管理费及工程建设其他费等费率指数的编制。其计算公式如下：

$$企业管理费(工程建设其他费)费率指数 = P_n/P_0 \quad (3-16)$$

式中　P_0——基期企业管理费（工程建设其他费）费率；

　　　P_n——报告期企业管理费（工程建设其他费）费率。

(2) 设备、工器具价格指数　设备、工器具价格指数是用综合指数形式表示的总指数。运用综合指数计算总指数时，一般要涉及两个因素，一个是指数所要研究的对象，称为指数化因素；另一个是将不能同度量现象过渡为可以同度量现象的因素，称为同度量因素。当指数化因素是数量指标时，这时计算的指数称为数量指标指数；当指数化因素是质量指标时，这时的指数称为质量指标指数。很明显，在设备、工器具价格指数中，指数化因素是设备、工器具的采购价格，同度量因素是设备、工器具的采购数量。因此设备、工器具价格指数是一种质量指标指数。

1) 同度量因素的选择。既然已经明确了设备、工器具价格指数是一种质量指标指数，那么同度量因素应该是数量指标，即设备、工器具的采购数量。那么就会面临一个新的问题，就是应该选择基期计划采购数量为同度量因素，还是选择报告期实际采购数量为同度量因素。根据统计学的一般原理，此处可分为拉斯贝尔体系和派许体系。按照拉斯贝尔的主张，采用基期指标作为同度量因素，此时计算公式可以表示为：$K_q = \dfrac{\sum q_1 p_0}{\sum q_0 p_0}$（其中 K_q 为拉式数量指标，p_0 表示基期价格，q_0、q_1 分别表示基期数量和报告期数量）；按照派许的主张，采用报告期指标作为同度量因素，此时计算公式可以表示为：$K_p = \dfrac{\sum q_1 p_1}{\sum q_1 p_0}$（其中 K_p 为派氏质量指标，p_0 和 p_1 表示基期与报告期价格，q_1 表示报告期数量）。

2) 设备、工器具价格指数的编制。考虑到设备、工器具的采购品种很多，为简化起见，计算价格指数时可选择其中用量大、价格高、变动多的主要设备、工器具的购置数量和单价进行计算，按照派氏公式进行计算如下：

$$\text{设备、工器具价格指数} = \frac{\sum (\text{报告期设备、工器具单价} \times \text{报告期购置数量})}{\sum (\text{基期设备、工器具单价} \times \text{报告期购置数量})} \quad (3\text{-}17)$$

(3) 建筑安装工程价格指数　与设备、工器具价格指数类似，建筑安装工程价格指数也属于质量指标指数，所以也应用派氏公式计算。但考虑到建筑安装工程价格指数的特点，所以用综合指数的变形即平均数指数的形式表示。

1) 平均数指数。从理论上说，综合指数是计算总指数的比较理想的形式，因为它不仅可以反映事物变动的方向与程度，而且可以用分子与分母的差额直接反映事物变动的实际经济效果。然而，在利用派氏公式计算质量指标指数时，需要掌握 $\sum p_0 q_1$（基期价格乘报告期数量之积的和），这是比较困难的。而相比而言，基期和报告期的费用总值（$\sum p_0 q_0$，$\sum p_1 q_1$）却是比较容易获得的资料。因此，就可以在不违反综合指数的一般原则的前提下，改变公式的形式而不改变公式的实质，利用容易掌握的资料来推算不容易掌握的资料，进而再计算指数，在这种背景下所计算的指数即平均数指数。利用派氏综合指数进行变形后计算得出的平均数指数称为加权调和平均数指数。其计算过程如下：

设 $K_p = p_1/p_0$ 表示个体价格指数，则派氏综合指数可以表示为

$$\text{派氏价格指数} = \frac{\sum q_1 p_1}{\sum q_1 p_0} = \frac{\sum q_1 p_1}{\sum \dfrac{1}{K_p} q_1 p_1} \quad (3\text{-}18)$$

式中　$\dfrac{\sum q_1 p_1}{\sum \dfrac{1}{K_p} q_1 p_1}$ ——派氏综合指数变形后的加权调和平均数指数。

2) 建筑安装工程造价指数的编制。根据加权调和平均数指数的推导公式，可得建筑安装工程造价指数的编制如下（由于利润率、规费费率和税率通常不会变化，可以认为其单项价格指数为

$$\text{建筑安装工程造价指数} = \frac{\text{报告期建筑安装工程费}}{\dfrac{\text{报告期人工费}}{\text{人工费指数}} + \dfrac{\text{报告期材料费}}{\text{材料费指数}} + \dfrac{\text{报告期施工机具使用费}}{\text{施工机具使用费指数}} + \dfrac{\text{报告期措施费}}{\text{措施费指数}} + \text{利润+规费+税金}} \qquad (3\text{-}19)$$

【例3-3】 已知某项目报告期实际建筑安装工程费为1000万元,其中人工费150万元,材料费480万元,施工机具使用费120万元,企业管理费180万元。各单项价格指数为人工费指数105%,材料费指数102%,施工机械使用费指数110%,企业管理费指数为106%,求该建筑安装工程造价指数。

【解】 利润+税金=(1000-150-480-120-180)万元=70万元

$$\text{建筑安装工程造价指数} = \frac{1000\ \text{万元}}{\left(\dfrac{150}{1.05} + \dfrac{480}{1.02} + \dfrac{120}{1.1} + \dfrac{180}{1.06} + 70\right)\text{万元}} \times 100\% = 103.91\%$$

(4) 建设项目或单项工程造价指数的编制　建设项目或单项工程造价指数是由建筑安装工程造价指数、设备、工器具价格指数和工程建设其他费用指数综合而成的。与建筑安装工程造价指数类似,其计算也应采用加权调和平均数指数的推导公式,具体的计算过程如下:

$$\text{建设项目或单项工程造价指数} = \frac{\text{报告期建设项目或单项工程造价}}{\dfrac{\text{报告期建筑安装工程费}}{\text{建筑安装工程造价指数}} + \dfrac{\text{报告期设备、工器具费用}}{\text{设备、工器具价格指数}} + \dfrac{\text{报告期工程建设其他费}}{\text{工程建设其他费指数}}} \qquad (3\text{-}20)$$

【例3-4】 某建设项目报告期建筑安装工程费为900万元,造价指数为106%,报告期设备、工器具单价60万元,基期单价为50万元,报告期购置数量10台,基期购置数量12台,报告期工程建设其他费为200万元,工程建设其他费指数为103%,求该建设项目工程造价指数。

【解】 计算设备器具指数 = $\dfrac{60\ \text{万元} \times 10\ \text{台}}{50\ \text{万元} \times 10\ \text{台}} \times 100\% = 120\%$

建设项目工程造价 = (900 + 60 × 10 + 200)万元 = 1700万元

工程造价指数 = $\dfrac{1700\ \text{万元}}{\left(\dfrac{900}{1.06} + \dfrac{600}{1.20} + \dfrac{200}{1.03}\right)\text{万元}} \times 100\% = 110.16\%$

编制完成的工程造价指数有很多用途,例如,其可作为政府对建设市场宏观调控的依据,也可以作为工程估算以及概预算的基本依据。当然,其最重要的作用是在建设市场的交易过程中,为承包商提出合理的投标报价提供依据,此时的工程造价指数也可称为投标价格指数,具体的表现形式见表3-26。

表 3-26　××省 2012—2015 年住宅建筑工程造价指数表

项　　目	2012 年一季度	2013 年二季度	2014 年三季度	2015 年四季度
多层（6 层以下）	107.7	109.2	114.6	110.8
小高层（7~12 层）	108.4	110.0	114.6	111.4
高层（12 层以上）	108.4	110.0	114.6	111.4
综合	108.3	109.8	114.6	111.3

本章综合训练

基础训练

1. 从概念、作用和内容方面概括预算定额与概算定额的相同点与不同点。
2. 分别从内容和形式上区分暂列金额及暂估价。
3. 分部分项工程量清单构成的基本要素有哪些？编制步骤是什么？
4. 工程量清单包含哪几个部分？各部分的编制依据是什么？
5. 工程造价信息有哪些分类方式？不同的分类方式对应的内容是什么？
6. 工程造价指数的编制主要是编制哪些构成要素的价格指数？试概括各构成要素价格指数如何编制。
7. 编制某分项工程预算定额人工工日消耗量，已知基本用工 20 个工日，超远距用工 2 个工日，辅助用工 3 工日，人工幅度系数为 10%，求该分项工程预算定额人工工日消耗量。
8. 某建筑工程报告期各项费用构成和各单项价格指数见表 1，求该工程的建筑安装工程造价指数。

表 1　某建筑工程报告期各项费用构成和各单项价格指数

	人工费	材料费	施工机具使用费	企业管理费	利润、规费、税金
报告期费用（万元）	1520	3200	580	600	700
价格指数	1.08	0.95	1.01	1.03	1

能力拓展

【案例背景】某钢筋混凝土框架结构建筑物，共 4 层，首层层高 4.2m，柱顶的结构标高为 15.9m，外墙为 240mm 厚加气混凝土砌块填充墙，首层墙体砌筑在顶面标高为 -0.20m 的钢筋混凝土基础梁上，M5.0 混合砂浆砌筑。M1 为 1900mm×3300mm 的铝合金平开门；C1 为 2100mm×2400mm 的铝合金推拉窗；C2 为 1200mm×2400mm 的铝合金推拉窗；C3 为 1800mm×2400mm 的铝合金推拉窗；门窗详见图集 L03J602；窗台高 900mm。门窗洞口上设钢筋混凝土过梁，截面为 240mm×180mm，过梁两端各伸入砌体 250mm。已知本工程抗震设防烈度为 7 度，抗震等级为四级（框架结构），梁、板、柱的混凝土均采用 C30 商品混凝土；钢筋的保护层厚度：板为 15mm，梁柱为 25mm，基础为 35mm，楼板厚有 150mm 和 100mm 两种。块料地面的做法是：素水泥浆一遍，25mm 厚 1:3 干硬性水泥砂浆结合层，800mm×800mm 全瓷地面，白水泥砂浆擦缝。木质踢脚线高 150mm，基层为 9mm 厚胶合板，面层为红榉木装饰板，上口钉木线。柱面的装饰做法为：木龙骨榉木装饰面包方柱，木龙骨为 25mm×30mm，中距 300mm×300mm，基层为 9mm 厚胶合板，面层为红榉木装饰板。四周内墙面做法为：20mm 厚 1:2.5 水泥砂浆抹面。顶棚吊顶为轻钢龙骨矿棉板平顶，U 形轻钢龙骨中距 450mm×450mm，面层为矿棉吸声板，首层吊顶底标高为 3.4m。

问题：查阅《房屋建筑与装饰工程工程量计算规范》（GB 50854—2013）中规定分部分项工程的统一编码，编制建筑物首层的过梁、填充墙、矩形柱（框架柱）、矩形梁（框架梁）、柱面（包括墙柱）、装饰、吊顶顶棚、木质踢脚线、墙面抹灰、平板、块料地面的分部分项工程量清单，列出项目编码、项目特征描述、计量单位等内容填写表2，不用计算工程量。

表2 分部分项工程清单与计价表

工程名称：　　　　　　　标段：　　　　　　　　　　　　　　　　第　页共　页

序号	项目编码	项目名称	项目特征描述	计量单位	工程量	金额（元）		
						综合单价	合价	其中：暂估价
		过梁						
		填充墙						
		矩形柱（框架柱）						
		矩形梁（框架梁）						
		柱面（包括墙柱）						
		装饰						
		吊顶顶棚						
		木质踢脚线						
		墙面抹灰						
		平板						
		块料地面						

同学们也可以自行寻找类似工程，进行编制工程量清单的练习。

案例分析

【案例】河北省某高校体育场项目土质级别判定错误对定额套用的影响

河北省某高校体育场工程主体结构为钢筋混凝土框架结构，上屋面为钢桁架膜结构，该工程约定的结算方式为阶段性据实结算。桩基部分为CFG桩⊖9070根，每根长18.25m。

施工单位报送的结算文件中关于CFG桩的定额套用为A2-173，审定定额套用应为A2-172；报审金额为1491.28万元，审定金额为1366.73万元。

【矛盾焦点】

1）相关单位认为施工单位定额套用错误，施工单位报送的结算文件中关于CFG桩的定额套用A2-173，长螺旋商品混凝土CFG桩桩长15m以外，土质为二级土。而依据该体育场"岩土工程勘察报告"，该体育场地基基础土质级别应认定为一级土，应套用定额A2-172。

2）施工单位认为定额套用没有错误，长螺旋商品混凝土CFG桩，桩长15m以外，土质为二级土，应套用定额A2-173。

3）所以双方争议的焦点主要是以下两方面：
① 该高校体育场"岩土工程勘察报告"中关于土质级别的定性，是否应认定土质为一级土。
② 根据所判断的土质类别，定额套用是否错误。

⊖ CFG是英文Cement Fly-ash Gravel的缩写，CFG桩意为水泥粉煤灰碎石桩，由碎石、石屑、砂、粉煤灰掺水泥加水拌和，用各种成桩机械制成的可变强度桩。通过调整水泥掺量及配合比，其强度等级在C5~C25变化，是介于刚性桩与柔性桩之间的一种桩型。

【问题分析】

（1）该高校体育场"岩土工程勘察报告"中关于土质级别的认定 《全国统一建筑工程基础定额河北省消耗量定额》（HEBGYD-A—2008）（简称《全国统一定额》）中 A2 桩与地基基础工程章节规定：土壤级别的划分应根据工程地质资料中的土层构造和土壤物理、力学性能的有关指标，参考纯沉桩时间确定。凡遇有砂夹层者，应首先按砂层情况确定土壤级别。无砂层者，按土壤物理力学性能指标并参考每米平均纯沉桩时间确定。

用土壤力学性能指标鉴别土壤级别时，桩长在 12m 以内，相当于桩长 1/3 的土层厚度应达到所规定的指标。桩长在 12m 以外，按 5m 厚度确定。其中土壤级别划分表中规定：砂夹层连续厚度小于 1m，不存在卵石含量的土壤为一级土；砂夹层连续厚度大于 1m，砂层中卵石含量小于 15% 的土壤为二级土。物理性能中压缩系数大于 0.02，孔隙比大于 0.7，力学性能中静力触探小于 50kPa，动力触探系数小于 12，且每米纯沉桩时间平均值小于 2min 的土壤为一级土。物理性能中压缩系数小于 0.02，孔隙比小于 0.7，力学性能中静力触探值大于 50kPa，动力触探系数大于 12，且每米纯沉桩时间平均值大于 2min 的土壤为二级土。另外，桩经外力作用较易沉入的土，土壤中夹有较薄的砂层的为一级土，而桩经外力作用较难沉入的土，土壤中夹有连续厚度不超过 3m 的砂层的为二级土。

依据该体育场"岩土工程勘察报告"中地基土的物理力学性质表中详细列出的不同土层的含水量、孔隙比、液性指标、压缩模量、承载力等数值；地基的均匀性评价；桩基设计参数的静压预制桩极限阻力等数值；钻孔柱状图及静力触探单孔曲线柱状图；标准贯入试验分层一览表；工程地质剖面图；物理力学性质指标统计表；土工试验成果报告表，精确分析上述表中各种数据的单位、意义及它所能反映出来的价值，最终得出结论，该高校体育场桩基工程的土质为一级土。

（2）定额套用是否错误的认定 依据《全国统一定额》，当商品混凝土 CFG 桩长度大于 15m 且土质为一级土时，应该套用定额 A2-172。所以施工单位按二级土考虑套用定额 A2-173 是错误的，此项定额多计入工程造价 124.55 万元。

【案例总结】

工程量、定额、工料机价格及取费等决定了工程造价。其中定额的套用既严谨又灵活，评审人员应按不同的土壤类别、挖土深度、干湿土分别套用定额，在工作中只有准确记忆相关专业定额的总说明、各章节的分部分项说明、有关规定、附注内容，才能选用最为准确的定额，确保评审的结果有法可依，有据可循。

对建设工程计价依据的灵活熟练把握是一名专业工程造价人员应具备的基本技能。

延展阅读

BIM 与工程造价管理

建筑信息模型（Building Information Model，BIM）。美国国家标准对 BIM 有更为完整的定义：BIM 是一个设施（建设项目）物理和功能特性的数字表达；是一个共享的知识资源，是一个分享有关这个设施的信息，为该设施从概念到拆除的全生命期中的所有决策提供可靠依据的过程；在项目不同阶段，不同利益相关方通过在 BIM 中插入、提取、更新和修改信息，以支持和反映其各自职责的协同作业。

在上海中心大厦（图 1）项目中，BIM 特有的可视化、集成化等特性已经显露出其在建设项目造价管理信息化方面具有无可比拟的优势，其对于提升建设项目造价管理信息化水平、提高效率，乃至改进造价管理流程，都具有积极意义。

而工程造价主要由工程量数据、价格数据和消耗量指标数三

图 1 上海中心大厦

个因素组成,那么,对于工程造价,BIM 的价值主要体现在准确地获得工程量数据。具体可以分为微观和宏观两方面。

1. 微观方面的价值

(1) 提高工程量计算准确性　基于 BIM 的自动化算量方法比传统的计算方法更加准确。工程量计算是编制工程预算的基础,但计算过程非常烦琐和枯燥,造价工程师容易因人为原因造成计算错误,影响后续计算的准确性。一般项目人员计算工程量误差在±3%左右已经算合理了。如果遇到大型工程、复杂工程、不规则工程结果就更难说了。另外,各地定额计算规则不同是阻碍手工计算准确性的重要因素。每计算一个构件要考虑相关哪些部分要扣减,需要具有极大的耐心和细心。BIM 的自动化算量功能可以使工程量计算工作摆脱人为因素影响,得到更加客观的数据。利用建立的三维模型进行实体扣减计算,对于规则或者不规则构件都是同样计算。

(2) 合理安排资源计划、加快项目进度　建筑工程周期长,涉及人员多,条线多,管理复杂,没有充分合理的计划,容易导致工期延误,甚至发生质量和安全事故。

利用 BIM 提供的数据基础可以合理安排资金计划、人工计划、材料计划和机械计划。在 BIM 所获得的工程量上赋予时间信息,就可以知道任意时间段各项工作量是多少。进而可以知道任意时间段造价是多少,根据这个来制订资金计划。还可以根据任意时间段的工程量,分析出所需要的人、材、机数量,合理安排工作(图 2)。

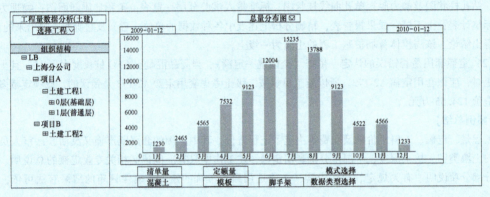

图 2　每月混凝土用量

(3) 控制设计变更　遇到设计变更,传统方法是靠手工先在图样上确认位置,然后计算设计变更引起的量增减情况。同时,要调整与之相关联的构件。这样的过程不仅缓慢,耗费时间长,而且可靠性也难以保证。加之变更的内容没有位置信息和历史数据,今后查询也非常麻烦。

利用 BIM,可以把设计变更内容关联到模型中。只要把模型稍加调整,相关的工程量变化就会自动反映出来。甚至可以把设计变更引起的造价变化直接反馈给设计人员,使他们清楚地了解设计方案的变化对成本的影响。

(4) 多方位计算对比　造价管理中重要的一环就是成本控制,而成本控制最有效的手段就是进行工程项目的多方位计算对比,即三个维度——时间、工序、区域(空间位置)维度。控制项目成本,检查项目管理问题,必须要有从这三个维度统计分析成本关键要素的能力,而以往的手工预算无法实现快速高效拆分与汇总实物量和造价的预算数据。

而利用 BIM 数据库的特性,则可以赋予模型内的构件各种参数信息。例如,时间信息、材质信息、施工班组信息、位置信息、工序信息等。利用这些信息可以把模型中的构件进行任意的组合和汇总[⊖]。

⊖ 关于用 BIM 实现不同维度的多算对比,可以参阅:杨宝明. 工程造价管理新思维 [N]. 建筑时报,2010-12-20.

（5）历史数据积累和共享　工程项目结束后，所有数据要么堆积在仓库，要么不知去向，今后碰到类似项目，如要参考这些数据就很难了。而且以往工程的造价指标、含量指标，对今后项目工程的估算和审核具有非常大的价值，造价咨询单位视这些数据为企业核心竞争力。利用 BIM 可以对相关指标进行详细、准确的分析和抽取，并且形成电子资料，方便保存和共享。

2. BIM 宏观方面的价值

1）帮助工程造价管理进入实时、动态、准确分析时代。

2）建设单位、施工单位、咨询企业的造价管理能力大幅增强，大量节约投资。

3）整个建筑业的透明度将大幅提高，招标投标和采购腐败行为将大为减少。

4）加快建筑产业的转型升级，在这样的体系支撑下，基于"关系"的竞争将快速转向基于"能力"的竞争，产业集中度提升加快。

5）有利于低碳建造，建造过程能更加精细。

6）基于 BIM 的自动化算量方法将造价工程师从烦琐的劳动中解放出来，为造价工程师节省更多的时间和精力用于更有价值的工作，如询价、评估风险等，并可以利用节约的时间编制更精确的预算。

但是，目前 BIM 技术在造价管理中的应用还是更多地停留在施工阶段，与设计阶段以及建筑物运营维护阶段的应用交集不多，相对孤立。造成这种现象有两方面的原因：一方面是 BIM 技术在设计和运营维护阶段的应用还不普及，另一方面是相互之间的数据标准还没有建立，表现如下：

（1）数据接口的标准　目前国内造价管理的 BIM 与设计的 BIM 是相互独立的，因此建立数据接口的标准将让造价管理的效率更上一个台阶。可以利用应用程序接口（API）建立链接，这就需要建立国内统一的 BIM 标准。这种方法可以把 BIM 相关软件进行无缝对接，避免重复建立模型，也保证了模型的准确性。

（2）BIM 建立的标准　造价管理的特性决定了同一个项目有多家单位会进行自己的造价管理，如何形成一个统一的、方便核对的标准，决定了 BIM 技术在造价管理中应用的深度。

（3）材料编码、消耗量指标　条目编写规范相当重要，能否顺利建立标准影响整个进程。目前国内还没有统一的材料编码，这就导致了各软件系统自成一套体系，阻碍了数据共享。

目前 BIM 应用于造价管理更多地体现在量上面，由于我国的特殊国情，各地定额标准都不一样，需要把量导入到计价软件中才能得到总造价。相信随着我国市场与国际接轨的深入，在不久的将来这方面将更加完善。

随着 BIM 技术在造价管理中的应用不断深入，建筑工程行业将变得更加透明、有序，相关企业可以赚取合理利润，企业发展的重心也会偏向于内部管理、成本控制、技术创新等。

3. 英国皇家特许测量师学会发布的 BIM 研究报告

为了支持建筑行业发展，英国皇家特许测量师学会（简称 RICS）于 2015 年发布了三份在建筑信息模型领域的研究报告。RICS 全球建筑环境专业小组总监 Alan Muse 表示：这些研究报告观察了 BIM 在估价和建造领域的发展与影响。报告强调，一个协作工具需要协作实现其功能，才能充分发挥进步科技和标准的效用。三份报告分别介绍如下：

第一个报告是《协作性的 BIM：从行为经济学和激励理论得出见解》。该报告指出 BIM 不仅仅是提供了信息分享的平台，而且某一企业一旦采用了 BIM 技术还能够促进合作，那么它可能改善项目和供应链的效用。通过对 BIM 的相应解读，概括工程项目中合作的可能性和误区所在，并分析 BIM 如何促进信息流通，增加供应商等产业链协作。

第二个报告是《BIM 在工程造价与项目管理实践中的运用：以北美、中国和英国为例》。3 个地区中，英国建筑业在 BIM 发展上的进展相对最快，相比之下，中国的建筑行业似乎是进展最慢的。工程造价和项目管理中运用 BIM 的重大挑战，一方面是因为中国本土的软件工具和国外软件厂商开发的常用 BIM 工具之间的互操作性问题是最显著的；另一方面中国特定 BIM 内容库的缺乏，似乎进一步减少 BIM 和 BIM 的建设成本和项目管理功能的使用。预计未来几年内，在中国将继续看到 BIM 使用量的增长，但在 BIM 工程造价和项目管理的开发和应用方面的增长并不会显著。只有当软件的操作性问题得到解决的时候，BIM 的工程造价和项目管理功能的应用速度才会在中国开始加快。

第三个报告是《建筑信息模型（BIM）与估价维度》。该报告说明了构建建筑信息模型过程中，要尽可能确保数据的准确性。如果录入的信息不够精确，决策者和工作人员就无法在此基础上做出正确的判断与决策。地产专业人员应用 BIM 时，首先需要构建 BIM 的估价维度。需要识别的全过程信息数据有五大类；①市场和定位数据；②地段信息数据；③财务数据；④建筑信息；⑤工序质量。通过收集和分析房地产行业的相关数据，该研究发现：若将相关数据纳入 BIM 中，会产生显著的效果。

——资料来源：www.rics.org/cn

推荐阅读材料

[1] 清华大学软件学院 BIM 课题组. 中国建筑信息模型标准框架研究 [J]. 土木建筑工程信息技术, 2010, 2 (2): 1-5.

[2] 何关培. BIM 总论 [M]. 北京：中国建筑工业出版社, 2011.

[3] 何清华, 钱丽丽, 段运峰, 等. BIM 在国内外应用的现状及障碍研究 [J]. 工程管理学报, 2012, 26 (1): 12-16.

[4] 胡振中. 基于 BIM 和 4D 技术的建筑工程施工冲突与安全分析管理 [D]. 北京：清华大学, 2009.

[5] 张洋. 基于 BIM 的建筑工程信息集成与管理研究 [D]. 北京：清华大学, 2009.

[6] 丰亮, 陆惠民. 基于 BIM 的工程项目管理信息系统设计构想 [J]. 建筑管理现代化, 2009, 23 (4): 362-366.

[7] GUO H, LI H, SKITMORE M. Life cycle management of construction projects based on Virtual Prototypingtechnology [J]. Journal of Management in Engineering, 2010, 26 (1): 41-47.

[8] 李恒, 郭红领, 黄霆, 等. BIM 在建设项目中应用模式研究 [J]. 工程管理学报, 2010, 24 (5): 525-529.

[9] 许俊青, 陆惠民. 基于 BIM 的建筑供应链信息流模型的应用研究 [J]. 工程管理学报, 2011, 25 (2): 138-142.

[10] 郭婧娟, 田芳, 景凤. 基于 BIM 的高铁工程量清单计价模式研究 [M]. 北京：北京交通大学出版社, 2021.

[11] 景凤, 郭婧娟. 基于 BIM 的高铁工程量清单 EBS\WBS 研究 [J]. 铁道标准设计, 2020, 64 (2): 68-74.

二维码形式客观题

微信扫描二维码，可在线做题，提交后可查看答案。

第三章 客观题

第二篇

前期造价规划

第四章　建设工程的投资估算

第五章　建设工程的概预算

第四章
建设工程的投资估算

建设项目的前期决策一旦失误将影响整个工程的建设，甚至外延到国计民生，因此应加强前期管理，重视前期工作。

——盛昭瀚[一]

导　言

京沪高速铁路

很多人不知道，京沪高速铁路是争吵了18年后才正式动工的。这18年的争吵可谓传奇，它涉及科技路线的选择等，是一个大国的精神写照——既生机勃勃，又小心翼翼。

回头看，京沪高速铁路的18年的争议大概分以下三个阶段：

1990—1998年，"建设派"与"缓建派"争论的是要不要建高速铁路。缓建派获胜。

1998—2004年，"磁浮派"与"轮轨派"争论的是以何种技术建高速铁路。"轮轨派"获胜。

2004—2008年，争议十几年的高速铁路，迎来了属于自己的那份大运气。国务院在2004年批准实施《中长期铁路网规划》，高速进入建设高潮。2008年国际金融危机全面爆发后，我国的四万亿投资计划方案中，有三分之一投入高速铁路建设，京沪高速铁路在当年开工。

截至2019年12月底，我国的高速铁路里程突破3.5万km，占全球高速铁路里程的三分之二还多。而在我国的众多高速铁路线路中，京沪高速铁路绝对是可圈可点的一条。作为世界上一次建成里程最长、技术标准最高的高速铁路，京沪高速铁路正线全长达到了1318km的惊人长度，总投资约2209亿元，平均每公里造价1.676亿元。它也是中国乃至世界上最赚钱的高速铁路线路，凭借着巨大的客流量，在每公里票价仅为日本新干线四分之一的情况下，京沪高速铁路全年的营收达到了三百多亿元，净利润一百多

[一] 盛昭瀚（1944—），男，教授，博士生导师，南京大学工程管理学院名誉院长，曾任东南大学副校长、南京大学工程管理学院第一任院长、国家有突出贡献专家、江苏省物流技术工程中心主任、南京大学社会科学计算实验中心主任、江苏省系统科学学会会长。曾任国家科技进步奖评审专家、国家自然科学基金委员会信息学部评审专家等。研究方向：社会经济系统工程、社会科学计算实验等。

亿元，相当于每三天就净赚1亿元。而且，京沪高速铁路全线采用动车组列车运行，为沿线旅客出行带来了极佳的乘坐体验。

从线路走向来看，京沪高速铁路纵贯北京、天津、上海三大直辖市及河北、山东、安徽、江苏四省。在2016年修订的《中长期铁路网规划》中，京沪高速铁路被赋予"八纵八横"高速铁路主通道之一的重要地位，足以看出其在中国高速铁路网中的分量。

从运量角度来看，根据京沪高速铁路招股说明书：截至2019年9月30日，京沪高速铁路全线累计开行列车99.19万列，累计发送旅客10.85亿人次，可以说，京沪高速铁路的运行取得了极大的社会效益和经济效益。京沪高速铁路开行的动车组列车包括本线列车和跨线列车，本线列车即全程在京沪高速铁路上运行的动车组列车，跨线列车则为有部分运行区段位于京沪高速铁路上，但起点站、终点站至少有一个不在京沪高速铁路上的动车组列车。

2011年1月9日，在京沪高速铁路先导段运行试验中，新一代"和谐号"CRH380BL高速动车组最高速度达到487.3km/h，这个速度已经接近喷气式飞机低速巡航的速度，如此惊人速度足以使京沪高速铁路相较航空运输具有极强的竞争力。

中国高速铁路一次次刷新世界铁路运营试验最高速，不断上演"京沪奇迹"。作为京沪经济走廊的重要组成部分，京沪高速铁路极大地带动了沿线城市经济的发展，以京沪高速铁路为代表，中国高速铁路在工程建设、装备制造、运营调度等方面总体技术水平已进入世界先进行列，成为中国的一张闪亮名片。

从全世界范围看，高速铁路鲜有绝对盈利的先例，实际上从土建和车辆两个方面的成本来估算，我国高速铁路的成本已经大大低于国际水平，国外高速铁路造价是国内高速铁路造价的2~3倍。从京沪高速铁路一步步实现扭亏为盈，除了稳定、高收益的客流以及完善的运营管理、市场运作之外，要想使京沪高速铁路实现更多、更大的收益，不仅要开源节流，还要从技术、管理、监督等多个环节为其"减负"，最终让利于更多的建设者与劳动者。

可见，建设项目前期投资预测和估计对投资决策有重大影响。在项目前期信息不充分的约束之下，采用合适的计价依据和方法才能提高投资估算的精确度，辅助投资决策。本章将聚焦于建设项目决策阶段的投资估算编制。

本章导读

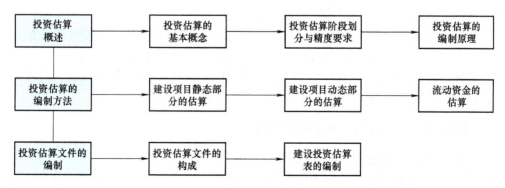

第一节　投资估算概述

一、投资估算的基本概念

（一）投资估算的含义

投资估算是在投资决策阶段，以方案设计或可行性研究文件为依据，按照规定的程序、方法和依据，对拟建项目所需总投资及其构成进行的预测和估计，是在研究并确定项目的建设规模、产品方案、技术方案、工艺技术、设备方案、厂址方案、工程建设方案以及项目进度计划等的基础上，依据特定的方法，估算项目从筹建、施工直至建成投产所需全部建设资金总额并测算建设期各年资金使用计划的过程。投资估算的成果文件称作投资估算书，简称投资估算。投资估算书是项目建议书或可行性研究报告的重要组成部分，是项目决策的重要依据之一。

投资估算按委托内容可分为建设项目的投资估算、单项工程投资估算、单位工程投资估算。投资估算的准确与否不仅影响到可行性研究工作的质量和经济评价结果，而且直接关系到下一阶段设计概算和施工图预算的编制，以及建设项目的资金筹措方案。因此，全面准确地估算建设项目的工程造价，是可行性研究乃至整个决策阶段造价管理的重要任务。

（二）投资估算的作用

投资估算是项目建设前期从投资决策直至初步设计阶段的重要工作内容，是项目建设前期编制项目建议书和可行性研究报告的重要组成部分，是项目决策的重要依据之一。投资估算在项目开发建设过程中的作用主要有以下几点：

1）项目建议书阶段的投资估算是项目主管部门审批项目建议书的依据之一，并对项目的规划、规模起参考作用。

2）项目可行性研究阶段的投资估算是项目投资决策的重要依据，也是研究、分析、计算项目投资经济效果的重要条件。当可行性研究报告被批准之后，其投资估算额作为设计任务书中下达的投资限额，即作为建设项目投资的最高限额，不得随意突破。

3）项目投资估算是实行工程限额设计的依据。实行工程限额设计，要求设计者必须在一定的投资范围内确定设计方案，以便控制项目建设和装饰的标准。

4）项目投资估算可作为项目资金筹措及制订建设贷款计划的依据，建设单位可根据批准的项目投资估算额，进行资金筹措和向银行申请贷款。

5）项目投资估算是核算建设项目固定资产投资需要额和编制固定资产投资计划的重要依据。

6）项目投资估算是进行工程设计招标、优选设计单位和设计方案的依据。

7）合理准确的投资估算是进行工程造价管理改革，进行全过程造价控制，实现工程造价事前管理和主动控制的前提条件。

二、投资估算的阶段划分与精度要求

（一）国外项目投资估算的阶段划分与精度要求

在国外，一个建设项目从开发设想直至施工图设计期间的项目预计投资额均称为估算，

英、美等国把建设项目的投资估算分为五个阶段。各阶段估算编制所依据的资料、估算的作用、估算的方法及投资估算误差幅度见表4-1。

表4-1 国外各阶段投资估算的编制

投资估算阶段	依据的资料	主要作用	工程估算的方法	投资估算误差幅度
投资设想阶段	1. 项目类型 2. 假想的工程条件，如项目规模等 3. 涨价因素	判断项目是否需要进行下一步的工作	毛估或比照估算： 1）通过类比计算总投资额 2）考虑时间和地域差异造成的估算差异	超过±30%
投资机会研究阶段	1. 初步的工艺流程图 2. 主要设备生产能力 3. 项目的地理位置等 4. 相近项目的单位生产能力建设费用	1. 初步判断项目是否可行 2. 审查项目引起投资兴趣的程度	粗估或因素估算： 1）相近项目的单位生产能力建设费用乘以总规模数 2）单价计算基础是现行价格水平下最近类似项目的造价额 3）考虑项目的特殊情况所做出的造价调整	±30%以内
初步可行性研究阶段	1. 设备规格表 2. 主要设备的生产能力和尺寸 3. 项目的总平面布置 4. 各建筑物的大致尺寸 5. 公用设施的初步位置等	1. 决定项目是否可行 2. 据此列入投资计划	初步估算： 1）各分项的主要构成 2）按照工程的质量、数量及价格信息进行造价调整	±20%以内
详细可行性研究阶段	1. 项目细节 2. 建筑材料、设备的价格 3. 大致的设计、施工情况	1. 据此进行筹款 2. 项目投资限额对工程设计概算起控制作用	确定估算： 1）分项估算的数量和单价逐步细化 2）进行相应的调整	±10%以内
工程设计阶段	1. 整套设计图 2. 工程规范 3. 详细的技术说明 4. 工程量清单 5. 材料清单 6. 工程现场勘察资料等	控制项目的实际建设	详细估算： 1）单价乘以相应工程量，汇总计算总投资额 2）对回标价进行预测	±5%以内

（二）我国项目投资估算的阶段划分与精度要求

在我国，项目投资估算是指初步设计之前各工作阶段中的一项工作。我国建设项目的投资估算分为四个阶段。各阶段投资估算编制所依据的资料、主要作用、估算的方法及投资估算误差幅度见表4-2。

表 4-2 我国各阶段投资估算的编制

投资估算阶段	依据的资料	主要作用	估算方法	投资估算误差幅度
项目规划阶段	1. 国民经济、地区、行业发展规划 2. 建设项目建设规划	1. 否定一个项目或继续进行研究的依据之一 2. 仅具参考作用，无约束力	1. 生产能力指数法 2. 单位生产能力法	超过±30%
项目建议书阶段	1. 项目建议书中的产品方案 2. 项目建设规模 3. 产品主要生产工艺 4. 企业车间组成 5. 初选厂址等	1. 领导部门审批项目建议书的依据之一 2. 据此判断一个项目是否需要进行下一阶段的工作	1. 系数法 2. 比例法 3. 混合法	±30%以内
初步可行性研究阶段	1. 工厂的总平面图 2. 设备、材料的资料 3. 公用设施的初步配置 4. 设备的生产能力等	1. 初步明确项目方案，为项目进行技术经济论证提供依据 2. 据此确定是否进行详细可行性研究	指标估算法	±20%以内
详细可行性研究阶段	1. 项目细节 2. 建筑材料、设备的价格 3. 大致的设计、施工情况	1. 进行了较详细的技术经济分析，决定了项目是否可行，并比选出最佳投资方案 2. 批准后的投资估算额是工程设计任务书中规定的项目投资限额 3. 批准后的投资估算额对工程设计概算起控制作用	指标估算法	±10%以内

三、投资估算的编制原理

建设项目投资估算内容包括建设投资、建设期利息和流动资金估算量三部分。

建设项目的投资估算可以分为静态投资部分和动态投资部分。其中，建设项目静态投资部分包括建筑工程费、安装工程费、设备及工器具购置费、工程建设其他费用以及基本预备费中不涉及时间变化因素的部分；而建设项目动态投资部分包括价差预备费和建设期利息等受价格、税率变动因素影响的部分。流动资金部分单独一并计入建设项目总投资额。

（一）投资估算的编制依据

建设项目投资估算编制依据是指在编制投资估算时所遵循的计量规则、市场价格、费用标准及工程计价有关参数、率值等基础资料，主要有以下几个方面：

1) 国家、行业和地方政府的有关法律、法规或规定；政府有关部门、金融机构等发布的价格指数、利率、汇率、税率等有关参数。

2) 行业部门、项目所在地工程造价管理机构或行业协会等编制的投资估算指标、概算指标（定额）、工程建设其他费用定额（规定）、综合单价、价格指数和有关造价文件等。

3）类似工程的各种技术经济指标和参数。

4）工程所在地同期的人工、材料、机具市场价格，建筑、工艺及附属设备的市场价格和有关费用。

5）与建设项目有关的工程地质资料、设计文件、图样或有关设计专业提供的主要工程量和主要设备清单等。

6）委托单位提供的其他技术经济资料。

（二）投资估算的编制要求

建设项目投资估算编制时，应满足以下要求：

1）应根据主体专业设计的阶段和深度，结合各行业的特点，所采用生产工艺流程的成熟性，以及国家及地区、行业或部门、市场相关投资估算基础资料和数据的合理、可靠、完整程度，采用合适的方法，对建设项目投资估算进行编制，并对主要技术经济指标进行分析。

2）应做到工程内容和费用构成齐全，不重不漏，不提高或降低估算标准，计算合理。

3）应充分考虑拟建项目设计的技术参数和投资估算所采用的估算系数、估算指标，在质和量方面所综合的内容，应遵循口径一致的原则。

4）投资估算应参考相应工程造价管理部门发布的投资估算指标，依据工程所在地市场价格水平，结合项目实体情况及科学合理的建造工艺，全面反映建设项目建设前期和建设期的全部投资。对于建设项目的边界条件，如建设用地费和外部交通、水、电、通信条件，或市政基础设施配套条件等差异所产生的与主要生产内容投资无必然关联的费用，应结合建设项目的实际情况进行修正。

5）应对影响造价变动的因素进行敏感性分析，分析市场的变动因素，充分估计物价上涨因素和市场供求情况对项目造价的影响，确保投资估算的编制质量。

6）投资估算精度应能满足控制初步设计概算要求，并尽量减少投资估算的误差。

（三）投资估算的编制步骤

投资估算主要包括项目建议书阶段的投资估算及可行性研究阶段的投资估算。可行性研究阶段的投资估算一般包含静态投资部分、动态投资部分与流动资金估算三部分，其编制主要包括以下步骤：

1）分别估算各单项工程所需建筑工程费、设备及工器具购置费、安装工程费，在汇总各单项工程费用的基础上，估算工程建设其他费用和基本预备费，完成工程项目静态投资部分的估算。

2）在静态投资部分的基础上，估算价差预备费和建设期利息，完成工程项目动态投资部分的估算。

3）估算流动资金。

4）估算建设项目总投资。

建设项目投资估算编制流程如图 4-1 所示。

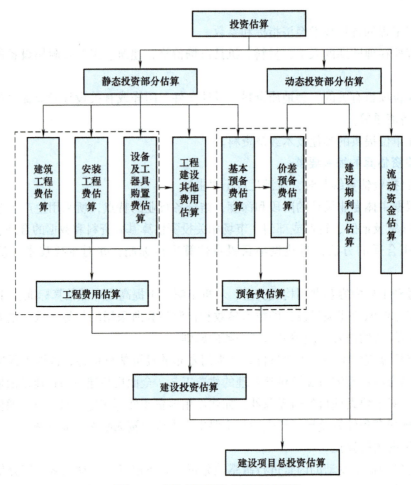

图 4-1 建设项目投资估算编制流程

第二节 投资估算的编制方法

一、建设项目静态投资部分的估算

(一) 项目建议书阶段投资估算的编制

1. 项目规划和建议书阶段投资估算的编制依据

项目建议书是对拟建项目的建议性文件,它是基本建设程序中最初阶段的工作,是投资决策前对拟建项目的轮廓设想。它的主要任务是为建设项目的投资方向和项目设想提出建议。在我国,应根据国民经济发展的长远规划和部门、行业、地区规划、经济建设方针和产业政策,在确定的地区或部门内,结合资源情况、市场预测和建设布局与部门优先发展顺序等条件,选择投资项目,寻找最有利的投资机会,并把握最佳时机,及时提出项目投资意向和设想,明确项目目标,进一步将项目设想转变为概括的项目建议,作为投资项目论证与比选的依据。项目建议书阶段投资估算的编制依据包括以下几点:

1) 国民经济发展的长远规划和部门、行业、地区规划、经济建设方针及产业政策。

2) 国家政策条件中规定的投资估算所需的规模、税费及有关取费标准，以及政府有关部门、金融机构等部门发布的价格指数、利率、汇率，以及工程建设其他费用等。

3) 工程所在地的同期人工、材料、机械市场价格，建筑、工艺及附属设备的市场价格和有关费用。

4) 工程所在地的经济状况；土壤、地质、水文情况及气候等自然条件的情况；材料、设备的来源、运输状况等。

5) 工程勘察与设计文件，图示计量或有关专业提供的主要工程量和主要设备清单。

6) 项目建议书阶段的投资估算主要依据类似工程的各种技术经济指标和参数，主要包括类似工程项目的总生产能力、单位生产能力、建设投资、建设规模、主要设备投资占项目投资的比例等。

2. 项目建议书阶段投资估算的编制方法

（1）单位生产能力估算法　依据调查的统计资料，利用相近规模的单位生产能力投资乘以建设规模，即得拟建项目静态投资。其计算公式为

$$C_2 = \left(\frac{C_1}{Q_1}\right) Q_2 f \tag{4-1}$$

式中　C_1——已建类似项目的静态投资额；

C_2——拟建项目静态投资额；

Q_1——已建类似项目的生产能力；

Q_2——拟建项目的生产能力；

f——不同时期、不同地点的定额、单价、费用变更等的综合调整系数。

应用该估算法时应注意以下几点：

1) 地方性（建设地点不同）。地方性差异主要表现为：两地经济情况不同；土壤、地质、水文情况不同；气候、自然条件的差异；材料、设备的来源、运输状况不同等。

2) 配套性。一个工程项目或装置，均有许多配套装置和设施，也可能产生差异，如公用工程、辅助工程、厂外工程和生活福利工程等，这些工程随地方差异和工程规模的变化均不相同，它们并不与主体工程的变化呈线性关系。

3) 时间性。工程建设项目，不一定是在同一时间建设，时间差异或多或少存在，技术、标准、价格等方面可能在这段时间内发生变化。

【例4-1】　假定某地拟建一座2000套客房的豪华旅馆，另有一座豪华旅馆最近在该地竣工，相关人员掌握了其以下资料：它有2500套客房，有餐厅、会议室、游泳池、夜总会、网球场等设施；总造价为10250万美元。试估算新建项目的总投资。

【解】　根据以上资料，可首先推算出折算为每套客房的造价：

$$\frac{总造价}{客房总套数} = \left(\frac{10250}{2500}\right) 万美元/套 = 4.1 万美元/套$$

据此，即可很迅速地计算出在同一个地方，且各方面有可比性的具有2000套客房的豪华旅馆的投资额估算值为4.1万美元/套×2000套=8200万美元。

（2）生产能力指数法　它是依据已建成的类似项目的生产能力和投资额估算拟建项目

投资的方法，是对单位生产能力估算法的改进。其计算公式为

$$C_2 = C_1 \left(\frac{Q_2}{Q_1}\right)^x f \tag{4-2}$$

式中　　x——生产能力指数。

其他符号含义同前。

式（4-2）表明造价与规模（或容量）呈非线性关系，且单位造价随工程规模（或容量）的增大而减小。在正常情况下，$0 \leq x \leq 1$。不同生产力水平的国家和不同性质的项目中，x 的取值是不相同的。如化工项目美国取 $x=0.6$，英国取 $x=0.66$，日本取 $x=0.7$。

若已建类似项目的生产规模与拟建项目生产规模相差不大，Q_1 与 Q_2 的比值为 $0.5 \sim 2$，则指数 x 的取值近似为 1。

若已建类似项目的生产规模与拟建项目生产规模相差不大于 50 倍，且拟建项目生产规模的扩大仅靠增大设备规模来达到时，则 x 的取值为 $0.6 \sim 0.7$；若是靠增加相同规格设备的数量达到时，x 的取值为 $0.8 \sim 0.9$。

【例 4-2】　已知年产 25 万 t 乙烯装置的投资额为 45000 万元，估算拟建年生产 60 万 t 乙烯装置的投资额。若将拟建项目的生产能力提高 2 倍，投资额将增加多少？设生产能力指数为 0.7，综合调整系数为 1.1。

【解】　1）拟建年产 60 万 t 乙烯装置的投资额为

$$C_2 = C_1 \left(\frac{Q_2}{Q_1}\right)^x f = \left[45000 \times \left(\frac{60}{25}\right)^{0.7} \times 1.1\right] 万元 = 91359.36 \, 万元$$

2）将拟建项目的生产能力提高 2 倍，投资额将增加：

$$\left[45000 \times \left(\frac{3 \times 60}{25}\right)^{0.7} \times 1.1 - 91359.36\right] 万元 = 105763.93 \, 万元$$

（3）系数估算法　系数估算法又称因子估算法。它是以拟建项目的主体工程费或主要设备购置费为基数，以其他工程费与主体工程费或设备购置费的百分比为系数，依次估算拟建项目总投资及其构成的方法。

1）设备系数法。以拟建项目的设备购置费为基数，根据已建成的同类项目的建筑安装费和其他工程费等与设备购置费的百分比，求出拟建项目建筑安装工程费和其他工程费，进而求出项目的静态投资。其计算公式如下：

$$C = E(1 + f_1 P_1 + f_2 P_2 + f_3 P_3 + \cdots) + I \tag{4-3}$$

式中　　C——拟建项目的静态投资；

　　　　E——拟建项目根据当时当地价格计算的设备购置费；

P_1、P_2、P_3…——已建项目中建筑安装工程费及其他工程费等与设备购置费的比值；

f_1、f_2、f_3…——由于时间因素引起的定额、价格、费用标准等变化的综合调整系数；

　　　　I——拟建项目的其他费用。

【例 4-3】　A 地于 2005 年 8 月拟兴建一年产 40 万 t 甲产品的工厂。现获得 B 地 2002 年 10 月投产的年产 30 万 t 甲产品类似厂的建设投资资料。B 地类似厂的设备费 12400 万元，建筑工程费 6000 万元，安装工程费 4000 万元。若拟建项目的设备购置费为 14000 万元，工

程建设其他费用为2500万元。考虑因2002—2005年时间因素导致的对建筑工程费、安装工程费的综合调整系数分别为1.25、1.05，生产能力指数为0.6。估算拟建项目的静态投资。

【解】 1) 求建筑工程费、安装工程费、工程建设其他费占设备购置费的百分比。

建筑工程费：6000万元/12400万元=0.4839

安装工程费：4000万元/12400万元=0.3226

2) 估算拟建项目的静态投资。

$$C = E(1+f_1P_1+f_2P_2+f_3P_3+\cdots) + I$$
$$= [14000 \times (1 + 1.25 \times 0.4839 + 1.05 \times 0.3226) + 2500] \text{万元} = 29710.47 \text{万元}$$

2) 主体专业系数法。以拟建项目中投资比重较大，并与生产能力直接相关的工艺设备投资为基数，根据已建同类项目的有关统计资料，计算出拟建项目各专业工程（总图、土建、采暖、给水排水、管道、电气、自控等）与工艺设备投资的比值，据以求出拟建项目各专业投资，然后加总即为拟建项目的静态投资。

$$C = E(1+f_1P_1'+f_2P_2'+f_3P_3'+\cdots) + I \tag{4-4}$$

式中 P_1'、P_2'、P_3'……——已建项目中各专业工程费用与工艺设备投资的比值。

其他符号含义同前。

【例4-4】 拟建年产15万t炼钢厂，根据可行性研究报告提供的主厂房工艺设备清单和询价资料，估算出该项目主厂房设备投资约5400万元。已经建设类似项目资料：与设备有关的各专业工程投资系数见表4-3，综合调整系数分别为1.0、1.1、1.01、1.03、1.11、1.08、1.09。拟建钢厂其他工程费费用为1500万元。求拟建钢厂的静态投资。

表4-3 与设备有关的各专业工程投资系数

加 热 炉	汽化冷却	余热锅炉	自动化仪表	起重设备	供电与传动	建筑安装工程
0.13	0.01	0.04	0.02	0.08	0.18	0.42

【解】 拟建钢厂的静态投资

= [5400×(1+1×0.13+1.1×0.01+1.01×0.04+1.03×0.02+

1.11×0.08+1.08×0.18+1.09×0.42) +1500] 万元

=11992.2万元

3) 朗格系数法。这种方法以设备购置费为基数，乘以适当系数来推算项目的静态投资。这种方法在国内不常见，是世界银行项目投资估算常采用的方法。该方法的基本原理是将项目建设中的总成本费用中的直接成本和间接成本分别计算，再合并为项目的静态投资。其计算公式为

$$C = E(1 + \sum K_i)K_c \tag{4-5}$$

式中 K_i——管线、仪表、建筑物等项费用的估算系数；

K_c——管理费、合同费、应急费等间接费在内的总估算系数。

其他符号含义同前。

静态投资与设备购置费之比为朗格系数K_L。即

$$K_L = (1 + \sum K_i)K_c \tag{4-6}$$

朗格系数见表4-4。

表 4-4 朗格系数

项目		固体流程	固流流程	流体流程
朗格系数 K_L		3.1	3.63	4.74
内容	(a) 包括基础、设备、绝热、油漆及设备安装费	1.43E		
	(b) 包括上述在内和配管工程费	(a)×1.1	(a)×1.25	(a)×1.6
	(c) 装置直接费	(b)×1.5		
	(d) 包括上述在内和间接费,总费用(C)	(c)×1.31	(c)×1.35	(c)×1.38

【例 4-5】 某地拟建一年产 30 万套汽车轮胎的工厂,已知该工厂的设备到达工地的费用为 22040 万元,计算各阶段费用并估算工厂的静态投资。

【解】 轮胎工厂的生产流程基本属于固体流程,因此采用朗格系数法时,全部数据应采用固体流程的数据。

(1) 基础、设备、绝热、油漆及设备安装费
  (22040×1.43−22040) 万元 = 9477.2 万元
(2) 配管工程费
  (22040×1.43×1.1−22040−9477.2) 万元 = 3151.72 万元
(3) 装置直接费
  (22040×1.43×1.1×1.5) 万元 = 52003.38 万元
(4) 工厂静态投资
  52003.38 万元×1.31 = 68124.43 万元

4) 比例估算法。根据统计资料,先求出已有同类企业主要设备投资占项目静态投资的比例,然后再估算出拟建项目的主要设备投资,即可按比例求出拟建项目的静态投资。其表达式为

$$I = \frac{1}{K}\sum_{i=1}^{n} Q_i P_i \tag{4-7}$$

式中 I——拟建项目的静态投资;
  K——已建项目主要设备投资占已建项目投资的比例;
  n——设备种类数;
  Q_i——第 i 种设备的数量;
  P_i——第 i 种设备的单价(到厂价格)。

5) 混合法。混合法是根据主体专业设计的阶段和深度,投资估算编制者所掌握的国家及地区、行业或部门相关投资估算基础资料和数据,以及其他统计和积累的、可靠的相关造价基础资料,对一个拟建建设项目采用生产能力指数法与比例估算法或系数估算法与比例估算法混合估算其他相关投资额的方法。

(二) 可行性研究阶段投资估算的编制

1. 指标估算法的含义

为了保证编制精度，可行性研究阶段建设项目投资估算原则上应采用指标估算法。指标估算法是指依据投资估算指标，对各单位工程或单项工程费用进行估算，进而估算建设项目总投资的方法。

首先把拟建建设项目以单项工程或单位工程为单位，按建设内容纵向划分为各个主要生产系统、辅助生产系统、公用工程、服务性工程、生活福利设施，以及各项其他工程费用；同时，按费用性质横向划分为建筑工程、设备购置、安装工程费用等。然后，根据各种具体的投资估算指标，进行各单位工程或单项工程投资的估算，在此基础上汇集编制成拟建建设项目的各个单项工程费用和拟建项目的工程费用投资估算。最后，再按相关规定估算工程建设其他费、基本预备费等，形成拟建建设项目静态投资。

用公式表达为

纵向划分：

$$投资估算 = \sum 主要生产设施费 + \sum 辅助及公用设施费 + \sum 行政及福利设施费 + \sum 其他基本建设费 \quad (4-8)$$

横向划分：

$$单位工程费用 = \sum 建筑工程费 + \sum 设备购置费 + \sum 安装工程费 \quad (4-9)$$

$$单项工程费用 = \sum 单位工程费用 \quad (4-10)$$

$$静态投资估算 = \sum 单项工程费用 + 工程建设其他费用 + 基本预备费 \quad (4-11)$$

$$单项工程费用 = \sum 建筑工程费 + \sum 安装工程费 + \sum 设备购置费 \quad (4-12)$$

$$工程费用 = \sum 单项工程费用 \quad (4-13)$$

$$静态投资估算 = 工程费用 + 工程建设其他费用 + 基本预备费 \quad (4-14)$$

在条件具备时，对于对投资有重大影响的主体工程应估算出分部分项工程量，套用相关综合定额（概算指标）或概算定额进行编制。对于子项单一的大型民用公共建筑，主要单项工程估算应细化到单位工程估算书。无论如何，可行性研究阶段的投资估算应满足项目的可行性研究与评估，并最终满足国家和地方相关部门批复或备案的要求。预可行性研究阶段、方案设计阶段项目建设投资估算视设计深度，宜参照可行性研究阶段的编制办法进行。

2. 建筑工程费用估算

建筑工程费用是指为建造永久性建筑物和构筑物所需要的费用，包括的内容有：①各类房屋建筑工程和列入房屋建筑工程预算的供水、供暖、卫生、通风、燃气等设备费用及其装设、油饰工程的费用，列入建筑工程预算的各种管道、电力、电信和电缆导线敷设工程的费用；②设备基础、支柱、工作台、烟囱、水塔、水池、灰塔等建筑工程以及各种炉窑的砌筑工程和金属结构工程的费用；③为施工而进行的场地平整，工程和水文地质勘查，原有建筑物和障碍物的拆除以及施工临时用水、电、气、路和完工后的场地清理、环境绿化、美化等工作的费用；④矿井开凿、井巷延伸、露天矿剥离，石油、天然气钻井，修建铁路、公路、桥梁、水库、堤坝、灌渠及防洪等工程的费用。

建筑工程费用在投资估算编制中一般采用单位建筑工程投资估算法、单位实物工程量投资估算法、概算指标投资估算法等进行估算。建筑工程费用计算方法见表 4-5。

表 4-5　建筑工程费用计算方法

计算方法		计算公式	投资的表现形式	备注
单位建筑工程投资估算法	单位长度价格法	建筑工程费用=单位建筑工程量投资×建筑工程总量	水库为水坝单位长度（m）的投资，铁路路基为单位长度（km）的投资，矿上掘进为单位长度（m）的投资	编制过程中需要查询相应的"单位工程指标"进行计算
	单位功能价格法	建筑工程费用=每功能单位的成本价格×该单位的数量	医院为病床数量的投资	
	单位面积价格法	建筑工程费用=（已建项目建筑工程费用÷已建项目的房屋总面积）×拟建项目总面积=单位面积价格×该项目总面积	一般工业与民用建筑为单位建筑面积（m^2）的投资	
	单位容积价格法	建筑工程费用=（已建项目建筑工程费用÷已建项目的建筑容积）×拟建项目建筑容积=单位容积价格×该项目建筑容积	工业窑炉砌筑为单位容积（m^3）的投资	可以考虑楼层高度对成本的影响
单位实物工程量投资估算法		建筑工程费用=单位实物工程量投资×实物工程总量	土石方工程为每立方米投资，矿井巷道衬砌工程为每延米投资，路面铺设工程为每平方米投资	
概算指标投资估算法		没有上述估算指标且建筑工程费占总投资比例较大的项目，采用概算指标进行估算。采用此种方法，应有较为详细的工程资料、建筑材料价格和工程费用指标		

3. 安装工程费用估算

安装工程费通常按行业或专门机构发布的安装工程定额、取费标准和指标估算。安装工程费用内容包括：①生产、动力、起重、运输、传动和医疗、实验等各种需要安装的机械设备的装配费用，与设备相连的工作台、梯子、栏杆等设施的工程费用，附属于被安装设备的管线敷设工程费用，以及被安装设备的绝缘、防腐、保温、油漆等工作的材料费和安装费；②为测定安装工程质量，对单台设备进行单机试运转、对系统设备进行系统联动无负荷试运转工作的调试费。

计算公式为

$$安装工程费 = 设备原价 \times 安装费率 \tag{4-15}$$

$$安装工程费 = 设备吨重 \times 每吨安装费 \tag{4-16}$$

$$安装工程费 = 安装工程实物量 \times 安装费用指标 \tag{4-17}$$

4. 设备及工器具购置费用估算

设备及工器具购置费的构成及计算方法详见本书第二章第二节的内容。

5. 工程建设其他费用估算

工程建设其他费用的构成及计算方法详见本书第二章第四节的内容。

6. 基本预备费估算

基本预备费的构成及计算详见本书第二章第五节的内容。

二、建设项目动态投资部分的估算

建设项目动态投资部分主要包括价格、税率变动可能增加的投资额，即价差预备费和建设期利息。

（1）价差预备费的估算　如果是涉外项目，还应该计算汇率的影响。动态投资部分的估算应以基准年静态投资的资金使用计划为基础来计算，而不是以编制的年静态投资为基础计算。汇率的估算依据实际汇率的变化情况进行估算。

价差预备费的估算方法详见本书第二章第五节的内容。

可行性研究阶段投资估算编制的案例参见本章习题中的案例分析。

（2）建设期利息的估算　建设期利息是在建设期内发生的为工程项目筹措资金的融资费用及债务资金利息。

建设期利息包括银行借款和其他债务资金的利息，以及其他融资费用。其他融资费用是指某些债务融资中发生的手续费、承诺费、管理费、信贷保险费等融资费用，一般情况下应将其单独计算并计入建设期利息；在项目前期研究的初期阶段，也可做粗略估算并计入建设投资；对于不涉及国外贷款的项目，在可行性研究阶段，也可做粗略估算并计入建设投资。

三、流动资金的估算

流动资金是指生产经营性项目投产后，用于购买原材料、燃料、支付工资及其他经营费用等所需的周转资金。它是伴随着建设投资而发生的长期占用的流动资产投资。

流动资金=流动资产-流动负债。其中，流动资产主要考虑现金、应收账款、预付账款和存货；流动负债主要考虑应付账款和预收账款。因此，流动资金的概念，实际上就是财务中的营运资金。

项目运营需要流动资产投资，是指生产经营性项目投产后，为进行正常生产运营，用于购买原材料、燃料，支付工资及其他经营费用等所需的周转资金。

流动资金估算一般采用分项详细估算法。个别情况或者小型项目可采用扩大指标估算法。

（一）分项详细估算法估算流动资金

分项详细估算法是根据项目的流动资产和流动负债，估算项目所占用流动资金的方法。流动资产的构成要素一般包括存货、库存现金、应收账款和预付账款；流动负债的构成要素一般包括应付账款和预收账款。流动资金等于流动资产和流动负债的差额，计算公式为

$$\text{流动资金} = \text{流动资产} - \text{流动负债} \tag{4-18}$$

$$\text{流动资产} = \text{应收账款} + \text{预付账款} + \text{存货} + \text{现金} \tag{4-19}$$

$$\text{流动负债} = \text{应付账款} + \text{预收账款} \tag{4-20}$$

$$\text{流动资金本年增加额} = \text{本年流动资金} - \text{上年流动资金} \tag{4-21}$$

估算的具体步骤为：首先计算各类流动资产和流动负债的年周转次数，然后分项估算占用资金额。

（1）周转次数计算

$$\text{周转次数} = 360 / \text{流动资金最低周转天数} \tag{4-22}$$

各类流动资产和流动负债的最低周转天数，可参照同类企业的平均周转天数并结合项目

特点确定，或按部门（行业）规定，在确定最低周转天数时应考虑储存天数、在途天数，并考虑适当的保险系数。

（2）应收账款估算　应收账款是指企业对外赊销商品、提供劳务尚未收回的资金。计算公式为

$$应收账款 = 年经营成本 / 应收账款周转次数 \qquad (4-23)$$

（3）预付账款估算　预付账款是指企业为购买各类材料、半成品或服务所预先支付的款项，计算公式为

$$预付账款 = 外购商品或服务年费用金额 / 预付账款周转次数 \qquad (4-24)$$

（4）存货估算　计算公式为

$$存货 = 外购原材料、燃料 + 其他材料 + 在产品 + 产成品 \qquad (4-25)$$

$$外购原材料、燃料 = 年外购原材料、燃料费用 / 分项周转次数 \qquad (4-26)$$

$$其他材料 = 年其他材料费用 / 其他材料周转次数 \qquad (4-27)$$

$$在产品 = \frac{年外购原材料、燃料 + 年工资及福利费 + 年修理费 + 年其他制造费用}{在产品周转次数} \qquad (4-28)$$

$$产成品 = (年经营成本 - 年其他营业费用) / 产成品周转次数 \qquad (4-29)$$

（5）现金需要量估算　项目流动资金中的现金是指货币资金，即企业生产运营活动中停留于货币形态的那部分资金，包括企业库存现金和银行存款。计算公式为

$$现金 = (年工资及福利费 + 年其他费用) / 现金周转次数 \qquad (4-30)$$

$$年其他费用 = 制造费用 + 管理费用 + 营业费用 -$$
$$(以上三项费用中所含的工资及福利费、折旧费、摊销费、修理费) \qquad (4-31)$$

（6）流动负债估算　在可行性研究中，流动负债的估算可以只考虑应付账款和预收账款两项。计算公式为

$$应付账款 = 外购原材料、燃料动力费及其他材料年费用 / 应付账款周转次数 \qquad (4-32)$$

$$预收账款 = 预收的营业收入年金额 / 预收账款周转次数 \qquad (4-33)$$

（二）扩大指标估算法估算流动资金

扩大指标估算法是参照同类企业流动资金占营业收入或经营成本的比例，或者单位产量占用营运资金的数额估算流动资金的方法。一般常用的基数有营业收入、经营成本、总成本费用和建设投资等，究竟采用何种基数依行业习惯而定。扩大指标估算法简便易行，但准确度不高，适用于项目建议书阶段的估算。扩大指标估算法计算流动资金的公式为

$$年流动资金额 = 年费用基数 \times 各类流动资金率 \qquad (4-34)$$

（三）流动资金估算时应注意的问题

1）在采用分项详细估算法时，应根据项目实际情况分别确定现金、应收账款、预付账款、存货、应付账款和预收账款的最低周转天数，并考虑一定的保险系数。因为最低周转天数减少，将增加周转次数，从而减少流动资金需用量，因此必须切合实际地选用最低周转天数。对于存货中的外购原材料和燃料，要分品种和来源，考虑运输方式和运输距离，以及占用流动资金的比重大小等因素确定。

2）流动资金属于长期性（永久性）流动资产，流动资金的筹措可通过长期负债和资本金（一般要求占30%）的方式解决。流动资金一般要求在投产前一年开始筹措，为了简化计算，可规定在投产的第一年开始按生产负荷安排流动资金需用量。其借款部分按

全年计算利息，流动资金利息应计入生产期间财务费用，项目计算期末收回全部流动资金（不含利息）。

3) 用详细估算法计算流动资金，需以经营成本及其中的某些科目为基数，因此实际上流动资金估算应在经营成本估算之后进行。

第三节　投资估算文件的编制

一、投资估算文件的构成

根据《建设项目投资估算编审规程》(CECA/GC 1—2015) 的规定，单独成册的投资估算文件应包括封面、签署页、目录、编制说明、投资估算分析、总投资估算表、单项工程估算表、主要技术经济指标等内容，与可行性研究报告（或项目建议书）统一装订的应包括签署页、编制说明、有关附表等。

1. 编制说明

编制说明一般包括以下内容：

1) 工程概况。
2) 编制范围。说明建设项目总投资估算中所包括的和不包括的工程项目和费用；当有几个单位共同编制时，说明分工编制的情况。
3) 编制方法。
4) 编制依据。
5) 主要技术经济指标。包括投资、用地和主要材料用量指标。当设计规模有远、近期不同的考虑时，或者土建与安装的规模不同时，应分别计算后再综合。
6) 有关参数、率值选定的说明。如征地拆迁、供电供水、考察咨询等费用的费率标准选用情况。
7) 特殊问题的说明（包括采用新技术、新材料、新设备、新工艺）；必须说明的价格的确定；进口材料、设备、技术费用的构成与技术参数；采用特殊结构的费用估算方法；安全、节能、环保、消防等专项投资占总投资的比重；建设项目总投资中未计算项目或费用的必要说明等。
8) 采用限额设计的工程还应对投资限额和投资分解做进一步说明。
9) 采用方案比选的工程还应对方案比选的估算和经济指标做进一步说明。
10) 资金筹措方式。

2. 投资估算分析

投资估算分析应包括以下内容：

1) 工程投资比例分析。一般民用项目要分析土建及装修、给水排水、消防、采暖、通风空调、电气等主体工程和道路、广场、围墙、大门、室外管线、绿化等室外附属/总体工程占建设项目总投资的比例；一般工业项目要分析主要生产系统（需列出各生产装置）、辅助生产系统、公用工程（给水排水、供电和通信、供气、总图运输等）、服务性工程、生活福利设施、厂外工程等占建设项目总投资的比例。

2) 各类费用构成占比分析。分析设备及工器具购置费、建筑工程费、安装工程费、工程建设其他费用、预备费占建设项目总投资的比例；分析引进设备费用占全部设备费用的比例等。

3）分析影响投资的主要因素。

4）与类似工程项目的比较，对投资总额进行分析。

3. 总投资估算

总投资估算包括汇总单项工程估算、工程建设其他费用、基本预备费、价差预备费、计算建设期利息等。

4. 单项工程投资估算

单项工程投资估算中，应按建设项目划分的各个单项工程分别计算组成工程费用的建筑工程费、设备及工器具购置费和安装工程费。

5. 工程建设其他费用估算

工程建设其他费用估算应按预期将要发生的工程建设其他费用种类，逐项详细估算其费用金额。

6. 主要技术经济指标

应根据项目特点，计算并分析整个建设项目、各单项工程和主要单位工程的主要技术经济指标。

二、建设投资估算表的编制

投资估算按照编制估算的工程对象划分，包括建设项目投资估算、单项工程投资估算和单位工程投资估算等。在编制投资估算文件的过程中，一般需要编制建设投资估算表、建设期利息估算表、流动资金估算表、单项工程投资估算汇总表、项目总投资估算汇总表和分年投资计划表等。对于对投资有重大影响的单位工程或分部分项工程的投资估算应另附主要单位工程或分部分项工程投资估算表，列出主要分部分项工程量和综合单价进行详细估算。

1. 建设投资估算表的编制

建设投资是项目投资的重要组成部分，也是项目财务分析的基础数据。估算出建设投资后需编制建设投资估算表，按照费用归集形式，建设投资可按概算法或按形成资产法分类。

（1）概算法 按照概算法分类，建设投资由工程费用、工程建设其他费用和预备费三部分构成。其中，工程费用又由建筑工程费、设备及工器具购置费（含工器具及生产家具购置费）和安装工程费构成；工程建设其他费用内容较多，随行业和项目的不同而有所区别；预备费包括基本预备费和价差预备费。按照概算法编制的建设投资估算表见表4-6。

表4-6 建设投资估算表（概算法）

人民币单位：万元　　　　　　　　　　　　　　　　　　　　　　　外币单位：

序号	工程或费用名称	估算价值（万元）					技术经济指标	
		建筑工程费	设备及工器具购置费	安装工程费	工程建设其他费用	合计	其中：外币	比例（%）
1	工程费用							
1.1	主体工程							
1.1.1	×××							

(续)

序号	工程或费用名称	估算价值（万元）					技术经济指标	
		建筑工程费	设备及工器具购置费	安装工程费	工程建设其他费用	合计	其中：外币	比例（%）
	……							
1.2	辅助工程							
1.2.1	×××							
	……							
1.3	公用工程							
1.3.1	×××							
	……							
1.4	服务性工程							
1.4.1	×××							
	……							
1.5	厂外工程							
1.5.1	×××							
	……							
1.6	×××							
2	工程建设其他费用							
2.1	×××							
	……							
3	预备费							
3.1	基本预备费							
3.2	价差预备费							
4	建设投资合计							
	比例（%）							

（2）形成资产法　按照形成资产法分类，建设投资由固定资产费用、无形资产费用、其他资产费用和预备费四部分组成。固定资产费用是指项目投产时将直接形成固定资产的建设投资，包括工程费用和工程建设其他费用中按规定将形成固定资产的费用，后者被称为固定资产其他费用，主要包括建设管理费、可行性研究费、研究试验费、勘察设计费、专项评价及验收费、场地准备及临时设施费、引进技术和引进设备其他费、工程保险费、联合试运转费、特殊设备安全监督检验费和市政公用设施建设及绿化费等；无形资产费用是指将直接形成无形资产的建设投资，主要是专利权、非专利技术、商标权、土地使用权和商誉等方面的费用；其他资产费用是指建设投资中除形成固定资产和无形资产以外的部分，如生产准备及开办费等。按形成资产法编制的建设投资估算表见表4-7。

表 4-7 建设投资估算表（形成资产法）

人民币单位：万元　　　　　　　　　　　　　　　　　　　　　　　　　　　　　　　　外币单位：

序号	工程或费用名称	估算价值（万元）					技术经济指标	
		建筑工程费	设备及工器具购置费	安装工程费	工程建设其他费用	合计	其中：外币	比例（%）
1	固定资产费用							
1.1	工程费用							
1.1.1	×××							
1.1.2	×××							
1.1.3	×××							
	……							
1.2	固定资产其他费用							
	×××							
	……							
2	无形资产费用							
2.1	×××							
	……							
3	其他资产费用							
3.1	×××							
	……							
4	预备费							
4.1	基本预备费							
4.2	价差预备费							
5	建设投资合计							
	比例（%）							

2. 建设期利息估算表的编制

在估算建设期利息时，需要编制建设期利息估算表（表 4-8）。建设期利息估算表主要包括建设期发生的各项借款及其债券等项目，期初借款余额等于上年借款本金和应计利息之和，即上年期末借款余额；其他融资费用主要是指融资中发生的手续费、承诺费、管理费、信贷保险费等融资费用。

表 4-8 建设期利息估算表

人民币单位：万元

序 号	项 目	合 计	建 设 期					
			1	2	3	4	……	n
1	借款							
1.1	建设期利息							
1.1.1	期初借款余额							

(续)

序 号	项 目	合 计	建 设 期					
			1	2	3	4	……	n
1.1.2	当期借款							
1.1.3	当期应计利息							
1.1.4	期末借款余额							
1.2	其他融资费用							
1.3	小计（1.1+1.2）							
2	债券							
2.1	建设期利息							
2.1.1	期初债务余额							
2.1.2	当期债务金额							
2.1.3	当期应计利息							
2.1.4	期末债务余额							
2.2	其他融资费用							
2.3	小计（2.1+2.2）							
3	合计（1.3+2.3）							
3.1	建设期利息合计（1.1+2.1）							
3.2	其他融资费用合计（1.2+2.2）							

3. 流动资金估算表的编制

可行性研究阶段，根据详细估算法估算的各项流动资金估算的结果，编制流动资金估算表，见表4-9。

表4-9 流动资金估算表

人民币单位：万元

序 号	项 目	最低周转天数	周转次数	计算期					
				1	2	3	4	……	n
1	流动资金								
1.1	应收账款								
1.2	存货								
1.2.1	原材料								
1.2.2	×××								
	……								
1.2.3	燃料								
1.2.4	×××								
	……								
1.2.5	在产品								
1.2.6	产成品								

(续)

序 号	项 目	最低周转天数	周转次数	计算期 1	2	3	4	……	n
1.3	现金								
1.4	预付账款								
2	流动负债								
2.1	应付账款								
2.2	预收账款								
3	流动资金（1-2）								
4	流动资金当期增加额								

4. 单项工程投资估算汇总表的编制

按照指标估算法，可行性研究阶段根据各种投资估算指标，进行各单位工程或单项工程投资的估算。单项工程投资估算应按建设项目划分的各个单项工程分别计算组成工程费用的建筑工程费、设备及工器具购置费和安装工程费。形成单项工程投资估算汇总表，见表 4-10。

表 4-10 单项工程投资估算汇总表

工程名称：

序 号	工程和费用名称	估算价值（万元）					技术经济指标			
		建筑工程费	设备及工器具购置费	安装工程费		其他费用	合计	单位	数量	单位价值	%
				安装费	主材费						
1	工程费用										
1.1	主要生产系统										
1.1.1	××车间										
	一般土建及装修										
	给水排水										
	采暖										
	通风空调										
	照明										
	工艺设备及安装										
	工艺金属结构										
	工艺管道										
	工艺筑炉及保温										
	工艺非标准件										
	变配电设备及安装										
	仪表设备及安装										

(续)

序　号	工程和费用名称	估算价值（万元）					技术经济指标			
		建筑工程费	设备及工器具购置费	安装工程费		其他费用	合计	单位	数量	单位价值	%
				安装费	主材费						
	……										
	小计										
	……										
1.1.2	×××										
	……										

5. 项目总投资估算汇总表的编制

将上述投资估算内容和估算方法所估算的各类投资进行汇总，编制项目总投资估算汇总表，见表 4-11。项目建议书阶段的投资估算一般只要求编制总投资估算表。总投资估算表中工程费用的内容应分解到主要单项工程；工程建设其他费用可在总投资估算表中分项计算。

表 4-11　项目总投资估算汇总表

工程名称：

序　号	费用名称	估算价值（万元）					技术经济指标			
		建筑工程费	设备及工器具购置费	安装工程费	其他费用	合计	单位	数量	单位价值	%
1	工程费用									
1.1	主要生产系统									
1.1.1	××车间									
1.1.2	××车间									
1.1.3	……									
1.2	辅助生产系统									
1.2.1	××车间									
1.2.2	××仓库									
1.2.3	……									
1.3	公用及福利设施									
1.3.1	变电所									
1.3.2	锅炉房									
1.3.3	……									
1.4	外部工程									
1.4.1	××工程									
1.4.2	……									
	小计									
2	工程建设其他费用									

(续)

序　号	费用名称	估算价值（万元）					技术经济指标			
		建筑工程费	设备及工器具购置费	安装工程费	其他费用	合计	单位	数量	单位价值	%
2.1	……									
2.2	小计									
3	预备费									
3.1	基本预备费									
3.2	价差预备费									
	小计									
4	建设期利息									
5	流动资金									
	投资估算合计（万元）									
	比例（%）									

6. 项目分年投资计划表的编制

估算出项目总投资后，应根据项目计划进度的安排，编制分年投资计划表，见表 4-12。该表中的分年建设投资可以作为安排融资计划、估算建设期利息的基础。

表 4-12　分年投资计划表

人民币单位：万元　　　　　　　　　　　　　　　　　　　　　　　　外币单位：

序号	项目	人民币			外币		
		第1年	第2年	……	第1年	第2年	……
	分年计划（%）						
1	建设投资						
2	建设期利息						
3	流动资金						
4	项目投入总资金（1+2+3）						

本章综合训练

基础训练

1. 简述国内投资估算的阶段划分与精度要求。
2. 简述建设项目投资估算编制的内容。
3. 简述项目建议书阶段投资估算的编制方法及适用范围。
4. 简述可行性研究阶段估算指标的分类。
5. 某新建项目设备投资为 10000 万元，根据已建同类项目统计情况，一般建筑工程占设备投资的 28.5%，安装工程占设备投资的 9.5%，其他工程费用占设备投资的 7.8%。该项目其他费用估计为 800 万元，请估算该项目的静态投资（调整系数 $f=1$）。
6. 某年在某地兴建一座 30 万 t 尿素的化肥厂，总投资为 25000 万元，假如 5 年后在该地开工兴建 50

万 t 尿素的工厂，尿素的生产能力指数为 0.7，请估算该项目的静态投资（假定该 5 年中每年平均工程造价指数为 1.15）。

7. 某拟建项目年销售收入估算为 18000 万元；存货资金占用估算为 4800 万元，预付账款占用估算为 250 万元；全部职工人数为 1000 人，每人每年工资及福利费估算为 9.6 万元；年其他费用估算为 3000 万元；年外购原材料、燃料及动力费为 15000 万元；预收账款占用估算为 300 万元。各项资金的周转天数为：应收账款为 30 天，现金为 15 天，应付账款为 30 天。请估算流动资金额。

能力拓展

本章所介绍的投资估算的编制依据都是在已完工程造价资料的基础上形成的，然而有些工程项目的估算编制依据由于编制的时间较长，对于目前的拟建工程已不具有参考价值，甚至有时候拟建工程没有可以参考的工程，这些因素为拟建工程项目的估算编制带来难题。目前国内学者积极探寻创新投资估算的方法，其中 BP 神经网络、模糊推理理论、遗传算法等理论模型在建设项目投资估算领域得到了广泛的应用，有效地解决了投资估算中的一些问题，下面将举例说明。

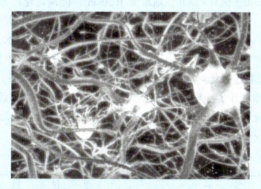

对于有类似参考工程项目或以往资料具有参考价值的拟建工程，利用 BP 神经网络在已完工程资料中"提取""规则"，即利用了神经网络这个"特征提取器"的作用，从造价资料中提取工程特征与工程造价的对应关系；由于神经网络具有高度的容错性，因而对于过去的工程资料中由于人为的或其他因素造成的偏差有自动纠偏功能；此外由于神经网络是并行处理数据的，因而其处理速度相当快，这点满足了快速估算的要求。尽管 BP 网络单次的预测结果与实际值相比，可能误差较大，即预测结果具有一定随机性。但是，通过多次预测，而后对其求均值，可以基本消除这种随机性，使估算结果具有相当高的精确度，完全可以满足工程项目投资估算精确度要求。

对于无类似参考工程的拟建工程，多年积累的以模糊语言为形式载体的专家经验在投资估算中应该得到更为充分的利用。对没有类似项目的工程，分析其工程特征，将其区分为已知工程特征和未知工程特征，并利用已知工程特征和未知工程特征之间的经验或逻辑关系，建立模糊推理系统，使未知工程特征变为已知工程特征。根据工程特征与工程造价之间的经验或逻辑关系，建立模糊推理系统，计算得到没有类似项目的工程造价。

新型的投资估算的方法还有很多，这些方法突破了传统投资估算方法的束缚，对已完工程相关资料失效或者没有类似参考工程情况下的投资估算具有很高的参考价值。

请登录中国知网或其他数据库，查找文献，列举一些工程造价投资估算的新方法，并简要介绍这些方法的优势和适用范围。

案例分析

（一）案例背景

1. 工程概况

根据××市总体发展规划和经济发展布局，拟在该市经济开发区东南部××区××路建大众轿车生产厂房。该项目建设规模为年产 8 万辆；所生产的轿车均是具有世界先进技术水平的新车型；生产线设计充分考虑柔性，适应多品种生产的需要。

（1）项目拟建地点　根据总体发展规划和经济发展布局，项目厂址定点在××市经济开发区。通过广泛的调查研究，有关技术人员对在开发区可能用于厂址的两个地块进行现场踏勘，了解其地形地貌、地址、公用设施、交通、洪水水位、现有建（构）筑物情况、地下水位和农田水利情况、搜集了地块的规划图和地形图，对重点部位进行了钻探，向有关部门进行了咨询，对拟选地块进行了综合分析比较，经多次讨论写出选厂报告，并报上级有关部门批准，最后选定在××市经济开发区西南部××加工区××路北侧地块为本项目建设厂址。

（2）项目建设规模与目标　建设规模为年产轿车 8 万辆；产品是具有当代世界先进水平的新型车型；生产线设计要充分考虑柔性，适应多品种生产的需要；产品系列化、多品种；广泛采用当代先进技术、装备和生产方式；注重环保与安全卫生，按国家有关规范及××市对环境保护的要求与规定，对污染物进行有效治理，并采取有效的安全卫生措施；产品成本与售价应具有竞争力，经济效益在行业平均水平之上。

（3）主要建设条件　××加工区××路北侧地块面积 $50km^2$，能满足建厂要求且地势平坦。××加工区能提供建厂所需的公用设施，包括在距拟选厂址东北部 2.5km 处有地区降压站，可向厂区提供 10kV 电源。在厂区西北部有直径为 $\phi500$ 的城市自来水管，可供工厂所需生产及生活用水。在厂区西北部有开发区集中供暖站，可向工厂供应生产所需的热源。在厂区南、北两侧均有完善的开发区管网。工厂东侧为××路，向北延伸与××高速公路出口相连，北侧××路与西侧××路及东侧××路相接，公路交通十分便利。在××路北侧有大片空地可作为未来零部件生产与供应基地使用。××路为市政主要通道，向东延伸可直通××市市区。在××路南侧 5km 处为规划的××市铁路编组站。厂区有较小的土堆和池塘，需要进行场地平整。

（4）本项目相关数据见表1。

表1　××市大众轿车生产厂房项目相关数据

序 号		名 称	单 位	数 据	备注：外汇
I		建设规模			
1		生产厂房开发项目总建筑面积		154845	
1.1		主要生产系统			
		冲压车间	m^2	10783	
		焊装车间	m^2	26611	
		涂装车间	m^2	46720	
		总装车间	m^2	30912	
		冲压件库	m^2	5288	
1.2		辅助生产系统			
		油漆库	m^2	927	
		油库	m^2	1112	
		综合库	m^2	1298	
		燃油库	m^2	371	
		联合动力站	m^2	2621	
		水泵房	m^2	148	
		成品车发送站	m^2	297	
		输送天桥	m^2	1248	
1.3		公用及福利设施			

(续)

序 号	名 称	单 位	数 据	备注：外汇
	冲焊厂房生活间	m²	3560	
	涂装厂房生活间	m²	1483	
	总装厂房生活间	m²	3114	
	行政办公楼	m²	10800	
	食堂	m²	2670	
	自行车棚	m²	1300	
	门卫	m²	245	
1.4	外部工程			
	质量中心	m²	3337	
	总图工程	m²		

2. 编制依据

该项目投资估算的编制依据主要有以下几点：

1)《投资项目可行性研究指南》。
2)《××市建设工程估算指标》《××市建设工程概算指标》《××市建设工程概算定额》。
3) 建筑工程费的估价以类似建筑物造价为基准，并参考以上定额。
4) 项目的设备费用按厂方报价和参照国内最新报价资料估算。

3. 有关说明

1) 编制范围包括：年产 8 万辆大众 A 型系列轿车的冲压、焊接、油漆、总装配生产线及与之配套的厂区内辅助设施、公用工程等费用，还包括工程建设其他费用、预备费和建设期贷款利息。给水排水、通信等设施由开发区配套建设、10kV 供电工程费用计入该项目投资。

2) 编制方法：估算根据《××市建设工程估算指标》，采用指标估算法进行。具体计算体现在各项目估算编制过程及估算表中。

3) 编制方法及成果文件形式，主要参照《建设项目投资估算编审规程》（CECA/GC 1—2015）进行编制。

(二) 投资估算编制过程

该项目投资估算费用组成包括固定资产投资和流动资金两大部分，其中固定资产投资包括建设投资、建设期贷款利息，建设投资包括建设投资静态部分和建设投资动态部分。

1. 估算建设投资静态投资部分

建设投资静态投资部分的估算包括建筑工程费、设备及工器具购置费、安装工程费、工程建设其他费和基本预备费五部分的估算。

(1) 建筑工程费 计算公式为：各单项工程建筑工程费＝各单项工程建筑面积×各单项工程单价，具体见表 2。

如：冲压车间：10783×1500 万元＝1617.45 万元（表中数据保留至个位数）。

表 2 建筑工程费用估算表

工程名称：××市大众轿车生产厂房

序 号	建（构）筑物名称	单位	建筑面积	单价（元）	费用合计（万元）
1	冲压车间	m²	10783	1500	1617
2	焊装车间	m²	26611	1500	3992

(续)

序号	建(构)筑物名称	单位	建筑面积	单价(元)	费用合计(万元)
3	涂装车间	m²	46720	1500	7008
4	总装车间	m²	30912	1500	4637
5	冲压件库	m²	5288	1500	793
6	油漆库	m²	927	800	74
7	油化库	m²	1112	800	89
8	综合库	m²	1298	800	104
9	燃油库	m²	371	800	30
10	质量中心	m²	3337	1500	501
11	联合动力站	m²	2621	1500	393
12	水泵房	m²	148	1200	18
13	成品车发送站	m²	297	500	15
14	输送天桥	m²	1248	800	100
15	冲焊厂房生活间	m²	3560	1000	356
16	涂装厂房生活间	m²	1483	1000	148
17	总装厂房生活间	m²	3114	1000	311
18	行政办公楼	m²	10800	1600	1728
19	食堂	m²	2670	1200	320
20	自行车棚	m²	1300	200	26
21	门卫	m²	245	1200	29
22	总图工程	m²			2758
	合计		154845		25047

(2) 设备及工器具购置费 设备及工器具购置费包括进口设备购置费、国内设备购置费和国内工器具购置费三部分。

1) 进口设备购置费。计算公式为：各单项工程进口设备购置费＝各单项工程进口设备到岸价×6.8955＋进口从属费及运杂费。其中：进口设备到岸价＝进口设备离岸价＋国外运费＋国外运输保险费，美元对人民币外汇汇率为6.8955，具体见表3。

如：冲压车间进口设备购置费：(3100+155+13.07)万美元＝3268万美元；(3268×6.8955)万元＝22534万元；(22534+7055)万元＝29589万元。

表3 进口设备购置费估算表

工程名称：××市大众轿车生产厂房

序号	设备名称	离岸价(万美元)	国外运费(万美元)	国外运保费(万美元)	到岸价(万美元)	折人民币(万元)	进口从属费及运杂费(万元)	设备购置费总价(万元)
1	冲压车间	3100	155	13.07	3268	22534	7055	29589
2	焊装车间	650	33	2.74	686	4730	1824	6554
3	涂装车间	6000	300	25.3	6325	43614	14815	58429

(续)

序号	设备名称	离岸价（万美元）	国外运费（万美元）	国外运保费（万美元）	到岸价（万美元）	折人民币（万元）	进口从属费及运杂费（万元）	设备购置费总价（万元）
4	总装车间	2000	100	8.43	2108	14535	4940	19475
5	仓库运输							
6	质量中心	980	49	4.13	1033	7123	2420	9544
7	水泵房							
8	电气设备							
9	动力设备							
10	暖通设备							
11	跑道及停车场设备							
12	计算机网络、通信	210	11	0.89	222	1530	574	2105
	合计	12940	648	55	13642	94066	31628	125696

2）国内设备购置费。计算公式为：各单项工程国内设备购置费=各单项工程国内设备数量×国内设备出厂价+国内设备运杂费，具体见表4。

如：冲压车间国内设备购置费：（1×9200+460）万元=9660万元。

表4 国内设备购置费估算表

工程名称：××市大众轿车生产厂房 　　　　　　　　　　　　　　　　（单位：万元）

序号	设备名称	型号规格	单位	数量	设备购置费		
					出厂价	运杂费	总　　价
1	冲压车间		套	1	9200	460	9660
2	焊装车间		套	1	6800	340	7140
3	涂装车间		套	1	12000	600	12600
4	总装车间		套	1	3500	175	3675
5	仓库运输		套	1	2500	125	2625
6	质量中心		套	1	1200	60	1260
7	水泵房		套	1	2520	126	2646
8	电气设备		套	1	9024	451	9475
9	动力设备		套	1	1630	81	1711
10	暖通设备		套	1	2800	140	2940
11	跑道及停车场设备		套	1	1520	76	1596
12	计算机网络、通信		套	1	350	17	367
	合计				53044	2651	55695

3）国内工器具购置费。计算公式为：各单项工程国内工器具购置费=设备购置费×定额费率，具体见表5。

如：冲压车间进口设备购置费：9660万元×20.5%=1980万元。

表5　国内工器具购置费估算表

工程名称：×市大众轿车生产厂房　　　　　　　　　　　　　　　　　（单位：万元）

序　号	设 备 名 称	设备购置费	定额费率（%）	工器具购置费
1	冲压车间	9660	20.5	1980
2	焊装车间	7140	22.6	1614
3	涂装车间	12600	25.7	3238
4	总装车间	3675	26.6	978
5	仓库运输	2625	20.5	538
	合计			8348

（3）安装工程费　计算公式为：各单项工程安装工程费=各单项工程国产设备安装费×各单项工程国产设备安装费率（%）+各单项工程进口设备安装费×各单项工程进口设备安装费率（%），具体见表6。

如：冲压车间国产设备安装费率为3%，进口设备安装费率为0.9%，

冲压车间安装工程费=（29278×0.9%+9660×3%）万元=553万元。

表6　安装工程费用估算表

工程名称：××市大众轿车生产厂房

序　号	安装工程名称	单位	数量	国产设备安装费率（%）	进口设备安装费率（%）	安装费用（万元）
1	冲压车间			3	0.9	553
2	焊装车间			1.8	0.54	164
3	涂装车间			8	2.4	2396
4	总装车间			4	1.2	378
5	仓库运输			2	0.6	52
6	质量中心			1	0.3	41
7	水泵房			15	4.5	397
8	电气设备			30	9	2842
9	动力设备			35	10.5	599
10	暖通设备			20	6	588
11	跑道及停车场设备					
12	计算机网络、通信			8	2.4	79
13	其他					547
	合计					8636

（4）工程建设其他费　工程建设其他费用的计取，依据编制说明中"有关参数、率值选定的说明"的相关规定，具体见表7。

如：该项目建设单位管理费=工程费用×费率=（建筑工程费+设备及工器具购置费+安装工程费）×0.011=223422万元×0.011=2458万元。

生产准备及开办费按项取为900万元。

表7 工程建设其他费用估算表

工程名称：××市大众轿车生产厂房

序号	费用名称	计算基础	费率或标准	总价（万元）	含外汇（万美元）
1	建设单位管理费	工程费用	0.011	2458	
2	研究试验费	按《工程勘察设计收费标准》2002年修订本计取		250	
3	勘察设计费	按发改委发布的《关于进一步放开建设项目专业服务价格的通知》（发改价格〔2015〕299号）有关规定计取		2705	
4	前期工作咨询费	按发改委发布的《关于进一步放开建设项目专业服务价格的通知》（发改价格〔2015〕299号）有关规定计取		4320	
5	工程保险费	工程费用	0.0026	581	
6	联合试运转费	设备费	0.01	1884	
7	建设工程临时设施费	工程费用	0.01	2234	
8	生产准备及开办费			900	
9	工程建设监理费	按发改委发布的《关于进一步放开建设项目专业服务价格的通知》（发改价格〔2015〕299号）有关规定计取		2680	
10	质监、安监费	工程费用	0.002	447	
11	环境影响评价费	按发改委发布的《关于进一步放开建设项目专业服务价格的通知》（发改价格〔2015〕299号）有关规定计取		1420	
12	特殊设备安全监督检验费	按照建设项目所在省（市、自治区）安全监察部门的规定标准计算		1050	
13	招标代理服务费			850	
14	招标投标交易费	工程费用	0.014	3128	
15	引进技术和进口设备其他费			500	
	合计			25407	

（5）基本预备费 计算公式为：基本预备费=（工程费用+工程建设其他费用）×基本预备费费率。

该项目基本预备费=（223422+25407）万元×8%=19906万元。

（6）汇总形成静态投资 计算公式为：静态投资=建筑工程费+设备及工器具购置费+安装工程费+工程建设其他费+基本预备费。

本项目静态投资=（25047+189739+8636+25407+19906）万元=268735万元。

2. 估算建设投资动态投资部分

建设投资动态投资部分的估算包括价差预备费、增值税和建设期贷款利息。根据有关规定，本项目不计取价差预备费。

3. 估算增值税

增值税率应取9%，但基于各部分费率不同，参考实际已完工项目，故为方便起见，将增值税税率统一计取为 7.2%。

$$增值税 = 税前造价 \times 7.2\% =$$
$$(建筑工程费+设备及工器具购置费+安装工程费+工程建设其他费+基本预备费) \times 7.2\% =$$
$$(25047+189739+8636+25407+19906) 万元 \times 7.2\% = 268735 万元 \times 7.2\% = 19349 万元$$

4. 估算建设期贷款利息

计算公式为：
$$q_j = (P_{j-1} + \frac{1}{2}A_j)i$$

式中　q_j——建设期第 j 年应计利息（$j=1, 2, 3$）；
　　　P_{j-1}——建设期第（$j-1$）年末累计贷款本金与利息之和；
　　　A_j——建设期第 j 年贷款金额；
　　　i——年利率，6%。

在建设期，各年利息计算如下：

$$q_1 = \frac{1}{2}A_1 i = \frac{1}{2} \times 53233 \text{ 万元} \times 6\% = 1597 \text{ 万元}$$

$$q_2 = (P_1 + \frac{1}{2}A_2)i = (53233 + 1579 + \frac{1}{2} \times 133109) \text{ 万元} \times 6\% = 7282 \text{ 万元}$$

$$q_3 = (P_2 + \frac{1}{2}A_3)i = (53233 + 1579 + 133109 + 7282 + \frac{1}{2} \times 79794) \text{ 万元} \times 6\% = 14106 \text{ 万元}$$

所以，该项目建设期贷款利息 = $q_1+q_2+q_3$ = (1597+7282+14106) 万元 = 22985 万元。
项目资金筹措表见表 8。

表 8　项目资金筹措表

序号	项目	建设期			生产期				合计
		1	2	3	4	5	6	7	
1	项目投入总资金	59214	151326	100531	109278	129734	56116	34493	640692
1.1	建设投资（不含建设期利息）	53747	134369	80621					268737
1.2	增值税	3870	9675	5804					19349
1.3	建设期利息	1597	7282	14106					22985
1.4	流动资金	0	0	0	109278	129734	56116	34493	329621
1.5	用于偿还长期借款								0
2	资金筹措	64256	160642	96385	109278	129734	56116	34493	650904
2.1	公司自筹	11023	27533	16591	32784	38920	16835	10348	154034
2.1.1	用于建设期投资	11023	27533	16591					55147
2.1.2	用于流动资金	0	0	0	32784	38920	16835	10348	98887
2.2	借款	53233	133109	79794	76494	90814	39281	24145	496870
2.2.1	基建长期借款	53233	133109	79794					266136
2.2.2	流动资金借款				76494	90814	39281	24145	230734

建设期动态投资 = 价差预备费+增值税+建设期贷款利息 = (0+19349+22985) 万元 = 42334 万元。
汇总形成固定资产投资，计算公式为：建设投资 = 静态投资部分+动态投资部分。
本项目固定资产投资 = (268735+42334) 万元 = 311069 万元。

5. 估算流动资金

采用分项详细估算法估算流动资金，具体见表 9。

表 9　流动资金估算表

工程名称：××市大众轿车生产厂房　　　　　　　　　　　　　　　　　　（单位：万元）

序号	年份 项目	最低周转天数	周转次数	建设期 1	建设期 2	建设期 3	生产期 4	生产期 5	生产期 6	生产期 7	生产期 8	生产期 9	生产期 10
1	流动资产						150742	325572	395837	441602	441602	441602	441602
1.1	应收账款	30	12				53333	115000	146667	162083	162083	162083	162083
1.2	存货												
1.2.1	原材料及燃料动力	30	12				41464	86560	100710	111981	111981	111981	111981
1.2.2	在产品	30	12				42426	90078	106225	118885	118885	118885	118885
1.2.3	产成品	7	51				10877	23881	28458	31954	31954	31954	31954
1.2.4	备品备件	180	2				250	250	250	250	250	250	250
1.3	现金	30	12				2392	9803	13528	16448	16448	16448	16448
2	流动负债						41464	86560	100710	111981	111981	111981	111981
2.1	应付账款	30	12				41464	86560	100710	111981	111981	111981	111981
3	流动资金（1-2）						109278	239012	295128	329621	329621	329621	329621
4	本年增加额						109278	129734	56116	34493			
5	流动资金借款						76494	167308	206589	230735	230735	230735	230735
6	流动资金借款利息						4475	9788	12085	13498	13498	13498	13498
7	自筹流动资金						32783	71704	88538	98886	98886	98886	98886

6. 估算项目投入总资金

计算公式为：项目投入总资金＝固定资产投资＋流动资金。

该项目投入总资金＝(311069＋329621)万元＝640690 万元。

相关汇总表见表 10、表 11。

表 10　项目投入总资金估算汇总表

工程名称：××市大众轿车生产厂房

序　号	工程和费用名称	投　资　额 各部分投资额（万元）	投　资　额 其中：外汇（万美元）	占项目投入总资金的百分比（％）
1	建设投资	311069	46598	48.55
1.1	建设投资静态部分	268735	38971	41.92
1.1.1	建筑工程费	25047	3631	3.91
1.1.2	设备及工器具购置费	189739	27515	29.61
1.1.3	安装工程费	8636	1252	1.35
1.1.4	工程建设其他费用	25407	3684	3.97
1.1.5	基本预备费	19906	2869	3.11
1.2	建设投资动态部分	42334	7621	6.61
1.2.1	价差预备费	0	0	0
1.2.2	增值税	19349	4287	3.02
1.2.3	建设期利息	22985	3332	3.59
2	流动资金	329621	47787	51.45
3	项目投入总资金（1+2）	640690	94391	100

表 11　投资估算汇总表

工程名称：××市大众轿车生产厂房

序号	工程和费用名称	单位	数量	单位价值（元/m²）	%	建筑工程费	设备及工器具购置费	安装工程费	其他费用	合计	工程建设其他费用	预备费	增值税	建设期贷款利息	流动资金	合计
1	工程费用															
1.1	主要生产系统															
1.1.1	冲压车间	m²	10783	38947	18.80	1617	39827	553		41997						
1.1.2	焊装车间	m²	26611	7497	8.93	3992	15794	164		19950						
1.1.3	涂装车间	m²	46720	17441	36.47	7008	72079	2396		81483						
1.1.4	总装车间	m²	30912	9587	13.26	4637	24620	378		29635						
1.1.5	冲压件库	m²	5288	1500	0.36	793				793						
1.2	辅助生产系统															
1.2.1	油漆库	m²	927	798	0.03	74				74						
1.2.2	油化库	m²	1112	800	0.04	89				89						
1.2.3	综合库	m²	1298	801	0.05	104				104						
1.2.4	燃油库	m²	371	809	0.01	30				30						
1.2.5	联合动力站	m²	2621	1499	0.18	393				393						
1.2.6	水泵房	m²	148	180000	1.19	18	2646			2664						
1.2.7	成品车发送站	m²	297	505	0.007	15				15						
1.2.8	输送天桥	m²	1248	801	0.05	100				100						
1.3	公用及福利设施															
1.3.1	冲焊厂房生活间	m²	3560	1000	0.16	356				356						
1.3.2	涂装厂房生活间	m²	1483	1000	0.07	148				148						
1.3.3	总装厂房生活间	m²	3114	1000	0.14	311				311						
1.3.4	行政办公楼	m²	10800	1600	0.77	1728				1728						
1.3.5	食堂	m²	2670	1199	0.14	320				320						
1.3.6	自行车棚	m²	1300	200	0.01	26				26						
1.3.7	门卫	m²	245	1224	0.01	29				29						
1.4	外部工程															
1.4.1	质量中心	m²	3337	34001	5.08	501	10804	41		11346						
1.4.2	总图工程	m²			14.25	2758	23969	5105		31832						
	小计				100	25048	189739	8637		223424						223424
2	工程建设其他费用										25407					25407
3	预备费											19906				19906
3.1	基本预备费											19906				
3.2	价差预备费											0				
4	增值税												19349			19349
5	建设期贷款利息													22985		22985
6	流动资金														329621	329621
	投资估算合计（万元）									223424	25407	19906	19349	22985	329621	640690

7. 编制投资估算文件

依据前四个步骤的各种估算结果，填写投资估算文件的各种表格，并编制封面、签署页及其编制说明等文件。本项目投资估算成果文件具体包括下列四部分内容：

1) 工程投资估算书封面。
2) 工程投资估算签署页。
3) 工程投资估算编制说明。
4) 工程投资估算相关表格。

（三）成果形式

本案例的最终成果形式见（图1、图2和表1~表11）。

1. 该项目投资估算封面（如图1所示）

```
            ××市大众轿车生产厂房项目
                 投资估算书
               档案号：×××
            ××市××工程造价咨询有限公司
             （工程造价咨询单位执业章）
                  年  月  日
```

图1　××市大众轿车生产厂房项目投资估算封面

2. 该项目投资估算签署页（如图2所示）

```
            ××市大众轿车生产厂房项目
                 投资估算书
               档案号：×××
         编制人：____×××____［执业（从业）印章］
         审核人：____×××____［执业（从业）印章］
         审定人：____×××____［执业（从业）印章］
         法定负责人：____×××____
```

图2　××市大众轿车生产厂房项目投资估算签署页

3. 该项目编制说明

××市大众轿车生产厂房项目投资估算编制说明

一、工程概况

1. 项目拟建地点
2. 项目建设规模与目标
3. 主要建设条件

二、编制范围

编制范围包括轿车的冲压、焊接、油漆、总装配生产线及与之配套的厂区内辅助设施、公用工程等费用，还包括工程建设其他费用、预备费和建设期贷款利息。

1. 建筑工程费

根据本项目建（构）筑物工程量和当地单位造价指标估算建筑工程费，单位造价指标的确定参照当地建设工程定额和类似建筑物造价水平，并结合项目实际情况，调整相应内容的价格。建筑工程费为25047万元，详见表2。

2. 设备及工器具购置费

设备部分为国产，部分为进口。进口部分按外商报价，根据《外商投资产业指导目录》中的规定，分别计算引进设备的关税，并计算进口设备从属费、运杂费。

国内采购设备按现行市场资料估算。

外汇与人民币汇率按 1 美元折合 6.8955 元人民币计。

本项目设备及工器具购置费为 189739 万元,含外汇 13092 万美元(其中进口设备购置费 125696 万元,国内设备购置费 55695 万元,国内工器具购置费 8348 万元,外汇占 14%),详见表 2~表 5。

3. 安装工程费

应依据单项工程的设备费按综合指标估算安装工程费。

根据现行有关政策计算进口材料关税、增值税及进口部分的从属费。安装工程费为 8636 万元,详见表 6。

4. 工程建设其他费用

工程建设其他费用中主要包括:勘察设计费、工程保险费、技术入门费、土地使用费、建设单位管理费、生产准备费、联合试运转费、进出国人员费用、办公及生活家具购置费等。工程建设其他费用估算值为 25407 万元,含外汇 500 万美元,详见表 7。

5. 基本预备费

基本预备费按 8% 计算,其估算值为 19906 万元,含外汇 2869 万美元。见项目投入总资金估算汇总表详见表 10。

6. 价差预备费

根据有关规定,本项目不计取价差预备费。

7. 增值税

按照建办标〔2016〕4 号文规定,建筑业增值税税率为 7.2%,计算出增值税为 19349 万元。

8. 建设期贷款利息

按照拟定的融资方案,贷款利率为 6%,计算出建设期利息为 22985 万元。

9. 流动资金估算

流动资金采用分项详细估算法计算,按各项分别确定的最低周转天数,计算各年的流动资金额,达产年流动资金为 329621 万元,详见表 9。

10. 建设总投资估算

以上各项合计为建设总投资估算额,其估算值为 640690 万元,其中含 14679 万美元,详见表 10。

11. 项目总资金及分年投资计划

根据项目具体情况及实施计划,确定建设期为 3 年,建设投资(不含建设期利息)分年投资计划比例为 20%、50%、30%。各年建设期利息按照需要计算。根据各年产量安排流动资金的用款计划。

给水排水、通信等设施由开发区配套建设、10kV 供电工程费用计入本项目投资。

三、编制方法

本估算根据《××市建设工程估算指标》,采用指标估算法进行。具体计算体现在各项目估算编制过程及估算表中。

四、编制依据

1)《投资项目可行性研究指南》《全国统一建筑工程基础定额××市基价表》。

2)《××市建设工程估算指标》《××市建设工程概算指标》《××市建设工程概算定额》《××市建设工程费用定额》《××市安装工程消耗量标准》《××市施工机械台班费用、混凝土及砂浆配合比表、材料价格基价表》《机械工业建设项目概算编制办法及各项概算指标》。

3)建筑工程费的估价以类似建筑物造价为基准,并参考以上定额。

4)工程所涉及的有关税费,依据××市有关建设税费收取标准计算。

5)项目的设备费用按厂方报价和参照国内最新报价资料估算。

6)本项目有关会议纪要。

五、主要技术经济指标

本项目主要技术经济指标见表 12。

表 12　××市大众轿车生产厂房项目主要技术经济指标

序　号	名　　称	单　位	数　据	备注：外汇
Ⅰ	建设规模			
1	生产厂房开发项目总建筑面积		154845	
1.1	主要生产系统			
	冲压车间	m²	10783	
	焊装车间	m²	26611	
	涂装车间	m²	46720	
	总装车间	m²	30912	
	冲压件库	m²	5288	
1.2	辅助生产系统			
	油漆库	m²	927	
	油库	m²	1112	
	综合库	m²	1298	
	燃油库	m²	371	
	联合动力站	m²	2621	
	水泵房	m²	148	
	成品车发送站	m²	297	
	输送天桥	m²	1248	
1.3	公用及福利设施			
	冲焊厂房生活间	m²	3560	
	涂装厂房生活间	m²	1483	
	总装厂房生活间	m²	3114	
	行政办公楼	m²	10800	
	食堂	m²	2670	
	自行车棚	m²	1300	
	门卫	m²	245	
1.4	外部工程			
	质量中心	m²	3337	
	总图工程	m²		
Ⅱ	经济数据			
1	建设投资	万元	268735	
1.1	建设投资静态部分	万元	268735	
	建筑工程费	万元	25047	
	设备及工器具购置费	万元	189739	
	安装工程费	万元	8636	
	工程建设其他费用	万元	25407	
	基本预备费	万元	19906	
1.2	建设投资动态部分	万元	42334	
	价差预备费	万元	0	
	增值税	万元	19349	
	建设期利息	万元	22985	
2	流动资金	万元	329621	
3	项目投入总资金（1+2+3+4）	万元	640690	

六、有关参数、率值选定的说明

1）建设单位管理费：按工程费的 0.011 计取。

2）研究试验费：按《工程勘察设计收费标准》2002 年修订本计取。

3）勘察设计费：按发改委发布的《关于进一步放开建设项目专业服务价格的通知》（发改价格〔2015〕299 号）有关规定计取。

4）前期工作咨询费：按发改委发布的《关于进一步放开建设项目专业服务价格的通知》（发改价格〔2015〕299 号）有关规定计取。

5）工程保险费：按工程费用的 0.0026 计取。

6）联合试运转费：按工程设备费的 0.01 计取。

7）建设工程临时设施费：按工程费用的 0.01 计取。

8）生产准备及开办费：按项计取。

9）工地监理费：按发改委发布的《关于进一步放开建设项目专业服务价格的通知》（发改价格〔2015〕299 号）有关规定计取。

10）质监、安监费：按××市××号公文的规定，建设工程质量监督费按工程费用的 0.002 计取。

11）环境影响评价费：按发改委发布的《关于进一步放开建设项目专业服务价格的通知》（发改价格〔2015〕299 号）有关规定计取。

12）特殊设备安全监督检验费：按照建设项目所在省（市、自治区）安全监察部门的规定标准计算。

13）招标代理服务费：按《中央定价目录》（国家发展改革委令第 31 号）计取。

14）招标交易费：按工程费用的 0.014 计取。

15）引进技术和进口设备其他费：按项计取。

七、特殊问题的说明

1）该建设区域内的拆除工程、伐移树木补偿及项目室外工程等，均采取统一规划实施、费用分摊的方式进行。

2）水泥稳定碎石、商品混凝土、沥青混凝土运距均暂按 15km 计取。

3）弃土、借土按运距 20km 考虑。

4）本项目投资估算相关表格包括：项目投入总资金估算汇总表、投资估算汇总表、单项工程投资估算汇总表、建筑工程费用估算表、进口设备购置费估算表、国内设备购置费估算表、国内工器具购置费估算表、安装工程费用估算表、工程建设其他费用估算表、项目资金筹措表以及流动资金估算表。

延展阅读

某五星级高级酒店目标成本的制定
——建设项目工程造价事前控制关键点

　　工程项目的建设过程是按照建设程序依次展开、按阶段进行的。对整个建设项目的投资控制目标而言，造价事前控制在于围绕设计阶段的控制。而这一事前控制的关键点就在于建设项目目标成本的制定。所谓目标成本就是指基于产品定位和当前市场成本水平而预先确定的建设项目成本控制标杆，是用于主导建设和开发的控制线，最迟宜于初步设计前完成。

　　建筑行业实行"先定价、后建设"的管理流程，即采用目标成本法的管理模式。目标成本法是从一些竞争激烈的行业中直接发生的一种方法，以给定的竞争价格为基础决定产品的成本，并以保证实现预期的体现企业持续发展目标的目标利润。以具有竞争性的市场价格和目标利润倒推出目标成本，"目标成本＝竞争市场价－目标利润"，这也体现了市场导向。因此，目标成本的作用体现在：①投资控制标杆，目标成本是指导后续初步设计、施工图设计的控制标杆；②指导后续设计工作，所列出的各项经济指标、数量指标可以成为指导设计的参考依据之一；③多部门参与、合作，逐步形成，即目标成本的制定通过与前期配套、设计、成本、合约、财税等部门的通力协作，以利润最大化为目标，反复探讨形成。

　　目标成本法应用于建筑开发行业中，高星级酒店开发项目的造价事前控制就是以一定目标为导向，由规划者来组织并实施的。高星级酒店产品的主要目标就是为顾客提供高质量的服务和条件，形成良好体验，这种体验是酒店有形设施以及相关服务共同作用的产物。因此，一个高星级酒店项目的目标成本规划需多部门共同参与合作，从企业盈利目标和产品的市场理念定位角度考虑市场需求、酒店等级、各项功能需求以及项目的收入、支出、风险分析的收益等多方面因素。一个完整的高星级酒店开发项目的一般规划流程如图3所示。

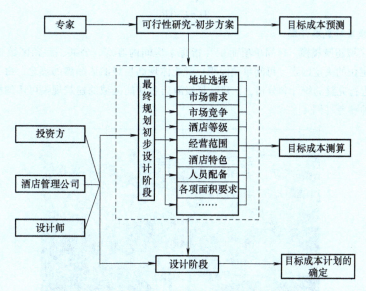

图3　高星级酒店开发项目的一般规划流程

某五星级高级酒店的目标成本的制定采用的是"倒推法"，即通过对酒店规模、档次、品牌、功能配置的确定，结合竞争市场环境下，同类项目或类似已建的酒店的经营情况和目标利润作为标杆进行预测。以"目标成本=竞争市场价格−目标利润"为导向，从而倒推出为满足既定目标的某五星级高级酒店开发项目的目标成本。某五星级高级酒店项目的建筑安装工程的目标成本及酒店各功能区域目标成本分配的分析如下。

1. 目标收入、利润、成本的预测

行业内有一定地位和市场声誉的房地产企业，通用的企业目标利润制定方式为：根据行业基准收益率，结合以往业绩较好年度的项目利润率，在此基础上提高适当幅度来确定企业项目在下一经营年度的目标利润。而对大多普通企业而言，目标利润可根据行业基准收益率直接确定，亦可根据企业单位开发面积的边际利润率来确定。某五星级高级酒店开发项目根据酒店单位开发面积边际利润率或单个房间的边际利润率来确定。在微观经济学中边际利润被定量化，表示增加单位产量所产生的利润增加额：

$$单位产品边际利润(PM) = 销售单价(P) - 单位产品变动成本(C_变) \tag{1}$$

设某房地产企业开发某高星级酒店项目，用于建筑安装的固定成本总额为 C_1，按照市场形势、酒店档次确定的平均房价为 P，均摊每间房的其他消费占比为 ρ，按照企业成本控制水平确定的单位变动成本为 C_2，总房间数为 Q_t，边际利润为 PM，边际利润率为 PMR，利润为 TP，则

$$PM = P - C_2 \tag{2}$$

$$PMR = (P - C_2)/P \tag{3}$$

酒店运营预计出租量为 Q^*，保本出租量为 Q_0，则

$$PQ_0 = C_1 + C_2 Q_0 \tag{4}$$

$$Q_0 = C_1/(P - C_2) \tag{5}$$

因此，某高星级酒店开发项目的目标利润为

$$TP^* = (Q^* - Q_0) / PMR \qquad (6)$$
$$= (PQ^* - PQ_0)/(P - C_2)$$

某五星级高级酒店开发项目的目标收入 E、目标成本 TI 为
$$E = Q^* P(1+\rho) \qquad (7)$$
$$TI = E - TP^* \qquad (8)$$

2. 各功能区域目标成本分配

（1）各功能区域建筑规模 每间单项面积（指每个房间内客房、公共、后勤区域三项分别所占的面积）是酒店经营定位的决定因素，每间单项面积也最能体现高星级酒店品牌的理念。由于我国尚未对每间单项面积的数据进行完整的统计和分析，已建高星级酒店各功能区域的建筑规模可用的模板数据和星级评定标准可作为一种参考（图4）。

图4 亚龙湾丽思卡尔顿酒店

通过对14个2005年之后开业的高星级商务酒店的平面图的分析，将客房区域、公共区域、后勤区域划为三个分项（建成开业数据），每间单项面积见表13。

表13 高星级酒店三大功能分区每间单项面积　　　（单位：m²/间）

序号	酒店名称	星级	规模（间）	客房区域	公共区域	后勤区域	每间综合面积
1	北京王府井希尔顿酒店	5	255	67.57	42.23	30.39	140.19
2	海口希尔顿酒店	5	459	69.87	38.82	27.59	136.28
3	三亚山海天酒店	5	296	64.05	35.99	20.57	120.61
4	深圳君悦酒店	5	470	105.92	39.38	28.34	173.64
5	深圳皇庭V酒店	5	506	82.31	18.48	17.00	117.79
6	深圳JW万豪酒店	5	417	73.06	23.06	22.85	118.97
7	广州四季酒店	5	330	144.04	37.58	24.43	206.05
8	广州富力君悦酒店	5	405	75.32	40.76	36.01	152.09
9	广州南沙蒲州酒店	5	324	63.75	39.16	30.97	133.88
10	广州海航威斯汀酒店	5	445	90.37	31.68	24.53	146.58
11	重庆凯悦酒店	5	321	79.71	39.31	31.06	150.08
12	南昌香格里拉酒店	5	504	75.56	46.79	35.76	158.11
13	扬州香格里拉酒店	5	320	71.64	39.76	33.85	145.25
14	苏州吴江海悦花园酒店	5	543	72.40	45.48	16.54	134.42
取值范围			255~543	63.75~144.04	18.48~46.79	16.54~36.01	117.79~206.05
均值			399	81.11	37.03	27.14	145.28

通过对以上数据的分析，可以得出高星级酒店每间单项面积比值见表14。

表14　高星级酒店每间单项面积比值

序号	功能分区	比　　值	面积取值范围（m²/间）	面积比浮动范围（%）
1	客房区域	55.83%	63.75~144.04	47.62~69.91
2	公共区域	25.49%	18.48~46.79	15.69~33.83
3	后勤区域	18.68%	16.54~36.01	11.86~23.68

功能组成面积比反映了酒店建筑工程投资量在各部分的分配，与每间单项面积的意义不同。这是由于即使一家酒店每间客房面积大于另一家，并不能说明客房所占面积比就一定比另一家高。因此对上述14家酒店的功能组成面积比进行统计，结果见表15。

表15　高星级酒店的功能组成面积比

序号	酒店名称	建筑类型	客房区域（%）	公共区域（%）	后勤区域（%）
1	北京王府井希尔顿酒店	单体	48.20	30.12	21.68
2	海口希尔顿酒店	单体	51.27	28.49	20.25
3	三亚山海天酒店	单体	53.11	29.84	17.05
4	深圳君悦酒店	综合体	61.00	22.68	16.32
5	深圳皇庭V酒店	超高层	69.88	15.69	14.43
6	深圳JW万豪酒店	单体	61.41	19.38	19.21
7	广州四季酒店	超高层	69.91	18.24	11.86
8	广州富力君悦酒店	综合体	49.52	26.80	23.68
9	广州南沙蒲州酒店	单体	47.62	29.25	23.13
10	广州海航威斯汀酒店	综合体	61.65	21.61	16.73
11	重庆凯悦酒店	综合体	53.11	26.19	20.70
12	南昌香格里拉酒店	单体	47.79	29.59	22.62
13	扬州香格里拉酒店	单体	49.32	27.37	23.30
14	苏州吴江海悦花园酒店	单体	53.86	33.83	12.30
	均值		55.55	25.65	18.80

综合上述两种分析结果，可得三个功能区域的建筑规模：客房区域约占总体面积的55.55%，公共区域约占总面积的25.65%，后勤区域约占总面积的18.80%。

（2）各功能区域目标成本的确定　基于上述分析，拟建酒店各功能区域的目标成本分配比例应综合两方面规划参数确定，设某高级酒店客房区域的占比为$a_1 = 55.55\%$，公共区域的占比为$a_2 = 25.65\%$，后勤区域的占比为$a_3 = 18.80\%$。则某高星级酒店的各功能区域的目标成本：客房区域目标成本为$TI \times a_1$，公共区域目标成本为$TI \times a_2$，后勤区域目标成本为$TI \times a_3$（$TI = TI \times a_1 + TI \times a_2 + TI \times a_3$）。

推荐阅读材料

[1] 叶青，王全凤．基于BP神经网络的工程估价模型及其应用［J］．厦门大学学报（自然科学版），2008，47（6）：828-831．

[2] 段晓晨，余建星，张建龙．基于CS、WLC、BPNN理论预测铁路工程造价的方法［J］．铁道学报，2006，28（6）：117-122．

[3] 马辉. 建设工程项目快速投资估算方法研究 [D]. 天津：天津大学，2006.
[4] 王运琢. 基于 BP 神经网络的高速公路工程造价估算模型研究 [J]. 石家庄铁道大学学报（自然科学版），2011，24（2）：61-64.
[5] 张仕廉，陈珂. 基于 Uniformat II 的建设工程投资估算方法研究 [J]. 建筑经济，2014（1）：45-48.
[6] 于云飞. 房地产企业开发项目目标成本管理研究 [D]. 哈尔滨：哈尔滨工业大学，2007.
[7] 马建荣. 目标成本管理在建筑施工项目的应用 [D]. 上海：上海交通大学，2010.
[8] 孙慧. 项目成本管理 [M]. 2版. 北京：机械工业出版社，2010.
[9] 乐云. 建设项目前期策划与设计过程项目管理 [M]. 北京：中国建筑工业出版社，2010.

二维码形式客观题

微信扫描二维码，可在线做题，提交后可查看答案。

第四章
客观题

第五章
建设工程的概预算

帕累托法则告诉我们，在项目进展到规划设计阶段，虽然项目仅仅完成了全部工作的20%左右，但这时候决定项目成本的80%的影响因素已经确定，因而设计概算成为建设项目投资控制的最高限额。这就是设计阶段造价控制的意义所在。

沈歧平[一]

导 言

基于价值工程的设计阶段造价控制——以日本中部国际机场为例

中部国际机场（中部国际空港）为日本中部地区的一个国际机场，位于爱知县名古屋市以南的常滑市伊势湾上的一个人工岛上，于2005年2月17日正式启用。机场由日本政府指定的特殊机构"中部国际空港株式会社"管理，并被日本政府评定为第一级机场。中部国际机场由中央政府、地方政府以及丰田汽车等700家企业共同出资设立的"中部国际机场公司"负责建设和经营。政府资本49%，民间资本51%。

中部国际机场建设过程中造价控制的三个重要节点分别在策划阶段、设计阶段、施工阶段。在项目策划阶段由佐藤技术咨询公司（SFC）负责组织专业的造价管理团队从第三方的角度开始造价管理的策划，包括以其他世界机场为参考明确了设计目标；在设计阶段，每次设计成果完成后，讨论成本削减的策略；在施工阶段，可以在旅客机场指挥中心等工区以每个规定的施工阶段为单位，分析成本发生的情况和发生原因。

中部国际机场建设时，在采用全生命周期成本（LCC）的基础上实施项目价值管理，在项目策划阶段由日本佐藤技术咨询公司（SFC）负责价值管理团队的组织，识别利益相关者的需求。SFC通过大量的调查研究发现日本政府期望中部国际机场具有一流的国际品质，为2005年在日本召开的国际博览会提供交通上的支持，并且他们要求将中部国际机场建设对自然环境产生的影响降至最低；中部国际机场的投资者们则倾向于机场建设尽可能地节约并且运营时减少支出，获得较好的经济效益；机场的使用者们希望建成的机场能为他们出行带来便利，24小时都有航班乘坐，当然还有重要的一点是，他们希望能减少支出费用。在这些需求下，价值管理团队共同设定了建

[一] 沈歧平（1963—），男，香港理工大学建筑及房地产学部副主任，主要研究方向为房地产、不动产及价值工程等方面。担任斯坦福大学、清华大学、哈尔滨工业大学、北京航空航天大学、重庆大学等大学兼职或讲座教授。

设项目的目标。

对于中部国际机场国内客运大楼，建筑设计师原本构思的设计是让客运大楼建成像纸鹤的模样，带有浓郁的日本文化。但是 VM 团队发现这并不是一个好主意，于是就此展开研究，结果一致同意将"纸鹤"修改成"T"形楼（见下图），这样不仅节约了投资，还使旅客由登记柜台步行至登机闸口的距离小于 300m，大大节省了旅客时间，也减少了后期的运营费用。

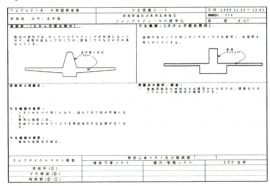

中心大楼设计优化图

这一设计方案的变化使得机场建设工程造价节约 1200 亿日元（折合人民币 75 亿元），而中心大楼的使用功能没有受到影响。相反，在设计阶段若不对其进行优化，依照原设计由于施工难度等原因可能会导致大量的变更、索赔等事件，不利于业主对投资的控制，应用价值工程对原设计进行优化后，不仅大幅度减少了投资，而且降低了施工难度等风险因素，提高业主对投资的控制力度。

通过日本中部国际机场在设计阶段成功运用价值工程实现有效造价控制的案例分析可知，工程设计阶段是工程建设进入实施阶段的起始，是对早期工程项目质量和成本的具体化。项目一经决策确定，工程设计阶段就成了造价控制的关键阶段。相关资料显示，初步设计阶段影响投资的可能性是 75%~95%，技术设计影响投资的可能性是 35%~75%，施工图设计阶段影响投资的可能性是 25%~35%，而到了施工阶段，通过技术组织措施节约工程造价的可能性只有 5%~10%。由此，设计阶段的造价控制在整个工程建设中有着至关重要的作用。而设计概算和施工图预算则是设计阶段造价控制的目标。

本章将带领大家分析设计阶段的工程计价，了解设计概算和施工图预算的计价依据、程序和计价方法以及其局限性。

——资料来源：尹贻林，严玲. 工程造价概论 [M]. 北京：人民交通出版社，2009.

本章导读

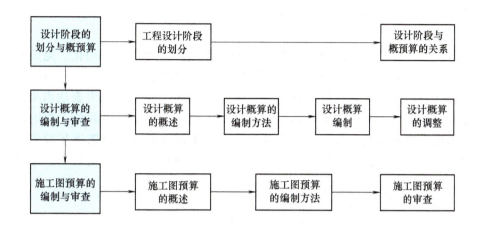

第一节 设计阶段的划分与概预算

一、工程设计阶段的划分

（一）工业项目设计阶段的划分

一般工业项目与民用建设项目设计可按初步设计和施工图设计两个阶段进行，称为"两阶段设计"；对于技术上复杂、在设计时有一定难度的工程，根据项目主管部门的意见和要求，可以按初步设计、技术设计和施工图设计三个阶段进行，称为"三阶段设计"。小型工程建设项目，技术上较简单的，经项目主管部门同意可以简化为施工图设计一个阶段进行。

1. 初步设计

初步设计是设计过程中的一个关键性阶段，也是整个设计构思基本形成的阶段。初步设计可以在满足设计任务书要求的基础上进行各工种的配合与协调，将可行性研究深化为具体的措施，进一步明确拟建工程在指定地点和规定期限内进行建设的技术可行性和经济合理性；并规定主要技术方案、工程总造价和主要技术经济指标，以利于在项目建设和使用过程中最有效地利用人力、物力和财力。工业项目初步设计包括总平面设计、工艺设计和建筑设计三部分。

2. 技术设计

技术设计是初步设计的具体化，也是各种技术问题的定案阶段。技术设计所应研究和决定的问题，与初步设计大致相同，但需要根据更详细的勘察资料和技术经济指标加以补充修正。技术设计是在初步设计的基础上，进一步确定建筑、结构、设备、防火、抗震等技术要求。技术设计的详细程度应能满足确定设计方案中重大技术问题和有关试验、设备选择等方面的要求。应能保证根据它编制施工图和提出设备订货明细表。技术设计的着眼点，除体现初步设计的整体意图外，还要考虑施工的方便易行，如果对初步设计中所确定的方案有所更改，应对更改部分编制修正概算书。对于不太复杂的工程，技术设计阶段可以省略，把这个阶段的一部分工作纳入初步设计（承担技术设计部分任务的初步设计称为扩大初步设计），另一部分留待施工图设计阶段进行。

3. 施工图设计

施工图设计是在前一阶段的基础上进一步形象化、具体化、明确化，完成建筑、结构、水、电、气、工业管道等全部施工图样以及设计说明书、结构计算书和施工图设计概预算等。这一阶段主要是通过图样把设计者的意图和全部设计结果表达出来，作为施工的依据。它是设计工作和施工工作的桥梁，具体包括建设项目各部分工程的详图和零部件、结构件明细表以及验收标准、方法等。施工图设计的深度应能满足设备、材料的选择与确定，非标准设备的设计与加工制作，施工图预算的编制，建筑工程施工和安装的要求。

(二) 民用项目设计阶段的划分

民用建筑工程一般可分为方案设计、初步设计和施工图设计三个阶段。对于技术要求简单的民用建筑工程，经相关部门同意，其设计委托合同中有不做初步设计的约定，可在方案设计审批后直接进入施工图设计。

1. 方案设计

方案设计的内容包括：①设计说明书，包括各专业设计说明以及投资估算等内容；②总平面图以及建筑设计图样；③设计委托或设计合同中规定的透视图、鸟瞰图、模型等。

2. 初步设计

初步设计的内容与工业项目设计大致相同，包括各专业设计文件、专业设计图样和工程概算，同时，初步设计文件应该包括主要设备或材料表。初步设计文件应满足施工图设计文件的需要。对于技术要求简单的民用建筑工程，初步设计可以省略。

3. 施工图设计

该阶段应形成所有专业的设计图样，并按要求编制工程预算书。对于方案设计后直接进入施工图设计的项目，施工图设计文件还应包括工程概算书。施工图设计应该满足设备、材料、非标准设备制作和施工的需要。

二、设计阶段与概预算的关系

国家规定，初步设计必须要有概算，概算书应由设计单位负责编制。在两阶段设计中，扩大初步设计阶段编制设计概算；在三阶段设计中，初步设计阶段编制设计概算，技术设计阶段编制修正概算。施工图设计阶段编制施工图预算，施工图预算也由设计单位负责。基本建设程序与工程概预算的关系如图 5-1 所示。

概预算的精细程度随着设计内容的深度不同而不同。因为设计所提供的资料和数据是编制概预算的基本依据。如初步设计阶段所编制的概算就是根据初步设计的内容深度进行编制的。一般来说，概算是粗略的计算，修正设计概算稍微详细一些，到了施工图设计阶段，为了满足施工生产的需要，施工图的内容是比较详细的，因而编制的施工图预算也就较为精细。

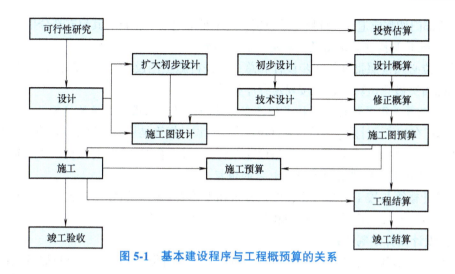

图 5-1　基本建设程序与工程概预算的关系

第二节　设计概算的编制

一、设计概算的概述

(一) 设计概算的概念

设计概算是以初步设计文件为依据，按照规定的程序、方法和依据，对建设项目总投资及其构成进行的概略计算。具体而言，设计概算是在投资估算的控制下根据初步设计或扩大初步设计的图样及说明，利用国家或地区颁发的概算指标、概算定额、综合指标预算定额、各项费用定额或取费标准（指标）、建设地区自然、技术经济条件和设备、材料预算价格等资料，按照设计要求，对建设项目从筹建至竣工交付使用所需全部费用进行的预计。设计概算的成果文件称作设计概算书，也简称设计概算。设计概算书的编制工作相对简略，无须达到施工图预算的准确程度。采用两阶段设计的建设项目，初步设计阶段必须编制设计概算；采用三阶段设计的，扩大初步设计阶段必须编制修正概算。

设计概算的编制内容包括静态投资和动态投资两个层次。静态投资作为考核工程设计和施工图预算的依据；动态投资作为项目筹措、供应和控制资金使用的限额。

(二) 设计概算的作用

1. 设计概算是编制建设项目投资计划、确定和控制建设项目投资的依据

国家规定，编制年度固定资产投资计划，确定计划投资总额及其构成数额，要以批准的初步设计概算为依据，没有批准的初步设计文件及其概算，建设工程就不能列入年度固定资产投资计划。

设计概算一经批准，将作为控制建设项目投资的最高限额。竣工结算不能突破施工图预算，施工图预算不能突破设计概算。如果由于设计变更等原因建设费用超过概算，必须重新审查批准。

2. 设计概算是签订建设工程合同和贷款合同的依据

在国家颁布的合同法中明确规定，建设工程合同价款是以设计概、预算价为依据，且总承包合同不得超过设计总概算的投资额。银行贷款或各单项工程的拨款累计总额不能超过设计概算，如果项目投资计划所列投资额与贷款突破设计概算时，必须查明原因，之后由建设单位报请上级主管部门调整或追加设计概算总投资,凡未批准之前,银行对其超支部分拒不拨付。

3. 设计概算是控制施工图设计和施工图预算的依据

设计单位必须按照批准的初步设计和总概算进行施工图设计,施工图预算不得突破设计概算,如确需突破总概算时,应按规定程序报批。

4. 设计概算是衡量设计方案技术经济合理性和选择最佳设计方案的依据

设计部门在初步设计阶段要选择最佳设计方案,设计概算是从经济角度衡量设计方案经济合理性的重要依据。因此,设计概算是衡量设计方案技术经济合理性和选择最佳设计方案的依据。

5. 设计概算是考核建设项目投资效果的依据

通过设计概算与竣工决算对比,可以分析和考核投资效果的好坏,还可以验证设计概算的准确性,有利于加强设计概算管理和建设项目的造价管理工作。

(三) 设计概算编制体系

设计概算的编制应采用单位工程概算、单位工程综合概算、建设项目总概算三级概算编制形式。当建设项目为一个单项工程时,可采用单位工程概算、总概算两级概算编制形式。其中建筑单位工程概算可采用概算定额法、概算指标法、类似工程预算法等方法编制;设备及安装单位工程概算可按预算单价法、扩大单价法、设备价值百分比法、综合吨位指标法等方法编制。三级概算的相互关系和费用构成如图 5-2 所示。

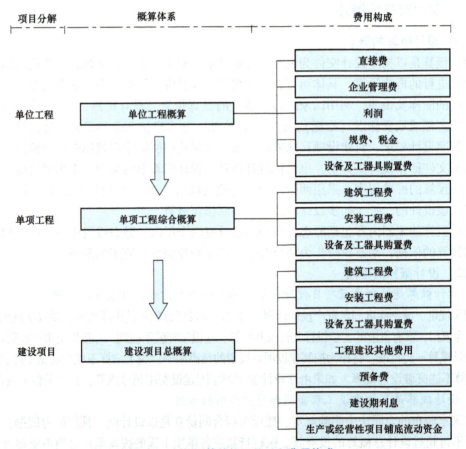

图 5-2 三级概算的相互关系和费用构成

1. 单位工程概算

单位工程是指具有独立的设计文件、能够独立组织施工，但不能独立发挥生产能力或使用功能的工程项目。单位工程概算是以初步设计文件为依据，按照规定的程序、方法和依据，计算单位工程费用的成果文件。它是单项工程综合概算的组成部分，只包括单位工程的工程费用。

单位工程概算按其工程性质分为建筑工程概算和设备及安装工程概算两大类。建筑工程概算包括土建工程概算，给水排水、采暖工程概算，通风、空调工程概算，电气照明工程概算，弱电工程概算，特殊构筑物工程概算等；设备及安装工程概算包括机械设备及安装工程概算，电气设备及安装工程概算，热力设备及安装工程概算，工具、器具及生产家具购置费概算等。

2. 单项工程综合概算

单项工程是指具有独立的设计文件，建成后能够独立发挥生产能力或使用功能的工程项目。它是建设项目的组成部分，如生产车间、办公楼、食堂、图书馆、学生宿舍、住宅楼、一个配水厂等。单项工程综合概算是以初步设计文件为依据，在单位工程概算的基础上汇总单项工程的工程费用的成果文件。它是建设项目总概算的组成部分。单项工程综合概算的组成内容如图5-3所示。

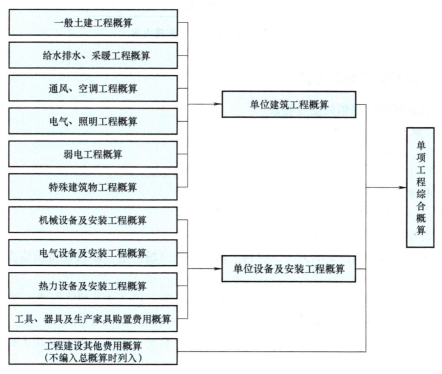

图5-3　单项工程综合概算的组成内容

3. 建设项目总概算

建设项目是一个按总体规划或设计进行建设时，由一个或若干个互有内在联系的单项工程组成的工程总和。建设项目总概算是以初步设计文件为依据，在单项工程综合概算的基础上计算建设项目概算总投资的成果文件,它是由各单项工程综合概算、工程建设其他费用概算、预备费、增值税、建设期利息和铺底流动资金概算汇总编制而成的。建设项目总概算的组成内容如图 5-4 所示。概算总投资由工程费用、工程建设的其他费用、预备费及建设期利息和生产性或经营性项目铺底流动资金组成。其中,工程费用是指用于项目的建筑物、构筑物建设,设备及工器具的购置,以及设备安装而发生的全部建造和购置费用,即建筑工程费、设备及工器具购置费和安装工程费。

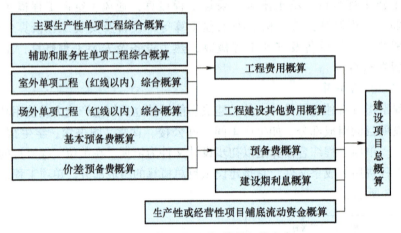

图 5-4 建设项目总概算的组成内容

二、设计概算的编制方法

(一) 设计概算的编制依据及要求

1. 设计概算的编制依据

1) 国家、行业和地方有关规定。
2) 相应工程造价管理机构发布的概算定额(或指标)。
3) 工程勘察与设计文件。
4) 拟定或常规的施工组织设计和施工方案。
5) 建设项目资金筹措方案。
6) 工程所在地编制同期的人工、材料、机具台班市场价格,以及设备供应方式及供应价格。
7) 建设项目的技术复杂程度,新技术、新材料、新工艺以及专利使用情况等。
8) 建设项目批准的相关文件、合同、协议等。
9) 政府有关部门、金融机构等发布的价格指数、利率、汇率、税率以及工程建设其他费用等。
10) 委托单位提供的其他技术经济资料。

2. 设计概算的编制要求

1) 设计概算应按编制时项目所在地的价格水平编制,总投资应完整地反映编制时建设项目实际投资。
2) 设计概算应考虑建设项目施工条件等因素对投资的影响。

3）设计概算应按项目合理建设期限预测建设期价格水平，以及资产租赁和贷款的时间价值等动态因素对投资的影响。

（二）单位工程概算的编制

单位工程概算应根据单项工程中所属的每个单体按专业分别编制，一般分土建、装饰、采暖通风、给水排水、照明、工艺安装、自控仪表、通信、道路、总图竖向等专业或工程分别编制。总体而言，单位工程概算包括单位建筑工程概算和单位设备及安装工程概算两类。其中，建筑工程概算的编制方法有：概算定额法、概算指标法、类似工程预算法等；设备及安装工程概算的编制方法有：预算单价法、扩大单价法、设备价值百分比法和综合吨位指标法等。

1. 概算定额法

概算定额法又称扩大单价法或扩大结构定额法，是套用概算定额编制建筑工程概算的方法。运用概算定额法，要求初步设计必须达到一定深度，建筑结构尺寸比较明确，能按照初步设计的平面图、立面图、剖面图计算出楼地面、墙身、门窗和屋面等扩大分项工程（或扩大结构构件）项目的工程量。

建筑工程概算表的编制，按构成单位工程的主要分部分项工程和措施项目编制，根据初步设计工程量按工程所在省、市、自治区颁发的概算定额（指标）或行业概算定额（指标），以及工程费用定额计算。概算定额法编制设计概算的步骤如下：

1）搜集基础资料、熟悉设计图和了解有关施工条件和施工方法。

2）按照概算定额子目，列出单位工程中分部分项工程项目名称并计算工程量。工程量计算应按概算定额中规定的工程量计算规则进行，计算时采用的原始数据必须以初步设计图所标识的尺寸或初步设计图能读出的尺寸为准，并将计算所得各分部分项工程量按概算定额编号顺序，填入工程概算表内。

3）确定各分部分项工程费。工程量计算完毕后，逐项套用各子目的综合单价，各子目的综合单价应包括人工费、材料费、施工机具使用费、管理费、利润、规费和税金。然后分别将其填入单位工程概算表和综合单价表中。如遇设计图中的分项工程项目名称、内容与采用的概算定额手册中相应的项目有某些不相符时，则按规定对定额进行换算后方可套用。

4）计算措施项目费。措施项目费的计算分两部分进行：

①可以计量的措施项目费与分部分项工程费的计算方法相同，其费用按照第3）步的规定计算。

②综合计取的措施项目费应以该单位工程的分部分项工程费和可以计量的措施项目费之和为基数乘以相应费率计算。

5）计算汇总单位工程概算造价。如采用全费用综合单价，则：

$$单位工程概算造价 = 分部分项工程费 + 措施项目费 \qquad (5-1)$$

6）编写概算编制说明。单位建筑工程概算按照规定的表格形式进行编制，以全费用综合单价法为例，具体格式参见表5-1，所使用的综合单价应编制综合单价分析表（表5-2）。

表 5-1 单位建筑工程概算表

单项工程概算编号：　　　　　单项工程名称：　　　　　　　　　　　共　页第　页

序号	项目编码	工程项目或费用名称	项目特征	单位	数量	综合单价（元）	合价（元）
1		分部分项工程					
1.1		土石方工程					
1.1.1	××	×××××					
1.1.2	××	×××××					
		……					
1.2		砌筑工程					
1.2.1	××	×××××					
		……					
1.3		楼地面工程					
1.3.1	××	×××××					
		……					
1.4		××工程					
		……					
		分部分项工程费用小计					
2		可计量措施项目					
2.1		××工程					
2.1.1	××	×××××					
2.1.2	××	×××××					
2.2		××工程					
2.2.1	××	×××××					
		……					
		可计量措施项目费小计					
3		综合取定的措施项目费					
3.1		安全文明施工费					
3.2		夜间施工增加费					
3.3		二次搬运费					
3.4		冬雨季施工增加费					
	××	×××××					
		综合取定措施项目费小计					
		……					
		合计					

编制人：　　　　　　　　　审核人：　　　　　　　　　　审定人：

注：单位建筑工程概算表应以单项工程为对象进行编制，表中综合单价应通过综合单价分析表计算获得。

表 5-2 建筑工程设计概算综合单价分析表

单项工程概算编号：　　　　单项工程名称：　　　　　　　　　　　共　页第　页

项目编码		项目名称			计量单位		工程数量		
综合单价组成分析									
定额编号	定额名称	定额单位	定额直接费单价（元）			直接费合价（元）			
			人工费	材料费	机具费	人工费	材料费	机具费	
间接费及利润税金计算	类别	取费基数描述	取费基数		费率（%）	金额（元）		备注	
	管理费	如：人工费							
	利润	如：直接费							
	规费								
	税金								
综合单价（元）									
概算定额人材机消耗量和单价分析	人材机项目名称及规格、型号		单位	消耗量		单价（元）	合价（元）	备注	

编制人：　　　　　　　　　审核人：　　　　　　　　　审定人：

注：1. 本表适用于采用概算定额法的分部分项工程项目，以及可以计量措施项目的综合单价分析。
　　2. 在进行概算定额消耗量和单价分析时，消耗量应采用定额消耗量，单价应为报告编制期的市场价。

2. 概算指标法

概算指标法是指用拟建的厂房、住宅的建筑面积或体积乘以技术条件相同或基本相同的概算指标而得出人、材、机费，然后按规定计算出企业管理费、利润、规费和税金等，得出单位工程概算的方法。

（1）概算指标法适用的情况

1）在方案设计中，当由于设计无详图而只有概念性设计时，或初步设计深度不够，不能准确地计算出工程量，但工程设计采用的技术比较成熟时可以选定与该工程相似类型的概算指标编制概算。

2）设计方案急需造价概算而又有类似工程概算指标可以利用的情况。

3）图样设计间隔很久后再实施，概算造价不适用于当前情况而又急需确定造价的情形下，可按当前概算指标来修正原有概算造价。

4）通用设计图设计。可组织编制通用设计图设计概算指标来确定造价。

（2）拟建工程结构特征与概算指标相同时的计算　在使用概算指标法时，如果拟建工程在建设地点、结构特征、地质及自然条件、建筑面积等方面与概算指标相同或相近，就可直接套用概算指标编制概算。在直接套用概算指标时，拟建工程应符合以下条件：

1）拟建工程的建设地点与概算指标中的工程建设地点相同。

2）拟建工程的工程特征和结构特征与概算指标中的工程特征、结构特征基本相同。

3）拟建工程的建筑面积与概算指标中工程的建筑面积相差不大。

根据选用的概算指标内容，以指标中所规定的工程每平方米、立方米的工料单价，根据管理费、利润、规费、税金的费（税）率确定该子目的全费用综合单价，乘以拟建单位工程建筑面积或体积，即可求出单位工程的概算造价。

单位工程概算造价 = 概算指标每平方米(立方米)综合单价 × 拟建工程建筑面积(体积)
(5-2)

（3）拟建工程结构特征与概算指标有局部差异时的调整　在实际工作中，经常会遇到拟建对象的结构特征与概算指标中规定的结构特征有局部不同的情况，因此必须对概算指标进行调整后方可套用。调整方法如下：

1）调整概算指标中的每平方米（立方米）综合单价。这种调整方法是将原概算指标中的综合单价进行调整，扣除每平方米（立方米）原概算指标中与拟建工程结构不同部分的造价，增加每平方米（立方米）拟建工程与概算指标结构不同部分的造价，使其成为与拟建工程结构相同的综合单价。计算公式如下：

$$\text{结构变化修正概算指标}(元/m^2) = J + Q_1 P_1 - Q_2 P_2 \tag{5-3}$$

式中　J——原概算指标综合单价；

Q_1——概算指标中换入结构的工程量；

Q_2——概算指标中换出结构的工程量；

P_1——换入结构的综合单价；

P_2——换出结构的综合单价。

若概算指标中的单价为工料单价，则应根据管理费、利润、规费、税金的费（税）率确定该子目的全费用综合单价，再计算拟建工程造价为

单位工程概算造价 = 修正后的概算指标综合单价 × 拟建工程建筑面积(体积)　(5-4)

2）调整概算指标中的人、材、机数量。这种方法是将原概算指标中每 100 m²（1000m³）建筑面积（体积）中的人、材、机数量进行调整，扣除原概算指标中与拟建工程结构不同部分的人、材、机消耗量，增加拟建工程与概算指标结构不同部分的人、材、机消耗量，使其成为与拟建工程结构相同的每 100 m²（1000m³）建筑面积（体积）人、材、机数量。计算公式如下：

$$\text{结构变化修正概算指标的人、材、机数量} = \text{原概算指标的人、材、机数量} + \text{换入结构件工程量} \times \text{相应定额人、材、机消耗量} - \text{换出结构件工程量} \times \text{相应定额人、材、机消耗量} \tag{5-5}$$

将修正后的概算指标结合报告编制期的人、材、机要素价格的变化，以及管理费、利润、规费、税金的费（税）率确定该子目的全费用综合单价。

以上两种方法，前者是直接修正概算指标单价，后者是修正概算指标人、材、机数量。修正之后，方可按上述方法分别套用。

【例5-1】　假设新建单身宿舍一座，其建筑面积为 3500m²，按概算指标和地区材料预算价格等算出综合单价为 738 元/m²，其中，一般土建工程 640 元/m²，采暖工程 32 元/m²，给水排水工程 36 元/m²，照明工程 30 元/m²。但新建单身宿舍设计资料与概算指标相比较，其结构构件有部分变更。设计资料表明，外墙为 1.5 砖外墙，而概算指标中外墙为 1 砖墙。根据当地土建工程预算定额计算，外墙带形毛石基础的综合单价为 147.87 元/m³，1 砖外墙的综合单价为 177.10 元/m³，1.5 砖外墙的综合单价为 178.08 元/m³；概算指标中每100m²

中含外墙带形毛石基础为 18m³，1 砖外墙为 46.5m³。新建工程设计资料表明，每 100m² 中含外墙带形毛石基础为 19.6m³，1.5 砖外墙为 61.2m³。请计算调整后的概算综合单价和新建宿舍的概算造价。

【解】 土建工程中对结构变化引起的单价调整见表 5-3。

表 5-3 结构变化引起的单价调整

序 号	结构名称	单 位	数量（每 100m² 含量）	单价（元）	合价（元）
	土建工程单位面积造价				640
	换出部分				
1	外墙带形毛石基础	m³	18	147.87	2661.66
2	1 砖外墙	m³	46.5	177.10	8235.15
	合计	元			10896.81
	换入部分				
3	外墙带形毛石基础	m³	19.6	147.87	2898.25
4	1.5 砖外墙	m³	61.2	178.08	10898.5
	合计	元			13796.75
单位造价修正系数：(640−10896.81/100+13796.75/100) 元 = 669 元					

其余的单价指标都不变，因此经调整后的概算综合单价为 (669+32+36+30) 元/m² = 767 元/m²

新建宿舍的概算造价 = (767×3500) 元 = 2684500 元。

3. 类似工程预算法

类似工程预算法是利用技术条件与设计对象相类似的已完工程或在建工程的工程造价资料来编制拟建工程设计概算的方法。

当拟建工程初步设计与已完工程或在建工程的设计类似而又没有可用的概算指标时可以采用类似工程预算法。

(1) 类似工程预算法的编制步骤

1) 根据设计对象的各种特征参数，选择最合适的类似工程预算。

2) 根据本地区现行的各种价格和费用标准计算类似工程预算的人工费、材料费、施工机具使用费、企业管理费修正系数。

3) 根据类似工程预算修正系数和 2) 中四项费用占预算成本的比重，计算预算成本总修正系数，并计算出修正后的类似工程平方米预算成本。

4) 根据类似工程修正后的平方米预算成本和编制概算地区的利税率计算修正后的类似工程平方米造价。

5) 根据拟建工程的建筑面积和修正后的类似工程平方米造价，计算拟建工程概算造价。

6) 编制概算编写说明。

(2) 差异调整 类似工程预算法对条件有所要求，也就是可比性，即拟建工程项目在建筑面积、结构构造特征要与已建工程基本一致，如层数相同、面积相似、结构相似、工程地点相似等，采用此方法时必须对建筑结构差异和价差进行调整。

1) 建筑结构差异的调整。结构差异调整方法与概算指标法的调整方法相同，即先确定有差别的部分，然后分别按每一项目算出结构构件的工程量和单位价格（按编制概算工程所在地区的单价），然后以类似工程中相应（有差别）的结构构件的工程数量和单价为基础，算出总差价。将类似预算的人、材、机费总额减去（或加上）这部分差价，就得到结构差异换算后的人、材、机费，再行取费得到结构差异换算后的造价。

2) 价差调整。类似工程造价的价差调整可以采用两种方法。

①当类似工程造价资料有具体的人工、材料、机具台班的用量时，可按类似工程预算造价资料中的主要材料、工日、机具台班数量乘以拟建工程所在地的主要材料预算价格、人工单价、机具台班单价，计算出人、材、机费，再计算企业管理费、利润、规费和税金，即可得出所需的综合。

②类似工程造价资料只有人工、材料、施工机具使用费和企业管理费等费用或费率时，可按下面公式调整：

$$D = AK \tag{5-6}$$

$$K = a\%K_1 + b\%K_2 + c\%K_3 + d\%K_4 \tag{5-7}$$

式中　　　D——拟建工程成本单价；

　　　　　A——类似工程成本单价；

　　　　　K——成本单价综合调整系数；

$a\%$、$b\%$、$c\%$、$d\%$、——类似工程预算的人工费、材料费、施工机具使用费、企业管理费占预算成本的比重，如：$a\%$ = 类似工程人工费/类似工程预算成本×100%，$b\%$、$c\%$、$d\%$类同；

K_1、K_2、K_3、K_4——拟建工程地区与类似工程预算成本在人工费、材料费、施工机具使用费、企业管理费之间的差异系数，如 K_1 = 拟建工程概算的人工费（或工资标准）/类似工程预算人工费（或地区工资标准），K_2、K_3、K_4 类同。

以上综合调价系数是以类似工程中各成本构成项目占总成本的百分比为权重，按照加权的方式计算的成本单价的调价系数，根据类似工程预算提供的资料，也可按照同样的计算思路计算出人、材、机费综合调整系数，通过系数调整类似工程的工料单价，再按照相应取费基数和费率计算间接费、利润和税金，也可得出所需的综合单价。总之，以上方法可灵活应用。

【例 5-2】 某地拟建一工程，与其类似的已完工程单方工程造价为 4500 元/m²，其中人工、材料、施工机具使用费分别占工程造价的 18.75%、68.75% 和 12.5%，拟建工程地区与类似工程地区人工、材料、施工机具使用费差异系数分别为 1.05、1.03 和 0.98。假定以人、材、机费用之和为基数取费，综合费率为 25%。用类似工程预算法计算的拟建工程适用的综合单价。

【解】 先使用调差系数计算出拟建工程的工料单价。

类似工程的工料单价 =（4500×80%）元/m² = 3600 元/m²

在类似工程的工料单价中，人工、材料、施工机具使用费的比重分别为 18.75%、

68.75%和12.5%。

拟建工程的工料单价 = 3600 元/m² × (18.75%×1.05+68.75%×1.03+12.5%×0.98)
= 3699 元/m²

则：拟建工程适用的综合单价 = 3699 元/m² × (1+25%) = 4623.75 元/m²

4. 单位设备及安装工程概算编制方法

单位设备及安装工程概算包括单位设备及工器具购置费概算和单位设备安装工程费概算两大部分。

(1) 设备及工器具购置费概算 设备及工器具购置费是根据初步设计的设备清单计算出设备原价，并汇总求出设备总原价，然后按有关规定的设备运杂费率乘以设备总原价，两项相加再考虑工具、器具及生产家具购置费即为设备及工器具购置费概算。有关设备及工器具购置费概算可参见第一章第二节的计算方法。设备及工器具购置费概算的编制依据包括：设备清单、工艺流程图；各部、省、市、自治区规定的现行设备价格和运费标准、费用标准。

(2) 单位设备安装工程费概算的编制方法 设备安装工程费概算的编制方法应根据初步设计深度和要求所明确的程度而采用，其主要编制方法如下：

1) 预算单价法。当初步设计较深，有详细的设备清单时，可直接按安装工程预算定额单价编制安装工程概算，概算编制程序与安装工程施工图预算程序基本相同。该法的优点是计算比较具体，精确性较高。

2) 扩大单价法。当初步设计深度不够，设备清单不完备，只有主体设备或仅有成套设备重量时，可采用主体设备、成套设备的综合扩大安装单价来编制概算。

上述两种方法的具体编制步骤与建筑工程概算类似。

3) 设备价值百分比法，又叫安装设备百分比法。当初步设计深度不够，只有设备出厂价而无详细规格、重量时，安装费可按占设备费的百分比计算。其百分比值（即安装费率）由相关管理部门制定或由设计单位根据已完类似工程确定。该法常用于价格波动不大的定型产品和通用设备产品，其计算公式为

$$设备安装费 = 设备原价 \times 安装费率(\%) \tag{5-8}$$

4) 综合吨位指标法。当初步设计提供的设备清单有规格和设备重量时，可采用综合吨位指标编制概算，其综合吨位指标由相关主管部门或由设计单位根据已完类似工程的资料确定。该法常用于设备价格波动较大的非标准设备和引进设备的安装工程概算，其计算公式为

$$设备安装费 = 设备吨重 \times 每吨设备安装费指标 \tag{5-9}$$

单位设备及安装工程概算要按照规定的表格格式进行编制，采用预算单价法和扩大单价法时，表格格式见表5-4。

表 5-4 单位设备及安装工程设计概算表

单项工程概算编号：　　　　　单项工程名称：　　　　　　共　页第　页

序号	项目编码	工程项目或费用名称	项目特征	单位	数量	综合单价（元）		合价（元）	
						设备购置费	安装工程费	设备购置费	安装工程费
1		分部分项工程							
1.1		机械设备安装工程							

（续）

序号	项目编码	工程项目或费用名称	项目特征	单位	数量	综合单价（元）		合价（元）	
						设备购置费	安装工程费	设备购置费	安装工程费
1.1.1	××	×××××							
1.1.2	××	×××××							
		……							
1.2		电气工程							
1.2.1	××	×××××							
		……							
1.3		给水排水工程							
1.3.1	××	×××××							
		……							
1.4		××工程							
		分部分项工程费用小计							
2		可计量措施项目							
2.1		××工程							
2.1.1	××	×××××							
2.1.2	××	×××××							
2.2		××工程							
2.2.1	××	×××××							
		……							
		可计量措施项目费小计							
3		综合取定的措施项目费							
3.1		安全文明施工费							
3.2		夜间施工增加费							
3.3		二次搬运费							
3.4		冬雨季施工增加费							
	××	×××××							
		综合取定措施项目费小计							
		……							
		合计							

编制人： 审核人： 审定人：

注：1. 单位设备及安装工程概算表应以单项工程为对象进行编制，表中综合单价应通过综合单价分析表计算获得。
2. 按《建设工程计价设备材料划分标准》（GB/T 50531—2009），应计入设备费的装置性主材计入设备费。

（三）单项工程综合概算的编制

单项工程综合概算是确定单项工程建设费用的综合性文件，它是由该单项工程所属的各专业单位工程概算汇总而成的，是建设项目总概算的组成部分。

单项工程综合概算采用综合概算表（含其所附的单位工程概算表和建筑材料表）进行编制。对单一的、具有独立性的单项工程建设项目，按照两级概算编制形式，直接编制总概算。

综合概算表是根据单项工程所辖范围内的各单位工程概算等基础资料，按照国家或部委所规定统一表格进行编制。对工业建筑而言，其概算包括建筑工程和设备及安装工程；对民用建筑而言，其概算包括土建工程、给水排水、采暖、通风及电气照明工程等。

综合概算一般应包括建筑工程费、安装工程费、设备及工器具购置费。

综合概算表是根据单项工程所辖范围内的各单位工程概算等基础资料，按照国家或部委所规定统一表格进行编制。单项工程综合概算表见表5-5。

表 5-5 单项工程综合概算表

综合概算编号：　　　　　工程名称（单项工程）：　　　　　单位：万元　　　　　共　页第　页

序号	概算编号	工程项目或费用名称	设计规模或主要工程量	建筑工程费	设备购置费	安装工程费	合计	其中：引进部分		主要技术经济指标		
								美元	折合人民币	单位	数量	单位价值
1		主要工程										
1.1	×	×××××										
1.2	×	×××××										
2		辅助工程										
2.1	×	×××××										
2.2	×	×××××										
3		配套工程										
3.1	×	×××××										
3.2	×	×××××										
		单项工程概算费用合计										

编制人：　　　　　　　审核人：　　　　　　　审定人：

（四）建设项目总概算的编制

建设项目总概算是设计文件的重要组成部分，是预计整个建设项目从筹建到竣工交付使用所花费的全部费用的文件。它是由各单项工程综合概算、工程建设其他费用、建设期利息、预备费和经营性项目的铺底流动资金概算组成，按照主管部门规定的统一表格进行编制而成的。

设计总概算文件应包括：编制说明、总概算表、各单项工程综合概算书、工程建设其他费用概算表、主要建筑安装材料汇总表。独立装订成册的总概算文件宜加封面、签署页（扉页）和目录。

1）封面、签署页及目录。

2）编制说明。

① 工程概况。简述建设项目性质、特点、生产规模、建设周期、建设地点、主要工程

量、工艺设备等情况。引进项目要说明引进内容以及与国内配套工程等主要情况。

② 编制依据，包括国家和有关部门的规定、设计文件、现行概算定额或概算指标、设备材料的预算价格和费用指标等。

③ 编制方法。说明设计概算是采用概算定额法，还是采用概算指标法，或其他方法。

④ 主要设备、材料的数量。

⑤ 主要技术经济指标，主要包括项目概算总投资（有引进的给出所需外汇额度）及主要分项投资、主要技术经济指标（主要单位投资指标）等。

⑥ 工程费用计算表，主要包括建筑工程费用计算表、工艺安装工程费用计算表、配套工程费用计算表、其他涉及的工程的工程费用计算表。

⑦ 引进设备材料有关费率取定及依据，主要是关于国际运输费、国际运输保险费、关税、增值税、国内运杂费、其他有关税费等。

⑧ 引进设备材料从属费用计算表。

⑨ 其他必要的说明。

3) 总概算表。总概算表格式见表 5-6（适用于采用三级编制形式的总概算）。

表 5-6 总概算表

总概算编号：　　　　工程名称：　　　　单位：万元　　　　共　　页第　　页

序号	概算编号	工程项目或费用名称	建筑工程费	设备购置费	安装工程费	其他费用	合计	其中：引进部分		占总投资比例（%）
								美元	折合人民币	
一		工程费用								
1		主要工程								
2		辅助工程								
3		配套工程								
二		工程建设其他费用								
1										
2										
三		预备费								
四		建设期利息								
五		铺底流动资金								
		建设项目概算总投资								

编制人：　　　　　　　　　　审核人：　　　　　　　　　　审定人：

4）工程建设其他费用概算表。工程建设其他费用概算表按国家或地区或部委所规定的项目和标准确定，并按统一格式编制（表 5-7）。应按具体发生的工程建设其他费用项目填写工程建设其他费用概算表，需要说明和具体计算的费用项目依次相应在说明及计算式栏内填写或具体计算。填写时注意以下事项：

① 土地征用及拆迁补偿费应填写土地补偿单价、数量和安置补助费标准、数量等，列式计算所需费用，填入金额栏。

② 建设管理费包括建设单位（业主）管理费、工程监理费等，按"工程费用×费率"或有关定额列式计算。

③ 研究试验费应根据设计需要进行研究试验的项目分别填写项目名称及金额或列式计算或进行说明。

5）单项工程综合概算表和建筑安装单位工程概算表。

6）主要建筑安装材料汇总表。针对每一个单项工程列出钢筋、型钢、水泥、木材等主要建筑安装材料的消耗量。

表 5-7 工程建设其他费用概算表

工程名称：　　　　　　　　　　　单位：万元　　　　　　　　　共　页第　页

序号	费用项目编号	费用项目名称	费用计算基数	费率	金额	计算公式	备注
1							
2							
	合计						

编制人：　　　　　　　　　　　审核人：　　　　　　　　　　　审定人：

三、设计概算的审查

（一）设计概算审查的含义

设计概算审查是初步设计阶段设计文件审查活动的重要组成部分，是确定工程建设投资的一个重要环节。通过对概算编制深度、编制依据，以及单位工程概算、单项工程综合概算和总概算等的审查，使概算投资总额尽可能地接近实际造价，做到概算投资额更加完整、合理、确切，从而促进概算编制人员严格执行国家有关概算的编制规定和费用标准，确定设计概算是否在投资估算的控制之中，防止任意扩大投资规模或故意压低概算投资，从而减少投资缺口，打足投资，避免故意压低概算投资，搞"钓鱼"项目，最后导致出现实际造价大幅度地突破估算的现象。可见，加强初步设计阶段的概算审查，是有效控制投资项目造价的一个不容忽视的重要环节。

（二）设计概算审查的内容

设计概算应审查设计概算编制依据的合法性、时效性、适用性和概算报告的完整性、准确性、全面性；审查设计概算编制的工程数量，应达到基本准确、无漏项。编制深度应符合现行编制规定，采用定额取费标准正确，选用价格信息符合市场情况，计算无错误，经济指标分析合理、计价正确，最终将形成设计概算审查意见书。

1. 审查设计概算编制依据

（1）审查编制依据的合法性　采用的各种编制依据必须经过国家和授权机关的批准，

符合国家的编制规定，未经批准的不能采用。不能以情况特殊为由，擅自提高概算定额、指标或费用标准。

(2) 审查编制依据的时效性　各种依据，如定额、指标、价格、取费标准等，都应根据国家有关部门的现行规定执行，注意有无调整和新的规定，如有，应按新的调整办法和规定执行。

(3) 审查编制依据的适用范围　各种编制依据都有规定的适用范围，如各主管部门规定的各种专业定额及其取费标准，只适用于该部门的专业工程；各地区规定的各种定额及其取费标准，只适用于该地区范围内，特别是地区的材料预算价格，区域性更强。

2. 审查单位工程设计概算

(1) 建筑工程概算的审查

1) 审查工程量。工程量的计算是否是根据初步设计图样、概算定额、工程量计算规则和施工组织设计的要求进行，有无多算、重算和漏算，尤其对工程量大、造价高的项目要重点审查。

2) 审查编制方法、计价依据和程序是否符合现行规定，包括定额或指标的适用范围和调整方法是否正确。进行定额或指标的补充时，要求补充定额或指标的项目划分、内容组成、编制原则等与现行的规定一致。

3) 审查材料预算价格。着重对材料原价和运输费用进行审查。运输费用审查时，要审查节约材料运输费用的措施。材料预算价格的审查，要根据设计文件确定材料消耗用量，以耗用量大的主要材料作为审查的重点。

4) 审查各项费用。应结合项目特点，审查各项费用所包含的具体内容，避免重复计算或遗漏，取费标准是否符合国家有关部门或地方规定的标准。

5) 审查建筑工程费。生产性建设项目的建筑面积和造价指标，要根据设计要求和同类工程计算确定；对非生产性项目，要按国家及各地区的主管部门的规定，审查建筑面积和造价指标等。

(2) 设备及安装工程概算的审查　设备及安装工程概算审查的重点是设备清单与安装费用的计算。

1) 审查设备规格、数量和配置。工业建设项目设备投资比重大，一般占总投资的30%～50%，要认真审查。审查所选用的设备规格、台数是否与生产规模一致，引进设备是否配套、合理，备用设备台数是否适当。还要重点审查价格是否合理、是否符合有关规定，如国产设备应按当时询价资料或有关部门发布的出厂价、信息价，引进设备应依据询价或合同价编制概算。

2) 审查标准设备原价，审查设备原价和运杂费的计算方法是否正确，除审查价格的估算依据、估算方法外，还要分析研究非标准设备估价准确度的有关因素及价格变动规律。

3) 审查非标准设备原价，应根据设备所被管辖的范围，审查各级规定的统一价格标准。

4) 设备运杂费的审查，需注意：设备运杂费率应按主管部门或省、自治区、直辖市规定的标准执行；若设备价格中已包括包装费和供销部门手续费时不应重复计算，应相应降低设备运杂费率。

5) 进口设备费用的审查，应根据设备费用各组成部分及国家设备进口、外汇管理、海关、税务等有关部门不同时期的规定进行，审查进口设备的各项费用的组成及其计算程序、方法是否符合国家主管部门的规定。

6）审查设备及安装工程费。审查设备数量是否符合设计要求，设备价值的计算是否符合规定，安装工程费是否与需要安装的设备符合，要同时计算设备费和安装费。安装工程费必须按国家规定的安装工程概算定额或指标计算。

7）设备安装工程概算的审查，除编制方法、编制依据外，还应注意审查：采用预算单价法或扩大单价法计算设备安装费时的各种单价是否合适，工程量计算是否符合规则要求、是否准确无误；当采用概算指标计算安装费时，主要审查所采用的概算指标是否合理，计算结果是否达到精度要求；审查所需计算安装费的设备及种类是否符合设计要求，避免某些不需安装的设备安装费计入在内。

3. 审查综合概算和总概算

（1）审查概算文件的组成

1）设计概算的文件是否完整，工程项目确定是否满足设计要求，设计文件内的项目是否遗漏，设计文件外的项目是否列入，有无将非生产性项目以生产性项目列入。

2）审查总概算文件的组成内容，是否完整地包括了建设项目从筹建到竣工投产为止的全部费用组成。

3）建设规模、建筑结构、建筑面积、建筑标准、总投资是否符合设计文件的要求；当设计概算超过原批准投资估算10%以上时，应将设计概算与原批准投资估算进行逐项的对比分析，找出其超估算的原因，并重新编制设计概算。

4）非生产性建设项目是否符合规定的要求，结构和材料的选择是否进行了技术经济比较，是否超标等。

（2）审查计价指标　审查建筑工程采用工程所在地区的计价定额、费用定额、价格指数和有关人工、材料、机械台班单价是否符合现行规定；审查安装工程所采用的专业部门或地区定额是否符合工程所在地区的市场价格水平，概算指标调整系数、主材价格、人工、机械台班和辅材调整系数是否按当地最新规定执行；审查引进设备安装费率或计取标准、部分行业专业设备安装费率是否按有关规定计算等。

（3）审查工程建设其他各项费用　该部分投资约占项目总投资25%以上，要按国家和地区规定逐项审查，不属于总概算范围的费用项目不能列入概算，具体费率或计取标准是否按国家、行业有关部门规定计算，有无随意列项、有无多列、交叉计列和漏项等。

（4）审查项目的"三废"治理　拟建项目必须同时安排"三废"（废水、废气、废渣）的治理方案和投资，对于未做安排或漏项或多算、重算的项目，要按国家有关规定核实投资，以满足"三废"排放的国家标准。

（5）审查技术经济指标　审查技术经济指标计算方法和程序是否正确，综合指标和单项指标与同类型工程指标相比，是偏高还是偏低，其原因是什么，并予纠正。

（6）审查投资经济效果　设计概算是初步设计经济效果的反映，要按照生产规模、工艺流程、产品品种和质量，从企业的投资效益和投产后的运营效益全面分析，是否达到了先进可靠、经济合理的要求。

（三）设计概算审查的方法

审查设计概算是一项复杂和细致的技术经济工作，它要求审查人员既要懂得有关专业的生产技术知识，又要懂得工程技术和工程概算知识，还须掌握投资经济管理、金融等多学科知识。因此，审查设计概算必须依靠各行各业的专家和工程技术人员，深入调查研究，掌握第一手资料，才能使批准的概算更切合实际。

采用适当方法审查设计概算，是确保审查质量、提高审查效率的关键。较常用的方法有：

1. 对比分析法

对比分析法主要是通过建设规模、标准与立项批文对比；工程数量与设计图样对比；综合范围、内容与编制方法、规定对比；各项取费与规定标准对比；材料、人工单价与市场信息对比；引进设备、技术投资与报价要求对比；技术经济指标与同类工程对比等发现设计概算存在的主要问题和偏差。

2. 查询核实法

查询核实法是对一些关键设备和设施、重要装置、引进工程图样不全、难以核算的较大投资进行多方查询核对，逐项落实的方法。对于主要设备的市场价向设备供应部门或招标代理公司查询核实；重要生产装置、设施向同类企业（工程）查询了解；引进设备价格及有关税费向进出口公司调查落实；复杂的建筑安装工程向同类工程的建设、承包、施工单位征求意见；深度不够或不清楚的问题直接向原概算编制人员、设计者询问清楚。

3. 联合会审法

联合会审前，可先采取多种形式分头审查，包括设计单位自审，主管、建设、承包单位初审，工程造价咨询公司评审，邀请同行专家预审，审批部门复审等，经层层审查把关后，由有关单位和专家进行联合会审。在会审会上，由设计单位介绍概算编制情况及有关问题，各有关单位、专家汇报初审和预审意见。然后进行认真分析、讨论，结合对各专业技术方案的审查意见所产生的投资增减，逐一核实原概算出现的问题。经过充分协商，认真听取设计单位意见后，实事求是地处理、调整。

四、设计概算的调整

（一）设计概算的调整依据

中国建设工程造价管理协会出台的《建设项目设计概算编审规程》（CECA/GC 2-2015）规定设计概算调整的条件包括：

1) 超出原设计范围的重大变更。
2) 超出基本预备费规定范围不可抗拒的重大自然灾害引起的工程变动和费用增加。
3) 超出工程造价调整预备费的国家重大政策性的调整。

（二）设计概算的调整方法

政府投资项目的设计概算经批准后，一般不得调整。各级政府投资管理部门对概算的管理都有相应规定。《中央预算内直接投资项目概算管理暂行办法》（发改投资〔2015〕482号）及《中央预算内直接投资项目管理办法》（发改〔2014〕7号）规定如下：

1) 国家发展改革委核定概算且安排部分投资的，原则上超支不补，如超概算，由项目主管部门自行核定调整并处理。
2) 项目初步设计及概算批复核定后，应当严格执行，不得擅自增加建设内容、扩大建设规模、提高建设标准或改变设计方案。

3）确需调整且将会突破投资概算的，必须事前向国家发展改革委正式申报；未经批准的，不得擅自调整实施。

4）因项目建设期价格大幅上涨、政策调整、地质条件发生重大变化和自然灾害等不可抗力因素等原因导致原核定概算不能满足工程实际需要的，可以向国家发展改革委申请调整概算。

5）概算调增幅度超过原批复概算10%的，概算核定部门原则上先商请审计机关进行审计，并依据审计结论进行概算调整。

6）一个工程只允许调整一次概算。

第三节 施工图预算的编制与审查

一、施工图预算的概述

（一）施工图预算的概念

施工图预算是指在施工图设计完成后，工程开工前，根据已批准的施工图样、现行的预算定额、费用定额和地区人工、材料、设备与机械台班等资源价格，在施工方案或施工组织设计已大致确定的前提下，按照规定的计算程序计算人工费、材料费、施工机具使用费、措施项目费，并计取企业管理费、规费、利润等费用，确定工程造价的技术经济文件。

施工图预算编制的核心及关键是"量""价""费"三要素，即工程量要计算准确，定额及基价确定水平要合理，取费标准要符合实际，这样才能综合反映工程产品价格确定的合理性。施工图预算是反映工程建设项目所需的人力、物力、财力及全部费用的文件，是施工图设计文件的重要组成部分，是控制施工图设计不突破设计概算的重要措施。

（二）施工图预算的内容

施工图预算有单位工程预算、单项工程综合预算和建设项目总预算。单位工程预算是根据施工图设计文件、现行预算定额、单位估价表、费用定额以及人工、材料、设备、机械台班等预算价格资料，以一定方法编制单位工程的施工图预算；然后汇总所有各单位工程施工图预算，成为单项工程施工图预算；再汇总所有单项工程施工图预算，形成最终的建设项目建筑安装工程的总预算。施工图预算三级体系如图5-5所示。

由图5-5可以看出，单位工程预算是单项工程预算及建设项目总预算的基础，因此本章施工图预算仅指单位工程施工图预算。

单位工程预算包括建筑工程预算和设备安装工程预算。建筑工程预算按其工程性质分为一般土建工程预算、给水排水工程预算、采暖通风工程预算、燃气工程预算、电气照明工程预算、弱电工程预算、特殊构筑物如炉窑等工程预算和工业管道工程预算等。设备安装工程预算可分为机械设备安装工程预算、电气设备安装工程预算和热力设备安装工程预算等。

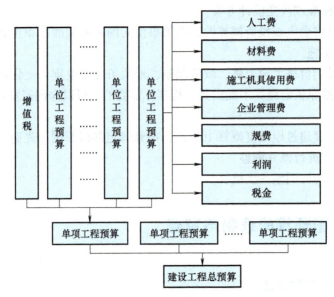

图 5-5 施工图预算三级体系

二、施工图预算的编制方法

(一) 施工图预算的编制依据和原则

1. 施工图预算的编制依据

施工图预算的编制必须遵循以下依据：

1) 国家、行业和地方有关规定。
2) 相应工程造价管理机构发布的预算定额。
3) 施工图设计文件及相关标准图集和规范。
4) 项目相关文件、合同、协议等。
5) 工程所在地的人工、材料、设备、施工机具预算价格。
6) 施工组织设计和施工方案。
7) 项目的管理模式、发包模式及施工条件。
8) 其他应提供的资料。

2. 施工图预算的编制原则

1) 施工图预算的编制应保证编制依据的合法性、全面性和有效性，以及预算编制成果文件的准确性、完整性。

2) 完整、准确地反映设计内容的原则。编制施工图预算时，要认真了解设计意图，根据设计文件、图样准确计算工程量，避免重复和漏算。

3) 坚持结合拟建工程的实际，反映工程所在地当时价格水平的原则。编制施工图预算时，要求实事求是地对工程所在地的建设条件、可能影响造价的各种因素进行认真的调查研究。在此基础上，正确使用定额、费率和价格等各项编制依据，按照现行工程造价的构成，根据有关部门发布的价格信息及价格调整指数，考虑建设期的价格变化因素，使施工图预算尽可能地反映设计内容、实际施工条件和实际价格。

(二) 单位工程施工图预算的编制

1. 建筑安装工程费计算

单位工程施工图预算包括建筑工程费、安装工程费和设备及工器具购置费。单位工程施工图预算中的建筑安装工程费应根据施工图设计文件、预算定额（或综合单价）以及人工、材料及施工机械台班等价格资料进行计算。主要编制方法有单价法和实物量法，其中单价法分为工料单价法和全费用综合单价法，在单价法中，使用较多的还是工料单价法。

工料单价法是用事先编制好的分项工程的单位估价表来编制施工图预算的方法。全费用综合单价法是指根据招标人按照国家统一的工程量计算规则提供工程数量，采用全费用综合单价的形式计算工程造价的方法。实物量法是依据施工图和预算定额的项目划分及工程量计算规则，先计算出分项工程量，然后套用预算定额（实物量定额）来编制施工图预算的方法。

（1）工料单价法　工料单价法是指分项工程的单价为工料单价，将分项工程量乘以对应分项工程单价后的合计作为单位工程直接费，直接费汇总后，再根据规定的计算方法计取企业管理费、利润、规费和税金，将上述费用汇总后得到该单位工程的施工图预算造价。工料单价法中的单价一般采用地区统一单位估价表中的各分项工程工料单价（定额基价）。工料单价法计算公式如下：

$$建筑安装工程预算造价 = (\sum 分项工程量 \times 分项工程工料单价) + \\ 企业管理费 + 利润 + 规费 + 税金 \quad (5\text{-}10)$$

1）准备工作。准备工作阶段应主要完成以下工作内容：

① 收集编制施工图预算的编制依据。其中主要包括现行建筑安装定额、取费标准、工程量计算规则、地区材料预算价格以及市场材料价格等各种资料。收集资料清单见表 5-8。

表 5-8　定额单价法收集资料清单

序号	资料分类	资料内容
1	国家规范	国家或省级、行业建设主管部门颁发的计价依据和办法
2		预算定额
3	地方规范	××地区建筑工程消耗量标准
4		××地区建筑装饰工程消耗量标准
5		××地区安装工程消耗量标准
6	建设项目有关资料	建设工程设计文件及相关资料，包括施工图等
7		施工现场情况、工程特点及常规施工方案
8		经批准的初步设计概算或修正概算
9		工程所在地的劳资、材料、税务、交通等方面资料
10	其他有关资料	

② 熟悉施工图等基础资料。熟悉施工图、有关的通用标准图、图纸会审记录、设计变更通知等资料，并检查施工图是否齐全、尺寸是否清楚，了解设计意图，掌握工程全貌。

③ 了解施工组织设计和施工现场情况。全面分析各分项工程，充分了解施工组织设计和施工方案，如工程进度、施工方法、人员使用、材料消耗、施工机械、技术措施等内容，

注意影响费用的关键因素；核实施工现场情况，包括工程所在地地质、地形、地貌等情况、工程实地情况、当地气象资料、当地材料供应地点及运距等情况；了解工程布置、地形条件、施工条件、料场开采条件、场内外交通运输条件等。

2）列项并计算工程量。工程量计算一般按下列步骤进行：首先将单位工程划分为若干分项工程，划分的项目必须和定额规定的项目一致，这样才能正确地套用定额。不能重复列项计算，也不能漏项少算。工程量应严格按照图样尺寸和现行定额规定的工程量计算规则进行计算，分项子目的工程量应遵循一定的顺序逐项计算，避免漏算和重算。

① 根据工程内容和定额项目，列出需计算工程量的分项工程。

② 根据一定的计算顺序和计算规则，列出分项工程量的计算式。

③ 根据施工图上的设计尺寸及有关数据，代入计算式进行数值计算。

④ 对计算结果的计量单位进行调整，使之与定额中相应的分项工程的计量单位保持一致。

3）套用定额预算单价，计算直接费。核对工程量计算结果后，将定额子项中的基价填于预算表单价栏内，并将单价乘以工程量得出合价，将结果填入合价栏，汇总求出单位工程直接费。计算直接费时需要注意以下几个问题：

① 分项工程的名称、规格、计量单位与预算单价或单位估价表中所列内容完全一致时，可以直接套用预算单价。

② 分项工程的主要材料品种与预算单价或单位估价表中规定材料不一致时，不可以直接套用预算单价，需要按实际使用材料价格换算预算单价。

③ 分项工程施工工艺条件与预算单价或单位估价表不一致而造成人工、机具的数量增减时，一般调量不调价。

4）编制工料分析表。工料分析是按照各分项工程，依据定额或单位估价表，首先从定额项目表中分别将各分项工程消耗的每项材料和人工的定额消耗量查出；再分别乘以该工程项目的工程量，得到分项工程工料消耗量，最后将各分项工程工料消耗量加以汇总，得出单位工程人工、材料的消耗数量。即

$$人工消耗量 = 某工种定额用工量 \times 某分项工程量 \tag{5-11}$$

$$材料消耗量 = 某种材料定额用量 \times 某分项工程量 \tag{5-12}$$

分项工程工料分析表见表5-9。

表5-9 分项工程工料分析表

项目名称：　　　　　　　　　　　编号：

序号	定额编号	分项工程名称	单位	工程量	人工（工日）	主要材料		……	其他材料费（元）
						材料1	材料2		

编制人：　　　　　　　　　　　　　　　　　　　　　　　　审核人：

5）计算主材费并调整直接费。许多定额项目基价为不完全价格，即未包括主材费用在内。因此还应单独计算出主材费，计算完成后将主材费的价差加入直接费。主材费计算的依据是当时当地的市场价格。

6) 按计价程序计取其他费用，并汇总造价。根据规定的税率、费率和相应的计取基础，分别计算企业管理费、利润、规费和税金。将上述费用累计后与直接费进行汇总，求出单位工程预算造价。与此同时，计算工程的技术经济指标，如单方造价。

7) 复核。对项目填列、工程量计算公式、计算结果、套用单价、取费费率、数字计算结果、数据精确度等进行全面复核，及时发现差错并修改，以保证预算的准确性。

8) 填写封面、编制说明。封面应写明工程编号、工程名称、预算总造价和单方造价等，编制说明，将封面、编制说明、预算费用汇总表、材料汇总表、工程预算分析表，按顺序编排并装订成册。便完成了单位施工图预算的编制工作。

【例 5-3】 某市一住宅楼土建工程，该工程主体设计采用 7 层轻框架结构、钢筋混凝土筏式基础，建筑面积为 7670.22m²，限于篇幅，现取其基础部分来说明工料单价法编制施工图预算的过程。表 5-10 是该住宅采用工料单价法编制的单位工程（基础部分）施工图预算书。该单位工程预算是采用该市当时的建筑工程预算定额及单位估价表编制的。

表 5-10 某住宅楼单位工程（基础部分）施工图预算书
（工料单价法）

工程定额编号	工程或费用名称	计量单位	工程量	价值（元）	
				单价	合价
(1)	(2)	(3)	(4)	(5)	(6)
1042	平整场地	m²	1393.59	3.04	4236.51
1063	挖土机挖土（砂砾坚土）	m³	2781.73	9.74	27094.05
1092	干铺土石屑层	m³	892.68	145.8	130152.74
1090	C10 混凝土基础垫层（10cm 内）	m³	110.03	388.78	42777.46
5006	C20 带形钢筋混凝土基础（有梁式）	m³	372.32	1103.66	410914.69
5014	C20 独立式钢筋混凝土基础	m³	43.26	929	40188.54
5047	C20 矩形钢筋混凝土柱（1.8m 外）	m³	9.23	599.72	5535.42
13002	矩形柱与异形柱差价	元	61.00		61.00
3001	M5 砂浆砌砖基础	m³	34.99	523.17	18305.72
5003	C10 带形无筋混凝土基础	m³	54.22	423.23	22947.53
4028	满堂脚手架（3.6m 内）	m²	370.13	11.06	4093.64
1047	槽底钎探	m²	1233.77	6.65	8204.57
1040	回填土（夯填）	m³	1260.94	30	37828.20
3004	基础抹隔潮层（有防水粉）	元	130.00		130.00
	人、材、机费小计				752370.07

注：其他各项费用在土建工程预算书汇总时计列。

（2）实物量法 用实物量法编制单位工程施工图预算，就是根据施工图计算的各分项工程量分别乘以地区定额中人工、材料、施工机具台班的定额消耗量，分类汇总得出该单位工程所需的全部人工、材料、施工机具台班消耗数量，然后乘以当时当地人工工日单价、各种材料单价、施工机械台班单价、施工仪器仪表台班单价，求出相应的人工费、材料费、机具使用费。企业管理费、利润、规费和税金等费用计取方法与工料单价法相同。实物量法编制施工图预算的公式如下：

单位工程人、材、机费 = 综合工日消耗量 × 综合工日单价 + Σ（各种材料消耗量 × 相应材料单价） +
　　　　　　　　　　Σ（各种施工机械消耗量 × 相应施工机械台班单价） +
　　　　　　　　　　Σ（各施工仪器仪表消耗量 × 相应施工仪器仪表台班单价） 　　(5-13)

建筑安装工程预算造价 = 单位工程直接费 + 企业管理费 + 利润 + 规费 + 税金 　(5-14)

1）准备资料、熟悉施工图。实物量法准备资料时，除准备工料单价法的各种编制资料外，重点应全面收集工程造价管理机构发布的工程造价信息及各种市场价格信息，如人工、材料、机械台班、仪器仪表台班当时当地的实际价格，应包括不同品种、不同规格的材料单价，不同工种、不同等级的人工工资单价，不同种类、不同型号的机械和仪器仪表台班单价等。要求获得的各种实际价格应全面、系统、真实、可靠。

2）列项并计算工程量。本步骤与定额单价法相同。

3）套用消耗定额，计算人工、材料、机具台班消耗量。根据预算人工定额所列各类人工工日的数量，乘以各分项工程的工程量，计算出各分项工程所需各类人工工日的数量，统计汇总后确定单位工程所需的各类人工工日消耗量。同理，根据预算材料定额、预算机具台班定额分别确定单位工程各类材料消耗数量和各类施工机具台班数量。

4）计算并汇总人工费、材料费和施工机具使用费。根据当时当地工程造价管理部门定期发布的或企业根据市场价格确定的人工工资单价、材料单价、施工机械台班单价、施工仪器仪表台班单价，分别乘以人工、材料、机具台班消耗量，汇总即得到单位工程直接费。

5）计算其他各项费用，汇总造价。本步骤与定额单价法相同。

6）复核、填写封面、编制说明。检查人工、材料、机具台班的消耗量计算是否准确，有无漏算、重算或多算；套用的定额是否正确；检查采用的实际价格是否合理。其他内容可参考工料单价法。

实物量法与定额单价法首尾部分的步骤基本相同，所不同的主要是中间两个步骤：①采用实物量法计算工程量后，套用相应人工、材料、施工机具台班预算定额消耗量，求出各分项工程人工、材料、施工机具台班消耗数量并汇总成单位工程所需各类人工工日、材料和施工机具台班的消耗量；②采用实物量法，采用的是当时当地的各类人工工日、材料、施工机械台班、施工仪器仪表台班的实际单价分别乘以相应的人工工日、材料和施工机具台班总的消耗量，汇总后得出单位工程的直接费。

【例 5-4】 仍以例 5-3 定额单价法所举某市 7 层轻框架结构住宅为例，说明用实物量法编制施工图预算的过程，结果见表 5-11～表 5-14。

表 5-11 某住宅建筑工程基础部分预算书（实物量法）

人工实物量汇总表

项目编号	工程或费用名称	计量单位	工程量	人工实物量	
				单位用量	合计用量（元）
1	平整场地	m²	1393.59	0.058	80.8282
2	挖土机挖土（砂砾坚土）	m³	2781.73	0.0298	82.8956
3	干铺土石屑层	m³	892.68	0.444	396.3499
4	C10 混凝土基础垫层（10cm 内）	m³	110.03	2.211	243.2763

(续)

项目编号	工程或费用名称	计量单位	工程量	人工实物量 单位用量	人工实物量 合计用量（元）
5	C20带形钢筋混凝土基础（有梁式）	m³	372.32	2.097	780.7550
6	C20独立式钢筋混凝土基础	m³	43.26	1.813	78.4304
7	C20矩形钢筋混凝土柱（1.8m外）	m³	9.23	6.323	58.3613
8	矩形柱与异形柱差价	元	61.00		
9	M5砂浆砌砖基础	m³	34.99	1.053	36.8445
10	C10带形无筋混凝土基础	m³	54.22	1.8	97.5960
11	满堂脚手架（3.6m内）	m²	370.13	0.0932	34.4961
12	槽底钎探	m²	1233.77	0.0578	71.3119
13	回填土（夯填）	m³	1260.94	0.22	277.4068
14	基础抹隔潮层（有防水粉）	元	130.00		
	合计				2238.55

表5-12 机具台班实物量汇总表

项目编号	工程或费用名称	计量单位	工程量	蛙式打夯机（台班） 单位用量	蛙式打夯机（台班） 合计用量	挖土机（台班） 单位用量	挖土机（台班） 合计用量	推土机（台班） 单位用量	推土机（台班） 合计用量	其他机械费（元） 单位用量	其他机械费（元） 合计用量
1	平整场地	m²	1393.59								
2	挖土机挖土（砂砾坚土）	m³	2781.73			0.024	66.76	0.001	2.78		
3	干铺土石屑层	m³	892.68	0.024	21.42						
4	C10混凝土基础垫层（10cm内）	m³	110.03							3.68	404.91
5	C20带形钢筋混凝土基础（有梁式）	m³	372.32							5.53	2058.93
6	C20独立式钢筋混凝土基础	m³	43.26							4.90	211.97
7	C20矩形钢筋混凝土柱（1.8m外）	m³	9.23							17.19	158.66
8	矩形柱与异形柱差价	元	61.00								
9	M5砂浆砌砖基础	m³	34.99							0.61	21.34
10	C10带形无筋混凝土基础	m³	54.22							4.60	249.40
11	满堂脚手架（3.6m内）	m²	370.13							0.09	33.31
12	槽底钎探	m²	1233.77								
13	回填土（夯填）	m³	1260.94	0.059	74.40						
14	基础抹隔潮层（有防水粉）	元	130.00								
	合计				95.82		66.76		2.78		3138.52

表 5-13 材料实物量汇总表

项目编号	工程或费用名称	计量单位	工程量	土石屑 /m³ 单位用量	土石屑 /m³ 合计用量	C10素混凝土/m³ 单位用量	C10素混凝土/m³ 合计用量	C20钢筋混凝土/m³ 单位用量	C20钢筋混凝土/m³ 合计用量	M5主体砂浆/m³ 单位用量	M5主体砂浆/m³ 合计用量	机砖(千块) 单位用量	机砖(千块) 合计用量	脚手架材料费(元) 单位用量	脚手架材料费(元) 合计用量	黄土/m³ 单位用量	黄土/m³ 合计用量
1	平整场地	m²	1393.59														
2	挖土机挖土(砂砾坚土)	m³	2781.73														
3	干铺土石屑层	m³	892.68	1.34	1196.19												
4	C10混凝土基础垫层(10cm内)	m³	110.03			1.01	111.13										
5	C20带形钢筋混凝土基础(有梁式)	m³	372.32					1.015	377.90								
6	C20独立式钢筋混凝土基础	m³	43.26					1.015	43.91								
7	C20矩形钢筋混凝土柱(1.8m外)	m³	9.23					1.015	9.37								
8	矩形柱与异形柱差价	元	61.00														
9	M5砂浆砌砖基础	m³	34.99							0.24	8.40	0.51	17.84				
10	C10条形无筋混凝土基础	m³	54.22			1.015	55.03										
11	满堂脚手架(3.6m内)	m²	370.13											0.26	96.23		
12	槽底钎探	m²	1233.77														
13	回填土(夯填)	m³	1260.94													1.5	1891.41
14	基础抹隔潮层(有防水粉)	元	130.00														
	合计				1196.19		166.16		431.18		8.40		17.84		96.23		1891.41

表 5-14　某住宅楼建筑工程基础部分预算书（实物量法）

人工、材料、机具费用汇总表

序号	人工、材料、机具或费用名称	计量单位	实物工程数量	价值（元）	
				当时当地单价	合价
1	人工	工日	2238.55	95.00	212662.25
2	土石屑	m³	1196.19	140.00	167466.60
3	C10 素混凝土	m³	166.16	345.00	57325.20
4	C20 钢筋混凝土	m³	431.18	900.00	388062.00
5	M5 主体砂浆	m³	8.40	194.97	1637.75
6	机砖	千块	17.84	580.00	10347.20
7	脚手架材料费	元	96.23		96.23
8	黄土	m³	1891.41	15.00	28371.15
9	蛙式打夯机	台班	95.82	10.28	985.03
10	挖土机	台班	66.76	892.10	59556.60
11	推土机	台班	2.78	452.70	1258.51
12	其他机械费	元	3138.52		3138.52
13	矩形柱与异形柱差价	元	61.00		61.00
14	基础抹隔潮层费	元	130.00		130.00
	人、材、机费小计	元			931098.04

注：其他各项费用在土建工程预算书汇总时计列。

2. 设备及工器具购置费计算

设备购置费由设备原价和设备运杂费构成；未到达固定资产标准的工器具购置费一般以设备购置费为计算基数，按照规定的费率计算。设备及工器具购置费编制方法及内容可参照设计概算相关内容。

3. 单位工程施工图预算书编制

单位工程施工图预算由建筑安装工程费和设备及工器具购置费组成，将计算好的建筑安装工程费和设备及工器具购置费相加，即得到单位工程施工图预算，即

$$单位工程施工图预算 = 建筑安装工程预算 + 设备及工器具购置费 \quad (5-15)$$

单位工程施工图预算由单位建筑工程预算书和单位设备及安装工程预算书组成。单位建筑工程预算书则主要由建筑工程预算表和建筑工程取费表构成，单位设备及安装工程预算书则主要由设备及安装工程预算表和设备及安装工程取费表构成，具体表格形式见表 5-15~表 5-18 所示。

表 5-15　建筑工程预算表

单项工程预算编号：　　　　　工程名称（单位工程）：　　　　　共　页第　页

序　号	定额号	工程项目或定额名称	单位	数量	单价（元）	其中人工费（元）	合价（元）	其中人工费（元）
1		土石方工程						
1.1	××	×××××						

（续）

序　号	定额号	工程项目或定额名称	单位	数量	单价（元）	其中人工费（元）	合价（元）	其中人工费（元）
1.2	××	×××××						
		……						
2		砌筑工程						
2.1	××	×××××						
2.2	××	×××××						
		……						
3		楼地面工程						
3.1	××	×××××						
3.2	××	×××××						
		……						
		定额人、材、机费合计						

编制人：　　　　　　　　　　　　　　　　　　　　　　　审核人：

表 5-16　建筑工程取费表

单项工程预算编号：　　　　　工程名称（单位工程）：　　　　　共　页第　页

序　号	工程项目或费用名称	表达式	费率（%）	合价（元）
1	定额人、材、机费			
2	其中：人工费			
3	其中：材料费			
4	其中：机械费			
5	企业管理费			
6	利润			
7	规费			
8	税金			
9	单位建筑工程费用			

编制人：　　　　　　　　　　　　　　　　　　　　　　　审核人：

表 5-17　设备及安装工程预算表

单项工程预算编号：　　　　　工程名称（单位工程）：　　　　　共　页第　页

序　号	定额号	工程项目或定额名称	单位	数量	单价（元）	其中人工费（元）	合价（元）	其中人工费（元）	其中设备费（元）	其中主材费（元）
1		设备安装								
1.1	××	×××××								
1.2	××	×××××								
		……								
2		管道安装								

(续)

序 号	定额号	工程项目或定额名称	单位	数量	单价（元）	其中人工费（元）	合价（元）	其中人工费（元）	其中设备费（元）	其中主材费（元）
2.1	××	×××××								
2.2	××	×××××								
		……								
3		防腐保温								
3.1	××	×××××								
3.2	××	×××××								
		……								
		定额人、材、机费合计								

编制人：　　　　　　　　　　　　　　　　　　　　　　　　审核人：

表 5-18　设备及安装工程取费表

单项工程预算编号：　　　　　工程名称（单位工程）：　　　　　共　页第　页

序 号	工程项目或费用名称	表达式	费率（%）	合价（元）
1	定额人、材、机费			
2	其中：人工费			
3	其中：材料费			
4	其中：机械费			
5	其中：设备费			
6	企业管理费			
7	利润			
8	规费			
9	税金			
10	单位设备及安装工程费用			

编制人：　　　　　　　　　　　　　　　　　　　　　　　　审核人：

（三）单项工程综合预算的编制

单项工程综合预算造价由组成该单项工程的各个单位工程预算造价汇总而成，计算公式如下：

$$单项工程综合预算 = \sum 单位工程施工图预算 \tag{5-16}$$

单项工程综合预算书主要由综合预算表构成，综合预算表格式见表 5-19。

表 5-19 综合预算表

综合预算编号：　　　　　工程名称：　　　　　单位：万元　共　页第　页

序号	预算编号	工程项目或费用名称	设计规模或主要工程量	建筑工程费	设备及工器具购置费	安装工程费	合计	其中：引进部分	
								美元	折合人民币
1		主要工程							
1.1		×××××							
1.2		×××××							
		……							
2		辅助工程							
2.1		×××××							
2.2		×××××							
		……							
3		配套工程							
3.1		×××××							
3.2		×××××							
		……							
		各单项工程预算费用合计							

编制人：　　　　　审核人：　　　　　项目负责人：

（四）建设项目总预算的编制

建设项目总预算由组成该建设项目的各个单项工程综合预算、经计算的工程建设其他费、预备费和建设期利息和铺底流动资金汇总而成。三级预算编制中总预算由综合预算和工程建设其他费、预备费、建设期利息及铺底流动资金汇总而成，计算公式如下：

总预算 = ∑ 单项工程综合预算 + 工程建设其他费 + 预备费 + 建设期贷款利息 + 铺底流动资金　　(5-17)

工程建设其他费、预备费、建设期利息及铺底流动资金具体编制方法可参照第一章相关内容。以建设项目施工图预算编制时为界线，若上述费用已经发生，按合理发生金额列计，如果还未发生，按照原概算内容和本阶段的计费原则计算列入。

采用三级预算编制形式的工程预算文件包括：封面、签署页及目录、编制说明、总预算表、综合预算表、单位工程预算表、附件7项内容。其中，总预算表的格式见表5-20。

表 5-20 总预算表

总预算编号：　　　　　工程名称：　　　　　单位：万元　共　页第　页

序号	预算编号	工程项目或费用名称	建筑工程费	设备及工器具购置费	安装工程费	其他费用	合计	其中：引进部分		占总投资比例（%）
								美元	折合人民币	
1		工程费用								
1.1		主要工程								

（续）

序 号	预算编号	工程项目或费用名称	建筑工程费	设备及工器具购置费	安装工程费	其他费用	合计	其中：引进部分 美元	其中：引进部分 折合人民币	占总投资比例（%）
		×××××								
		×××××								
		……								
1.2		辅助工程								
		×××××								
		……								
1.3		配套工程								
		×××××								
		……								
2		其他费用								
2.1		×××××								
2.2		×××××								
3		预备费								
		……								
4		专项费用								
4.1		×××××								
4.2		×××××								
		……								
		建设项目预算总投资								

编制人： 审核人： 项目负责人：

二级预算编制中总预算由单位工程施工图预算和工程建设其他费、预备费、应计入工程费用、工程建设其他费用以及预备费中的增值税销项税额、建设期贷款利息及铺底流动资金汇总而成，计算公式如下：

总预算 = ∑ 单位工程施工图预算 + 工程建设其他费 + 预备费 + 建设期贷款利息 + 铺底流动资金

(5-18)

三、施工图预算的审查

（一）施工图预算审查的依据

1）施工图设计资料。
2）工程承发包合同或意向协议书。
3）国家或省级、行业建设主管部门颁发的计价定额和计价办法。
4）施工组织设计或技术措施方案。
5）国家及省、市造价管理部门有关规定。

6) 与建设项目相关的标准、规范、技术资料。
7) 《建设工程工程量清单计价规范》(GB 50500—2013) 及当地相关规定。
8) 工程造价管理机构发布的工程造价信息。
9) 工程造价信息没有发布的，参考市场价格。

(二) 施工图预算的审查内容

1. 审核工程量

(1) 土方工程

1) 平整场地、地槽与地坑等土方工程量的计算是否符合定额的计算规定，施工图样标识尺寸、土壤类别是否与勘查资料一致，地槽与地坑放坡、挡土板是否符合设计要求、有无重算或漏算等。

2) 地槽、地坑回填土的体积是否扣除了基础所占的体积，地面和室内填土的厚度是否符合设计要求，运土距离、运土数量、回填土土方的扣除是否符合规定等。

3) 审核运土距离，还要注意运土数量是否扣除了就地回填的土方。

(2) 打桩工程

1) 审核各种不同桩料，分别计算工程量，施工方法必须符合设计要求。

2) 桩料长度是否符合设计要求，需要接桩时的接头数是否正确。

(3) 砖石工程

1) 墙基与墙身的划分是否符合规定。

2) 不同厚度的内墙和外墙是否分别计算，是否扣除门窗洞口及埋入墙体各种钢筋混凝土梁、柱等所占的体积。

3) 不同砂浆强度等级的墙和定额规定按立方米或平方米计算的墙是否有混淆、错算或漏算等。

(4) 混凝土及钢筋混凝土工程

1) 现浇构件与预制构件是否分别计算，是否有混淆。

2) 现浇柱与梁，主梁与次梁及各种构件计算是否符合规定，有无重算或漏算。

3) 有筋和无筋构件是否按设计规定分别计算，是否有混淆。

4) 钢筋混凝土的含钢量与预算定额的含钢量发生差异时，是否按规定进行增减调整。

(5) 木结构工程

1) 门窗是否按不同种类，按框外面积或扇外面积计算。

2) 木装修的工程量是否按规定分别以延长米或平方米进行计算。

(6) 楼地面工程

1) 楼梯抹面是否按踏步和休息平台部分的水平投影面积进行计算。

2) 当细石混凝土地面找平层的设计厚度与定额厚度不同时，是否按其厚度进行换算。

(7) 屋面工程

1) 卷材屋面工程是否与屋面找平层工程量相等。

2) 屋面保温层的工程量是否按屋面层的建筑面积乘保温层平均厚度计算，不做保温层的挑檐部分是否按规定不进行计算。

(8) 构筑物工程　烟囱和水塔脚手架是否以墙面的净高和净宽计算，有无重算和漏算。

(9) 装饰工程　内墙抹灰的工程量是否按墙面的净高和净宽计算，有无重算或漏算。

（10）金属构件制作工程　各种型钢、钢板等金属构件制作工程量是否以吨为单位，其形体尺寸计算是否正确，是否符合现行规定。

（11）水暖工程

1）室内外排水管道、采暖管道的划分是否符合规定。

2）各种管道的长度、口径是否按设计规定计算。

3）接头零件所占长度是否多扣（对室内给水管道不应扣除阀门），应扣除卫生设备本身所附带管道长度的是否漏扣。

4）室内排水采用的铸铁管是否将异形管及检查口所占长度错误地漏扣，有无漏算。

5）室外排水管道是否已扣除检查井与连接井所占的长度。

6）散热器片的数量是否与设计一致。

（12）电气照明工程

1）灯具的种类、型号、数量是否与设计图一致。

2）线路的敷设方法、线材品种是否达到设计标准，有无重复计算预留线的工程量。

（13）设备及安装工程

1）设备的种类、规格、数量是否与设计一致。

2）需要安装的设备和不需要安装的设备是否分清，有无把不需安装的设备作为需要安装的设备多计工程量。

2. 审核设备、材料的预算价格

设备、材料预算价格是施工图预算造价所占比重最大、变化最大的内容，应当重点审查。

1）审核设备、材料的预算价格是否符合工程所在地的真实价格及价格水平。若是采用市场价，要核实其真实性、可靠性；若是采用有关部门公布的信息价，要注意信息价的时间、地点是否符合要求，是否要按规定调整。

2）设备、材料的原价确定方法是否正确。非标准设备的原价的计价依据、方法是否正确、合理。

3）设备的运杂费率及其运杂费的计算是否正确，材料预算价格的各项费用的计算是否符合规定、正确。

3. 审核工料单价的套用

1）预算中所列各分项工程预算单价是否与现行预算定额的预算单价相符，其名称、规格、计量单位和所包括的工程内容是否与单位估价表一致。

2）审核换算的单价，首先要审查换算的分项工程是否允许换算，其次审查换算是否正确。

3）审核补充定额和单位估价表的编制是否符合编制原则，单位估价表计算是否正确。补充定额的资料数据是否符合实际情况。

4）审核人工、材料、机械台班价格确定是否符合造价管理机构规定或有关规定。

4. 审核有关费用项目及其计取

1）审核费用的计算是否符合有关的规定标准，企业管理费、规费和利润的计取基础是否符合现行规定，有无不能作为计费基础的费用，列入计费的基础。

2）审核调增的材料差价是否计取了企业管理费、规费。人、材、机费用或人工费增减后，有关费用是否相应做了调整。

3）审核有无巧立名目、乱计费、乱摊费用现象。

(三) 施工图预算的审查方法

1. 全面审查法

首先根据施工图预算全面计算工程量，然后将计算的工程量与审查对象的工程量逐一进行对比，同时，根据定额或者单位估价表逐项对审核对象的单价进行核实。此法适用于一些工程量较小、工艺比较简单的工程。其优点是全面、细致，审查质量较高，审核效果较好。

2. 标准预算审查法

对利用标准图样或通用图样的工程，先集中力量编制标准预算，以此为准来审查工程预算。按标准设计图样或通用图样施工的工程，一般上部结构和做法相同，只是根据现场施工条件或地质情况不同，仅对基础部分做局部改变。此种工程以标准预算为准，对局部修改部分进行单独审核，而不需要逐一进行审核。其优点是时间短、效果好、易定案。

3. 分组计算审查法

分组计算审查法就是将预算中有关项目按类别划分为若干组，利用同组中一组数据审核分项工程量的一种做法。首先将相邻且有一定内在联系的分部分项工程量进行编组，利用同组分项工程按相邻且有一定内在联系的项目进行编组，由此判断同组中其他几个分项工程的准确程序。此种方案审核速度快、工作量小。

4. 对比审查法

与已完工工程的施工图相同但基础部分和施工现场条件不同、工程设计相同但建筑面积不同、工程面积相同但设计图样不完全相同的拟建工程，应该用已建成工程的预算或虽未建成但已审查修正的工程预算对比审查。

5. 筛选审查法

筛选法是统筹法的一种，也是一种对比法。建筑工程虽有建筑面积和高度的不同，但是各分部分项工程的工程量、造价、用工量在每个单位面积上的数值变化不大。通过归纳工程量、价格、用工三方面基本指标来筛选各分部分项工程，对不符合条件的进行详细审查，若审查对象的预算标准与基本指标的标准不同，就要对其进行调整。该法的特点是简单易懂，便于掌握，审查速度快，便于发现问题，但不易发现问题产生的原因。

6. 重点抽查审查法

重点抽查审查法是抓住工程预算中的重点进行审查的方法。审查的重点一般是工程量大或者造价较高、工程结构复杂的工程，补充单位估价表，计算取得各项费用（计取基础、取费标准等）。重点抽查法的优点是重点突出，审查时间短、效果好。

7. 分解对比审查法

分解对比审查法是把一个单位工程按人工费、材料费、施工机具使用费之和与企业管理费和规费进行分解，然后再把人工费、材料费、施工机具使用费之和按工种和分部工程进行分解，分别与审定的标准预算进行对比分析的方法。

本章综合训练

基础训练

1. 三级设计概算都有哪些？它们之间是什么关系？
2. 简述利用概算定额法编制设计概算的步骤。
3. 概算定额法、概算指标法、类似工程法的适用范围有何区别？

4. 简述设计概算的审查内容。
5. 简述施工图三级预算体系的费用组成。
6. 简述预算单价法编制施工图预算的步骤。
7. 简述预算单价法与实物法的区别。

能力拓展

1. 某市拟建一座 8000m² 教学楼，请按给出的土建工程量和扩大单价（表1）编制该教学楼土建工程设计概算造价和平方米造价。各项费率分别为：企业管理费和规费费率为 5%，利润率为 7%（以人工费、施工机具使用费之和为计算基础）。

表1　某教学楼土建工程量和扩大单价

分部工程名称	单 位	工 程 量	扩大单价（元）
基础工程	10m³	160	2500
混凝土及钢筋混凝土	10m³	150	6800
砌筑工程	10m³	280	3300
地面工程	100m²	40	1100
楼面工程	100m²	90	1800
卷材屋面	100m²	40	4500
门窗工程	100m²	35	5600
脚手架	100m²	180	600

2. 新建一幢教学大楼，建筑面积为 4000m²，根据下列类似工程施工图预算的有关数据，试用类似工程预算编制概算。已知数据如下：

（1）类似工程的建筑面积为 3000m²，预算造价为 926800 元。

（2）类似工程各种费用占预算成本的权重是：人工费 8%、材料费 61%、机械费 10%、企业管理费 9%、其他费 12%。

（3）拟建工程地区与类似工程地区造价之间的差异系数为：$K_1 = 1.14$，$K_2 = 1.02$，$K_3 = 0.97$，$K_4 = 1.01$，$K_5 = 0.95$。

（4）求拟建工程的概算造价。

3. 某施工项目包括 10m³ 砌筑工程，砌筑工程定额消耗量：劳动定额为 0.392m³/工日；1m³ 一砖半砖墙砖消耗量为 527 块，砂浆消耗量为 0.256m³，水用量为 0.8m³；1m³ 一砖半砖墙机械台班消耗量为 0.009 台班。人工日工资单价为 21 元/工日，水泥砂浆单价为 120 元/m³，砖块单价为 190 元/千块，水为 0.6 元/m³，400L 砂浆搅拌机台班单价为 100 元/台班。企业管理费和规费之和的取费基数为人工费、施工机具使用费之和，费率为 5%。利润以人工费、施工机具使用费之和为计取基数，利润率为 7%。试用预算单价法编制 10m³ 砌筑工程的施工图预算。

×××公司综合楼单位主体结构的单位工程设计概算

（一）案例背景

1. 工程概况

该工程是山东省济南市×××公司××供电公司调度通信综合楼工程，由××设计研究院设计，建筑面积为 4999m²，层数为 10 层。该工程是以单体建筑工程为主体构成的建设项目，项目建设包括室内工程和室外工程两个部分。

2. 编制依据

该工程的编制依据主要是××设计研究院提供的图样和山东省建筑工程概算定额和费用定额、价格信息，以及设计概算编制规程等。这些计价依据均为不含增值税可抵扣进项税金的价格，如下所示：
1) ××设计研究院提供的×××公司××供电公司调度通信综合楼扩大初步设计图样。
2) 2016年《山东省建筑工程价目表》。
3) 《建筑业营改增建设工程计价依据调整实施意见》（鲁建办字〔2016〕20号）。
4) 《山东省建设工程费用项目组成及计算规则》（鲁建标〔2011〕19号）。
5) 《建设项目设计概算编审规程》（CECA/GC 2—2015）。
6) 《建筑工程设计文件编制深度规定》（建质〔2008〕216号）。

3. 有关说明

1) 该工程概算中钢筋用量参考类似工程用量调整计算。
2) 该工程概算中不包括建设用地费。
3) 该工程概算不包括空调、办公家具等费用。
4) 综合费包括企业管理费和利润、规费，综合费取费基数为人工费、施工机具使用费之和，其中，企业管理费费率为9.93%，利润率为8.20%，社会保障费费率为3.09%，增值税税率为9%。
5) 此案例编写的是建筑工程中的单位主体结构工程的概算，其单位工程费用概算编制可代表一般情况，读者可以举一反三。此案例的编制重点在于其设计概算计价过程的介绍，故计量过程此处省略。

（二）单位工程设计概算的编制过程

以单位主体结构工程为例介绍计算规则。单位主体结构工程设计概算的编制过程如下。

（1）列出单位工程中分项工程或扩大分项工程的项目名称，并计算工程量。
1) 列出分部分项工程。本单位主体结构工程分部工程主要是按照不同部位进行划分，分项工程是按照主要工种、材料、构造进行划分，具体划分见表2。

表2 单位主体结构工程人工费、材料费、施工机具使用费表

定额编号	子目名称	工程量		价值（元）		其中（元）		
		单位	数量	单价	合价	人工合价	材料合价	机械合价
	土石方工程				54604.12	54405.68	189.30	9.16
1-2-10	人工挖沟槽普通土深2m内	10m³	21.30	245.15	5221.70	5212.54		9.16
1-4-1	人工场地平整	10m³	81.80	47.88	3916.58	3916.60		
1-4-12	槽、坑人工夯填土	10m³	286.82	152.66	43785.94	43596.64	189.30	
1-4-3	竣工清理	10m³	138.15	12.16	1679.90	1679.90		
……								
	地基处理与防护工程				191262.35	57728.43	108625.40	24908.52
2-3-40	C204现浇灌注混凝土桩芯人工挖孔	10m³	57.81	3129.93	180941.25	54787.69	108249.80	17903.76
2-5-10	打钢工具桩6m内	t	11.69	882.90	10321.10	2940.74	375.60	7004.76
……		—	—	—	—	—	—	—
	砌筑工程				2817677.55	860300.41	1927915.06	29462.08
3-1-1	M5.0砂浆砖基础	10m²	50.94	2637.67	134362.91	47154.14	85362.20	1846.57

（续）

定额编号	子目名称	工程量 单位	工程量 数量	价值（元）单价	价值（元）合价	其中（元）人工合价	其中（元）材料合价	其中（元）机械合价
3-3-7	M5.0 混浆黏土多孔砖墙 240	10m²	625.30	2878.50	1799926.05	564095.64	1217696.71	18133.70
3-3-8	M5.0 混浆黏土多孔砖墙 365	10m²	306.26	2884.44	883388.59	249050.63	624856.15	9481.81
	钢筋及混凝土工程				501211.97	106434.37	268134.69	126642.91
4-2-4	C204 现浇混凝土无梁式条形基础	10m³	30.76	2372.58	72980.56	15709.75	57113.01	157.80
4-2-24	C253 现浇单梁、连续梁	10m³	45.94	3037.75	139554.24	45458.55	93792.02	303.66
4-2-25	C253 现浇异形梁	10m³	1.53	3094.54	4734.65	1597.69	3126.85	10.11
4-2-36	C252 现浇有梁板	10m³	53.80	2940.13	158178.99	43668.38	114102.81	407.80
4-4-3	混凝土运输车运混凝土 5km 内	10m³	465.36	270.25	125763.54			125763.54
……	—	—	—	—	—			
	屋面、防水、保温及防腐工程				111965.62	7292.06	104379.22	294.34
6-2-32	平面二层 SBS 改性沥青卷材满铺	10m²	59.90	691.13	41398.69	2776.96	38621.73	
6-2-71	聚氨酯二遍	10m²	52.60	535.63	28174.14	1639.02	26535.12	
6-3-46	聚氨酯发泡保温厚 30mm	10m³	105.12	403.28	42392.79	2876.08	39222.37	294.34
……	—	—	—	—	—			
	金属结构制作工程				10057.74	2571.84	6001.11	1484.79
7-2-1	轻钢屋架制作	t	1.20	7593.60	9112.32	1967.18	5885.53	1259.61
7-8-1	一般钢结构手工除轻锈	10kg	120	3.44	412.80	273.60	27.60	111.60
7-9-1	钢屋架、托架制作平台摊销 1.5t 内	t	1.20	443.85	532.62	331.06	87.98	113.58
……	—	—	—	—	—			
	施工技术措施项目				114207.52	49094.25	58175.35	6937.92
10-1-4	单排外钢管脚手架 15m 内	10m²	499.90	99.47	49725.05	24695.06	20330.93	4699.06
10-1-27	满堂钢管脚手架	10m²	248.00	119.77	29702.96	18094.08	10549.92	1058.96
10-1-47	钢管挑出式安全网	10m²	460.90	75.46	34779.51	6305.11	27294.50	1179.90
	垂直运输过程				153639.27			153639.27
10-2-6	20m 内建筑混合结构垂直运输	10m²	499.90	307.34	153639.27			153639.27

（续）

定额编号	子目名称	工程量 单位	工程量 数量	价值（元）单价	价值（元）合价	其中（元）人工合价	其中（元）材料合价	其中（元）机械合价
	常用大型机械安拆和场外运输费用				76316.25	18848.00	1169.41	56298.84
10-5-6	1m³内履带液压单斗挖掘机运输费	台次	2	4601.92	9203.84	1824.00	383.84	6996.00
10-5-22	自升式塔式起重机安、拆	台次	1	24943.87	24943.87	9120.00	459.20	15364.67
-1	自升式塔式起重机场外运输	台次	1	24973.72	24973.72	3040.00	146.96	21786.76
10-5-23	1t/75m 施工电梯安、拆	台次	1	8549.78	8549.78	4104.00	112.00	4333.78
-1	施工电梯 1t/75m 场外运输	台次	1	8645.04	8645.04	760.00	67.41	7817.63
……	—	—	—	—				
	合计				4030942.4	1156675.04	2474589.54	399677.83

2）根据工程量计算规则，计算工程量。工程量计算必须与山东省定额中规定的工程量计算规则（或计算方法）一致，才符合定额的要求（本案例省略了具体的计算规则及计算过程）。

（2）套用各分部分项工程项目的概算定额单价，并计算人、材、机价格，见表2。

人工费、材料费、机械费的计算可分为三个步骤：分项工程人、材、机的计算；分部工程人、材、机的计算；单位工程人、材、机的计算。

1）分项工程人、材、机的计算。以土石方工程中的分项工程人工场地平整为例：

根据2016年《山东省建筑工程价目表》，确定定额单价，分别计算人工费、材料费和机械费。

① 人工费。

$$人工费 = 人工单价 \times 工程量 = 47.88 \times 81.80 \text{ 元} = 3916.58 \text{ 元}$$

② 材料费。本分项工程中不含材料费。

③ 机械费。本项工程不含机械费。

2）分部工程人、材、机的计算。以土石方工程为例，包括四个分项工程：人工挖沟槽普通土深 2m 内；人工场地平整；槽、坑人工夯填土；竣工清理，具体的计算过程如下：

① 人工费。

人工费 = ∑ 各分项工程人工费 = (5212.54 + 3916.58 + 43596.64 + 1679.90) 元 = 54405.66 元

② 材料费。

$$材料费(不含增值税可抵扣的进项税额) = \sum 各分项工程材料费 = 189.30 \text{ 元}$$

③ 机械费。

$$机械费(不含增值税可抵扣的进项税额) = \sum 各分项工程机械费 = 9.16 \text{ 元}$$

3）单位工程人、材、机的计算。

① 人工费。

人工费 = ∑ 各分部工程人工费

　　　　　=（54405.66+57728.43+860300.41+106434.37+7292.06+2571.84+49094.25+18848.00）元
　　　　　=1156675.02元
　② 材料费。
　　材料费 = ∑ 各分部工程材料费
　　　　　=（189.30+108625.40+1927915.06+268134.69+104379.22+6001.11+58175.35+1169.41）元
　　　　　=2474589.54元
　③ 机械费。
　　机械费 = ∑ 各分部工程机械费
　　　　　=（9.16+24908.52+29462.08+126642.91+294.34+1484.79+6937.92+153639.27+56298.84）元
　　　　　=399677.83元
　（3）计算人工费、材料费、施工机具使用费，企业管理费，利润和社会保障费等，合计得到单位主体结构工程概算造价。
　　1）人工费、材料费、施工机具使用费。
　　　　　单位工程的人、材、机费 =（1156675.02+2474589.54+399677.83）元 = 4030942.40元
　　2）综合费的计算。
　　　　　企业管理费 =（人工费+施工机具使用费）×9.93%
　　　　　　　　　　= 1556352.85元×9.93% = 154545.84元
　　　　利润 =（人工费+ 施工机具使用费）×8.20% = 1556352.85元×8.20% = 127620.93元
　　社会保障费 =（人工费 +施工机具使用费）×3.09% = 1556352.85元×3.09% = 48091.30元
　　3）单位主体结构工程税前概算造价的计算。
　　　单位主体结构工程税前概算造价 = 单位工程人、材、机费用+企业管理费+利润+社会保障费 =
　　　　　　　　（4030942.4+154545.84+127620.93+48091.30）元 = 4361200.47元
　　4）单位主体结构工程的含税造价 = 4361200.47元

延展阅读

广州国际金融中心——成功运用全生命周期造价管理（LCC）的典范

　　本章所介绍的建设项目投资估算仅包括建设投资、建设期贷款利息和流动资金等，没有考虑项目运用和使用阶段的成本，显然是不全面的。国际上通行的全生命周期造价管理是一种综合考虑建设成本和运营维护成本之和最低的造价管理理论。理论的核心要对建设项目的全生命期成本（Life Cycle Costing，LCC）进行估算。

　　广州国际金融中心（即西塔）位于珠江新城核心商务区。广州市政府计划在该商务区内建设两座标志性超高层物业——"双塔"，西塔是其中一幢。西塔项目由越秀城建投资60多亿元，总建筑面积45.6万 m^2，2005年年底开始动工建设，于2009年年底竣工、2010年交付使用。该项目西塔楼高432m，主塔楼地下4层、地上103层，副楼28层，将建设成为华南地区顶级综合性商务物业。西塔中标设计方案是由两家英国建筑公司联合体共同设计的"通透水晶"，建筑外表面光滑通透、形体纤细，犹如两块细长的水晶沿着中央广场中轴线升起。

　　广州国际金融中心地上103层中，69楼以下为写字楼，69楼以上为超五星豪华酒店；地下共4层，有珠江新城最大的地下停车场，共1700多个车位；28层副楼则有国际会议中心、酒店式公寓、高档商场等，2007年年底已封顶。

西塔在设计阶段就充分考虑了项目建成后运营与维护费用，并且考虑运营阶段的经济效益，西塔LCC设计理念见下图。

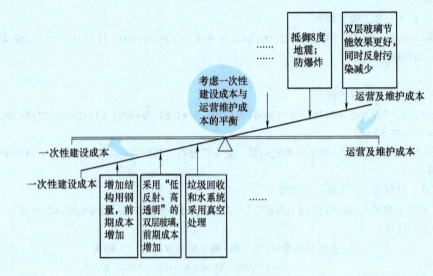

西塔 LCC 设计理念

1. 安全性——不怕千年罕见地震，能抵百年一遇大风

防震：抗震设计使其在8度（广州抗震设防烈度为7度）这样广州千年罕见的地震作用下，西塔仍能屹立不倒，并且主体结构基本不会受到破坏；同时，国内外机构分别进行风洞试验，结构都显示，在强风或百年一遇的大风作用下，位于西塔内的人都不会有不舒服的感觉。

防雷：西塔有1/4都是在云层中，防雷安全十分重要。广州国际金融中心每个楼层结构钢筋及玻璃幕墙框架均成为避雷设施。

防火：如果广州国际金融中心遇到一个局部火灾或者爆炸事件，只会局部被破坏，而不会发生连续倒塌。广州国际金融中心外筒在钢管中注入了耐高温且防火的混凝土，内筒钢筋混凝土结构也有良好的防火性能，再加上独特的斜交网格结构，突发冲击只会使受到冲击的网格节点破坏，而不会令整体倒塌。

2. 经济效益——项目收益和成本平衡

内设超五星豪华酒店已经确定了设计方案。其中，71~72层为餐饮，74~97层为客房，98层为行政酒廊，99~100层为观光层、休闲中心，内设全国最高游泳池。70层到顶都是六角形中空中庭，可以直接仰望蓝天白云。93层以上为钻石形镜面反射幕墙，99~100层的楼梯是悬挑在中庭内的玻璃楼梯，在阳光照射下整个中庭就像绚丽多彩的"万花筒"，可作为：①顶级写字楼——提供高档办公场地；②超五星级酒店——满足高层次、高消费能力客户需求；③高档商场旅游观光——提供旅游收入；④国际会议中心——提升商务层次；⑤高端服务式公寓——涉足房地产，获取高额利润回报。

综上所述，可以知道，全生命期造价管理是指对建设工程项目的策划决策、建设实施、运营维护阶段的所有成本进行的全面分析和管理。全生命期造价管理主要作为一种实现建设工程全生命期成本（造价）最小化的指导思想，指导投资决策、设计方案的选择、施工成本的控制。在建设工程全面造价管理体系中，全生命期造价管理要求各方管理主体在建设工程全过程的各个阶段都要从全生命期角度出发，对造价、质量、工期、安全、环境、技术进步等要素进行集成管理。但是因项目运营阶段的成本、费用等因素较多，且难以预测，运营成本预测模型的建立是十分困难的，因此应有选择地开展全生命期造价管理的试点工作。

推荐阅读材料

［1］戚安邦，孙贤伟．论建设项目工程造价管理范式的科学转换［J］．南开管理评论，2005，8（4）：39-42．

［2］董士波．建设项目全生命周期成本管理［M］．北京：中国电力出版社，2009．

［3］成虎．工程全寿命期管理［M］．北京：中国建筑工业出版社，2011．

［4］孟繁，樊自力，江南．用工程量清单计价方法编制概算的思路与建议［J］．建筑经济，2012（12）：61-65．

二维码形式客观题

微信扫描二维码，可在线做题，提交后可查看答案。

第五章 客观题

第三篇

合同价款管理

第六章　签约合同价的形成与确定

第七章　合同价款调整

第八章　合同价款的结算与支付

第六章
签约合同价的形成与确定

> 合同签订效率和执行效率的博弈，往往就决定合同双方利益的倾斜。
>
> ——成虎[一]

导　言

奥运"鸟巢"招标生变——北京某集团"为人作嫁"？

1. 中标资格被取消

2003年8月1日，北京市发改委一纸文件送达北京某集团奥运招标办公室，通知取消了以其为首的"项目法人联合体"此前被宣布的奥运主会场——国家体育场的中标资格。

大约3个月前，2003年5月11日，由瑞士建筑师赫尔佐格、德梅隆与中国建筑设计研究院合作完成的"鸟巢"方案，被确认为北京奥运会主体育场的最终实施方案。根据标书的要求，"鸟巢"的造价总预算为35亿人民币。

北京市发改委给该集团的通知说，因为双方没有在2003年7月23日24时之前签约，按照标书规定，2003年7月18日发出的中标通知作废。

根据该集团的说法，这的确是一个重大打击。在半个月前的2003年7月18日，该集团在3个投标法人联合体中脱颖而出，得到国家体育场中标通知。该集团奥运招标办公室的工作人员叙述："我记得很清楚，7月18日我们得到了中标通知书的传真件，7月19日我们专门从北京市发改委拿到了盖红印章的正本，那时我们以为大事已定。"

[一] 成虎（1955—），男，博士，东南大学土木学院与房产系教授，博士生导师。中国农工民主党中央委员，农工民主党江苏省委副主委，江苏省政协常委。IPMP国际项目管理执业资质C级评估师。国家职业技能鉴定专家委员会项目管理专业委员会委员。

2. 分歧生迟

以该集团为首的联合体的方案得到了全部 20 位招标评委（国际国内各 10 位）的高度认可，在四个评委小组的评议中，每一组都得分最高，综合得分要领先第二名 20 分之多（总分 100 分）。而且，据称，国家体育场的业主北京市国有资产经营有限责任公司对这个方案非常满意。

然而，此后的事态发展出乎预料。按照标书的要求，在中标通知书发放之后的 5 天之内，中标方必须和发标方签署正式协议。但是直到 2003 年 7 月 23 日 24 时，相关协议仍没签署。该集团奥运招标办公室的工作人员回忆说："双方签约可能已经推迟到了凌晨 3、4 点左右，直到这天晚上，我们都认为没问题，谈判只是正常中断，还要接着谈。建筑业的招标投标几乎每天都有，这很正常。"

更重要的是，以该集团为首的"项目法人联合体"由 15 家国内外投标单位组成，其中的 4 家外方投标单位的代表，对与政府的合同有一些意见分歧，而没有当场签署。

3. 迟则生祸

2003 年 7 月 28 日，北京市发改委一位工作人员称，双方谈不拢，招标可能要"出大麻烦"。

麻烦到底出在什么地方呢？参与其事的消息人士称，主要的分歧在联合体中的外资方面。外资的意见集中在三点：①要签署的合同与当初的招标合同有一些出入，但并没有制作成英文版本，外资无法见到最终文本；②外资认为 2003 年 7 月 23 日那天签的只是草签，北京某集团只能代表联合体中的中方，而不能代表外资方；③外资提出要把与联合体中某个成员单方面的成员协议，加到正式的合同附件中。

外资方面的分歧其实早已埋下，因为本来这个项目联合体的主角是外方某公司。2003 年 4、5 月因为非典耽误，外方来北京不方便，联合体的主导权转给了北京某集团。对于如此巨额投资，外方的决策权远在海外总部，或许其总部对中方方案的风险评估要严格得多。

按照奥运场馆招标建设的进度，政府已没有太多的时间。于是 2003 年 8 月 1 日取消了以北京某集团为首的"项目法人联合体"的中标资格。2003 年 8 月 2 日，北京市发改委立即开始与投标方中得分第二名的中国××集团联合体谈判。

招标文件中约定，入围的 3 家投标联合体，中标者可无条件采纳落选者的方案。北京某集团的一位人士称，现在他们深刻体会到什么叫"为人作嫁"。

启示：施工合同签订是招标工作最后阶段的重要内容。施工合同双方权利、义务、责任的确定，将直接影响项目建设的顺利进行以及双方经济效益水平。北京某集团从投标到中标，最后虽然没有签订承包合同，但是在这个过程中涉及完整的招标、投标、评标、定标等环节。

本章讨论的重点是阐述施工项目在招标投标过程中合同价款的形成，招标文件拟定阶段施工合同类型与合理风险分担方案的设计，法律法规对招标投标程序与合同签订的具体规定，以及在合同谈判和签订过程中承发包双方应在专用条款中约定的合同内容。

本 章 导 读

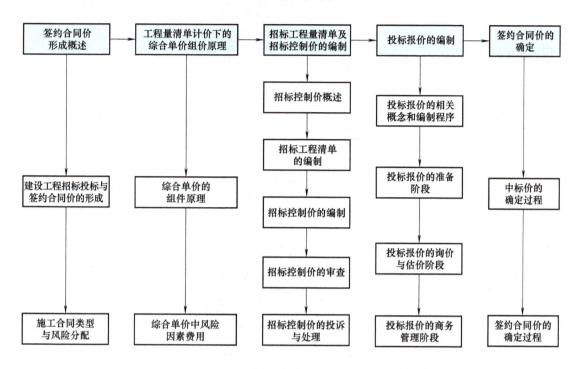

第一节　签约合同价形成概述

一、建设工程施工招标投标与签约合同价的形成

(一) 建设工程施工招标投标的程序

根据《中华人民共和国招标投标法》的规定，建设项目施工招标投标依次需要经过招标、投标、评标、定标、中标及签订合同等流程。建设工程施工招标投标流程示意图如图 6-1 所示。

在建设项目施工招标投标阶段，招标人首先提供招标文件，是一个要约邀请，在招标文件中招标人对投标人投标报价进行最高限额的约定，即招标控制价。投标人在获得招标文件后编制投标文件，投标人递交投标文件是一个要约的活动，投标文件要包括投标报价这一实质内容，投标报价应满足招标人的要求并且不高于招标控制价。招标人组织评标委员会对合格的投标文件进行评标，确定中标人。

《中华人民共和国招标投标法实施条例》（国务院令〔2011〕613 号）（2019 年修订，国务院令第 709 号）第五十七条规定，招标人和中标人应当依照招标投标法和本条例的规定签订书面合同，合同的标的、价款、质量、履行期限等主要条款应当与招标文件和中标人的投标文件的内容一致。招标人和中标人不得再行订立背离合同实质性内容的其他协议。发承包双方在签订合同时需按照相关法律法规的规定，合同的标的物、合同价款需要与投标文件一致，签约合同价与中标人的投标报价数额上是一致的。

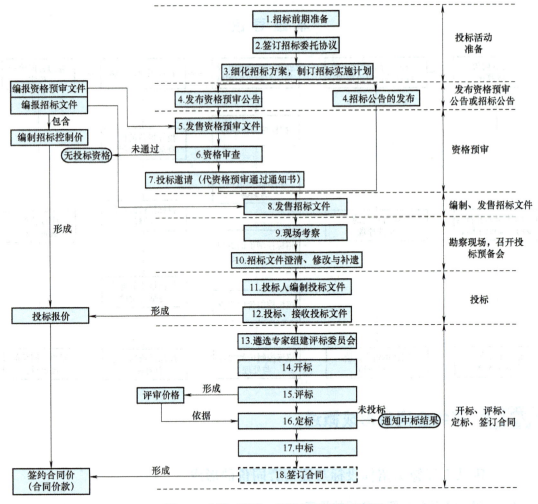

图 6-1 建设工程施工招标投标流程示意图

(二) 建设工程施工招标投标与工程量清单计价

1. 工程量清单计价的使用范围

根据《建设工程工程量清单计价规范》(GB 50500—2013) 的规定,国有资金投资的建设工程施工发承包,必须采用工程量清单计价,非国有资金投资的建设工程,宜采用工程量清单计价方式确定和计算工程造价。所谓国有资金投资的项目包括全部使用国有资金(含国家融资资金)投资或国有资金投资为主的工程建设项目。

(1) 国有资金投资的工程建设项目
1) 使用各级财政预算资金的项目。
2) 使用纳入财政管理的各种政府性专项建设资金的项目。
3) 使用国有企事业单位自有资金,并且国有资产投资者实际拥有控制权的项目。
(2) 国有融资资金投资的工程建设项目
1) 使用国家发行债券所筹资金的项目。
2) 使用国家对外借款或者担保所筹资金的项目。

3）使用国家政策性贷款的项目。
4）国家授权投资主体融资的项目。
5）国家特许的融资项目。

（3）国有资金（含国家融资资金）为主的工程建设项目　国有资金占投资总额的50%以上，或虽不足50%但国有投资者实质上拥有控股权的工程建设项目。

工程量清单计价活动涵盖施工招标、合同管理以及竣工交付全过程，主要包括：工程量清单的编制，招标控制价、投标报价的编制，工程合同价款的约定，竣工结算的办理以及施工过程中的工程计量、工程款支付、合同价款调整、工程索赔和工程计价争议处理等活动。

采用工程量清单计价可以为投标人提供一个平等竞争的条件。招标工程量清单标明的工程量是投标人投标报价的共同基础，由企业根据自身的实力来填写不同的单价，将企业的优势体现到投标报价中；同时有利于实现合理的风险分担，有利于发包人对投资的控制，也能减少发包人和承包人之间的纠纷。

2. 工程量清单是招标文件组成部分

采用工程量清单方式招标，工程量清单必须作为招标文件的组成部分，其准确性和完整性由招标人负责。招标工程量清单应由具有编制能力的招标人或受其委托的具有相应资质的工程造价咨询人依据《建设工程工程量清单计价规范》（GB 50500—2013），国家或省级、行业建设主管部门颁发的计价依据和办法，招标文件有关要求，设计文件，与建设工程项目有关的标准、规范、技术资料和施工现场实际情况等进行编制。工程量应当按照相关工程的现行国家计量规范规定的工程量计算规则计算。而投标人则应按招标工程量清单填报价格。项目编码、项目名称、项目特征、计量单位、工程量必须与招标工程量清单一致，并且投标报价不得低于工程成本。

3. 工程量清单计价下的合同价款组成

在工程量清单计价方法下，建设工程合同价款由分部分项工程费、措施项目费、其他项目费、规费和税金等五部分组成。分部分项工程和按工程量计算的措施项目清单应采用综合单价计价；措施项目清单中的安全文明施工费应按照国家或省级、行业建设主管部门的规定计价，不得作为竞争性费用；规费和税金应按国家或省级、行业建设主管部门的规定计算，不得作为竞争性费用。

（三）工程量清单计价方式与签约合同价的形成

合同价款的形成过程涉及招标控制价、投标报价、中标价、签约合同价四个紧密相关的环节和概念。在工程量清单计价方式下，招标控制价、投标价和签约合同价的概念及其费用构成如下：

1. 招标控制价（Tender Sum Limit）

招标控制价是指招标人根据国家或省级、行业建设主管部门颁发的有关计价依据和办法，依据拟定的招标文件和招标工程量清单，结合工程具体情况发布的招标工程的最高投标限价。

2. 投标价（Tender Sum）

投标价是指投标人投标时响应招标文件要求所报出的，在已标价的工程量清单中标明的总价。具体而言，投标价是在工程采用招标发包的过程中，由投标人按照招标文件提供的招标工程量清单，根据工程资料、计量规则和计价办法、工程造价管理机构发布的价格信息等，并结合自身的施工技术、装备和管理水平，自主确定的工程造价。投标价不能高于招标人设定的招标控制价。

3. 签约合同价（Contract Sum）

签约合同价是指发承包双方在合同协议书中约定的工程造价，包括了分部分项费、措施项目费、其他项目费、规费和税金的合同总金额。如果在评标过程中，中标人的投标价不存在澄清、说明、补正和算术修正等情况，则中标人的投标价就等于中标价，即签约合同价。

建设工程合同价款的形成过程如图 6-2 所示。

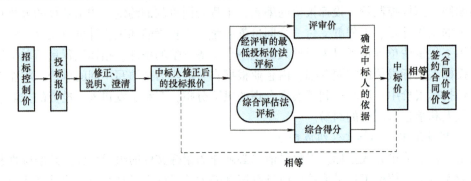

图 6-2　建设工程合同价款的形成过程

注：如果投标报价不需要修正、说明、澄清，则投标报价等于中标价。

需要注意的是，在签约合同价形成过程中，评标委员会按照招标文件所载明的评标方法、评标指标、评标标准，按照一定的方法和原则计算得出投标人投标报价的评审价格，评标委员会评审得出的评审价只是作为确定中标候选人的直接依据，不能作为签订合同时确定签约合同价的依据。

二、施工合同类型与风险分配

建设工程中最典型的合同类型有总价合同（Lump Sum Contract）、单价合同（Unit Price Contract）、成本加酬金合同（Cost Plus Contract）。有时在一个工程承包合同中，不同的工程分项可以采用不同的计价方式。不同种类的合同，有不同的应用条件，有不同的权利和责任的分配，对合同双方有不同的风险。

成本加酬金合同是指发承包双方约定，以施工工程成本加合同约定酬金进行合同价款计算、调整和确认的建设工程施工合同。鉴于这种合同类型中的风险都由发包人承担，承包人不承担任何价格变化和工程量变化的风险，不利于发包人对工程造价的控制，因此通常仅在紧急抢险、救灾以及施工技术特别复杂等情况下采用。因此，本书仅分析总价合同和单价合同这两种施工合同的风险分配。

（一）总价合同与风险分配

总价合同是指发承包双方约定以施工图及其预算和有关条件进行合同价款计算、调整和确认的建设工程施工合同。在总价合同类型中发包人的风险较小，而承包人则承担其余大部分风险。

1）当合同约定的施工条件不发生变化时，发包人付给承包人的合同价款总额就不发生变化。总价合同是总价优先，承包人报总价，双方商讨并确定合同总价，最终按总价结算，价格不因环境变化和工程量增减而变化。

2) 当合同施工内容和有关条件发生变化时，发承包双方根据变化情况和合同约定调整合同价款。通常只有在设计（或发包人要求）变更，或符合合同规定的调价条件，例如法律变化，才允许调整合同价格，否则不允许调整合同价格。

3) 工程量变化的风险。当合同价款是依据承包人根据施工图自行计算的工程量确定时，除工程变更造成的工程量变化外，合同约定的工程量是承包人完成的最终工程量，发承包双方不能以工程量变化作为合同价款调整依据；当合同价款是依据发包人提供的工程量清单确定时，发承包双方应依据承包人最终实际完成的工程量（包括工程变更和工程量清单错漏）调整确定工程价款。

4) 物价异常波动引起的风险。总价合同在报价时，承包人必须对市场的变化做充分的估计，减少由于价格变化带来的风险和造成的损失，因此总价合同一般规定物价波动时，合同价款不予调整。但是当发生不正常的物价上涨和过度的通货膨胀的风险时，可以依据情势变更原则，要求发包人给予物价异常波动引起的损失补偿。

（二）单价合同与风险分配

单价合同是指发承包双方约定以工程量清单及其综合单价进行合同价款计算、调整和确认的建设工程施工合同。

1) 单价合同是最常见也是比较传统的合同种类，适用范围广，如 FIDIC 土木工程施工合同和我国建设工程施工合同示范文本。在这种合同中，承包人仅按合同规定承担报价风险，即对报价（主要为单价和费率）的正确性和适宜性承担责任；而工程量变化的风险由发包人承担。由于风险分配比较合理，能调动承包人和发包人双方管理的积极性，所以能够适应大多数工程。

2) 单价合同的特点是单价优先，发包人给出的工程量表中的工程量是参考数字，而实际工程款结算按实际完成的工程量和承包人所报的单价计算。单价风险由承包人承担。

由于存在这种矛盾性，单价合同的招标文件一般都要规定，对于投标人报价表中明显的数字计算错误，发包人有权先作修改后再评标，而且发包人必须重视开标后的清标工作，特别要认真做好投标人报价的审核工作（清标工作内容参见本章第五节）。

3) 实行工程量清单计价的工程，应当采用单价合同。单价合同实施期间，合同中的工程清单项目综合单价在约定的条件内是固定不变的，超过合同约定的条件时，依据合同约定进行调整；工程量清单项目及工程量则依据承包人实际完成且应予计量的工程量确定。

4) 采用单价合同，应明确编制工程量清单的方法、工程量的计算规则和工程计量方法，每个分项的工程范围、质量要求和内容必须有相应的标准。在单价合同的工程量表中，还可能有如下情况：

① 工程分项的综合化，即将工程量分项标准中的工程分项合并，使工程分项的工作内容增加，具有综合性。例如，在某城市地铁建设项目中，隧道的开挖工程以延长米计价，工作内容包括盾构、挖土、运土、喷混凝土、维护结构等。它在形式上是单价合同，但实质上已经带有总价合同的性质。

② 单价合同中有总价分项，即有些分项或分部工程或工作采用总价的形式结算（或被称为"固定费率项目"）。例如，在某城市地铁建设项目中，车站的土建施工工程是以单价合同发包的。但在该施工合同中，维护结构工程分项却采用总价的形式，承包内容包括维护结构的选型、设计、施工和供应等全部工作。

第二节　工程量清单计价下的综合单价组价原理

一、综合单价的组价原理

综合单价是指完成一个规定清单项目所需的人工费、材料和工程设备费、施工机具使用费和企业管理费、利润以及一定范围内的风险费用。

在考虑风险因素确定管理费率和利润率的基础上，按规定程序计算出所组价定额项目的合价公式为

定额项目的合价 = 定额项目工程量 × [∑（定额人工消耗量 × 人工单价）+ ∑（定额材料消耗量 × 材料单价）+ ∑（定额机械台班消耗量 × 机械台班单价）+ 价差（基价或人工、材料、机械费用）+ 管理费和利润]

(6-1)

然后将若干项所组价的定额项目合价相加除以工程量清单项目的工程量，便得到工程量清单项目综合单价。其公式为

工程量清单项目综合单价 =（∑定额项目合价 + 未计价材料费）/ 工程量清单项目工程量

(6-2)

对于未计价材料和工程设备费（包括暂估单价的材料费）应计入综合单价。具体步骤如下：

（1）计算定额工程量　根据工程量清单中所描述的清单项目，考虑社会平均水平的施工组织方案，并套用项目所在地区的定额计量规则，计算出工程量清单子项目的定额工程量。

（2）套用定额消耗量　根据计算出来的定额工程量，套用完成一个清单项目所需要的所有定额子目及每个定额子目在此工程量清单项目下的数量，定额子目的选择按项目所在地的消耗量定额相关规定进行，数量按当地消耗量定额的计价规则计算。

（3）人工费、材料费和施工机具使用费的编制

1）工程量清单项目的人工费、材料费和施工机具使用费采用项目所在地区计价定额的人工费、材料和工程设备费、施工机具使用费，每个定额子目的人工费、材料和工程设备费、施工机具使用费应由"量"和"价"两个因素组成，即由工程量清单项目的定额工程量所需要消耗的人工数量、材料数量和机械台班数量以及人工单价、材料单价和机械台班单价所组成的费用。

2）人工消耗量、材料消耗量、机械台班消耗量，按每个定额子目工程量与该定额子目单个计量单位消耗量的乘积计算，每个定额子目单个计量单位的人、材、机消耗量应采用项目所在地定额的消耗量标准。

3）人工单价、材料单价、机械台班的单价，按工程造价管理机构发布的工程造价信息确定，工程造价信息没有发布的，参照市场价格，如材料、设备价格为暂估价的，应按暂估价确定。

（4）企业管理费的确定　企业管理费费率应参考地方费用定额标准进行确定，不得下调或上浮。例如，《江苏省建设工程费用定额》（2014）中建筑工程中的土石方工程的企业

管理费的费率为7%。

(5) 利润的确定　利润是以人、才、机与企业管理费之和为计算基数,然后乘以相应的费率计取,以北京市为例,《北京市建设工程费用定额》(2001)中的指导性利润取费为7.0%。

(6) 风险费用的确定　编制人应根据招标文件、施工图、合同条款、材料设备价格水平及工程实际情况合理确定,风险费用可按费率计算。

(7) 计算工程量清单综合单价　每个清单项目的人工费、材料和工程设备费、施工机具使用费、管理费、利润和风险费之和为单个清单项目合价,单个清单项目合价除以清单项目的工程量,即单个清单项目的综合单价。

二、综合单价中风险因素费用

在招标文件中应通过预留一定的风险费用,或明确说明风险所包括的范围及超出该范围的价格调整方法。对于招标文件中未做要求的,按以下原则确定:

1) 对于技术难度较大和管理复杂的项目,可考虑一定的风险费用,并纳入综合单价中。

2) 对于设备、材料基价的市场风险,应依据招标文件的规定,工程所在地或行业工程造价管理机构的有关规定,以及市场价格趋势,考虑一定率值的风险费用,纳入综合单价中。

3) 税金、规费等法律、法规、规章和政策变化的风险和人工单价等风险费用不应纳入综合单价。按照《建设工程工程量清单计价规范》(GB 50500—2013),人工费的调整按照相关主管部门颁发的调价文件调整,因此风险由发包人承担,综合单价中不考虑人工单价市场价格波动的风险。

综合单价中要求投标人承担的风险内容及其范围(幅度)产生的费用主要包括:

(1) 材料费、机械台班费波动的风险　主材的物价波动风险,材料费的损耗费风险,施工机具使用费风险,主要体现在能源方面,能源价格市场化后,其机械价格经常随着供求发生波动,也将对综合单价构成风险。机械设备的价格上涨也是施工机具使用费风险的主要因素。

(2) 管理费风险　企业管理费用的风险费用影响,主要是现场管理费用的影响。企业管理费的风险影响因素有施工企业整体水平,施工企业项目经理的管理能力和水平,工程项目的规模等因素。

(3) 利润风险　利润作为竞争项目,其确定主要取决于投标人自身现阶段的经营状况和企业发展的战略情况,以及投标人承接项目的情况,项目的复杂程度和项目的环境等。

三、综合单价的组价实例

由于《建设工程工程量清单计价规范》(GB 50500—2013)与《房屋建筑与装饰工程消耗量定额》㊀中的工程量计算规则、计量单位、项目内容不尽相同,综合单价的确定方法有

㊀ 为贯彻落实《住房城乡建设部关于进一步推进工程造价管理改革的指导意见》,住房城乡建设部组织修订了《房屋建筑与装饰工程消耗量定额》(编号为TY 01-31-2015)、《通用安装工程消耗量定额》(编号为TY 02-31-2015)、《市政工程消耗量定额》(编号为ZYA 1-31-2015)、《建设工程施工机械台班费用编制规则》《建设工程施工仪器仪表台班费用编制规则》,上述定额自2015年9月1日起施行。

以下几种。

(1) 单一定额项目组价 当分部分项工程内容比较简单,由单一计价子项计价,且《建设工程工程量清单计价规范》(GB 50500—2013)与所使用消耗量定额中的工程量计算规则相同时,这种组价较简单,一般来说,在一个单位工程中大多数的分项工程可利用这种方法组价,直接使用相应的工程定额中消耗量组合单价,步骤如下:

1) 直接套用工程定额的消耗量。
2) 计算人工费、材料和工程设备费、施工机具使用费。

$$人工费+材料和工程设备费+施工机具使用费 = 定额消耗量(或企业定额消耗量) \times (人工、材料、机械单价) \quad (6-3)$$

3) 计算管理费及利润。

$$企业管理费 = (人工费+材料和工程设备费+施工机具使用费) \times 管理费率 \quad (6-4)$$

$$利润 = (人工费+材料和工程设备费+施工机具使用费+管理费) \times 利润率 \quad (6-5)$$

4) 汇总形成综合单价。

$$综合单价 = (人工费+材料费+施工机具使用费+管理费+利润+风险因素的费用)/清单工程量 \quad (6-6)$$

【例 6-1】 "砖基础"综合单价的确定,清单工程量为 V 砖基 = 66.25 m^3。

【解】 第一步:直接套用清单工程量 V 砖基 = 66.25 m^3。

第二步:计算人工费、材料和工程设备费、施工机具使用费。

$$人工费+材料费+施工机具使用费 = 清单工程量 \times 人工、材料、机械单价$$
$$= (8.026 \times 66.25) 元 = 531.7 元$$

第三步:计算管理费及利润(管理费率为 4%,利润率为 1.5%)。

$$企业管理费 = (人工费+材料和工程设备费+施工机具使用费) \times 管理费率$$
$$= 531.7 元 \times 4\% = 21.27 元$$

$$利润 = (人工费+材料和工程设备费+施工机具使用费+管理费) \times 利润率$$
$$= (531.7+21.27) 元 \times 1.5\% = 8.29 元$$

第四步:汇总形成综合单价。

$$综合单价 = (人工费+材料工程设备费+施工机具使用费+管理费+利润+风险因素的费用)/清单工程量$$
$$= [(531.7+21.27+8.29+0)/66.25] 元/m^3 = 8.5 元/m^3 (假设风险为 0)$$

(2) 重新计算工程量组价 是指工程量清单给出的分部分项工程的单位与所用消耗量定额的单位不同,或工程量计算规则不同,需要按消耗量定额的计算规则重新计算工程量,进行相应的组价,之后再进行相应的换算来确定综合单价。

1) 重新计算工程量。根据所使用工程定额中的工程量计算规则计算工程量。
2) 计算人工费、材料和工程设备费、施工机具使用费。

$$人工费 = 人工定额消耗量(或企业定额消耗量) \times 人工单价 \quad (6-7)$$

$$材料和工程设备费 = 材料定额消耗量(或企业定额消耗量) \times 材料单价 \quad (6-8)$$

$$施工机具使用费 = 机械台班定额消耗量(或企业定额消耗量) \times 机械台班单价 \quad (6-9)$$

3) 计算管理费及利润。

$$管理费=(人工费+材料和工程设备费+施工机具使用费)\times 管理费率 \quad (6-10)$$
$$利润=(人工费+材料和工程设备费+施工机具使用费+管理费)\times 利润率 \quad (6-11)$$

4) 汇总换算形成综合单价。

$$综合单价=(人工费+材料和工程设备费+施工机具使用费+ \\ 管理费+利润+风险因素的费用)/清单工程用量 \quad (6-12)$$

【例 6-2】 打预制混凝土桩，清单工程量为 37.80m³，计算综合单价。

【解】 第一步：按工程定额计算预制混凝土桩的工程量，预制混凝土桩工程量除另有规定外，均按设计图示尺寸以体积计算，现浇混凝土工程量为 136m³。

第二步：人工费+材料和工程设备费+施工机具使用费=定额消耗量（或企业定额消耗量）×人工、材料、机械单价=（272.33×136）元=37036.88 元。

第三步：计算管理费及利润。

$$管理费=(人工费+材料和工程设备费+施工机具使用费)\times 管理费率$$
$$=37036.88\ 元\times 4\%=1481.48\ 元$$

$$利润=(人工费+材料和工程设备费+施工机具使用费+管理费)\times 利润率$$
$$=(37036.88+1481.48)元\times 1.5\%=577.78\ 元$$

第四步：汇总形成综合单价。

$$综合单价=(人工费+材料和工程设备费+施工机具使用费+管理费+\\ 利润+风险因素的费用)/清单工程量$$
$$=[(37036.88+1481.48+577.78+0)/37.8]元/m=1034.29\ 元/m$$

(3) 复合组价 工程量清单是根据《建设工程工程量清单计价规范》(GB 50500—2013) 计算规则编制，一般来说综合性很大，而消耗量定额项目划分得相对较细，当组价内容复杂，须根据多项工程定额项目进行组合综合单价，这时就需要根据多项工程定额组价，这种组价较为复杂。下面通过实例来介绍这种组价方法。

【例 6-3】 已知某带形基础总长度为 160m，基础上部为 370 实心砖墙，带形基础如图 6-3 所示，其分部分项工程量清单见表 6-1，某咨询单位据此编制招标控制价，根据项目所在地的平均水平，确定管理费的费率为 12%，利润率与风险系数为 4.5%（以工料机与管理费之和为计算基数）。普通施工方案确定如下：基础土方采用人工放坡开挖，工作面每边为 300mm，自垫层上表面开始放坡，坡度系数为 0.33，余土全部采用翻斗车外运，运距为 200m。项目所在地定额的消耗量见表 6-2，市场价格信息资料见表 6-3，试计算挖基础土方工程量清单的综合单价。

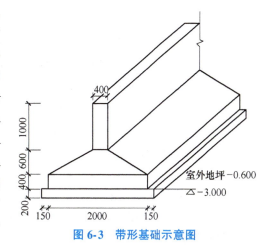

图 6-3 带形基础示意图

表 6-1 工程量清单

序号	项目编码	项目名称	项目特征	计量单位	工程数量
1	010101003001	挖基础土方	三类土、挖土深度4m以内，弃土运距200m	m^3	956.80

表 6-2 项目所在地定额的消耗量

	定额编号		8-16	5-394	1-9		
	项 目	单位	混凝土垫层	混凝土条形基础	人工挖三类土	回填夯实土	翻斗车运土
人工	综合工日	工日	1.225	0.956	0.661	0.294	0.100
材料	现浇混凝土	m^3	1.010	1.015			
	草袋	m^3	0.000	0.252			
	水	m^3	0.500	0.919			
机械	混凝土搅拌机	台班	0.101	0.039		0.008	0.069
	插入式振捣机		0.000	0.077			
	平板式振捣机		0.079	0.000			
	机动翻斗车		0.000	0.078			
	电动打夯机		0.000	0.000			

表 6-3 市场价格信息资料

序号	资源名称	单位	价格（元）	序号	资源名称	单位	价格（元）
1	综合工日	工日	35.00	7	草袋	m^3	2.20
2	42.5级水泥	kg	320.00	8	混凝土搅拌机	台班	96.85
3	粗砂	m^3	90.00	9	插入式振捣机	台班	10.74
4	砾石40mm	m^3	52.00	10	平板式振捣机	台班	12.89
5	砾石20mm	m^3	52.00	11	机动翻斗车	台班	83.31
6	水	m^3	3.90	12	电动打夯机	台班	26.61

【解】 (1) 计算基础土方工程量

1) 人工挖基础土方工程量

$$V_W = \{(2.3+2\times0.3)\times0.2+[2.3+2\times0.3+0.33\times(3-0.6)]\times(3-0.6)\}\times160 m^3 = 1510.53 m^3$$

2) 基础回填土的工程量

$$V_T = V_W - 室外地坪标高以下埋设物的体积 = [1510.53-73.6-307.20-0.37\times(3-0.6-2)\times160] m^3 = 1106.05 m^3$$

3) 余土运输工程量

$$V_Y = V_W - V_T = (1510.53-1106.05) m^3 = 404.48 m^3$$

(2) 计算挖基础土方（含余土运输）的工料机消耗量

人工工日：(1510.53×0.661+404.48×0.100) 工日 = 1038.91 工日

材料消耗：无

机动翻斗车：404.48×0.069 台班 = 27.91 台班

(3) 根据表 6-3 分析计算人工与翻斗车的单价

人工单价为 35 元/工日

机动翻斗车的台班单价为 83.31 元/台班

(4) 计算工料机费 = (1038.91×35+27.91×83.31)元 = 38687.03 元
(5) 计算管理费 = 38687.03 元×12% = 4642.44 元
(6) 计算利润与风险费用 = (38687.03+4642.44)元×4.5% = 1949.83 元
(7) 计算挖基础土方的总费用 = (38687.03+4642.44+1949.83)元 = 45279.30 元
(8) 计算挖基础土方的工程量清单

$$综合单价 = (45279.30 \div 956.80) 元/m^3 = 47.32 元/m^3$$

第三节　招标工程量清单及招标控制价的编制

一、招标控制价概述

招标控制价是招标人根据国家或省级、行业建设主管部门颁发的有关计价依据和办法，按设计施工图样计算，对招标工程限定的最高工程造价。国有资金投资的建设工程招标，招标人必须编制招标控制价。

招标控制价应由具有编制能力的招标人，或受其委托具有相应资质的工程造价咨询人编制。工程造价咨询人接受招标人委托编制招标控制价，不得再就同一工程接受投标人委托编制投标报价。当招标控制价超过批准的概算时，招标人应将其报原概算审批部门审核。招标控制价应在招标时公布，不应上调或下浮，招标人应将招标控制价及有关资料报送工程所在地工程造价管理机构备查。

《招标投标法实施条例》规定，招标人可以自行决定是否编制标底，一个招标项目只能有一个标底，标底必须保密。同时规定，招标人设有最高投标限价的，应当在招标文件中明确最高投标限价或者最高投标限价的计算方法，招标人不得规定最低投标限价。《招标投标法实施条例》中规定的最高投标限价基本等同于《建设工程工程量清单计价规范》中规定的招标控制价，因此招标控制价编制的要求和方法也同样适用于最高投标限价。

二、招标工程量清单的编制

编制招标控制价时首先要依据实际情况编制招标工程量清单。

招标工程量清单是招标人依据国家标准、招标文件、设计文件以及施工现场实际情况编制的，随招标文件发布供投标报价的工程量清单，包括对其的说明和表格。编制招标工程量清单，应充分体现"实体净量""量价分离"和"风险分担"的原则。招标阶段，由招标人或其委托的工程造价咨询人根据工程项目设计文件，编制出招标工程项目的工程量清单，并将其作为招标文件的组成部分。招标人对工程量清单中各分部分项工程或适合以分部分项工程项目清单设置的措施项目的工程量的准确性和完整性负责；投标人应结合企业自身实际、参考市场有关价格信息完成清单项目工程的组合报价，并对其承担风险。

(一) 招标工程量清单的编制依据

1) 《建设工程工程量清单计价规范》（GB 50500—2013）以及各专业工程量计算规范等。
2) 国家或省级、行业建设主管部门颁发的计价定额和办法。
3) 建设工程设计文件及相关资料。
4) 与建设工程有关的标准、规范、技术资料。
5) 拟定的招标文件。
6) 施工现场情况、地勘水文资料、工程特点及常规施工方案。
7) 其他相关资料。

(二) 招标工程量清单的编制内容

1. 分部分项工程项目清单编制

分部分项工程项目清单所反映的是拟建工程分部分项工程项目名称和相应数量的明细清单，招标人负责包括项目编码、项目名称、项目特征描述、计量单位和工程量计算在内的五项内容。

(1) 项目编码　分部分项工程项目清单的项目编码，应根据拟建工程的工程项目清单项目名称设置，同一招标工程的项目编码不得有重码。

(2) 项目名称　分部分项工程项目清单的项目名称应按专业工程量计算规范附录的项目名称结合拟建工程的实际确定。

在分部分项工程项目清单中所列出的项目，应是在单位工程的施工过程中以其本身构成该单位工程实体的分项工程，但应注意：

1) 当在拟建工程的施工图中有体现，并且在专业工程量计算规范附录中也有相对应的项目时，则根据附录中的规定直接列项，计算工程量，确定其项目编码。

2) 当在拟建工程的施工图中有体现，但在专业工程量计算规范附录中没有相对应的项目，并且在附录项目的"项目特征"或"工程内容"中也没有提示时，则必须编制针对这些分项工程的补充项目，在清单中单独列项并在清单的编制说明中注明。

(3) 项目特征描述　工程量清单的项目特征是确定一个清单项目综合单价不可缺少的重要依据，在编制工程量清单时，必须对项目特征进行准确和全面的描述。当有些项目特征用文字往往又难以准确和全面的描述时，为达到规范、简洁、准确、全面描述项目特征的要求，应按以下原则进行：

1) 项目特征描述的内容应按附录中的规定，结合拟建工程的实际，满足确定综合单价的需要。

2) 若采用标准图集或施工图能够全部或部分满足项目特征描述的要求，项目特征描述可直接采用详见××图集或××图号的方式。对不能满足项目特征描述要求的部分，仍应用文字描述。

(4) 计量单位　分部分项工程项目清单的计量单位与有效位数应遵守清单计价规范规定。当附录中有两个或两个以上计量单位的，应结合拟建工程项目的实际选择其中一个确定。

(5) 工程量计算　分部分项工程项目清单中所列工程量应按专业工程量计算规范规定的工程量计算规则计算。另外，对补充项的工程量计算必须符合下述原则：一是其计算规则要具有可计算性,二是计算结果要具有唯一性。

工程量的计算是一项繁杂而细致的工作,为了计算得快速准确并尽量避免漏算或重算,必须依据一定的计算原则及方法:

1) 计算口径一致。根据施工图列出的工程量清单项目,必须与专业工程工程量计算规范中相应清单项目的口径相一致。

2) 按工程量计算规则计算。工程量计算规则是综合确定各项消耗指标的基本依据,也是具体工程测算和分析资料的基准。

3) 按图样计算。工程量按每一分项工程,根据设计图进行计算,计算时采用的原始数据必须以施工图所表示的尺寸或施工图能读出的尺寸为准进行计算,不得任意增减。

4) 按一定顺序计算。计算分部分项工程量时,可以按照定额编目顺序或按照施工图专业顺序依次进行计算。计算同一张图样的分项工程量时,一般可采用以下几种顺序:按顺时针或逆时针顺序计算;按先横后纵顺序计算;按轴线编号顺序计算;按施工先后顺序计算;按定额分部分项顺序计算。

2. 措施项目清单编制

措施项目清单是指为完成工程项目施工,发生于该工程施工准备和施工过程中的技术、生活、安全、环境保护等方面的项目清单,措施项目分单价措施项目和总价措施项目。

措施项目清单的编制需考虑多种因素,除工程本身的因素外,还涉及水文、气象、环境、安全等因素。措施项目清单应根据拟建工程的实际情况列项,若出现《建设工程工程量清单计价规范》(GB 50500—2013)中未列的项目,可根据工程实际情况补充。项目清单的设置要考虑拟建工程的施工组织设计,施工技术方案,相关的施工规范与施工验收规范,招标文件中提出的某些必须通过一定的技术措施才能实现的要求,设计文件中一些不足以写进技术方案的但是要通过一定的技术措施才能实现的内容。

一些可以精确计算工程量的措施项目可采用与分部分项工程项目清单编制相同的方式,编制"分部分项工程和单价措施项目清单与计价表";而有一些措施项目费用的发生与使用时间、施工方法或者两个以上的工序相关,并大都与实际完成的实体工程量的大小关系不大,如安全文明施工、冬雨季施工、已完工程设备保护等,应编制"总价措施项目清单与计价表"。

3. 其他项目清单的编制

其他项目清单是应招标人的特殊要求而发生的与拟建工程有关的其他费用项目和相应数量的清单。工程建设标准的高低、工程的复杂程度、工程的工期长短、工程的组成内容、发包人对工程管理要求等都直接影响其具体内容。当出现未包含在表格中的项目时,可根据实际情况补充。其中:

1) 暂列金额是指招标人暂定并包括在合同中的一笔款项。用于工程合同签订时尚未确定或者不可预见的所需材料、工程设备、服务的采购,施工中可能发生的工程变更、合同约定调整因素出现时的合同价款调整以及发生的索赔、现场签证确认等的费用。此项费用由招标人填写其项目名称、计量单位、暂定金额等,若不能详列,也可只列暂定金额总额。由于暂列金额由招标人支配,实际发生后才得以支付,因此在确定暂列金额时应根据施工图的深度、暂估价设定的水平、合同价款约定调整的因素以及工程实际情况合理确定。一般可按分部分项工程项目清单的10%~15%确定,不同专业预留的暂列金额应分别列项。

2) 暂估价是招标人在招标文件中提供的用于支付必然要发生但暂时不能确定价格的材

料、工程设备的单价以及专业工程的金额。一般而言，为方便合同管理和计价，需要纳入分部分项工程量项目综合单价中的暂估价，应只是材料、工程设备暂估单价，以方便投标与组价。以"项"为计量单位给出的专业工程暂估价一般应是综合暂估价，即应当包括除规费、税金以外的管理费、利润等。

3）计日工是为了解决现场发生的工程合同范围以外的零星工作或项目的计价而设立的。计日工为额外工作的计价提供一个方便快捷的途径。计日工对完成零星工作所消耗的人工工时、材料数量、机具台班进行计量，并按照计日工表中填报的适用项目的单价进行计价支付。编制计日工表格时，一定要给出暂定数量，并且需要根据经验，尽可能估算一个比较贴近实际的数量，且尽可能把项目列全，以消除由此产生的争议。

4）总承包服务费是为了解决招标人在法律法规允许的条件下，进行专业工程发包以及自行采购供应材料、设备时，要求总承包人对发包的专业工程提供协调和配合服务，对供应的材料、设备提供收发和保管服务以及对施工现场进行统一管理，对竣工资料进行统一汇总整理等发生并向承包人支付的费用。招标人应当按照投标人的投标报价支付该项费用。

4. 规费税金项目清单的编制

规费税金项目清单应按照规定的内容列项，当出现规范中没有的项目，应根据省级政府或有关部门的规定列项。税金项目清单除规定的内容外，如国家税法发生变化或增加税种，应对税金项目清单进行补充。规费、税金的计算基础和费率均应按国家或地方相关部门的规定执行。

5. 工程量清单总说明的编制

工程量清单编制总说明包括以下内容：

1）工程概况。工程概况中要对建设规模、工程特征、计划工期、施工现场实际情况、自然地理条件、环境保护要求等做出描述。其中，建设规模是指建筑面积；工程特征应说明基础及结构类型、建筑层数、高度、门窗类型及各部位装饰、装修做法；计划工期是指按工期定额计算的施工天数；施工现场实际情况是指施工场地的地表状况；自然地理条件是指建筑场地所处地理位置的气候及交通运输条件；环境保护要求是指针对施工噪声及材料运输可能对周围环境造成的影响和污染所提出的防护要求。

2）工程招标及分包范围。招标范围是指单位工程的招标范围，如建筑工程招标范围为"全部建筑工程"，装饰装修工程招标范围为"全部装饰装修工程"，或招标范围不含桩基础、幕墙、门窗等。工程分包是指特殊工程项目的分包，如招标人自行采购安装"铝合金门窗"等。

3）工程量清单编制依据，包括建设工程工程量清单计价规范、设计文件、招标文件、施工现场情况、工程特点及常规施工方案等。

4）对工程质量、材料、施工等的要求。对工程质量的要求是指招标人要求拟建工程的质量应达到合格或优良标准；对材料的要求是指招标人根据工程的重要性、使用功能及装饰装修标准提出，诸如对水泥的品牌、钢材的生产厂家、花岗石的出产地、品牌等的要求；对施工的要求一般是指建设项目中对单项工程的施工顺序等的要求。

5）其他需要说明的事项。

6. 招标工程量清单汇总

在分部分项工程项目清单、措施项目清单、其他项目清单、规费和税金项目清单编制完成后，经审查复核，与工程量清单封面及总说明汇总并装订，由相关责任人签字和盖章，形成完整的招标工程量清单文件。

（三）招标工程量清单编制示例

随招标文件发布供投标报价的工程量清单称为招标工程量清单，通常用表格形式表示并加以说明。由于招标人所用工程量清单表格与投标人报价所用表格是同一个，招标人发布的表格中，除暂列金额、暂估价列有"金额"外，只是列出工程量，该工程量是根据工程量计算规范的计算规则所得。

【例 6-4】 ××中学教学楼工程分部分项工程量的计算与列表。

根据《房屋建筑与装饰工程工程量计算规范》（GB 50854—2013），对现浇混凝土梁的混凝土、钢筋、脚手架等工程量进行计算并列表。

1. 现浇混凝土梁工程量

根据 GB 50854 附录 E.3 现浇混凝土梁的工程量计算规则，现浇混凝土梁的工程量按设计图示尺寸以体积计算，伸入墙内的梁头、梁垫并入梁体积内。

项目特征：①混凝土种类；②混凝土强度等级。

工作内容：①模板及支架（撑）制作、安装、拆除、堆放、运输及清理模内杂物、刷隔离剂等；②混凝土制作、运输、浇筑、振捣、养护。

2. 钢筋工程量

"现浇构件钢筋"的工程量计算，根据附录 E.15 钢筋工程中的"现浇构件钢筋"的工程量计算规则，为按设计图示钢筋（网）长度（面积）乘以单位理论质量计算。

项目特征：钢筋种类、规格。

工作内容：①钢筋制作、运输；②钢筋安装；③焊接（绑扎）。

注：①现浇构件中伸出构件的锚固钢筋应并入钢筋工程量内；除设计（包括规范规定）标明的搭接外，其他施工搭接不计算工程量，在综合单价中综合考虑；②现浇构件中固定位置的支撑钢筋、双层钢筋用的"铁马"在编制工程量清单时，如果设计未明确，其工程数量可为暂估量，结算时按现场签证数量计算。

3. 脚手架工程量

脚手架工程属单价措施项目，其工程量计算根据附录 S.1 脚手架工程中综合脚手架工程量计算规则，按建筑面积以 m² 计算。

项目特征：①建筑结构形式；②檐口高度。

工作内容：①场内、场外材料搬运；②搭、拆脚手架、斜道、上料平台；③安全网的铺设；④选择附墙点与主体连接；⑤测试电动装置、安全锁等；⑥拆除脚手架后材料的堆放。

计算脚手架工程应注意：①使用综合脚手架时，不再使用外脚手架、里脚手架等单项脚手架；综合脚手架适用于能够按"建筑面积计算规则"计算建筑面积的建筑工程脚手架，不适用于房屋加层、构筑物及附属工程脚手架；②同一建筑物有不同檐高时，按建筑物竖向切面分别按不同檐高编列清单项目；③整体提升架已包括 2m 高的防护架体设施；④脚手架材质可以不描述，但应注明由投标人根据工程实际情况按国家现行标准规范自行确定。

4. 分部分项工程项目清单列表

填列工程量清单的表格见表 6-4 分部分项工程和单价措施项目清单与计价表。需要说明的是，表中带括号的数据属于随招标文件公布的招标控制价的内容，即招标人提供招标工程量清单时，表中带括号数据的单元格内容为空白。

表6-4 分部分项工程和单价措施项目清单与计价表（招标工程量清单）

工程名称：××中学教学楼工程　　　　　　　　标段：　　　　　　　　第　页共　页

序号	项目编码	项目名称	项目特征描述	计量单位	工程量	金额（元）		
						综合单价	合价	其中：暂估价
		……						
		0105 混凝土及钢筋混凝土工程						
6	010503001001	基础梁	C30 预拌混凝土	m³	208	(367.05)	(76346)	
7	010515001001	现浇构件钢筋	螺纹钢 Q235，Φ14	t	200	(4821.35)	(964270)	800000
		……						
		分部小计					(2496270)	800000
		……						
		0117 措施项目						
16	011701001001	综合脚手架	砖混、檐高 22m	m²	10940	(20.85)	(228099)	
		……						
		分部小计					(829480)	
		合计					(6709337)	800000

三、招标控制价的编制

（一）招标控制价的编制依据

招标控制价的编制依据是指在编制招标控制价时需要进行工程量计量、价格确认、工程计价的有关参数、率值的确定等工作时所需的基础性资料，主要包括：

1) 现行国家标准《建设工程工程量清单计价规范》（GB 50500—2013）与专业工程量计算规范。

2) 国家或省级、行业建设主管部门颁发的计价定额和计价办法。

3) 建设工程设计文件及相关资料。

4) 拟定的招标文件及招标工程量清单。

5) 与建设项目相关的标准、规范、技术资料。

6) 施工现场情况、工程特点及常规施工方案。

7) 工程造价管理机构发布的工程造价信息，但工程造价信息没有发布的，参照市场价。

8) 其他的相关资料。

（二）招标控制价编制的程序

根据《建筑安装工程费用项目组成》（建标〔2013〕44号）规定：建筑安装工程费用项目按工程造价形成划分为分部分项工程费、措施项目费、其他项目费、规费、税金。招标控制价的编制程序按照相应的内容依序展开。

根据中国建设工程造价管理协会组织有关单位编制的《建设工程招标控制价编审规程》（CECA/GC 6-2011）的规定：招标控制价编制人员工作的基本程序应包括编制前准备、收集编制资料、编制招标控制价、整理招标控制价文件相关资料、编制招标控制价成果文件。

（三）招标控制价计价程序

建设工程的招标控制价反映的是单位工程费用，各单位工程费用是由分部分项工程费、措施项目费、其他项目费、规费和税金组成。单位工程招标控制价计价程序见表6-5。

表6-5 单位工程招标控制价计价程序

工程名称： 标段： 第 页共 页

序 号	汇总内容	计算方法	金额（元）
1	分部分项工程费	按计价规定计算	
1.1			
1.2			
2	措施项目费	按计价规定计算	
2.1	其中：安全文明施工费	按规定标准估算	
3	其他项目费		
3.1	其中：暂列金额	按计价规定估算	
3.2	其中：专业工程暂估价	按计价规定估算	
3.3	其中：计日工	按计价规定估算	
3.4	其中：总承包服务费	按计价规定估算	
4	规费	按规定标准计算	
5	税金	（人工费+材料费+施工机具使用费+企业管理费+利润+规费）×增值税税率	
	招标控制价	合计＝1+2+3+4+5	

注：本表适用于单位工程招标控制价计算或投标报价计算，如无单位工程划分，单项工程也使用本表。

1. 分部分项工程费确定

招标控制价的分部分项工程费应由各单位工程的招标工程量清单中给定的工程量乘以其相应综合单价汇总而成。因此，招标控制价编制的重点在于综合单价的组价。

（1）综合单价的组价过程　首先，依据提供的工程量清单和施工图，按照工程所在地区颁发的计价定额的规定，确定所组价的定额项目名称，并计算出相应的工程量；其次，依据工程造价政策规定或工程造价信息确定其人工、材料、施工机具台班单价；同时，在考虑风险因素确定管理费率和利润率的基础上，按规定程序计算出所组价定额项目的合价，然后将若干项所组价的定额项目合价相加除以工程量清单项目工程量，便得到工程量清单项目综合单价，对于未计价材料费（包括暂估单价的材料费）应计入综合单价。其组价原理在本章第一节中已经做出说明。

（2）综合单价中的风险因素　为使招标控制价与投标报价所包含的内容一致，综合单价中应包括招标文件中要求投标人所承担的风险内容及其范围（幅度）产生的风险费用。

1）对于技术难度较大和管理复杂的项目，可考虑一定的风险费用，并纳入综合单价中。

2）对于工程设备、材料价格的市场风险，应依据招标文件的规定，工程所在地或行业工程造价管理机构的有关规定，以及市场价格趋势考虑一定率值的风险费用，纳入综合单价中。

3) 税金、规费等法律、法规、规章和政策变化的风险和人工单价等风险费用不应纳入综合单价。

2. 措施项目费的确定

招标控制价中的措施项目费应根据拟建工程的常规施工组织设计及招标人提供的工程量清单进行计价；可以计算工程量的措施项目，宜采用分部分项工程量清单的方式编制，与之相对应，应采用综合单价计价；以项为计量单位的，按总价计价，其价格组成与综合单价相同，应包括除规费、增值税销项税金以外的全部费用。

（1）单价法 对于可计量部分的措施项目应参照分部分项工程费用的计算方法采用单价法计价，主要包括一些与实体项目紧密联系的项目，如混凝土、钢筋混凝土模板及支架、脚手架等。

$$某项措施项目费 = 措施项目工程量 \times 综合单价 \qquad (6-13)$$

措施项目中的综合单价计算方法参照分部分项工程费综合单价的计价方法，每个措施项目清单所需要的所有定额子目下的人工费、材料费、施工机具使用费、企业管理费、利润和风险费之和为单个清单项目合价，单个清单项目合价除以清单项目的工程量，即单个清单项目的综合单价。具体公式如下：

$$组成措施项目清单综合单价的定额项目合价 = 定额项目工程量 \times [(定额人工消耗量 \times 人工单价) + \sum(定额材料消耗量 \times 材料单价) + \sum(定额机械台班消耗量 \times 机械台班单价) + 管理费 + 利润] \qquad (6-14)$$

$$措施项目清单综合单价 = \sum 组成措施项目清单综合单价的定额项目合价 + 未计价材料费（包括暂估材料费）/ 措施项目清单工程量 \qquad (6-15)$$

（2）费率法 对于以项计量或综合取定的措施费用应采用费率法。采用费率法时应先确定某项费用的计费基数，再测定其费率，然后将计费基数与费率相乘得到费用。即，某项措施项目清单费 = 措施项目计费基数 × 费率。此时，措施项目计费基数中一般已包含管理费和利润等内容。

这种方法主要适用于施工过程中必须发生但在投标时很难具体分析预测又无法单独列出项目内容的措施项目。如安全文明施工费、夜间施工费、二次搬运费、冬雨季施工费的计价均采用这种方法。这里需要注意，措施项目清单中的安全文明施工费应按照国家或省级、行业建设主管部门的规定计价，不得作为竞争性费用。

基数及费率要按各地建设工程计价办法的要求确定，如《关于转发<建筑工程安全防护、文明施工措施费用及使用规定>的通知》（京建施〔2005〕802号）规定，实行工程量清单计价的工程，措施项目清单中所列安全防护、文明施工措施费用，应当按相应费率乘以1.10系数计算。

此外，对于可以分包的独立项目，如室内空气污染测试等可采用分包计价法，即在分包价格的基础上增加投标人的管理费及风险进行计价的方法。

3. 其他项目费的确定

（1）暂列金额 暂列金额的确定应根据工程特点，即工程的复杂程度、设计深度、工程环境条件（包括地质、水文、气候条件等）按有关计价规定进行估算确定，一般可以分部分项工程费的10%~15%计取。

（2）暂估价 材料暂估价应按工程造价管理机构发布的工程造价信息中的材料单价计算，

工程造价信息未发布的材料单价，其单价参考市场价格估算。这部分已经计入工程量清单综合单价中，此处不再汇总。专业工程暂估价应分不同的专业，按有关计价规定进行估算。

暂估价的确定包括材料暂估价、工程设备暂估价和专业工程暂估价三部分，工程设备的费用计取与暂估价类似。

1）材料暂估价和工程设备暂估价。招标人提供的暂估价的材料，应按暂定的单价计入综合单价；未提供暂估价的材料，应按工程造价管理机构发布的工程造价信息中的单价计算；工程造价信息未发布的材料单价，其单价参考市场价格估算。

2）专业工程暂估价。招标人需另行发包的专业工程暂估价应分不同专业按项列支，价格中包含除规费、税金以外的所有费用，按有关计价规定进行估算。

（3）计日工　计日工是指承包人完成发包人提出的工程合同范围以外的零星项目或工作采取的一种计价方式，包括完成该项作业的人工、材料、施工机械台班。需要注意的是计日工单价是指由人工单价、材料单价和机械台班单价加上管理费和利润之后组成的综合单价。应在省级、行业建设主管部门或其授权的工程造价管理机构公布的造价信息基础上考虑社会平均水平的企业管理费和利润计算；未发布计日工综合单价的情况，则应依据市场调查确定的人工、材料、施工机械台班等单价，并计取一定的反映社会平均水平的企业管理费用和利润来确定。

（4）总承包服务费　总承包服务费的参考标准为：

1）招标人仅要求对分包的专业工程进行总承包管理和协调时，以分包的专业工程估算造价的1.5%计算。

2）招标人要求对分包的专业工程进行总承包管理和协调，并同时要求提供配合服务时，根据招标文件列出的配合服务内容和提出的要求，按分包的专业工程估算造价的3%~5%计算。

3）招标人自行供应材料的，按供应材料价值的1%计算。

4. 规费和增值税销项税金的确定

规费是指按国家法律、法规规定，由省级政府和省级有关权力部门规定必须缴纳或计取的费用，包括社会保险费、住房公积金和工程排污费。规费的计算按照各地建设工程计价办法的要求确定取费基数和费率。

建筑安装工程税金是指按照国家税法规定应计入建筑安装工程造价内的增值税销项税额，用来开支进项税额和缴纳应纳税额。相比营业税下税金组成内容，增值税销项税金不包括附加税费，附加税费增加到企业管理费组成内容中。

$$增值税销项税额 = （分部分项工程费 + 措施项目费 + 其他项目费 + 规费） \times 9\%$$

(6-16)

四、招标控制价的审查

（一）招标控制价文件组成审查

1. 招标控制价编制成果文件是否完整

完整的招标控制价编制成果文件包括：招标控制价封面，总说明，工程项目招标控制价汇总表，单项工程招标控制价汇总表，单位工程招标控制价汇总表，分部分项工程量清单与计价表，措施项目清单与计价表（一），措施项目清单与计价表（二），其他项目清单与计价汇总表，暂列金额明细表，材料暂估单价表，专业工程暂估价表，计日工表，总承包服务费计价表，规费、税金项目清单与计价表，工程量清单综合单价分析表。

2. 招标控制价编制成果文件是否规范

主要审查各种表格是否按照《建设工程工程量清单计价规范》（GB 50500—2013）中要求的格式进行编制。

（二）招标控制价编制依据审查

招标控制价编制依据审查是招标控制价审查实施环节的基础性工作，招标控制价编制依据的合法性、合理性，直接影响招标控制价编制的合理性与准确性。

1. 审查招标控制价编制依据的合法性

编制依据是否经过国家和行业主管部门批准，符合国家的编制规定，未经批准的不能采用。

2. 审查招标控制价编制依据的时效性

各种编制依据均应该严格遵守国家及行业主管部门的现行规定，注意有无调整和新的规定，审查招标控制价编制依据是否仍具有法律效力。

3. 审查招标控制价编制依据的适用范围

对各种编制依据的范围进行适用性审查，如不同投资规模、不同工程性质、专业工程是否具有相应的依据。

（三）招标控制价内容审查

1. 封面、总说明的审查

1）审查封面格式及相关盖章是否符合《建设工程工程量清单计价规范》（GB 50500—2013）的要求，是否有招标人、工程造价咨询人及法定代表人或授权人盖章和签字，以及相关资质的编制人和复核人是否签字并盖资质专用章。

2）招标控制价封面是否有招标控制价的大写与小写，招标人、工程造价咨询人及法定代表人或授权人盖章和签字，以及相关资质的编制人和复核人应签字并盖资质专用章。

3）审查总说明是否按下列内容填写：

① 工程概况。工程概况中是否对建设规模、工程特征、计划工期、合同工期、实际工期、施工现场及变化情况、自然地理条件、环境保护要求等做出描述。

② 招标控制价编制依据。编制依据是否准确、完整。

2. 分部分项工程费的审查

1）《建设工程工程量清单计价规范》（GB 50500—2013）规定分部分项工程和措施项目的单价项目，应根据拟定的招标文件和招标工程量清单项目中特征描述及有关要求确定综合单价。因此，应审查其项目特征描述是否与综合单价的计取相符。

2）审查综合单价是否参照现行消耗定额进行组价，计费是否完整，取费费率是否按国家或省级、行业建设主管部门对工程造价计价中费用或费用标准执行。综合单价中是否考虑了投标人承担的风险费用。

3）施工机械设备的选型直接关系到综合单价水平，应根据工程项目特点和施工条件，本着经济实用、先进高效的原则确定。

4）采用的材料价格应是工程造价管理机构通过工程造价信息发布的材料价格，工程造价信息未发布材料单价的材料，其材料价格应通过市场调查确定。另外，未采用工程造价管理机构发布的工程造价信息时，需在招标文件或答疑补充文件中对招标控制价采用的与造价信息不一致的市场价格予以说明，采用的市场价格则应通过调查、分析确定，有可靠的信息来源。

5）应该正确、全面地使用行业和地方的计价定额与相关文件。

3. 措施项目费的审查

通用措施项目清单费应根据相关计价规定、工程具体情况及企业实力进行计算，如通用措施项目清单未列的但实际会发生的措施项目应进行补充；通用措施项目清单中相关措施项目应齐全，计算基础、费率应清晰。

专业措施项目清单费应根据专业措施项目清单数量进行计价，具体综合单价的组价原则按分部分项工程量清单费用的组价原则进行计算，并提供工程量清单综合单价分析表，综合单价分析表格式和内容与分部分项工程量清单一致。

不同工程项目、不同投标人会有不同的施工组织方法，所发生的措施费也会有所不同，因此对于竞争性的措施费用的确定，招标人应首先编制常规的施工组织设计或施工方案，然后经专家论证确认后再进行合理确定措施项目与费用。

不可竞争的措施项目和规费、税金等费用的计算均属于强制性的条款，编制招标控制价时应按国家有关规定计算。

4. 其他项目费的审查

1）审查暂列金额是否按工程量清单给定的金额进行计价，根据招标文件及工程量清单的要求，应注意此部分费用是否应计取规费和税金。

2）专业工程暂估价格是否按招标工程量清单给定的价格进行计价，是否应计取规费和税金。

3）计日工是否按工程量清单给予的数量进行计价，计日工单价是否为综合单价。

4）总承包服务费是否按招标文件及工程量清单的要求，结合自身实力对发包人发包专业工程和发包人供应材料计取总承包服务费，计取的基数是否准确，费率有无突破相关规定。

5. 规费、增值税销项税金的审查

规费、增值税销项税金是否严格按政府规定费率计算，计算基数是否准确。

（四）其他方面的审查

1）审查各分项金额合计是否与总计一致。

2）招标控制价是否在批准的概算范围内，如超出原概算，应将其报原概算审批部门审查。

（五）编制招标控制价审查报告

招标控制价审查报告一般包括：项目概况、审查依据、审查内容、审查时间、审查结论、调整原因等内容。

五、招标控制价的投诉与处理

投标人经复核认为招标人公布的招标控制价未按照规范的规定进行编制的，应当在招标控制价公布后5天内向招标投标监督机构和工程造价管理机构投诉。投诉人投诉时，应当提交书面投诉书，包括：①投诉人与被投诉人的名称、地址及有效联系方式；②投诉的招标工程名称、具体事项及理由；③投诉依据及有关证明材料；④相关的请求及主张。投诉书必须

由单位盖章和法定代表人或其委托人签名或盖章。

投诉人不得进行虚假、恶意投诉，阻碍招标投标活动的正常进行。工程造价管理机构在接到投诉书后应在 2 个工作日内进行审查，不予受理的情况有：①投诉人不是所投诉招标工程招标文件的收受人；②投诉书提交的时间超过招标控制价公布后 5 天；③投诉书的书面内容不全；④投诉事项已进入行政复议或行政诉讼程序的。

接到投诉书之后，工程造价管理机构应在不迟于结束审查的次日将是否受理投诉的决定书面通知投诉人、被投诉人以及负责该工程招标投标监督的招标投标管理机构。工程造价管理机构受理投诉后，应立即对招标控制价进行复查，组织投诉人、被投诉人或其委托的招标控制价编制人等单位人员对投诉问题逐一核对。有关当事人应当予以配合，并保证所提供资料的真实性。

工程造价管理机构应当在受理投诉的 10 天内完成复查（特殊情况下可适当延长），并做出书面结论通知投诉人、被投诉人及负责该工程招标投标监督的招标投标管理机构。当招标控制价复查结论与原公布的招标控制价误差 >±3% 时，应当责成招标人改正。招标人根据招标控制价复查结论，需要重新公布招标控制价的，其最终公布的时间至招标文件要求提交投标文件截止时间不足 15 天的，相应延长提交投标文件的截止时间。

第四节 投标报价的编制

一、投标报价的相关概念和编制程序

（一）投标报价的相关概念

1. 询价

询价是投标报价的一个非常重要的环节，是估价的基础工作。工程投标活动中，施工单位不仅要考虑投标报价能否中标，还应考虑中标后所承担的风险。因此，在估价前必须通过各种渠道，采用各种方式对所需的人工、材料、施工机械等要素进行系统的调查，掌握各要素的价格、质量、供应时间、供应数量等数据，这个过程称为询价。询价除需要了解生产要素价格外，还应了解影响价格的各种因素，这样才能够为估价提供可靠的依据。

2. 估价

估价与报价是两个不同的概念，但在实践中却常常将两者混为一谈。估价是指在施工总进度计划、主要施工方法、分包单位和资源安排确定之后，根据企业定额以及询价结果，对完成招标工程所需要支出工程成本和费用的估计。其原则是根据施工单位的实际情况合理补偿成本，不考虑其他因素，不涉及投标决策问题。

3. 报价

报价是在估价的基础上，分析竞争对手的情况，评估施工单位在该工程上的竞争地位，从本单位的经营目标出发，确定在该工程上的预期风险因素和利润水平。报价的实质是投标决策问题，还要考虑运用适当的投标技巧或策略。报价与估价的任务和性质不同，因此，报价通常是由施工单位主管经营管理的负责人做出。

（二）投标报价编制的依据

根据《建设工程工程量清单计价规范》（GB 50500—2013）的规定，投标报价应根据下

列依据编制和复核：

1）《建设工程工程量清单计价规范》（GB 50500—2013）。
2）国家或省级、行业建设主管部门颁发的计价办法。
3）企业定额或国家或省级、行业建设主管部门颁发的计价定额。
4）招标文件、工程量清单及其补充通知、答疑纪要。
5）建设工程设计文件及相关资料。
6）施工现场情况、工程特点及拟定的投标施工组织设计或施工方案。
7）与建设项目相关的标准、规范等技术资料。
8）市场价格信息或工程造价管理机构发布的工程造价信息。
9）其他的相关资料。

对比投标报价和招标控制价的编制依据可知：招标控制价作为投标的最高限价，其编制依据采用行业内平均水平下的计价标准和常规的施工方案，而投标报价则主要采用企业定额和投标人自身拟定的投标施工组织设计或施工方案，这体现了投标报价要反映投标人竞争能力的特点。

（三）投标报价编制的程序

投标报价编制程序根据工作内容可分为两个阶段：准备阶段和编制阶段，准备阶段工作主要包括研究招标文件，分析与投标有关的资料，主材、设备的询价及编制项目管理规划大纲等；编制阶段主要包括投标报价的确定及投标报价策略的选择等，具体编制的程序如图6-4所示。

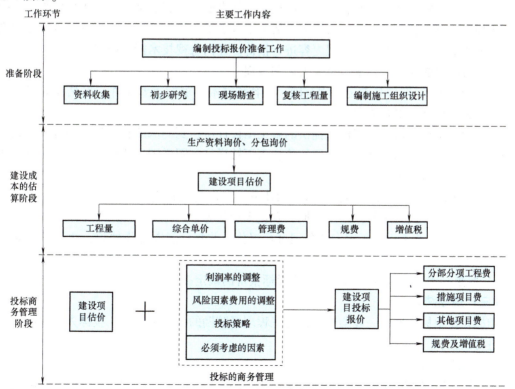

图6-4 投标报价编制的程序

二、投标报价的准备阶段

（一）资料收集

在决定投标之后，首先要收集相关资料，作为报价的工具，投标人需要收集《建设工程工程量清单计价规范》（GB 50500—2013）中所规定投标报价编制依据的相关资料，除此之外还应掌握：合同条件，尤其是有关工期、支付条件、外汇比例的规定；当地生活物资价格水平以及其他的相关资料。

（二）初步研究

在资料收集完成后，要对各种资料进行认真研究，特别是对《建设工程工程量清单计价规范》（GB 50500—2013）、招标文件、技术规范、图样等重点内容进行分析，为投标报价的编制做准备。主要从以下几个方面进行研究：

1）熟悉相关计价文件。熟悉《建设工程工程量清单计价规范》（GB 50500—2013），当地消耗量定额，企业消耗量及相关计价文件、规定等。根据当地消耗量定额和企业定额的计算规则，结合《建设工程工程量清单计价规范》（GB 50500—2013）的计算规则，对需要重新计算的定额工程量进行重新计算。

2）熟悉招标文件。招标文件反映了招标人对投标的要求，熟悉招标文件有助于全面了解承包人在合同条件中约定的权利和义务，对发包人提出的条件应加以分析，以便在投标报价中进行考虑，对有疑问的事项应及时提出。

3）技术标准和要求分析。工程技术标准是按工程类型来描述工程技术和工艺内容特点，对设备、材料、施工和安装方法等所规定的技术要求，有的是对工程质量检验、试验和验收所规定的方法和要求。它们与工程量清单中各子项工作密不可分，报价人员应在准确理解招标人要求的基础上对有关工程内容进行报价。任何忽视技术标准的报价都是不完整、不可靠的，有时可能导致工程承包重大失误和亏损。

4）图样分析。图样是确定工程范围、内容和技术要求的重要文件，也是投标者确定施工方法等施工计划的主要依据。

图样的详细程度取决于招标人提供的施工图设计所达到的深度和所采用的合同形式。详细的设计图样可使投标人比较准确地估价，而不够详细的图样则需要估价人员采用综合估价方法，其结果一般不很精确。

5）合同条款分析。主要包括承包人的任务、工作范围和责任，工程变更及相应的合同价款调整，付款方式及时间，施工工期，发包人责任等。

6）对相关专业工程应要求专业公司进行报价，并签订意向合作协议，协助承包人进行投标报价工作。

7）收集同类工程成本指标，为最后投标报价的确定提供决策依据。

（三）现场踏勘

招标人在招标文件中一般会明确进行工程现场踏勘的时间和地点。投标人主要应对以下方面进行调查：

1. 自然地理条件

工程所在地的地理位置、地形、地貌、用地范围等；气象、水文情况，包括气温、湿度、降雨量等；地质情况，包括地质构造及特征、承载能力等；地震、洪水及其他自然灾害情况。

2. 施工条件

工程现场周围的道路、进出场条件、交通限制情况；工程现场施工临时设施、大型施工机具、材料堆放场地安排情况；工程现场邻近建筑物与招标工程的间距、结构形式、基础埋深、新旧程度、高度；市政给水排水管线位置、管径、压力、废水、污水处理方式，市政、消防供水管道管径、压力、位置等；现场供电方式、方位、距离、电压等；工程现场通信线路的连接和铺设；当地政府有关部门对施工现场管理的一般要求、特殊要求及规定等。

3. 其他条件

主要包括各种构件、半成品及商品混凝土的供应能力和价格，以及现场附近的生活设施、治安情况等。

（四）复核工程量

在实行工程量清单计价的建设工程中，工程量清单应作为招标文件的组成部分，由招标人提供。工程量的多少是投标报价最直接的依据。复核工程量的准确程度，将影响承包人的经营行为：一是根据复核后的工程量与招标文件提供的工程量之间的差距，而考虑相应的投标策略，决定报价尺度；二是根据工程量的大小采取合适的施工方法，选择适用、经济的施工机具设备、投入使用的劳动力数量等，从而影响到投标人的询价过程。

复核工程量主要从以下方面进行：

1）认真根据招标文件、设计文件、图样等资料，复核工程量清单，要避免漏算或重算。

2）在复核工程量的过程中，针对工程量清单中工程量的遗漏或错误，不可以擅自修改工程量清单，可以向招标人提出，由招标人审查后统一修改，并把修改情况通知所有投标人；或运用一些报价的技巧提高报价质量，利用存在的问题争取在中标后能获得更大的收益。

3）在核算完全部工程量清单中的子目后，投标人应按大项分类汇总主要工程总量，以便获得对整个工程施工规模的整体概念，并据此研究采用合适的施工方法、适当的施工设备，并准确地确定订货和采购物资的数量，防止由于超量或少购等带来的浪费、积压或停工待料。

（五）编制施工组织设计

施工组织设计的编制主要依据：招标文件中的相关要求，设计文件中的图样及相关说明，现场踏勘资料，有关定额，现行有关技术标准、施工规范或规则等。

工程施工组织设计的编制程序如下：

1. 计算工程量

根据概算指标或类似工程计算，不需要很高的精确度，对主要项目加以计算即可，如土石方、混凝土等。

2. 拟定施工总方案

施工方案仅对重大问题做出原则规定即可，不需考虑施工步骤，主要包括：施工方法，施工机械设备的选择，科学的施工组织，合理的施工进度，现场的平面布置及各种技术措施。

3. 确定施工顺序

合理确定施工顺序需要考虑以下几点：各分部分项工程之间的关系；施工方法和施工机

械的要求；当地的气候条件和水文要求；施工顺序对工期的影响。

4. 编制施工进度计划

施工进度计划的编制要满足合同对工期的要求，在不增加资源的前提下尽量提前。在编制进度计划的过程中要全面了解工程情况，掌握工程中各分部、分项、单位工程之间的关系，避免出现施工顺序的颠倒；对现场踏勘得到的资料进行综合分析与研究，在施工计划中正确反映水文地质、气候等的影响。

5. 计算人工、材料、施工机具的需要量

根据工程量、相关定额、施工方案等计算人工、材料、施工机具的需要量。

6. 施工平面的布置

根据施工方案、施工进度要求，对施工现场的道路交通、材料仓库、临时设施等做出合理的规划布置。

三、投标报价的询价与估价阶段

(一) 询价

投标报价需要依赖于对市场价格信息的掌握，询价就是解决这一问题的途径，询价也是一种不经过竞争而直接签订合同的方法。询价是工程报价中非常重要的一个环节，尤其是采用综合单价报价。建筑材料、施工机械设备的价格优势差异较大，"货比三家"对承包人总是有利的。但询价时要特别注意三个问题：一是产品质量必须可靠，并满足招标文件的有关规定；二是供货方式、时间、地点、有无附加条件和费用；三是考虑材料、设备供应商的纳税人类型，见表6-6。

表6-6 材料、设备供应商的纳税人类型

序号	纳税人类型	可提供的发票类型	税负抵扣
1	一般纳税人	可以提供合规的增值税专用发票	施工企业能以9%的增值税税率进行抵扣
2	小规模纳税人	不能开具增值税专用发票，但能由税务机关按照3%的征收率代开增值税专用发票	施工企业不能进行抵扣
3	其他纳税人	只能开具普通发票或不能开具增值税专用发票	施工企业不能进行抵扣

施工企业可以通过加强对增值税专用发票管理，尽量多地获取满足税法要求的抵扣凭证来减少税负。企业的成本管理部分可通过询价获得更多的采购渠道，对供应商的资质做出合理性判断。在进行选择时需要遵循以下成本节约原则：建议选择一般纳税人，但如购买对象为小规模纳税人或不提供发票的供应商，若后两者提供的价格在折扣临界点以下，可选择小规模纳税人或不提供发票的供应商，小规模纳税人的折扣临界点为11.9%，不提供发票的为14.5%。在这个过程中，施工企业的询价成本也会有所上升，施工企业需要利用询价结果建立价格数据库，以降低企业未来采购成本。

1. 生产要素询价

(1) 材料询价 材料费在工程造价中占很大比例，材料价格是否合理对工程估价影响很大。询价人员必须了解市场最新价格信息。

1) 材料询价内容。材料询价的内容包括了解和对比材料价格、供应数量、运输方式、保险及有效期等各个方面，具体应从以下几个方面进行：

① 材料的价格。材料价格一般包括：原价、包装费、运输费、保险费、仓储费、装卸费、杂费、利润和税收等。

② 材料的供应数量。材料供应商能否按材料需用量计划中规定的时间和用量供应材料。当一个供应商不能提供足够的供应量或供应没有保障时，应选取多个材料供应商签订合同。

③ 材料的运输。材料的运输费在材料预算价格中有可能占较大比例，因此合理选择运输方式对降低价格和保证运输质量非常重要。

④ 运输保险。货物运输保险是指保险公司承保货物运输风险并收取约定的保险费后，当被保险货物遭到承保范围内的风险受到损失后负责经济赔偿。

⑤ 检验、索赔和付款。材料经检验合格后方能付款。对检验的时间、地点，检验的机构，检验的标准，违约的索赔及合格后的付款方式应有明确规定。

另外，还应注意不同的买卖价格条件，这些条件又是依据材料的支付地点、支付方法及双方应承担的责任和费用来划分。

2）材料询价单。为规范材料询价工作，询价人员应设计出用于材料询价的标准格式的材料询价单供材料供应商填写报价。材料询价单一般应包含如下内容：

① 材料的规格和质量要求。必须满足设计和验收规范要求的标准，以及招标人或招标文件提出的要求。

② 材料的数量及计量单位应与工程总需要量相适应，并考虑合理的损耗。

③ 材料的供应计划，包括供货期及每段时间（如每月、每周等）内材料的需求情况。

④ 工程地点或到货地点及当地各种交通限制。

⑤ 运输方式及可提供的条件。

⑥ 材料报价的形式（固定价还是提货价）、支付方式、所报单价的有效期。

⑦ 送出报价单或收取报价单的具体日期。

⑧ 材料供应商的纳税人类型。

此外，还可从技术规范或其他合同文件中摘取有关内容作为询价单的附件。

3）材料询价分析。询价人员在项目的施工方案初步研究后，应立即发出材料询价单，并催促材料供应商及时报价。收到询价单后，询价人员应将从各种渠道询得的材料报价及其他有关资料加以汇总整理。对从不同经销部门得到的同种材料的所有资料进行比较分析，选择合适、可靠的材料供应商的报价，提供给工程估价与报价人员使用，见表6-7。询价分析一般可列成表格形式进行，最好输入计算机分析并储存。

表6-7 建筑材料询价资料汇总表

货物名称	单位	产地	销售地	生产厂商	规格	报价厂商	纳税人类型
水泥	t	济南	青岛	水泥厂	P.O32.5	水泥厂	
钢筋	t	北京	青岛	钢铁厂	ϕ12	钢铁厂	
报价日期	货币单位	运输方式	供货能力	交货地点	交货条件	报价	—
2002/4/14	人民币元	汽车运输	100t/月		送到现场价		—
2002/4/14	人民币元	汽车运输	不限		生产厂提货		—

（2）施工机具询价　在外地施工需用的施工机具，不一定要从本地运往工程所在地，

有时在当地租赁或采购可能更为有利。因此，事前有必要进行施工机具的询价。必须采购的施工机具，可向供应厂商询价，其询价方法与前述材料询价方法基本一致。对于租赁的施工机具，可向专门从事租赁业务的机构询价，并应详细了解其计价方法。例如，各种施工机具每台班的租赁费、最低计费起点、施工机具停滞时租赁费及机械进出场费的计算，燃料费、机上人员工资是否在台班租赁费之内，如需另行计算，这些费用项目的具体数额为多少等。此外，还需要考虑施工机具供应商的纳税人类型。

（3）劳务询价　承包工程可使用本企业的工人，也可从本地或工程所在地的劳务市场招募工人。具体应经过比较而定。

对于本企业的工人，在整个工程施工期间，人工工资有比较具体的规定，而雇用的劳动力则必须通过询价，了解各种技术等级工人的日工资或月工资单价。如有可能还必须了解雇用工人的劳动生产效率。

如果承包人准备在工程所在地招募工人，则劳务询价是必不可少的。劳务询价主要有两种情况：一种是成建制的劳务公司，相当于劳务分包，一般费用较高，但素质较可靠，工效较高，承包人的管理工作较轻；另一种是劳务市场招募零散劳动力，根据需要进行选择，这种方式虽然劳务价格低廉，但有时素质达不到要求或工效降低，且承包人的管理工作较繁重。投标前投标人应在对劳务市场充分了解的基础上决定采用哪种方式，并以此为依据进行估价。

对于劳务分包而言，总包单位应选用能够开具增值税发票的分包商。具体来说，对不能提供增值税专用发票的劳务单位，应采取"劳务清包工"模式，分包内容仅仅为人工费，总包单位自行采购所需材料和设备，取得相应的增值税专用发票，增加总包的进项税抵扣；对于能够提供增值税专用发票的劳务单位，应综合考虑劳务分包工作内容，要在合同中明确取得增值税专用发票的时间，或者约定先开票后付款。

2. 分包询价

分包是工程承包中的常见做法。分包是指总包施工单位委托另一施工单位为其实施部分合同标的工程。在建筑市场上，劳务和一些专业性工程，诸如钢结构的制作和吊装、铝合金门窗和玻璃幕墙的供应和安装、室内装饰工程等，通常采取分包的形式。分包工程报价的高低，必然对估价有一定影响。分包单位的选择往往需要询价来决定。

（1）分包询价单　在决定了分包内容之后，应备函将准备发包的专业工程图和技术说明送交预先选定的几个分包单位，请他们在约定的时间内报价，以便进行比较选择。有时，还应正确处理与发包人特意推荐的分包单位之间的关系，共同为报价做准备。分包询价单实际上与工程招标书基本一致，一般应包括下列内容：

1）分包工程施工图及技术说明。
2）详细说明分包工程在总包工程中的进度安排。
3）提出需要分包单位提供服务的时间以及分包允诺的这一段时间的变化范围，以便日后在总包进度计划不可避免发生变动时，可使这种变动尽可能顺利。
4）说明分包单位对分包工程顺利进行应负的责任和应提供的技术措施。
5）总包单位提供的服务设施及分包单位到总包现场认可的日期。
6）分包单位应提供的材料合格证明、施工方法及验收标准、验收方式。
7）分包单位必须遵守的现场安全和劳资关系条例。
8）报价日期等。

上述资料主要来源于合同文件和总包单位的施工计划。通常可把合同文件中有关部分的复印件与图样一同发给分包单位，以便使他们清楚了解应在总包工程中的工作期间需要达到的水平以及与其他分包单位的关系。

（2）分包询价分析　当收到来自各分包单位的报价单之后，必须对这些报价单进行比较分析。分包询价的分析应注意以下几点：

1）分包标函是否完整。分包标函中是否包括了设计图和说明书中对该分包工程所要求的全部工作内容。应特别注意那些分包单位用含糊语言描述的工作内容。

2）核实分项工程的单价。许多分项工程既可以就材料开价，也可以就包括材料、人工在内的完整的工程造价。例如对钢结构、金属门窗等工程的开价。比较这些分项工程的报价时，必须核实每份开价所包含的内容。如果某分项工程仅就材料开价，就必须另外获得相应部分的劳务费用数据，方可使分项工程的单价完整。同样，仅就材料开价的报价，分析时还应确定材料的交付方式以及报价中是否包括了运输费等。

3）分包报价的合理性。分包工程的报价高低，对总包单位影响甚大。报价过高，影响投标的竞争力，但报价过低使分包单位无法承受也不可取。分包单位不是总包单位的雇佣人员，其赚取的不只是工资还有利润。要仔细分析标函的内容等各种因素是否合理。

4）保证措施是否有力。某些分包工程可能含有一些有特殊要求的材料或有特殊要求的施工技术的关键性分项工程。除了要弄清标函的报价以外，还应分析分包单位对这些特殊材料的供货和为该关键分项工程配备适当人员的措施是否有保证。

5）确认工程质量及信誉。应着重分析分包单位在工程质量、合作态度和可信赖性等方面的信誉。绝大多数分包单位都能真心努力建造优质工程，然而总有极个别的分包单位很难做到这一点。在决定采用某个分包单位的报价之前，必须通过各种渠道来确认并肯定该分包单位的工程质量及信誉是可信赖的。

由于总包单位要承担对分包选择不当而引起工程失误的责任，因此，对分包单位的标函要进行全面分析，不能把报价的高低作为唯一的标准。总包单位除了要保护自己的利益之外，还应考虑保护分包单位的利益；而与分包单位友好交往，实际上也是保护了总包单位的利益；总包单位让分包单位有利可图，分包单位也将会帮助总包单位共同建设好工程项目，完成总包单位合同。确定了分包项目报价后，在此基础上加上一笔适当的管理费后即可工程报价。

（二）估价

承包人投标估价是指在施工总进度计划、主要施工方法、分包商和资源安排确定以后，承包人根据自身工料实际消耗水平，结合工程询价结果，对完成招标工程所需要的各项费用进行分析计算，并测算出承建该项目的工程成本的活动。工程成本的估算是正确地确定投标报价的基础。

1. 工程成本的概念及影响因素

《建设工程工程量清单计价规范》（GB 50500—2013）对工程成本做了相应的解释：工程成本是承包人为实施合同工程并达到质量标准，在确保安全施工的前提下，必须消耗或使用的人工、材料、工程设备、施工机械台班及其管理等方面发生的费用和按规定缴纳的规费和增值税销项税金。工程成本不包含承包人的利润和承担风险的费用。

合理的报价需要准确反映工程成本，有可靠的计算依据资料，具有较高的竞争力等，还需要充分考虑以下因素：

1）必须反映招标工程范围。工程量清单以及施工图只是报价的一个依据，但不一定反映全部招标工程范围，还需要结合施工合同的规定，例如三通一平、伐树等其他一般应由建设单位承担的任务，招标文件可能要求由施工单位完成，要将完成全部工程和履行承包人责任的全部费用正确合理计入报价。

2）必须适应目标工期的要求，对提前工期因素有所反映。招标工程的目标工期往往低于国家颁布的工期定额。要缩短工期，施工单位要切实考虑赶工措施，增加人员和设备数量，加班加点，付出比正常工期更多的人力、物力、财力，这样就会提高工程成本。

3）必须适应目标质量要求，对高于国家验收规范的质量因素有所反映。一般工程按国家相关的施工验收规范的要求，按国家规范来检查验收。但建设单位往往还要提出高于国家验收规范的质量要求，为此，施工单位要付出比合格水平更多的费用。

4）必须适应建筑材料市场价格的变化，考虑材料价格风险因素。市场经济条件下，建设单位为了控制工程造价，更愿意采用固定价格合同，并且由施工单位包工包全部材料。投标报价需要认真研究市场价格的变化，合适地考虑有关风险因素。

5）必须考虑现场施工条件和合理的施工方案。不同施工现场的条件，对工程造价影响较大，报价时应对现场实际情况认真了解，要考虑由于自然条件导致的施工不利因素。报价要有比较先进、切合实际的施工规划，包括合理的施工方案、施工进度安排、施工总平面布置和施工资源估算，尤其是工程量清单的措施费用项目，施工单位务必精心考虑。

6）必须考虑增值税可抵扣进项税额的来源。工程投标价格需要合理测算成本费用中能够取得的增值税可抵扣进项税额，既要考虑工程中标率，也要确保进项税额的来源，工程能够取得更多合格的进项税额发票就成为企业报价竞争的有利条件之一。

2. 工程成本的估算依据

招标控制价编制采用行业和地区的计价定额，反映价格的社会平均水平，而投标报价中的工程成本估算要体现企业的竞争能力，因此需要依据企业定额和市场询价来确定。

企业定额是企业内部根据自身的技术水平和管理水平，编制完成单位合格产品所必须消耗的人工、材料和施工机械台班等的数量标准。它反映了企业的施工生产与生产消费之间的数量关系，体现了施工企业的生产力水平。

企业定额主要包括施工企业的计量定额、直接费定额和费用定额这三部分，其中计量定额是其他两种定额的编制基础。计量定额只受企业素质等重大因素的影响，在一定时期内可以保持相对稳定，但是在国家政策发生重大变化时需要进行及时的调整；直接费定额和费用定额受价格因素的直接影响，由于价格因素处于不稳定状态，因此企业定额中的直接费定额和费用定额需要因时、因地、因事进行调整。

企业定额水平一般高于国家现行定额水平，这样才能满足生产技术发展、企业管理和市场竞争的需要，保证施工企业在激烈的市场竞争中赢得利润。企业定额的建立能够提高企业的管理水平，是企业科学进行经营决策的依据，能够加强企业的成本管理，挖掘企业降低成本的潜力和提高企业经济效益。

四、投标报价的商务管理阶段

（一）利润和风险费用的分析

1. 利润的调整

利润指的是承包人的预期利润，确定利润取值的目标是考虑既可以获得最大的可能利润，又要保证投标价格具有一定的竞争性。投标报价时，承包人应根据市场竞争情况确定在该工程上的利润率。

如何确定利润率是报价决策的关键问题。要想获得较高的利润已非易事，很显然，在工程人工费、材料费、施工机具使用费与施工管理费一定的情况下，报价的高低主要决定于所确定的利润的高低。利润高，报价高，中标的可能性低；利润低，报价低，中标的可能性高。企业经营的目标是获取利润，因此在报价中不能盲目地压低报价，应当制定一个利润率的最低限额。然后根据竞争情况、招标人的类型及承包人对工程项目的期望程度，确定一个不低于最低限额的、合适的利润率。

但是有学者已经试图去探索如何更加精确地确定利润的方法，主要有层次分析法、综合模糊评价法、最小二乘支持向量机法、BP 神经网络法。

2. 风险因素费用的调整

工程承包是一项高风险的事业，在编制报价时必须对工程的内在风险进行评估，并把最后报价中应该增加的风险补偿费用确定下来。承包人的风险来自很多方面，在投标阶段主要有工程估价不准确，对影响因素考虑不全以及对竞争对手估计不足带来的风险。在合同履行中，主要有材料价格波动、工程质量安全事故、工程变更、招标人不能按时提供条件、拖欠工程款等带来的风险等。

承包人可把风险分为两类：可定量的风险和不可定量的风险。对可定量的风险，先由估价人员进行一系列计算，得出在施工过程中发生该问题时可能发生的费用，再由高级管理人员审查用来保证避免发生这类问题所需要的各项费用，并在标价上加上一笔适当的补偿费用。对不可定量的风险，承包人有几种选择：一种选择是把这项作业分包出去，从而也就把风险分包了出去；二是进行适当的保险，并把保险费包括到报价中去。当然，承包人除了面对有形风险之外，还要重视商务方面的风险，例如支付条款、合同条件、通货膨胀、币值波动以及银行基本利率变化等。

不过，对于风险费，通常的做法是按照商定的一个直接成本的百分数，计算出一笔总金额，作为风险补偿费用。然后把这笔补偿费加入利润中，或者作为一项单独费用计算。

1) 把这笔补偿费加入利润中，可能发生两种情况：如果预计的风险没有全部发生，则可能预计的风险费有剩余，这部分剩余和计划利润加在一起就是盈余；如果风险费估计不足，则由盈余来补贴。

2) 把风险费作为一项单独费用计算需要征求招标人同意。这样，就有了风险保证金。如果发生意外事件，就可以动用这笔风险保证金，而计划利润不受损失。如果施工中不发生任何问题，就可以获得较多的利润。

（二）投标报价策略

投标策略是指承包人在投标竞争中的系统工作部署及其参与投标竞争的方式和手段。投标策略作为投标取胜方式、手段和艺术，贯穿于投标竞争的始终，内容十分丰富。报价策略的原则首先是保本，即在保本的前提下，根据竞争条件来考虑利润率。常用的投标策略主要有：不平衡报价、依据招标项目的不同特点采用不同报价、多方案报价、计日工单价的报价、暂定金额的报价、增加建议方案报价、突然降价报价、开标升级法、许诺优惠条件、争取评标奖励、无利润投标法等。

1. 不平衡报价法

不平衡报价法是指一个工程项目的投标报价，在总价基本确定后，调整内部各个项目的报价，以期既不提高总价，不影响中标，又能在结算时得到更理想的经济效益。一般可以考虑在以下几个方面采用不平衡报价：

1) 能够早日结算的项目（如前期措施项目费、基础工程、土石方工程等）可以适当提高报价，以利资金周转，提高资金时间价值。后期工程项目如设备安装、装饰工程等的报价可适当降低。

2) 经过工程复核，预计今后工程量会增加的项目，单价适当提高，这样最终结算时可多盈利，而将来工程量有可能减少的项目单价降低，工程结算时损失不大。

3) 设计图不明确、估计修改后工程量要增加的，可以提高单价，而工程说明不清楚的，则可以降低一些单价，在工程实施阶段通过索赔再寻求提高单价的机会。

4) 暂定项目又称为任意项目或选择项目，对这类项目要做具体分析。因这一类项目要开工后由发包人研究决定是否实施，以及由哪一家投标人实施。如果工程不分包，只由一家投标人施工，则其中肯定要施工的单价可高些，不一定要施工的则应该低些。如果工程分包，该暂定项目也可能有其他投标人施工时，则不宜报高价，以免抬高总报价。

5) 单价与包干混合制合同中，招标人要求有些项目采用包干报价时，宜报高价。一则这类项目多半有风险，二则这类项目在完成后可全部按报价结算，即可以全部结算回来，其余单价项目则可适当降低。

2. 其他报价策略

（1）多方案报价法　有时招标文件中规定，可以提一个建议方案。如果发现有些招标文件工程范围不很明确，条款不清楚或很不公正，技术规范要求过于苛刻时，则要在充分估计风险的基础上，按多方案报价法处理。即按原招标文件报一个价，然后提出如果某条款做某些变动，报价可降低的额度。这样可以降低总造价，吸引招标人。

投标人这时应组织一批有经验的设计和施工工程师，对原招标文件的设计方案仔细研究，提出更合理的方案以吸引招标人，促成自己的方案中标。这种新的建议可以降低总造价或提前竣工。但要注意的是对原招标方案一定也要报价，以供招标人比较。

增加建议方案时，不要将方案写得太具体，保留方案的技术关键，防止招标人将此方案交给其他投标人，同时要强调的是，建议方案一定要比较成熟，或过去有这方面的实践经验。因为投标时间往往较短，如果仅为中标而匆忙提出一些没有把握的建议方案，可能引起严重不良后果。

（2）突然降价报价法　报价是一件保密的工作，但是对手往往会通过各种渠道、手段来刺探情报，因此用此法可以在报价时迷惑竞争对手。即先按一般情况报价或表现出自己对该工程兴趣不大，到快要投标截止时才突然降价。采用这种方法时，一定要在准备投标报价的过程中考虑好降价的幅度，在临近投标截止日期前，根据信息情况分析判断，再做最后决策。采用突然降价法往往降低的是总价，而要把降低的部分分摊到各清单项内，可采用不平衡报价进行，以期取得更高的效益。

（3）开标升级法　在投标报价时把工程中某些造价高的特殊工作从报价中减掉，使报价成为竞争对手无法相比的低价。利用这种"低价"来吸引招标人，从而取得与招标人进一步商谈的机会，在商谈过程中逐步提高价格。当招标人明白当初的"低价"实际上是个钓饵时，往往已经在时间上使招标人处于谈判弱势，丧失了与其他投标人谈判的机会。利用这种方法时，要特别注意在最初的报价中说明某项工作的缺项，否则可能会弄巧成拙，真的以"低价"中标。

(4) 许诺优惠条件　投标报价附带优惠条件是行之有效的一种手段。招标人评标时，除了主要考虑报价和技术方案外，还要分析别的条件，如工期、支付条件等。所以在投标时主动提出提前竣工、低息贷款、赠给施工设备、免费转让新技术或某种技术专利、免费技术协作、代为培训人员等，均是吸引招标人、利于中标的辅助手段。

(5) 争取评标奖励　有时招标文件规定，对某些技术指标的评标，若投标人提供的指标优于规定指标值时，给予适当的评标奖励，有利于竞争中取胜。但要注意技术性能优于招标规定，将导致报价相应上涨，如果投标报价过高，即使获得评标奖励，也难以与报价上涨的部分相抵，这样评标奖励也就失去了意义。

(6) 无利润投标法　此方法有以下几种情况：

1) 对于分期建设的项目，先以低价获得首期项目，而后赢得机会创造第二期工程中的竞争优势，并在以后的实施中赚得利润。

2) 某些施工企业其投标的目的不在于从当前的工程上获利，而是着眼于长远的发展。例如为了开辟市场、掌握某种有发展前途的工程施工技术等。韩国 LG 电梯为了进入大连市场，在大连广电中心的电梯投标报价中，赠送建设单位四部电梯，可以说是"零报价"。

3) 在一定的时期内，施工单位没有在建的工程，如果再不得标，就难以维持生存。所以，在报价中可能只要一定的管理费用，以维持公司的日常运行，渡过暂时的难关后，再图发展。

(三) 投标报价的汇总

在工程量清单计价模式下的投标报价内容包含分部分项工程费、措施项目费、其他项目费、规费和税金等五部分，其计价的程序和方法以及组价的过程与招标控制价相同，投标报价汇总的程序见表6-8。

表6-8　承包人估价的程序

工程名称：　　　　　　　标段：　　　　　　　　　　　　第　　页共　　页

序号	汇总内容	招标控制价计算方法	投标报价计算方法	金额（元）
1	分部分项工程	按计价规定计算	自主报价	
1.1	……			
1.2	……			
2	措施项目	按计价规定计算	自主报价	
2.1	其中：安全文明施工费	按规定标准估算	按规定标准估算	
3	其他项目			
3.1	其中：暂列金额	按计价规定估算	按招标文件提供金额计列	
3.2	其中：专业工程暂估价	按计价规定估算	按招标文件提供金额计列	
3.3	其中：计日工	按计价规定计算	自主报价	
3.4	其中：总承包服务费	按计价规定计算	自主报价	
4	规费	按规定标准计算	按规定标准计算	
5	增值税销项税额	(1+2+3+4)×增值税税率	(1+2+3+4)×增值税税率	
	合计＝1+2+3+4+5			

（四）投标文件的编制与递交

1. 投标文件的编制

（1）投标文件的编写　投标文件应按招标文件规定的格式编写，如有必要，可增加附页作为投标文件组成部分。投标文件应对招标文件有关工期、投标有效期、质量要求、技术标准和要求、招标范围等实质性内容做出全面具体的响应。投标文件正本应用不褪色墨水书写或打印。

投标文件签署投标函及投标函附录、已标价工程量清单（或投标报价表、投标报价文件）、调价函及调价后报价明细目录等内容，应由投标人的法定代表人或其委托代理人逐页签署姓名（该页正文内容已由投标人的法定代表人或其委托代理人签署姓名的可不签署），并逐页加盖投标人单位印章或按招标文件签署规定执行。以联合体形式参与投标的，投标文件由联合体牵头人的法定代表人或其委托代理人按上述规定签署并加盖联合体牵头人单位印章。

（2）投标文件装订　投标文件正本与副本应分别装订成册，并编制目录，封面上应标记"正本"或"副本"，正本和副本份数应符合招标文件规定。投标文件正本与副本都不得采用活页夹，并要求逐页标注连续页码，否则，招标人对由于投标文件装订松散而造成的丢失或其他后果不承担任何责任。

（3）投标文件的密封、包装　投标文件应该按照招标文件规定密封、包装。投标文件密封的规定有：

1）投标文件正本与副本应分别包装在内层封套里，投标文件电子文件（如需要）应放置于正本的同一内层封套里，然后统一密封在一个外层封套中，加密封条和盖投标人密封印章。国内招标的投标文件一般采用一层封套。

2）投标文件内层封套上应清楚标记"正本"或"副本"字样。投标文件内层封套应写明：投标人邮政编码，投标人地址，投标人名称，所投项目名称和标段。投标文件外层封套应写明：招标人地址及名称，所投项目名称和标段，开启时间等。也有些项目对外层封套的标识有特殊要求，如规定外层封套上不应有任何识别标志。当采用一层封套时，内外层的标记均合并在一层封套上。未按招标文件规定要求密封和加写标记的投标文件，招标人将拒绝接收。

2. 投标文件递交和有效期

（1）投标文件递交　《中华人民共和国招标投标法》规定，投标人应当在招标文件要求递交投标文件的截止时间前，将投标文件送达投标地点。招标人收到投标文件后，应当签收保存，不得开启。在招标文件要求提交投标文件的截止时间后送达的投标文件，招标人应当拒收。投标人必须按照招标文件规定地点，在规定时间内送达投标文件。递交投标文件最佳方式是直接或委托代理人送达，以便获得招标代理机构已收到投标文件的回执。如果以邮寄方式送达，投标人必须留出邮寄的时间，保证投标文件能够在截止日之前送达招标人指定地点。

招标人收到投标文件后应当签收，并在招标文件规定开标时间前不得开启。同时为了保护投标人的合法权益，招标人必须履行完备规范的签收手续。签收人要记录投标文件递交的日期和地点以及密封状况，签收人签名后应将所有递交的投标文件妥善保存。

（2）投标文件有效期　投标文件有效期为开标之日至招标文件所写明的时间期限内，在此期限内，所有投标文件均保持有效，招标人需在投标文件有效期截止前完成评标，向中标单位发出中标通知书以及签订合同协议书。招标人在原定投标文件有效期内可根据需要向投标人提出延长投标文件有效期的要求，投标人应立即以传真等书面形式对此要求向招标人做出答复，投标人可以拒绝招标人的要求，而不会因此被没收投标担保（保证金）。同意延期的投标人应相应地延长投标保证金的有效期，但不得因此提出修改投标文件的要求。如果投标人在投标文件有效期内撤回投标文件，其投标担保（保证金）将被没收。

第五节　签约合同价的确定

一、中标价的确定过程

（一）清标

1. 清标工作的相关概念

《建设工程造价咨询规范》（GB/T 51095—2015）规定，清标是指招标人或工程造价咨询企业在开标后且评标前，对投标人的投标报价是否响应招标文件、违反国家有关规定，以及报价的合理性、算术性错误等进行审查并出具意见的活动。

2. 清标工作的内容

清标工作主要包含下列内容：
1）对招标文件的实质性响应。
2）错漏项分析。
3）分部分项工程量清单项目综合单价的合理性分析。
4）措施项目清单的完整性和合理性分析，以及其中不可竞争性费用的正确分析。
5）其他项目清单项目完整性和合理性分析。
6）不平衡报价分析。
7）暂列金额、暂估价正确性复核。
8）总价与合价的算术性复核及修正建议。
9）其他应分析和澄清的问题。

3. 清标报告的编制

工程造价咨询企业应按照合同要求向发包人出具对各投标人投标报价的清标报告。投标总报价分析表可见表6-9。

表6-9　建设工程项目投标总报价分析表

工程名称			报价日期		年　月　日	
最高投标报价/标底价（人民币：元）			总建筑面积/m²			
序号	分析因素	投标人1（人民币：元）	投标人2（人民币：元）	……	投标人n-1（人民币：元）	投标人n（人民币：元）
1	投标总报价（人民币：元）					
2	报价排序（从低到高）					

（续）

序号	工程名称	投标人1（人民币：元）	投标人2（人民币：元）	报价日期	年 月 日 投标人 n-1（人民币：元）	投标人 n（人民币：元）
	最高投标报价/标底价（人民币：元）			总建筑面积 /m²		
	分析因素					
3	与最低标之差价（人民币：元）					
4	与最低标相差百分比（%）					
5	经济技术指标（元/m²）					
6	与最高投标限价/标底价之差价（人民币：元）					
7	与最高投标限价/标底价相差百分比（%）					
8	报价计算错误					
9	经校核后的总报价					

（二）建设工程评标程序及评审标准

《评标委员会和评标方法暂行规定》（国家七部委令〔2001〕第12号）（2013年修订）规定，建设工程评标依次需要经过评标准备工作、初步评审、详细评审、推荐中标候选人和定标等流程。

1. 评标准备工作

（1）组建评标委员会　工程评标在专家评委的专业划分和抽取上进行认真策划，根据各标段工程性质特点、投标单位情况，有针对性地设定专家评委的行业和专业，尽量符合项目的特点，使专家评委的组成达到最科学组合，保证评标活动有序地进行。

（2）研究招标文件　评标委员会组长应组织评标委员会成员认真研究招标文件，了解和熟悉招标目的、招标范围、主要合同条件、技术标准和要求、质量标准和工期要求等，掌握评标标准和方法，熟悉相关评标表格的使用，如果表格不能满足评标需要时，评标委员会应补充编制评标所需的表格，尤其是用于详细分析计算的表格。未在招标文件中规定的标准和方法不得作为评标的依据。

2. 初步评审

只有通过初步评审被判定为合格的投标，方可进入后续的投标文件的评审；实行资格后审的，还应当包括投标人资格审查工作。

根据《评标委员会和评标方法暂行规定》和2007年版《标准施工招标文件》的规定，我国目前评标中主要采用的方法包括经评审的最低投标价法和综合评审法，两种评标方法在初步评审的内容和标准上基本是一致的。

（1）初步评审标准　在初步评审标准中包括四个方面，分别是：

1）形式评审标准：包括投标人名称与营业执照、资质证书、安全生产许可证一致；投标函上有法定代表人或其委托代理人签字或加盖单位章；投标文件格式符合要求；联合体投标人已提交联合体协议书，并明确联合体牵头人（如有）；报价唯一，即只能有一个有效报价等。

2）资格评审标准：如果是未进行资格预审的，应具备有效的营业执照，具备有效的安全生产许可证，并且资质等级、财务状况、类似项目业绩、信誉、项目经理、其他要求、联合体投标人等，均符合规定。如果是已进行资格预审的，仍按前文所述"资格审查办法"中详细审查标准来进行。

3）响应性评审标准：主要的投标内容包括投标报价校核，审查全部报价数据计算的正确性，分析报价构成的合理性，并与招标控制价进行对比分析，还有工期、工程质量、投标有效期、投标保证金、权利义务、已标价工程量清单、技术标准和要求等，均应符合招标文件的有关要求。也就是说，投标文件应实质上响应招标文件的所有条款、条件，无显著的差异或保留。所谓显著的差异或保留包括以下情况：对工程的范围、质量及使用性能产生实质性影响；偏离了招标文件的要求，而对合同中规定的招标人的权利或者投标人的义务造成实质性的限制；纠正这种差异或者保留将会对提交了实质性响应要求的投标书的其他投标人的竞争地位产生不公正影响。

4）施工组织设计和项目管理机构评审标准：主要包括施工方案与技术措施、质量管理体系与措施、安全管理体系与措施、环境保护管理体系与措施、工程进度计划与措施、资源配备计划、技术负责人、其他主要人员、施工设备、试验、检测仪器设备等，符合有关标准。

（2）投标文件的澄清和说明　评标委员会可以书面方式要求投标人对投标文件中含意不明确的内容做必要的澄清、说明或补正，但是澄清、说明或补正不得超出投标文件的范围或者改变投标文件的实质性内容。对投标文件的相关内容做出澄清、说明或补正，其目的是有利于评标委员会对投标文件的审查、评审和比较。澄清、说明或补正包括投标文件中含义不明确、对同类问题表述不一致或者有明显文字和计算错误的内容。但评标委员会不得向投标人提出带有暗示性或诱导性的问题，或向其明确投标文件中的遗漏和错误。同时，评标委员会不接受投标人主动提出的澄清、说明或补正。

投标文件不响应招标文件的实质性要求和条件的，招标人应当拒绝，并不允许投标人通过修正或撤销其不符合要求的差异或保留，使之成为具有响应性的投标。

评标委员会对投标人提交的澄清、说明或补正有疑问的，可以要求投标人进一步澄清、说明或补正，直至满足评标委员会的要求。

（3）投标偏差　投标报价有算术错误的，评标委员会按以下原则对投标报价进行修正，修正的价格经投标人书面确认后具有约束力。投标人不接受修正价格的，其投标作废标处理。

1）投标文件中的大写金额与小写金额不一致的，以大写金额为准。

2）总价金额与依据单价计算出的结果不一致的，以单价金额为准修正总价，但单价金额小数点有明显错误的除外。

此外，如对不同文字文本投标文件的解释发生异议的，以中文文本为准。

（4）经初步评审后作为废标处理的情况　评标委员会应当审查每一投标文件是否对招标文件提出的所有实质性要求和条件做出响应。未能在实质上响应的投标，应作废标处理。具体情形包括：

1）不符合招标文件规定"投标人资格要求"中任何一种情形的。

2）投标人以他人名义投标、串通投标、弄虚作假或有其他违法行为的。

3）不按评标委员会要求澄清、说明或补正的。

4）评标委员会发现投标人的报价明显低于其他投标报价或者在设有标底时明显低于标底，使得其投标报价可能低于其个别成本的，应当要求该投标人做出书面说明并提供相关证明材料。投标人不能合理说明或者不能提供相关证明材料的，由评标委员会认定该投标人以低于成本报价竞标，其投标应作废标处理。

5）投标文件无单位盖章或无法定代表人或法定代表人授权的代理人签字或盖章的。

6）投标文件未按规定的格式填写，内容不全或关键字迹模糊、无法辨认的。

7）投标人递交两份或多份内容不同的投标文件，或在一份投标文件中对同一招标项目报有两个或多个报价，且未声明哪一个有效。按招标文件规定提交备选投标方案的除外。

8）投标人名称或组织机构与资格预审时不一致的。

9）未按招标文件要求提交投标保证金的。

10）联合体投标未附联合体各方共同投标协议的。

3. 详细评审

经初步评审合格的投标文件，评标委员会应当根据招标文件确定的评标标准和方法，对其技术部分和商务部分做进一步评审、比较。

评标方法包括经评审的最低投标价法、综合评审法或者法律、行政法规允许的其他评标方法。经评审的最低投标价法一般适用于具有通用技术、性能标准或者招标人对其技术、性能没有特殊要求的招标项目。不宜采用经评审的最低投标价法的招标项目，一般应当采取综合评审法进行评审。

4. 推荐中标候选人

专家依据招标文件中列明的评标办法和计分细则、投标文件等，结合澄清材料对各投标人标书进行定性分析和定量打分，并根据评标办法中约定的定标原则和方法推荐中标候选人或根据授权直接确定中标人。

5. 编制及提交评标报告

评标委员会成员共同整理好投标文件评审结果，履行签字确认手续后，递交给招标人，同时将一份副本递交给招标投标监管机构。

（三）经评审的最低投标价法下的中标价

1. 经评审的最低投标价法的概念

经评审的最低投标价法是指评标委员会对满足招标文件实质要求的投标文件，根据详细评审标准的量化因素及量化标准进行价格折算，按照经评审的投标价由低到高的顺序推荐中标人，或根据招标人授权直接确定中标人，但投标报价低于成本的除外。经评审的投标价相等时，投标报价低的优先；投标报价也相等的，由招标人自行确定。

2. 经评审的最低投标价法的适用范围

按照《评标委员会和评标方法暂行规定》的规定，经评审最低投标价法一般适用于具有通用技术、性能标准或者招标人对其技术、性能没有特殊要求的招标项目。

3. 经评审的最低投标价法的评审标准及规定

采用经评审的最低投标价法的，评标委员会应当根据招标文件中规定的量化因素和标准进行价格折算，对所有投标人的投标报价以及投标文件的商务部分做必要的价格调整。根据2007年版《标准施工招标文件》的规定，招标人可以根据项目具体特点和实际需要，进一步删减、补充或细化量化因素和标准。另外，世界银行贷款项目采用此种评标方法时，通常考虑的量化因素和标准包括：一定条件下的优惠（借款国内投标人有7.5%的评标优惠）；工期提前的效益对报价的修正；同时投多个标段的评标修正，一般做法是，如果投标人的某一个标段已被确定中标，则在其他标段的评标中按照招标文件规定的百分比（通常为4%）

乘以报价金额后,在评标价中扣减此值。

根据经评审的最低投标价法完成详细评审后,评标委员会应当拟定一份"价格比较一览表",连同书面评标报告提交招标人。"价格比较一览表"应当载明投标人的投标报价、对商务偏差的价格调整和说明以及已评审的最终投标价。

4. 价格折算的量化因素

不同的工程招标时折算的指标可以不尽相同,折算的方法也有差异,这些均应在招标文件中载明。根据2007年版《标准施工招标文件》第三章2.2款规定,招标人应根据项目具体特点和实际情况适当地确定量化因素和量化标准,但是一般可以考虑评标价由下面一些内容构成:①实物工程量部分报价(分部分项工程量清单计价部分);②措施项目费部分报价;③有竞争性的计日工和机械台班报价;④工期;⑤售后服务(保修);⑥支付条件;⑦质量。

计算评标价应为诸多因素折算后的价格之和。在实际工作中,如果没有采用工程量清单招标,前三项可合为一项,即投标人的总报价。对于后四项,均要按照一定的方法折算成货币,才能最终计算出评标价。例如对于工期,可按照提前完工给发包人带来的收益的一定比例进行分配,计算评标价时取负值;对于售后服务,有些投标人在投标文件中承诺延长质量保修期,则每增加一年的质量保修期按投标报价的百分之一计算,计算评标价时取负值;有些投标人在投标文件中承诺在合同中同意增加保修金金额,则根据央行现行贷款利率或资金的机会成本计算出相应的价值,计算评标价时取负值;对于支付条件,有些投标人在投标书中承诺在合同中同意预付款或进度款的支付金额低于招标文件中规定的金额,可根据央行现行贷款利率或资金的机会成本计算出相应的价值,计算评标价时取负值。表6-10归纳了报价以外的其他主要非价格折算因素。

表6-10　主要非价格折算因素

主要因素	折算报价内容
运输费用	货物如果有一个以上的进入港,或者有国内投标人参加投标时,应在每一个标价上加上将货物从抵达港或生产地运到现场的运费和保险费;其他由招标单位可能支付的额外费用,如运输超大件设备需要对道路加宽、桥梁加固所需支出的费用等
价格调整	如果按可以调整的价格招标,则投标价的评审比较必须考虑价格调整因素。按招标文件规定价格调整方式,调整各投标人的报价
交货或竣工期限	对交货或完工期在所允许的幅度范围内的各投标文件,按一定标准(如投标价的某一百分比),将不同交货或完工期的差异及其对招标人利益的不同影响,作为评价因素之一,计入评标价中
付款条件	如果投标人所提的支付条件与招标文件规定的支付条件偏离不大,则可以根据偏离条件使招标人增加的费用(利息等),按一定贴现率算出其净现值,加在报价上
零部件以及售后服务	如果要求投标人在投标价外单报这些费用,则应将其加到报价上。如果招标文件中没有做出"包括"或"不包括"规定,评标时应计算可能的总价格将其加到投标价上
优惠条件	可能给招标人带来的好处,以开标日为准,按一定的换算办法贴现折算后,作为评审价格因素
其他可能折算为价格的要素	按对招标人有利或不利的原则,增加或减少到投标价中。如:对实施过程中必然发生,而投标文件又属于明显漏项的部分,应给予相应的补项,增加到报价上

5. 价格折算的方法

在价格折算时,需要根据招标文件的具体内容将投标人的投标文件选择不同的评标指标和评标标准、价格折算方法。下面主要介绍用公式法直接将一些指标折算成价格,其中工期、支付方式两种参数的折算方法如下。

(1) 工期折算方法

1) 一般工程建设项目工期折算方法。针对一般的工程建设项目,在招标文件中,都会给出明确的完工日期,但是,针对不同项目,发包人对工期有不同的要求。如果发包人在招标文件中明确提出了希望承包人能够提前完工,那么,投标人可以根据自身条件,在投标文件中提出可以提前完工的时间,发包人在进行评审时考虑。在保证工程质量的情况下,对于缩短的工期可以以月为单位,按招标文件中规定的提前完工效益百分比,计算最后的评标价格。用原报价乘以招标文件中规定的工期与投标文件的工期时间差再乘以招标文件规定的提前完工效益百分比,用公式表示为

$$P = P_1 - P_2, \quad P_2 = tqP_1 \tag{6-17}$$

式中　P ——评标价格;

　　　P_1 ——原报价;

　　　P_2 ——调整值;

　　　t ——招标文件中规定的工期与投标文件的工期时间差;

　　　q ——招标文件规定的提前完工效益百分比。

此方法中,通过将提前完成的工期转化为价格,有效地将提前完成的工期体现到报价评审中,其关键在于完工效益百分比的合理设置,该百分比的设置通常需要发包人根据其对工程提前完工的紧迫程度以及提前完工能给发包人带来的经济效益进行设定。

2) 大型成套设备的采购货物交易过程中的工期折算。针对涉及大型成套设备采购的建设项目,因为其完工时间通常受设备的到货时间影响比较严重,故要求投标人为本项目所编制的供货方案自行编制分批次交货计划,以提供最早交货计划时间的投标人为评标基准时间,其他投标人每延迟一周,则通过以下公式提高其报价,公式如下:

$$P = P_1 + P_2, \quad P_2 = P_3 t \tag{6-18}$$

式中　P ——评标价格;

　　　P_1 ——原报价;

　　　P_2 ——调整值;

　　　P_3 ——误期赔偿费;

　　　t ——招标文件中规定的误期赔偿费的百分比。

(2) 付款条件的评审标准　付款条件的价格折算主要体现在三方面:预付款条款、付款进度的价格折算、付款条件的偏差。

1) 预付款条款的价格折算。招标文件中若有预付款条款,可能有两种规定:一种是规定预付款为投标价的百分比;另一种规定是预付款的多少以两个百分比作为上下限,投标人可以在上下限的范围内选择。对于后一种情况,评标委员会应将标书中选定的预付款百分比与发包人预定的数值进行比较,将多出或减少部分按招标文件规定的贴现率换算成开标日的贴现值,加入到评标价格中。贴现值是指将来的一笔钱按照某种利率折为现值。投资的目的是获利,但多少年才能收回这笔投资,所以涉及贴现值。具体地说,贴现值就是贴现所得,是指企业将未到期的商业汇票转让给银行,银行扣除贴现利息,将余额付给企业。

$$贴现所得 = 票据到期值 - 贴现利息 \tag{6-19}$$

$$贴现利息 = 票据到期值 \times 贴现率 \times 贴现期 \quad (6\text{-}20)$$
$$贴现值 = 票据期限 - 企业已持有期限 \quad (6\text{-}21)$$

2）付款进度的价格折算。付款进度的折算问题实质就是进度款的价格折算问题，因为有时投标人根据自身财务、企业效益等情况，对进度款的支付有自己的提议，发包人通常情况下会考虑该提议，对于进度款的折算，通常采用折现值的方法进行比较，具体公式如下：

$$现值 = 各期进度款 \times 折现率 \quad (6\text{-}22)$$

折现率通常采用银行的利率或者由发包人在招标文件中约定。将各投标人提议的进度款折现后作为各投标人的报价的基数，再加上其他条件引起的价格变动，即各投标人的报价。

3）付款条件。招标人希望付款时间越晚越好。相反，投标人当然是认为付款时间越早越好。招标人有义务让投标方了解其公司内部的标准付款条件。如在采购货物时，通常有"阶段性付款"的方式，先交订金30%，在一段时间后再交30%的付款，当货物验收合格后交剩余的40%付款，投标人也可在报价时提出不同的要求，最后的付款条件需招标人和投标人协议后确定。

投标人如果能够提出关于付款条件的合理化建议，且招标人同意投标人提出的付款条件，则招标人按年利率计算提前支付所产生的利息，并将其折算到评标价中。

根据《中华人民共和国招标投标法》的相关规定，中标人确定后，招标人应当向中标人发出中标通知书，并同时将中标结果通知所有未中标投标人。

中标价的确定是伴随着中标人的确定而确定的，确定中标人之后，招标人向中标人发出中标通知书，中标通知书中载明的标的物的价格就是中标价。

（四）综合评审法下的中标价

1. 综合评审法的概念

根据2007年版《标准施工招标文件》，综合评审法是指评标委员会对满足招标文件实质性要求的投标文件，按照规定的评分标准进行打分，并按得分由高到低顺序推荐中标候选人，或根据招标人授权直接确定中标人，但投标报价低于其成本的除外。综合评分相等时，以投标报价低的优先；投标报价也相等的，由招标人自行确定。

不宜采用经评审的最低投标价法的招标项目，一般应采取综合评审法进行评审。

2. 综合评审法的分类

综合评审法按其具体分析方式的不同，可分为定性综合评审法和定量综合评审法。

（1）定性综合评审法　定性综合评审法通常的做法是，由评标组织对工程报价、工期、质量、施工组织设计、主要材料消耗、安全保障措施、业绩、信誉等评审指标，分项进行定性比较分析，综合考虑，经评估后，选出其中被大多数评标组织成员认为各项条件都比较优良的投标人为中标人，也可用记名或无记名投票表决的方式确定中标人。定性评估法的特点是不量化各项评审指标。它是一种定性的优选法。采用定性综合评审法，一般要按从优到劣的顺序，对各投标人排列名次，排序第一名的为中标人。

（2）定量综合评审法　在定量综合评审法中，最为常用的方法是百分法。这种方法是将评审各指标分别在百分之内所占比例和评标标准在招标文件内规定。开标后按评标程序，根据评分标准，由评委对各投标人的标书进行评分，最后以总得分最高的投标人为中标人。这种评标方法一直是建设工程领域采用较多的方法。

（3）综合评审法的评标要求　评标委员会对各个评审因素进行量化时，应当将量化指标建立在同一基础或者同一标准上，使各投标文件具有可比性。对技术部分和商务部分进行量化后，评标委员会应当对这两部分的量化结果进行加权，计算出每一投标的综合评估价或者综合评估分。

3. 综合评审法分值构成与评分标准

根据 2007 年版《标准施工招标文件》，综合评审法评标分值构成分为四方面，即施工组织设计、项目管理机构、投标报价、其他因素，总计分值为 100 分，各方面所占比例和具体分值由招标人自行确定，并在招标文件中明确载明。上述四方面标准具体评分因素见表 6-11。

表 6-11 综合评审法的评分因素

分值构成	评分因素	评分标准
施工组织设计评分标准	内容完整性和编制水平	
	施工方案与技术措施	
	质量管理体系与措施	
	安全管理体系与措施	
	环境保护管理体系与措施	
	工程进度计划与措施	
	资源配备计划	
项目管理机构评分标准	项目经理任职资格与业绩	
	技术负责人任职资格与业绩	
	其他主要人员	
投标报价评分标准	偏差率	
其他因素评分标准		

4. 投标报价偏差率的计算

在评标过程中，可以对各个投标文件按下式计算投标报价偏差率：

$$偏差率 = 100\% \times (投标人报价 - 评标基准价) / 评标基准价 \qquad (6-23)$$

评标基准价的计算方法应在投标人须知附表中予以明确，招标人可依据招标项目的特点、行业管理规定给出评分基准价的计算方法，确定时也可适当考虑投标人的投标报价。

5. 详细评审过程

评标委员会按分值构成与评分标准规定的量化因素和分值进行打分，并计算出各标书综合评审法得分。

1）按规定的评标因素和标准对施工组织设计计算出得分 A。
2）按规定的评标因素和标准对项目管理机构计算出得分 B。
3）按规定的评标因素和标准对投标报价计算出得分 C。
4）按规定的评标因素和标准对其他因素计算出得分 D。

评分分值计算保留小数点后两位，小数点后第三位"四舍五入"。投标人得分计算公式是：投标人得分 = $A + B + C + D$。由评委对各投标人的表述进行评分后加以比较，最后以总分最高的投标人为中标候选人。

根据《中华人民共和国招标投标法》的相关规定，中标人确定后，招标人应当向中标人发出中标通知书，并同时将中标结果通知所有未中标投标人。

随着中标通知书的发出，在中标通知书中载明的标的物的价格就是中标价，至此，中标价最终确定。

（五）中标候选人的确定

经过评标后，就可确定中标候选人（或中标单位）。评标委员会推荐的中标候选人应当限定为1~3人，并标明排列顺序。

中标人的投标应当符合下列条件之一：

1）能够最大限度满足招标文件中规定的各项综合评价标准。

2）能够满足招标文件的实质性要求，并且经评审的投标价格最低；但是投标价格低于成本的除外。

对使用国有资金投资或者国家融资的项目，招标人应当确定排名第一的中标候选人为中标人。排名第一的中标候选人放弃中标，因不可抗力提出不能履行合同，或者招标文件规定应当提交履约保证金而在规定的期限内未能提交的，招标人可以确定排名第二的中标候选人为中标人。

排名第二的中标候选人因前款规定的同样原因不能签订合同的，招标人可以确定排名第三的中标候选人为中标人。

招标人可以授权评标委员会直接确定中标人。

最后要注意，在确定中标人之前，招标人不得与投标人就投标价格、投标方案等实质性内容进行谈判。住建部还规定，有下列情形之一的，评标委员会可以要求投标人做出书面说明并提供相关材料：设有标底的，投标报价低于标底合理幅度的；不设标底的，投标报价明显低于其他投标报价，有可能低于其企业成本的。

（六）中标价的最终确定

中标人确定后，招标人应当向中标人发出中标通知书，并同时将中标结果通知所有未中标的投标人。中标通知书对招标人和中标人具有法律效力。中标通知书发出后，招标人改变中标结果，或者中标人放弃中标项目的，应当依法承担法律责任。中标通知书的发出标志着中标价的最终形成。

二、签约合同价的确定过程

（一）合同签订的相关规定

《中华人民共和国招标投标法》规定，招标人和中标人应当自中标通知书发出之日起30日内，按照招标文件和中标人的投标文件订立书面合同。招标人和中标人不得再订立背离合同实质性内容的其他协议。

发出中标通知书后，中标人无正当理由拒签合同的，招标人取消其中标资格，其投标保证金不予退还；给招标人造成的损失超过投标保证金数额的，中标人还应当对超过部分予以赔偿；招标人无正当理由拒签合同的，招标人向中标人退还投标保证金；给中标人造成损失的，还应当赔偿损失。招标人与中标人签订合同5日内，应当向中标人和未中标的投标人退还投标保证金及银行同期存款利息。

合同协议书的签订表明签约合同价的最终形成。签约合同价为合同协议书中载明的价格，是承发包双方权利和义务的初始约定至平衡的货币体现。签约合同价是双方当事人关心的核心条款,招标工程的签约合同价由合同双方依据中标通知中的中标价格在协议书内约定,签约合同价在合同协议书中载明,任何一方不能擅自改变。

(二) 合同签订的过程

在中标通知书发出之后,招标人与中标人应依照招标文件和中标人的投标文件,可在不背离合同实质性内容的前提下进行谈判,在规定期限内达成一致并签订合同。合同约定应根据招标文件和中标人的投标文件以书面形式约定,且合同约定不得违背招标投标文件中关于工期、造价、质量等方面的实质性内容。招标文件与中标人的投标文件不一致的地方,以投标文件为准。不实行招标的工程合同价款,在发、承包双方认可的合同价款基础上,由发、承包双方在合同中约定。

1. 一般讨论

谈判开始阶段先要广泛交换意见,各方提出各自的设想方案,探讨各种可能性,经过商讨逐步将双方意见综合并统一起来,为下一步详细谈判做好准备。

2. 技术谈判

一般讨论之后即进入技术谈判阶段,主要对原合同中技术方面的条款进行讨论。技术谈判的内容包括:工程范围、技术规范、标准、施工条件、施工方案、施工进度、质量检查、竣工验收等。

3. 商务谈判

主要对原合同中商务方面的条款进行讨论,包括工程合同价款支付条件、支付方式、预付款、履约保证、保留金、货币风险的防范、合同价格的调整等。

4. 合同拟定

谈判进行到一定阶段后,双方都已表明了观点,对原则性问题双方意见基本一致的情况下,双方就可以交换书面意见或合同稿。然后以书面意见或合同稿为基础,逐项逐条审查合同条款。

(三) 合同约定的内容

《建设工程工程量清单计价规范》(GB 50500—2013)规定,发、承包双方应在合同专用条款中对下列事项进行约定:

1) 预付工程款的数额、支付时间及抵扣方式。
2) 安全文明施工措施的支付计划、使用要求等。
3) 工程计量与支付工程进度款的方式、数额及时间。
4) 工程价款的调整因素、方法、程序,支付及时间。
5) 施工索赔与现场签证的程序、金额确认与支付时间。
6) 承担计价风险的内容、范围以及超出约定内容、范围的调整办法。
7) 工程竣工价款结算编制与核对、支付及时间。
8) 工程质量保证金的数额、扣留方式及时间。
9) 违约责任以及发生工程价款争议的解决方法及时间。
10) 与履行合同、支付价款有关的其他事项等。

合同内容应对上述十方面的内容详细约定,以便于施工及竣工结算阶段合同价款的管理。但是合同约定不得违背招标投标文件中关于工期、造价、质量等方面的实质性内容,同时要明确合同签约价是指包含增值税销项税额的合同价款。

(四) 履约担保

1. 履约担保的概念

履约担保是指发包人在招标文件中规定的要求承包人提交的保证履行合同义务的担保。履约担保是工程发包人为防止承包人在合同执行过程中违规或违约，并弥补给发包人的经济损失。其一般有三种形式：银行履约保函、履约担保书和履约担保金（又称为履约保证金）。

保证担保人（担保公司）向招标人出具履约担保，保证建设工程承包合同中规定的一切条款将在规定的日期内，以不超过双方议定的价格，按照约定的质量标准完成该项目。一旦承包人在施工过程中违约或因故无法完成合同，则保证担保人可以向该承包人提供资金或其他形式的资助以使其有能力完成合同；也可以安排由新的承包人来接替原承包人以完成该项目；还可以经过协商，发包人重新开标，中标的承包人将完成合同中的剩余部分，由此造成最后造价超出原合同造价的部分将由保证担保人承担；如果对上述解决方案不能达成协议，则保证担保人将在保额内赔付发包人的损失。

2. 履约担保的金额

银行履约保函是由商业银行开具的担保证明，常见于国际工程，通常为合同金额的10%左右。银行履约保函分为有条件的履约保函和无条件的履约保函。有条件的履约保函通常规定，在承包人没有实施合同或者未履行合同义务时，由发包人或监理工程师出具证明说明情况，并由担保人对已执行合同部分和未执行部分加以鉴定，确认后才能收兑银行保函。建筑行业通常倾向于采用这种形式的保函。对于无条件的履约保函，发包人则只要看到承包人违约，就可对银行保函进行收兑。

履约保证金可采用保兑支票、银行汇票或现金支票，依据《中华人民共和国招标投标法实施条例》，其金额一般不得超过中标合同金额的10%。

履约担保书由保险公司、信托公司、证券公司、实体公司或社会上担保公司出具。工程采购项目履约担保采用履约担保书形式的，其金额一般为合同价的30%~50%。当承包人在履行合同中违约时，开出担保书的担保公司或者保险公司用该项保证金去支持完成施工任务或者向发包人支付该项保证金。

3. 履约担保的扣还

2007年版《标准招标施工文件》中规定，承包人应保证在发包人颁布工程接收证书前一直有效。发包人应在工程接收证书颁发后28天内把履约担保退还给承包人。如果没有理由再需要履约保证金，工程接收证书颁发后28天内发包人应将履约保证金退还给承包人。

如果项目监理工程师指出承包人有违反合同的行为后，承包人仍继续该违反合同的行为或承包人未将应支付给发包人的款项支付给发包人，42天或超过42天后则发包人可从履约保证金中获得索赔。

本章综合训练

基础训练

1. 简述签约合同价的形成过程。
2. 说明招标控制价与投标报价编制依据的区别。
3. 简述单价合同与总价合同风险分担的原则区别和原因。

4. 请列举综合单价组价过程中风险幅度确定的方法。
5. 简述中标价格过高或过低的产生的原因、危害及其解决办法。
6. 简述清标工作的关键内容和对评标工作的影响。
7. 简述材料供应商的纳税人类型和税率及其对工程成本的影响。

能力拓展

某建设项目概算已批准，项目已列入地方年度固定资产投资计划，并得到规划部门批准。准备工作已完成，根据有关规定采用公开招标，拟定招标程序如下：

1）向建设部门提出招标申请。
2）得到批准后，编制招标文件，招标文件中规定外地区单位参加投标需垫付工程款，垫付比例可作为评标条件；本地区单位投标不需要垫付工程款。
3）招标时向投标单位发出招标邀请函（4家）。
4）投标文件递交。
5）由地方建设管理部门指定有经验的专家与本单位人员共同组成评标委员会。为得到有关领导的支持，各级领导占评标委员总数的1/2。
6）召开投标预备会议，由地方政府领导主持会议。
7）投标单位报送投标文件时，A单位在投标截止时间之前3h，在原报方案的基础上，又补充了降价方案，被招标方拒绝。
8）由政府建设主管部门主持，公证处人员派人员监督。召开开标会，会议上只宣读三家投标单位的报价（另一家投标单位退标）。
9）由于未进行资格预审，故在评标过程中进行投标资格审查。
10）评标后评标委员会将中标结果直接通知了中标单位。
11）中标单位提出因主管领导生病等原因2个月后再行签订承包合同。

经评委会审查，××公司被确定为中标备选人。××公司提交的投标文件中包括报价中的措施项目费用清单计价表和其他项目清单计价表，填写两表时，对招标人发出的工程量清单的部分工程清单计价进行了分析和估算，具体内容如下：

1）对安装玻璃幕墙工程的指定分包暂定造价1500000.00元；总承包单位对上述工程提供协调及施工设施的配合费用45000.00元。
2）对外围土建工程的指定分包暂定造价500000.00元；总承包单位对上述工程提供协调及施工设施的配合费用10000.00元。
3）总承包单位对设计及供应电梯工程（工程造价约1300000.00元）承包单位的协调及照管的配合费用3000.00元。
4）总承包单位对安装电梯工程（工程造价约200000.00元）承包单位的协调及照管的配合费用4000.00元。
5）总承包单位设计及供应机电系统工程（工程造价约4500000.00元）承包单位的协调及照管的配合费用2000.00元。
6）总承包单位对安装机电系统工程（工程造价约750000.00元）承包单位的协调及照管的配合费用4000.00元。
7）总承包单位对市政配套工程（工程造价约1500000.00元）承包单位的协调及照管的配合费用3000.00元。
8）预留1500000.00元作为不可预见费。
9）总承包单位察看现场费用8000.00元。
10）总承包单位临时设施费70000.00元。

11）依招标方安全施工的要求，总承包单位安全施工增加费 10000.00 元。

12）总承包单位环境保护费 5000.00 元。

【问题分析】

1. 该单位招标程序中存在什么问题？

2. 评标过程中商务性评审和技术性评审的主要内容是什么？

3. 根据全国统一工程量清单计价规则，采用通用格式说明××公司其他项目清单计价表和措施清单计价表的具体内容，计算指定分包金额和总承包服务费。

4. 若该工程项目招标人要求一项额外的装饰工程，该工程不能以实物量计量和定价。招标人估算该工程需抹灰工约 20 工日，计 600 元，油漆工约 10 工日，计 350 元。则这部分工作应如何计价，并列出相应的计价表。

案例分析

【案例】某道路排水工程招标控制价的案例分析

某道路排水工程，全长 1672.702m，投资概算为 14452 万元，该工程招标人为城市管理局，由市政工程有限公司设计，某工程项目管理有限公司招标代理公司组织招标并编制招标控制价，预计总工期 155 天，该工程经建设单位同意报审的招标控制价为 67454549.15 元。在招标控制价的编制过程中，某工程项目管理有限公司对工程量清单中"机械挖沟槽土方"项目进行工程计量，增加了放坡及工作面的工程量，总计 9869.94m³，为 32898.39m³×2.92 元/m³−23028.45m³×3.33 元/m³ = 19378.56 元，同时按照工程量清单中"圈梁"项目特征描述内容（非预应力钢筋制作安装）的相应子目套价，3.518t×5294 元/t = 18624.30 元。但是建设单位的审核人员不同意这两项事件，要求对这两项事件重新编制，并修改招标控制价。

【矛盾焦点】

1）工程量计算规则适用问题，我国现行有两套计量规则，各自有其适用范围和适用阶段，就我国现行工程计价的惯例来说，工程定额计价规则适用于预算编制及预算以前阶段的各种计价活动。某工程项目管理有限公司根据工程量清单编制招标控制价，但采取了定额计价的计量规则。因此问题焦点为：在编制招标控制价的过程中计量规则该如何选用。

2）清单项目特征描述的准确性问题，"圈梁"的施工方案中并没有"非预应力钢筋制作安装"这一特征，其实本意是在描述"不采用预应力钢筋制作安装"，因为圈梁一般是现浇钢筋混凝土圈梁，但是"非预应力钢筋制作安装"却有"套价子目"与其相对应。因此问题焦点为：当工程量清单"项目特征"描述错误时应如何应对。

【问题分析】

1）招标控制价是随着《建设工程工程量清单计价规范》（GB 50500—2013）发行而产生的，既然编制了招标控制价，就是选择了工程量清单计价方式，计量规则应遵循《建设工程工程量清单计价规范》（GB 50500—2013）的计价规则。案例中的事件 1 在编制招标控制价的过程中采用了定额计价中的工程量计量原则，这是不合理的。依据《市政工程工程量计算规范》（GB 50857—2013）中附录 A 中挖土方规定：挖沟槽土方，原地面线以下按构筑物最大水平投影面积乘以挖土深度（原地面平均标高至坑底高度）以体积计算。所以事件 1 中应改正工程量的计量，再运用正确的工程量套价。最后应在招标控制价中减去这部分"放坡"的工程量的计价部分，总计为 19378.56 元，以及相应的规费和税金。

2）招标工程量清单中项目特征描述错误，项目特征是用来描述项目名称实质内容，直接影响工程实体的自身价值，项目特征描述不准确会影响工程量清单项目的区分；项目特征描述不准确会影响综合单价的确定；项目特征描述不准确会影响双方对合同义务的履行情况。《建设工程工程量清单计价规范》（GB 50500—2013）中第 6.2.3 条规定，分部分项工程费应根据招标文件分部分项工程量清单的特征描述确定综合单价计算。该工程中清单编制存在项目特征描述错误，如圈梁清单项目特征描述中，没有非预应力钢筋制作安装，可是在套价中存在，导致多计费 3.518t×5294 元/t = 18624.30 元，在招标控制价中应删减金额 18624.30 元。

【案例总结】

1. 区分定额计量和工程量清单计量规则的适用范围

工程量清单是以实体为主，做到可算并计算的结果唯一，这样在清单规范中出现的与基础定额不同的是"按图示尺寸进行计算"。清单不考虑施工工艺、施工方法所包含的工程量。然而招标控制价是在清单基础上编制的，应遵循工程量清单计量规则。在招标投标以前阶段的计价方式采用定额的计价方式时，应遵循定额计量规则。

2. 提高招标工程量清单编制的质量

清单编制人员要了解施工工艺和流程、工作内容、施工技术规范、程序等工程技术方面的知识，把握建设行业新材料、新工艺的发展趋势；清单编制人员项目组成员之间要加强沟通，在全面理解招标文件的基础上，应及时与招标方、设计部门沟通。清单编制人员在清单编制过程中，遇到施工图样有问题的地方，应该与设计师多沟通，通过设计师进行说明或者修改，对施工图样进一步地完善，防止清单编制人员在编制过程中的漏项。

在工程前期，招标控制价对工程造价的控制起到决定性作用，工程实施阶段，施工单位占主导地位，往往会利用招标清单项目中的漏洞增加索赔机会，把全过程造价管理思路贯穿到工程量清单的编制中，保证工程量清单编制的质量，规避发、承包双方日后"扯皮"的风险。

延展阅读

不平衡报价的机理——以某电厂循环水管工程不平衡报价失败为例

不平衡报价虽然不是二次经营，但是却为二次经营打下了基础，促使二次经营的实现。施工企业通过不平衡报价的使用，可实现施工企业的创收。

对于不平衡报价的使用，关键是识别可能发生的状态变化，这也是不平衡报价使用的第一步，即识别机会点（Seek）；第二步是分析已经识别的机会点，评价这一机会点是否是发包人承担风险，评价是否可利用这一机会点，即机会点评价（Evaluation）；第三步是对机会点进行设计，寻找出拟报价方案，单价是报高还是报低？人材机费用怎么报？即机会点的设计（Design）；第四步是基于已设计好的机会点，计算或估算其成功的概率，由于每个项目都会有众多的利用不平衡报价的机会点，因此承包人应根据每一个机会点成功的概率以及预期的收益确定利用哪些机会点进行不平衡报价，即机会点分析（Analyze）。这就是承包人利用不平衡报价的途径和步骤，可以简称为 SEDA（Seek-Evaluation-Design-Analyze）模型。

由于不平衡报价是总价不变，但是结算时会增加收益，因此不平衡报价的本质就是承包人利用可以利用的状态变化，包括两点，具体如下：

1）承包人要利用不平衡报价的工作必须在施工阶段发生状态的变化，如发生变更、工程量增减、物价波动等，承包人必须通过变化的状态才能实现不平衡报价。

2）这种状态变化的后果需要发包人承担，即发包人承担状态变化的风险，也就是发包人要支付价款，如发包人要支付变更、调价引起的价款，如果发包人不承担状态变化的风险，那么即使使用不平衡报价也不会得到发包人的支付，有可能会适得其反。下面以某电厂循环水管工程不平衡报价的失败作为案例来分析。

一、案例背景

某电厂"上大压小"扩建工程实施过程中，该电厂发电机组属凝汽式燃煤发电机组，在冷却水系统的选择上，由于毗邻丰富水源——长江，因此设计为直流式水冷系统，即从长江直接引水进入凝汽器与汽轮机做功排出的蒸汽进行对流换热（使其冷却为液态水）后，排入长江，完成一个循环，循环水管示意如图 1 所示。

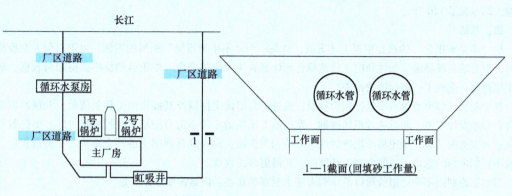

图 1　某电厂循环水管示意

循环水管总长 2280m，土方开挖总量约为 3 万 m³，在施工过程中，和厂区道路部分有几处垂直交叉的地方。和厂区道路交叉的部分称为"过马路段"，"过马路段"的道路管道总长 40m。该项目为 EPC 总承包模式，EPC 总承包方（下文简称发包人）为某电力咨询公司与某电力设计院组成的联合体，专业分包商（下文简称承包人）为某电力建设公司。

发包人在清单项目特征描述中规定厂区道路上行驶的多为载重汽车，因此在"过马路段"要求回填中粗砂，以缓冲上面传来的动荷载，长度约为 40m，其余部分回填土（夯填），长度约为 221m。并且签订合同后合同附件中工程量清单也有此规定。因此，在投标报价阶段，为了能够中标，承包人就对中粗砂的价格报得相对较低，同时为了竣工结算时获得更多的收益，提高了夯填土的报价。中粗砂比回填土报价每立方米多 70 元。

但在实际施工中，考虑到工程性质以及工程周围环境，同时考虑到靠近长江，取河砂比异地取土方便且质量更好，因此发包人最终决定所有管道回填全用中粗砂，最终中粗砂回填工程量增加了 3 万 m³。

竣工结算时，发承包双方就所有管道回填的中粗砂是否重新组价的问题产生了纠纷。

二、承包人误判机会点

在招标阶段，发包人在招标工程量清单中的项目特征描述：厂区道路上行驶的多为载重汽车，因此在厂区道路下的循环水管道要求回填中粗砂，以缓冲上面传来的动荷载，其余部分回填土（夯填）。并且签订合同后合同附件中工程量清单也有此规定。因此，在投标报价阶段，为了能够中标，承包人就对中粗砂的价格报得相对较低，同时提高了夯填土的报价，为了竣工结算时获得更多的收益。

但实际施工中，由于电厂为上大压小的扩建工程，原来小电厂报废关停了一些，在挖循环水管时，不少地段里还有原来机组工程的破碎基础、碎砖等，这些杂物不利于夯填。而且当初设计的回填要求比标准设计有所降低，同时考虑到靠近长江，取河砂比异地取土方便且质量更好，因此发包人最终决定所有管道回填全用中粗砂。

三、处理结果

竣工结算时，承包人认为，由于变更后增加的工程量太大，而且在施工期间，中粗砂的价格有所涨幅，想重新组价，组价后回填总价应再补差价约为 320 万元。

《建设工程工程量清单计价规范》（GB 50500—2013）规定，因分部分项工程量清单漏项或非承包人原因的工程变更，造成增加新的工程量清单项目，其对应的综合单价按下列方法确定：

1）合同中已有适用的综合单价，按合同中已有的综合单价确定。
2）合同中有类似的综合单价，参照类似的综合单价确定。
3）合同中没有适用或类似的综合单价，由承包人提出综合单价，经发包人确认后执行。

所以最终处理结果是按原清单中"过马路段"中粗砂回填的报价执行，即发包人只需再补回填差价

210万元。因为工程量清单中已有综合单价比市场价低27元/m³，虽然合同收入增加210万元，但实际上承包人却亏损了110万元。

四、总结

从"不平衡报价"的视角审视上述案例，这是一个"不平衡报价"失败的案例。由于承包人在投标报价时，没有结合现场施工条件和施工规范综合预计到施工阶段的变更，中粗砂的价格报得相对较低，故在竣工结算时，受到了一定程度的损失。

换个角度，如果承包人在投标报价阶段，通过研究招标文件以及其提供的工程量清单，发现回填要求不符合标准设计规范，同时通过现场踏勘，发现施工现场的土质不适合夯填，在投标报价时，事先就可以预见这种变更的发生，预先将回填砂的综合单价相对提高，同时降低回填土的综合单价以平衡总报价，这样既不影响中标的总价，又能在竣工结算时，获得更多的收益。

虽然正确利用不平衡报价可以给承包人带来更多的收益，但是需要注意的是：

1）不平衡报价使用一定是基于发包人承担的风险基础上，否则会劳而无功甚至适得其反。

2）不平衡报价的使用要适度，如被发包人识别出来会破坏双方关系，甚至损害承包人利益。

3）承包人进行不平衡报价必须要从全局考虑，某一个机会点不平衡报价的使用可能会对整个项目产生影响。如由于某一个机会点要对钢筋报高价或低价，那么该项目所有的同类型钢筋价格均会改变，这就会影响项目的总报价，因此承包人报价需谨慎，应从全局考虑，考虑每个不平衡报价对项目总报价是否会产生影响。

4）不平衡报价是总价不变，因此在有的项目报高价时，有的项目也要报低价来平衡总报价，总的来说就是要取消、减少工程量的工作报低价，要新增项目、增加工程量的报高价。

推荐阅读材料

[1] 郭宏伟. 招投标与合同管理 [M]. 北京：科学出版社，2012.

[2] 成虎. 工程项目管理 [M]. 4版. 北京：中国建筑工业出版社，2015.

[3] 全国招标师职业水平考试辅导教材指导委员会. 招标采购专业实务 [M]. 北京：中国计划出版社，2014.

[4] 杜训. 国际工程估价 [M]. 北京：中国建筑工业出版社，1996.

[5] 英国皇家特许建造师学会. 工程估价规程 [M]. 张水波，等译. 北京：中国建筑工业出版社，2005.

[6] 刘伊生. 建设工程招投标与合同管理 [M]. 北京：北京交通大学出版社，2008.

[7] 李志生. 建筑工程招投标实务与案例分析 [M]. 2版. 北京：机械工业出版社，2014.

[8] 刘方. "营改增"条件下的建筑劳务分包管理 [J]. 江西建材，2016（15）：296，300.

[9] 赵茂利，陶学明. 2013版《计价规范》下施工企业投标报价中工程成本预测分析 [J]. 招标与投标，2014（1）：34-36.

二维码形式客观题

微信扫描二维码，可在线做题，提交后可查看答案。

第六章 客观题

第七章
合同价款调整

在当今纷繁复杂的商业环境中，人们唯一可以肯定的是"变化"。

——任宏[一]

导 言

小浪底水利枢纽工程施工阶段的合同价款调整

黄河小浪底水利枢纽工程位于河南省洛阳市以北，以防洪、减淤为主，兼顾供水、灌溉和发电，蓄清排浑，除害兴利，综合利用。

按照世界银行采购导则的要求，小浪底工程主体土建工程采用国际竞争性招标方式选择承包商，经过激烈竞争，Ⅰ标大坝工程由以意大利英波吉罗公司（ImpregiloSPA）

为责任方的黄河联营体（YRC）中标；Ⅱ标泄洪工程由以德国旭普林公司（Zublin）为责任方的中德意联营体（CGIC）中标；Ⅲ标引水发电工程由以法国杜美兹公司（Dumez）为责任方的小浪底联营体（XJV全称）中标。

小浪底水利枢纽工程计划投资347.24亿元，小浪底水利枢纽工程项目基于工程建设全过程进行投资控制，取得了投资节约38亿元的效果。能取得这样的效果除了前期决策阶段和设计阶段进行了投资控制之外，建设实施阶段的合同控制起到了很大的作用。合同不仅仅是项目管理中重要的控制手段，用以保障合同交易双方的权利和利益，而且还具有协调功能，能够促进合作。因此，合同中设置变更和调整性条款就很有必要，促进合同对项目不确定性因素的适应。

小浪底工程的主体工程土建标依照国际咨询工程师联合会（FIDIC）制定的《土木工程施工合同条件》（第4版）为通用合同条件，业主以此为基础根据工程特点和具体情况编写了《特殊应用条款》和《专用合同条件》作为补充。

[一] 任宏（1955—），男，博士，重庆大学管理科学与房地产学院教授，博士生导师。

FIDIC《土木工程施工合同条件》（第4版）规定"合同价格"是中标函中写明的按照合同规定，为了工程的实施、完成及其任何缺陷的修补应付给承包商的金额。在此合同条件中没有明确规定影响合同价格的事项，但在其中可以总结出调价、变更、计日工、索赔等的发生会使合同价格发生变化。

1. 小浪底工程的变更情况

对于承包商提出的变更、索赔，工程师要及时进行协调处理，如果没有得到很好的解决，变更可能引发更大的索赔，或者留下隐患，产生合同争议。变更影响的最终表现形式是合同价款的调整，承包商的最终要求也是获得因调整事项发生追加的合同价款。小浪底工程施工期间由于地质条件复杂等原因出现了较多的变更，主要是以下几个方面：①设计者认识的加深以及出于工程安全的考虑，对原设计进行修改；②设计者为适应地质变化的条件，对原设计做出修改；③由塌方引起的其他新增工作；④由于业主提供的金属结构部件改变导致变更的项目；⑤其他增加的过程措施。

2. 小浪底工程的索赔情况

从小浪底国际标的情况来看，按承包商提出索赔的原因和索赔内容，可以将承包商提出的索赔归纳为六类：①由于"地质条件改变"引起的索赔；②由变更处理演变为索赔；③由于赶工引起的索赔；④由"后继法规"导致的索赔；⑤有关"业主条件"方面的索赔；⑥由"合同"本身的漏洞引起的索赔。在上述索赔中，前四方面的索赔在项目和数额上占了大多数，是承包商总索赔额的90%以上，其余则不到10%。

在如此复杂的工程条件下，小浪底工程在工程变更和索赔方面，三个国际土建标的总变更费用仅占总支付额的9.06%，总索赔金额仅占总支付额的5.50%，这一比例在国际惯例公认的此类工程项目的合理范围之内，这主要归结于发承包双方的大胆创新、及时沟通以及有效的合同管理手段。例如，小浪底工程主体工程开工以后，曾有一度因地质条件引起塌方和承包商管理等多方面问题，造成工期延误，陷入十分困难的局面。在这关键时刻水利部果断做出了引进中国成建制水电施工队伍、实行劳务承包（后来形成OTFF联营体）的决策，OTFF进点以后，分别承包了三条导流洞，用22个月完成了33个月的施工任务，抢回了延误的工期，保证按期截流。

所以，进行施工阶段的合同控制，就要明确施工阶段风险等因素引起合同价款调整的事项以及合同价款调整的条件和方法，一方面稳定承包人预期收益，激励其积极履约；另一方面承包双方合理分配风险，促进双方合作关系。

本章主要介绍引起合同价款调整的事项以及调整方法。

——资料来源：

[1] 梁镒, 潘文, 丁本信. 建设工程合同管理与案例分析 [M]. 北京: 中国建筑工业出版社, 2004.

[2] 郑霞忠, 刘洋, 周海林. 黄河小浪底水利枢纽工程投资控制 [J]. 建筑经济, 2007 (5): 42-45.

[3] 王强. 小浪底国际标合同管理及变更索赔处理研究 [D]. 南京: 河海大学, 2007.

本章导读

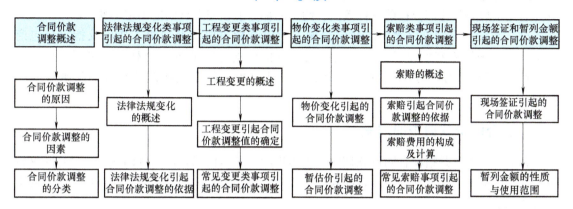

第一节 合同价款调整概述

一、合同价款调整的原因

签约合同价是发承包双方在工程合同中约定的工程造价,然而承包人按合同约定完成了全部承包工作后,发包人应付给承包人的合同总金额往往不等于签约合同价,原因在于发包人确定的最终工程造价中包括合同价款调整,即工程造价的影响因素出现后,发承包双方应根据合同约定,对其合同价款进行调整。

在FIDIC《施工合同条件》中,可接受的合同价格是指业主在中标函中对实施、完成和修复工程缺陷所接受的金额,来源于承包商的投标报价并对其确认。但最终合同价格则是指按照合同约定,承包商完成建造和保修任务后,对所有合格工程有权获得的全部工程款。

然而,最终合同价格与可接受的合同价格一般不会相等,因为合同履行过程中会发生合同价款的调整,原因有以下几种:

(1) 单价合同的特点 合同履行过程中,承包商完成的实际工程量一般不会与清单中的估计量相同,单价合同是按照实际工程量乘以清单中相应单价进行结算的,并且大型复杂工程的施工期较长,物价变化会对施工成本产生影响,所以在支付工程进度款的时候应考虑当地市场价格的涨落情况。而这笔调整价款并没有包含在签约合同价内,只是在合同条款中约定了调价原则和调价费用的计算方法。

(2) 发生应由业主承担责任的事件 合同履行过程中,可能因为业主的行为或业主应承担风险责任的事件发生后,导致承包商增加施工成本,合同相应条款都规定应对承包商受到的实际损害给予补偿。

(3) 承包商的质量责任 合同履行过程中,如果承包商没有完全地或正确地履行合同义务,业主可凭工程师出具的证明,从承包商应得工程款内扣减部分给业主带来损失的款额。

(4) 承包商延误或提前竣工 因承包商的工期延误,承包商需要向业主支付误期损害赔偿费，双方在签订合同时应约定误期损害赔偿费的金额以及误期损害赔偿费的最高限额。当合同中约定有部分工程的竣工时间和奖励办法时，为了使业主能够在完成全部工程之前占有并启用工程的某些部分提前发挥效益，约定的部分工程完工日期应固定不变。

（5）包含在合同价格之内的暂定金额　暂定金额主要涉及变更工作以及指定分包商的工作。对于工程变更项目，业主应按照变更估价支付给承包商，对于分包商工作，承包商可以收取一定的管理费和利润，其计算方法是用"暂定金额调整百分比"乘以实际费用开支。

二、合同价款调整的因素

合同价款调整是指在合同价款调整因素出现后，发承包双方根据合同约定，对合同价款进行变动的提出、计算和确认。合同履行过程中，引起合同价款调整的事项有很多，不同文件有不同的约定：

《标准施工招标文件》（国家九部委令〔2007〕第56号）中规定了6项合同价款调整的事项，包括：变更、法律法规、物价波动、不可抗力、违约、索赔。

《建设工程价款结算暂行办法》（财建〔2004〕369号）中规定了5项合同价款调整的事项：①法律、行政法规和国家有关政策变化影响合同价款；②工程造价管理机构的价款调整；③经批准的设计变更；④发包人更改经审定批准的施工组织设计（修正错误除外）造成费用增加；⑤双方约定的其他因素。

《建设工程工程量清单计价规范》（GB 50500—2013）中规定了15项合同价款调整事项，包括：①法律法规变化引起的合同价款调整；②工程变更引起的合同价款调整；③项目特征不符引起的合同价款调整；④工程量清单缺项引起的合同价款调整；⑤工程量偏差引起的合同价款调整；⑥计日工引起的合同价款调整；⑦物价变化引起的合同价款调整；⑧暂估价引起的合同价款调整；⑨不可抗力引起的合同价款调整；⑩提前竣工（赶工补偿）引起的合同价款调整；⑪误期赔偿引起的合同价款调整；⑫索赔引起的合同价款调整；⑬现场签证引起的合同价款调整；⑭暂列金额引起的合同价款调整；⑮其他因素引起的合同价款调整。

建设项目的合同拟定过程中，对于合同价款调整事项的约定，应该遵守国家相关文件的规定，并结合项目具体特点和业主方项目管理要求，双方商议约定调整事项和调整方法。

三、合同价款调整的分类

1. 法律法规变化类事项引起的合同价款调整

在工程建设过程中，发承包双方都是国家法律、法规、规章及政策的执行者。因此，在发承包双方履行合同的过程中，当国家的法律、法规、规章及政策发生变化时，国家或省级、行业建设主管部门或其授权的工程造价管理机构据此发布工程造价调整文件，合同价款应当进行调整。

2. 工程变更类事项引起的合同价款调整

工程变更是承发包双方在合同履约过程中，当合同价款调整事项导致合同状态发生变化时，为保证工程顺利实施而采取的调整合同价款的一种措施与方式。变更的实质是合同标的物的变更，即发包人与承包人之间权利与义务指向对象的变更。工程变更类事项主要涉及工程变更、项目特征不符、项目清单缺漏项、工程量偏差、计日工。

3. 物价变化类事项引起的合同价款调整

调价是承发包双方在合同履约过程中,当难以预计的市场价格波动超出一定幅度、法律变化等事项导致合同价款状态发生变化时,为保证工程顺利实施而采取的一种对市场价格或费率调整的手段,其目的在于降低双方的风险损失,以平抑风险因素对合同价款状态改变带来的影响。调价工作的重点在于将风险控制在双方能够承受的范围之内,调价类事项主要涉及物价变化和暂估价。

4. 工程索赔类事项引起的合同价款调整

索赔是承发包双方在合同履约过程中,根据合同及相关法律规定,并由非己方的错误,且属于应由对方承担责任或风险情况所造成的实际损失,根据有关证据,按照一定程序向对方提出请求给予补偿的要求,进而达到调整合同价款的目的。索赔类事项主要包括不可抗力、提前竣工(赶工补偿)、误期赔偿和索赔等合同价款调整事项。

5. 现场签证及其他事项引起的合同价款调整

现场签证是发包人现场代表(或其授权的监理人、工程造价咨询人)与承包人现场代表就施工过程中涉及的责任事件所做的签认证明。依据《建设工程工程量清单计价规范》(GB 50500—2013),现场签证的范围主要是对因发包人要求的合同外零星工作、非承包人责任事件以及合同工程内容因场地条件、地质水文、发包人要求不一致等进行签认证明。当实际施工过程中发生合同外零星工作、非承包人责任事件等现场签证项目时,应对合同价款进行调整。

6. 暂列金额引起的合同价款调整方式

暂列金额列入投标总价中,但并不属于承包人所有,也不必然发生,只有按照合同约定实际发生后,才成为承包人的应得金额,纳入合同结算价款中,从而引起合同价款的调整。

第二节 法律法规变化类事项引起的合同价款调整

一、法律法规变化的概述

(一) 法律法规的范围

合同中所称法律法规包括中华人民共和国法律、行政法规、部门规章,以及工程所在地的地方法规、自治条例、单行条例和地方政府规章等。

其中,中华人民共和国法律是指全国人大及其常委会制定的规范性文件,其法律效力高于其他适用于合同的法律法规;行政法规是最高国家行政机关即国务院制定的规范性文件,其法律的效力低于中华人民共和国法律;部门规章是由国务院各部、委制定的法律规范性文件,其法律的效力低于中华人民共和国法律、行政法规;工程所在地的地方法规、自治条例、单行条例和地方政府规章是指省、自治区、直辖市以及省、自治区人民政府所在地的市和经国务院批准的较大的市的人民代表大会及常委会,在其法定权限内制定的法律规范性文件,其只在本辖区内有效,其法律效力低于中华人民共和国法律和行政法规。

此外,《建设工程工程量清单计价规范》(GB 50500—2013)规定的法律法规变化包括政策，这是与我国国情相联系的。因为按照规定，国务院或国家发展和改革委员会，财政部，省级人民政府或省级财政、物价主管部门在授权范围内，通常以政策文件的方式制定或调整行政事业性收费项目或费率，这些行政事业性收入进入工程造价，当然也应该对合同价款进行调整。当然，合同当事人可以在专用条款中约定合同适用的其他规范性文件。

（二）基准日的确定

法律的变化属于发包人完全承担的风险，发承包双方对因法律变化引起价款调整的风险划分以基准日期为界限：因法律变化导致承包人在合同履行中所需要的工程费用发生除物价变化以外的增减时，在基准日期之后发生的法律法规变化，合同价款予以调整，风险由发包人承担。一般而言，对于实行招标的建设工程，一般以招标文件中规定的提交投标文件的截止时间前的第28天作为基准日；对于不实行招标的建设工程，一般以建设工程施工合同签订前的第28天作为基准日。

（三）工期延误期间的特殊处理

如果因承包人原因导致工期延误，在工期延误期间国家的法律、行政法规和相关政策发生变化引起工程造价变化的，造成合同价款增加的，合同价款不予调整；造成合同价款减少的，合同价款予以调整。

二、法律法规变化引起合同价款调整的依据

（一）《建设工程工程量清单计价规范》（GB 50500—2013）的规定

《建设工程工程量清单计价规范》（GB 50500—2013）规定了三类影响合同价款的因素，应由发包人承担：

1) 国家法律、法规、规章和政策发生变化。

2) 省级或行业建设主管部门发布的人工费调整，但承包人对人工费或人工单价的报价高于发布的除外。

3) 由政府定价或政府指导价管理的原材料等价格进行了调整的。

第1条是法定的调整依据，与合同规定相对应，并应以基准日期进行调整：基准日期之后国家的法律、法规、规章和政策发生变化引起工程造价增减变化的，发承包双方应当按照省级或行业建设主管部门或其授权的工程造价管理机构据此发布的规定调整合同价款。

第2、3条是约定的调整依据，发承包双方应在合同中约定调整方法，属于发包人应该承担的计价风险；根据国内工程建设的实际情况，各地建设主管部门均根据当地人力资源和社会保障主管部门的有关规定发布人工成本信息或人工费调整，此类风险不应该由承包人承担；由政府定价或政府指导价管理的原材料如水、电、燃油等价格的调整，此类风险不应该由承包人承担。

（二）《建设工程施工合同示范文本》（GF-2017-0201）的规定

在基准日期后，因法律变化导致承包人在合同履行中所需要的工程费用发生除物价波动引起的价格调整以外的增减时，监理人应根据法律、国家或省、自治区、直辖市有关部门的规定，商定或确定需调整的合同价款。《建设工程施工合同示范文本（GF-2017-0201）》中通用条款11.2法律变化引起的调整中规定：

1) 基准日期后，法律变化导致承包人在合同履行过程中所需要的费用发生除第11.1款（市场价格波动引起的调整）约定以外的增加时，由发包人承担由此增加的费用；减少时，

应从合同价格中予以扣减。基准日期后，因法律变化造成工期延误时，工期应予以顺延。

2）因法律变化引起的合同价格和工期调整，合同当事人无法达成一致的，由总监理工程师按第4.4款［商定或确定］的约定处理。

3）因承包人原因造成工期延误，在工期延误期间出现法律变化的，由此增加的费用和（或）延误的工期由承包人承担。

较之清单计价规范的相关内容，《建设工程施工合同示范文本》（GF-2017-0201）明确了由于法律法规变化对工程项目工期的影响，并规定承包人可以获得工期顺延。

第三节 工程变更类事项引起的合同价款调整

一、工程变更的概述

（一）工程变更的概念

工程项目的复杂性决定了发包人在招标投标阶段所确定的方案往往存在某方面的不足。随着工程的进展和对工程本身认识的加深，以及其他外部因素的影响，常常在工程施工过程中需要对工程的范围、技术要求等进行修改，形成工程变更。可见，工程变更是为了完成工程所赋予的发包人单方面的权利，其目的是改善工程功能及顺利完成工程，其内容是对工程的外观、标准、功能及其实施方式的改变。

工程变更可以分为设计变更和其他变更。设计变更对施工进度有很大影响，容易造成投资失控，所以应严格按照国家的规定和合同约定的程序进行，变更超过原设计标准和建设规模，发包人应经规划管理部门和其他有关部门重新审查批准，并由原设计单位提供相应的变更图样和说明后，方可发出变更通知；其他变更是除设计变更之外能够导致合同内容的变更，如履约中发包人要求变更工程质量标准及发生其他实质性变更。

（二）工程变更的范围

1.《标准施工招标文件》（国家九部委令〔2007〕第56号）规定

在履行合同中发生以下情形之一的，经发包人同意，监理人可按合同约定的变更程序向承包人发出变更指示：

1）取消合同中任何一项工作，但被取消的工作不能转由发包人或其他人实施。
2）改变合同中任何一项工作的质量或其他特性。
3）改变合同工程的基线、标高、位置或尺寸。
4）改变合同中任何一项工作的施工时间或改变已批准的施工工艺或顺序。
5）为完成工程需要追加的额外工作。

2. FIDIC《施工合同条件》的规定

由于工程变更属于合同履行过程中的正常管理工作，工程师可以依据施工进展的实际情况，在认为必要时，就以下几个方面发布变更指令：

1）对合同中任何工作的工程量的改变。为了便于合同管理，当事人双方应在专用条款内约定工程量变化较大，可以调整单价的百分比，具体范围视工程具体情况而定。
2）任何工作质量或其他特性上的变更。

3）工程任何部分标高、位置和（或）尺寸上的改变。

4）省略任何合同约定的工作内容。省略的工作应是不再需要的工程，不允许用变更指令的方式将承包范围内的工作变更给其他承包商实施。

5）永久工程所必需的任何附加工作、永久设备、材料或服务，包括任何联合竣工检验、钻孔和其他检验以及勘察工作。

6）改变原定的施工顺序或时间安排。

新增的工程应按单独的合同对待。这种变更指令应是增加与合同工作范围性质一致的新增工作内容，而且不应以变更指令的形式要求承包人使用超过他目前正在使用或计划使用的施工设备范围去完成新增工程。除非承包人同意此项工作按变更对待，一般应将新增工程按一个单独的合同对待。

3.《建设工程工程量清单计价规范》（GB 50500—2013）的规定

工程变更是指合同工程实施过程中由发包人提出或由承包人提出的经发包人批准的合同工程任何一项工作的增、减、取消或施工工艺、顺序、时间的改变；设计图的修改；施工条件的改变；招标工程量清单的错、漏从而引起合同条件的改变或工程量的增减变化。

在界定工程变更时，特别指出该变更是由发包人提出的，承包人提出但要发包人同意，而且变更范围包括一些应由发包人承担责任的事件引起的变更，如施工条件的改变、招标工程量清单的缺项引起的合同条件的改变或工程量的增减变化等情况。

（三）工程变更的风险责任划分

工程变更是合同变更中最频繁和数量最大的，其中最重要的是设计变更和施工方案变更。工程变更的风险责任分析是确定工程变更引起合同价款调整的前提。

1. 设计变更的风险责任划分

设计变更会引起工程量的增加、减少，工程的新增或删除，工程质量和进度的变化，实施方案的变化。一般工程施工合同赋予发包人设计变更的权利，发包人可以直接下达指令，重新发布图样或规范，实现变更。这种由于发包人要求、政府城建环保部门的要求、环境变化（如地质条件变化）、不可抗力、原设计错误等导致的设计修改，必须由发包人承担风险和责任。但是由于承包人施工过程、施工方案出现错误、疏忽而导致设计的修改，不属于设计变更，必须由承包人自行负责。

2. 施工方案变更的风险责任划分

在投标文件中，承包人已在施工组织设计中提出比较完备的施工方案，尽管不作为合同文件的一部分，但仍具有约束力。发包人向承包人授标就表示对承包人施工方案的认可，与此同时，承包人应对所有现场作业和施工方案的完备、安全、稳定负全部责任。

在通常情况下，下列施工方案的改变不构成工程变更：①在合同签订后的一定时间内，承包人应提交详细的施工计划供发包人代表或监理人审查，如果承包人的施工方案不符合合同要求，不能保证实现合同目标，发包人有权指令承包人修改施工方案，这不构成工程变更；②在招标文件的规范中，发包人对施工方案做了详细的规定，承包人必须按发包人要求投标，若承包人的施工方案与规范不同，发包人有权指令要求承包人按照规定修改，这不构成工程变更；③由于承包人自身原因（如失误或风险）修改施工方案所造成的损失，不构成工程变更，由承包人负责；④在投标书中的施工方案被证明是不可行的，发包人不批准或指令承包人改变施工方案，不构成工程变更；⑤承包人为保证工程质量，保证实施方案的安全和稳定所增加的工程量，如扩大工程边界，不构成工程变更。

但是以下几种情况，可能造成施工方案变更：①在工程施工中，承包人采用或修改施工方法，必须经过发包人或发包人代表的批准或同意，如果发包人或发包人代表无正当理由不同意，可能会导致一个变更指令；②重大的设计变更导致的施工方案变更，如果设计变更应由发包人承担责任，则相应的施工方案的变更也应由发包人承担责任；反之，则应由承包人承担责任；③不利的地质条件导致的施工方案的变更，一方面，不利地质条件是一个有经验的承包人无法预料的；另一方面，发包人负责地质勘查工作并提供地质勘查报告，应该对报告的正确性和完备性承担责任；④施工进度的变更，工程开工后，每月都可能有进度的调整，通常只要发包人代表（或发包人）批准（或同意）承包人的进度计划（或调整后的进度计划），则新进度计划就具有约束力，如果发包人不能按照新进度计划完成按合同应由发包人完成的责任，如及时提供图样、施工场地、水电等，则属发包人的违约行为，则有可能会构成施工进度的变更。

（四）工程变更的程序

1.《标准施工招标文件》（国家九部委令〔2007〕第 56 号）的规定

（1）变更的提出

1）监理人认为可能要发生变更的情形。在合同履行过程中，可能发生上述变更情形的，监理人可向承包人发出变更意向书。变更意向书应说明变更的具体内容和发包人对变更的时间要求，并附必要的图样和相关资料。变更意向书应要求承包人提交包括拟实施变更工作的计划、措施和竣工时间等内容的实施方案。发包人同意承包人根据变更意向书要求提交的变更实施方案的，由监理人发出变更指示。若承包人收到监理人的变更意向书后认为难以实施此项变更，应立即通知监理人，说明原因并附详细根据。监理人与承包人和发包人协商后确定撤销、改变或不改变原变更意向书。

2）监理人认为发生了变更的情形。在合同履行过程中，发生合同约定的变更情形的，监理人应向承包人发出变更指示。变更指示应说明变更的目的、范围、内容以及变更的工程量及其进度和技术要求，并附有关图样和文件。承包人收到变更指示后，应按变更指示进行变更工作。

3）承包人认为可能要发生变更的情形。承包人收到监理人按合同约定发出的图样和文件，经检查认为其中存在变更情形的，可向监理人提出书面变更建议。变更建议应阐明要求变更的根据，并附必要的图样和说明。监理人收到承包人书面建议后，应与发包人共同研究，确认存在变更的，应在收到承包人书面建议后的 14 天内做出变更指示。经研究后不同意作为变更的，应由监理人书面答复承包人。

（2）变更估价

1）除专用合同条款对期限另有约定外，承包人应在收到变更指示或变更意向书后的 14 天内，向监理人提交变更报价书，报价内容应根据变更估价原则，详细开列变更工作的价格组成及其依据，并附必要的施工方法说明和有关图样。

2）变更工作影响工期的，承包人应提出调整工期的具体细节。监理人认为有必要时，可要求承包人提交提前或延长工期的施工进度计划及相应施工措施等详细资料。

3）除专用合同条款对期限另有约定外，监理人收到承包人变更报价书后的 14 天内，根据变更估价原则，商定或确定变更价格。

应注意变更指示只能由监理人发出,并且变更指示应说明变更的目的、范围、内容以及变更的工程量及其进度和技术要求,并附有关图样和文件。承包人在收到变更指示后,应按照变更指示进行变更工作。

《标准施工招标文件》中规定的变更指示及估价程序如图 7-1 所示。

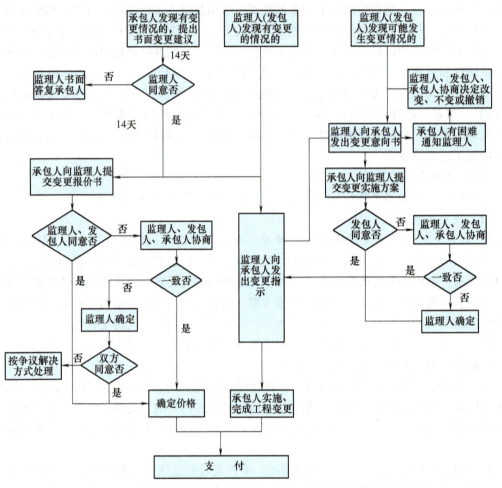

图 7-1 《标准施工招标文件》中规定的变更指示及估价程序

2. FIDIC《施工合同条件》的规定

颁发工程接收证书前的任何时间,工程师可以通过发布变更指示或以要求承包商递交建议书的任何一种方式提出变更。

(1) 指示变更 工程师在业主授权范围内根据施工现场的实际情况,在确属需要时有权发布变更指示。指示的内容应包括详细的变更内容、变更工程量、变更项目的施工技术要求和有关部门文件图样,以及变更处理的原则。

(2) 要求承包商递交建议书后再确定的变更

1) 工程师将计划变更事项通知承包商,并要求承包商递交实施变更的建议书。

2) 承包商应尽快予以答复。一种情况可能是通知工程师由于受到某些非自身原因的限制而无法执行此项变更;另一种情况是承包商依据工程师的指令递交实施此项变更的说明,内容包括：

① 将要实施的工作的说明书以及该工作实施的进度计划。

② 承包商依据合同规定对进度计划和竣工时间做出任何必要修改的建议，提出工期顺延要求。

③ 承包商对变更估价的建议，提出变更费用要求。

3）工程师做出是否变更的决定，尽快通知承包商说明批准与否或提出意见。在这一过程中应注意的问题是：

① 承包商在等待答复期间，不应延误任何工作。

② 工程师发出每一项实施变更的指令，应要求承包商记录支出的费用。

③ 承包商提出的变更建议书，只是作为工程师决定是否实施变更的参考。除了工程师做出指令或批准以总价方式支付的情况外，每一项变更应依据计量工程量进行估价和支付。

（3）承包商提出的有价值的工程性质的变更　承包商可随时向工程师提交书面建议，提出（他认为）采纳后将：

1）加快竣工。

2）降低雇主的工程施工、维护或运行的费用。

3）提高雇主的竣工工程的效率或价值。

4）给雇主带来其他利益的建议。

此类建议书应由承包商自费编制，并应包括：

① 对建议要完成的工作的说明，以及实施的进度计划。

② 根据进度计划和竣工时间的要求，承包商对进度计划做出必要修改的建议书。

③ 承包商对变更估价的建议书。

如经工程师批准的建议书中包括部分永久工程设计的改变，则除非经双方同意：

① 承包商应设计这一部分。

② 应按照承包商的一般义务进行办理。

③ 如此项改变导致该部分的合同价值减少，工程师应商定或确定应包括在合同价格内的费用。此项费用应为以下两项金额之差的一半（50%）：

A. 由此项改变引起的合同价值的此类减少，不包括因法律改变的调整因成本改变的调整的规定做出的调整。

B. 改变后的工程由于任何质量、预期寿命或运行效率的降低，对雇主的价值的减少（如果有）。

但是，如 A 中金额小于 B 中金额，则不应有此项费用。

增加底标：

① 承包商应按照合同规定的程序，向工程师提交有关该部分的承包商文件。

② 这些承包商文件应按照规范要求和图样，应包括工程师要求的对图样的附加资料，以便协调每方的设计。

③ 工程竣工时，承包商应对该部分负责，应使该部分符合合同规定要达到的目标。

④ 竣工试验开始前，承包商应按照规范要求向工程师提交竣工文件及操作和维护手册，它们应足够详细，使雇主能操作、维护、拆卸、再组装、调整和修复该部分工程。

注：以上为 2017 版 FIDIC 中关于变更的启动方式。

二、工程变更引起分部分项工程合同价款调整值的确定

工程变更分部分项工程费是工程变更子目的工程量与综合单价的乘积，而工程量清单中变更项目的工程量的确定应按照承包人实际完成的工程量予以计量，综合单价的确定则分为以下三种情况。

（一）原清单中有适用子目综合单价的确定

1. 有适用子目的综合单价适用范围

对于"有适用子目"的范围是指该项目变更应同时符合以下特点：①变更项目与合同中已有项目性质相同，即两者的图样尺寸、施工工艺和方法、材质完全一致；②变更项目与合同中已有项目施工条件一致；③变更工程的增减工程量在执行原有单价的合同约定幅度范围内；④合同已有项目的价格没有明显偏高或偏低；⑤不因变更工作增加关键线路工程的施工时间。

2. 有适用子目的综合单价的确定原则

1) 对于已标价工程量清单中有适用于变更工程项目的，采用该项目的单价。

2) 当工程变更导致该清单项目的工程数量发生变化，且工程量偏差超过15%，超过部分的工程量应重新调整综合单价。

（二）原清单中有类似子目综合单价的确定

1. 有类似子目的综合单价的适用范围

对于有类似子目的综合单价的适用范围主要有两种：第一种为变更项目与合同中已有项目，两者的施工图改变，但是施工方法、材料、施工条件不变；第二种为变更项目与合同中已有的项目，两者的材质改变，但是人工、材料、机械消耗量不变，施工方法、施工条件不变。

2. 有类似子目的综合单价的确定原则

已标价工程量清单中没有适用、但有类似于变更工程项目的，可在合理范围内参照类似子目的单价。

3. 有类似子目的综合单价的确定方法

1) 对于仅改变施工图的工程变更项目，可以采用两种方法确定变更项目综合单价，即比例分配法与数量插入法。

① 比例分配法。在这种情况下，变更项目综合单价的组价内容没有变，只是人、材、机的消耗量按比例改变。由于施工工艺、材料、施工条件未产生变化，可以原报价清单综合单价为基础采用按比例分配法确定变更项目的综合单价，具体如下：单位变更工程的人工费、机械费、材料费的消耗量按比例进行调整，人工单价、材料单价、机械单价不变；变更工程的管理费及利润执行原合同确定的费率。

$$变更项目综合单价 = 投标综合单价 \times 调整系数 \qquad (7-1)$$

【例 7-1】 某堤防工程挖方、填方以及路面三项细目合同里工程量清单表中，泥石路面原设计为厚20cm，其综合单价为24元/m²。现进行设计变更为厚22cm。那么变更后的路面综合单价是多少？

【解】 由于施工工艺、材料、施工条件均未发生变化，只改变了泥石路面的厚度，所

以只将泥石路面的综合单价按比例进行调整即可。

按上述原则可求出变更后路面的综合单价为：$(24×22/20)$ 元$/m^2$ = 26.4 元$/m^2$。

采用比例分配法，优点是编制简单和快速，有合同依据。但是，比例分配法是等比例地改变项目的综合单价。如果原合同综合单价采用不平衡报价，则变更项目新综合单价仍然采用不平衡报价。这将会使发包人产生损失，承受变更项目变化那一部分的不平衡报价。所以比例分配法要确保原综合单价是合理的。

② 数量插入法。数量插入法是不改变原项目的综合单价，确定变更新增部分的单价，原综合单价加上新增部分的综合单价得出变更项目的综合单价。变更新增部分的综合单价是测定变更新增部分人、材、机成本，以此为基数取管理费和利润确定的单价。

$$变更项目综合单价 = 原项目综合单价 + 变更新增部分的单价 \quad (7-2)$$
$$变更新增部分的单价 = 变更新增部分净成本 × (1+管理费率) × (1+利润率) \quad (7-3)$$

【例7-2】 某合同中沥青路面原设计为厚5cm，其综合单价为160元$/m^2$。现进行设计变更，沥青路面改为厚7cm。经测定沥青路面增厚1cm的净成本是30元$/m^2$，测算原综合单价的管理费率为0.06，利润率为0.05，那么调整后的单价是多少？

【解】 变更新增部分的单价 = [30×2×(1+0.06)×(1+0.05)] 元$/m^2$ = 66.78 元$/m^2$
调整后的单价 = [30×2×(1+0.06)×(1+0.05)+160] 元$/m^2$ = 226.78 元$/m^2$

2) 对于只改变材质，但是人工、材料、机械消耗量不变，施工方法、施工条件均不变的情况，变更项目的综合单价只需将原有项目综合单价中材料的组价进行替换，替换为新材料组价，即单位变更项目的人工费、机械费执行原清单项目的人工费、机械费；单位变更项目的材料消耗量执行报价清单中的消耗量，对报价清单中的材料单价可按市场价或信息价进行调整；变更工程的管理费执行原合同确定的费率。

$$变更项目综合单价 = 报价综合单价 + (变更后材料价格 - 合同中材料价格) ×$$
$$单位清单项目所需材料消耗量 \quad (7-4)$$

【例7-3】 某建筑物施工过程中，其结构所使用的混凝土强度等级发生改变，由原来的C15混凝土变为C20混凝土，如何确定变更后的综合单价？

【解】 本题中所使用的混凝土材质发生了变化，但是其人、材、机消耗量定额并没有发生变化，属于"类似"估价原则的应用范围，故针对此项变更项目所涉及的变更综合单价处理，可采用局部调整的方法通过调整其相应混凝土材料价格，即可参照原类似项目的综合单价，换出C15混凝土的价格，换入C20混凝土的价格，即变更项目综合单价 = 原合同类似项目的已标价综合单价+(C20混凝土的材料价格－合同中C15混凝土的材料价格)×单位清单项目所需材料消耗量。

(三) 原清单中无适用或类似子目综合单价的确定

1. 无适用子目综合单价的适用范围

对于"无适用或类似项目"的范围，通常集中在变更项目与已有项目的性质不同、原清单单价无法套用、施工条件与环境不同、变更工作增加了关键线路上的施工时间等。

2. 无适用子目综合单价的确定原则

1) 已标价工程量清单中没有适用也没有类似于变更工程项目的，应由承包人根据变更工程资料、计量规则和计价办法、工程造价管理机构发布的价格信息和承包人报价浮动率［见式（7-6）、式（7-7）］提出变更工程项目的单价，并应报发包人确认后调整。

2）已标价工程量清单中没有适用也没有类似于变更工程项目的，且工程造价管理机构发布的信息价格缺价的，由承包人根据变更工程资料、计量规则、计价办法和通过市场调查等取得有合法依据的市场价格，提出变更工程项目的单价，并应报发包人确认后调整。

3. 无适用子目综合单价的确定方法

对于合同中没有类似和适用的单价的情况，在目前我国的工程造价管理体制下，一般采用按照预算定额和相关的计价文件及造价管理部门公布的主要材料信息价进行计算。对合同中没有适用或类似的综合单价情况，变更工程价款的确定主要有四种定价方法，包括：

1）实际组价法。监理人根据承包人在实施某单项工程时所实际消耗的人工工日、材料数量和机械台班，采用合同或现行的人工工资标准、材料价款和台班费，计算直接费用，再加上承包人的管理费用和利润确定综合单价，以此为基础同承包人和发包人协商确定单价。

2）定额组价法。合同中没有类似于新增项目的工程项目或虽有类似的工程项目但单价不合理时，由承包人根据国家或地方或行业颁布的计价定额及其定额基价，以及当地建设主管部门的有关文件的规定编制新增工程项目的预算定额基价，然后根据投标时的降价比率确定变更项目的综合单价。在使用该方法编制新的综合单价时应注意以下几个问题：

① 人工费的确定方法：采用工程计价定额中的定额基价确定所需人工费；采用承包人投标文件预算资料中的人工费标准。

② 材料单价的确定方法：采用承包人投标文件预算资料中的相应材料单价（仅适用于工期很短的工程或材料单价基本不变的情况）；采用当地工程造价信息中提供的材料单价；采用承包人提供的材料正式发票直接确定材料单价；通过对材料市场价格进行调查得来的材料单价。采用上述途径得到的材料单价，在计入综合单价中的材料单价时，均为除去可抵扣的进项税额的材料单价。

③ 施工机械使用费的确定方法：采用工程计价定额中的定额基价确定所需施工机械使用费；采用承包人投标文件资料中的施工机械使用费标准。

④ 管理费率的确定方法：采用承包人投标文件预算资料中的相关管理费率。

⑤ 降价比率的确定方法。按照下式进行计算：

$$降价比率=(清单项目的预算总价-评标价)/清单项目预算总价\times100\% \qquad (7-5)$$

3）数据库预测法。数据库预测法是双方未达成一致时应采取的策略。《最高人民法院关于审理建设工程施工合同纠纷案件适用法律问题的解释（一）》[○]（法释〔2020〕25号）规定，因设计变更导致建设工程的工程量或者质量标准发生变化，当事人对该部分工程价款不能协商一致的，可以参照签订建设工程施工合同时当地建设行政主管部门发布的计价方法或者计价标准结算工程价款。其中的计算标准可以理解为地方或行业颁布的工程计价定额及其定额基价，反映的是当地社会平均水平和社会平均成本。根据"最高院工程合同解释"，当双方对工程变更价款不能协商一致时，应根据社会平均成本确定工程变更价款，数据库预

○ 《最高人民法院关于审理建设工程施工合同纠纷案件适用法律问题的解释》（法释〔2018〕20号）的简称，自2019年2月1日起施行。

测法即是基于这种司法解释。

在实际操作中,发包人据此会提出三种确定工程变更价款的方法:

① 以国家和地区颁布的工程计价定额及其定额基价作为计算依据确定工程变更价款。

② 以发包人内部建立的数据库确定工程变更价款,数据库积累了近几年建设工程的详细价格信息,从中筛选适用的综合单价。

③ 根据所有投标书中相关项目的综合单价分别算出总价后平均,确定工程变更价款。

4) 考虑浮动率的成本加利润法。在合同签订之后,所有变更综合单价的重新组价应以已标价工程量清单为依据,运用"成本加利润"原则确定综合单价没有考虑到承包人本应承担的风险费用。2007年版《标准施工招标文件》中规定原清单中无适用或类似子目的综合单价的确定采用"成本加利润"原则,由监理人商定或确定变更工作的单价。

《建设工程工程量清单计价规范》(GB 50500—2013)规定,由承包人根据变更工程资料、计量规则和计价办法、工程造价管理机构发布的信息价格和承包人的报价浮动率提出变更工程项目的单价,报发包人确认后调整。并且给出了承包人的报价浮动率的计算:

招标工程:承包人报价浮动率 $L=(1-$中标价/招标控制价$)\times 100\%$ (7-6)

非招标工程:承包人报价浮动率 $L=(1-$报价值/施工图预算$)\times 100\%$ (7-7)

据此,变更综合单价确定过程如图7-2所示。

图7-2 变更综合单价确定过程

【例7-4】 某工程招标控制价为8413949元,中标人的投标报价为7972282元,承包人报价浮动率为多少?施工过程中,屋面防水采用PE高分子防水卷材(1.5mm),清单项目中无类似项目,工程造价管理机构发布有该卷材单价为18元/m²,该项目综合单价如何确定?

【解】 1) 报价浮动率 $L=(1-7972282/8413949)\times 100\%=(1-0.9475)\times 100\%=5.25\%$

2) 项目所在地定额人工费为3.78元,除卷材外的其他材料费为0.65元,管理费和利润为1.13元。

该项目的综合单价 $=(3.78+18+0.65+1.13)$元$\times(1-5.25\%)=22.32$元

发承包双方可按22.32元协商确定该项目综合单价。

三、工程变更引起措施项目合同价款调整值的确定

(一)措施项目变更价款调整的原则

《建设工程工程量清单计价规范》(GB 50500—2013)规定,工程变更引起施工方案改变,并使措施项目发生变化的,承包人提出调整措施项目费的,应事先将拟实施的方案提交

发包人确认,并详细说明与原措施方案措施项目相比的变化情况。拟实施的方案经发承包双方确认后执行。

如果承包人未事先将拟实施的方案提交给发包人确认,则应视为工程变更不引起措施项目费的调整或承包人放弃调整措施项目费的权利。

措施项目变更价款调整的前提如图7-3所示。

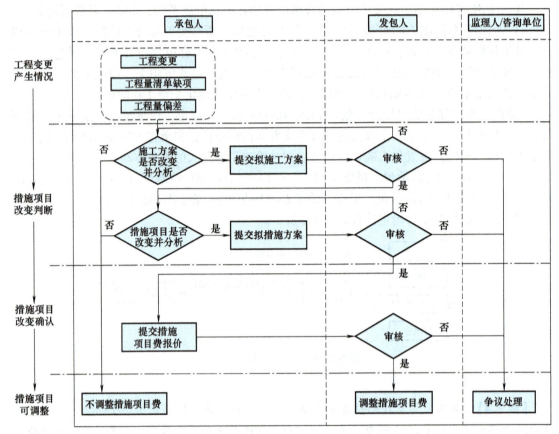

图7-3 措施项目变更价款调整的前提

可见,措施项目变更价款调整的前提是已经发生变更,并且变更使施工方案发生了改变,发包人批准了拟实施的新的施工方案。

(二)措施项目变更价款的调整方法

措施项目按照计价方式分为三类:第一类是安全文明施工费,第二类是按单价计算的措施项目,第三类是按总价(按系数)计算的措施项目。这三类措施项目发生变更时引起合同价款调整的方法是不同的。

1. 安全文明施工费的调整

《建筑安装工程费用项目组成》(建标〔2013〕44号)规定安全文明施工费由环境保护费、文明施工费、安全施工费、临时设施费组成。安全文明施工费的计算为

$$安全文明施工费 = 计算基数 \times 安全文明施工费费率(\%) \tag{7-8}$$

安全文明施工费的计算见表7-1。

表 7-1 安全文明施工费的计算

费用名称		计算	计算基数及费率
安全文明施工费	环境保护费	环境保护费=计算基数× 环境保护费费率（%）	计算基数是定额基价（定额分部分项工程费+定额中可以计量的措施项目费中的人、材、机费总和）、定额人工费或定额人工费与定额机械费之和，其中材料费与机械费均不含可抵扣的增值税进项税额 费率由工程造价管理机构根据各专业工程的特点综合确定
	文明施工费	文明施工费=计算基数× 文明施工费费率（%）	
	安全施工费	安全施工费=计算基数× 安全施工费费率（%）	
	临时设施费	临时设施费=计算基数× 临时设施费费率（%）	

由安全文明施工费的计算可知，它的计算主要是由费率和计费基数决定，所以当安全文明施工费的计算基数或费率发生变化时，其费用应进行调整。

1）计算基数发生变化时安全文明施工费的调整。当工程变更使得工程量发生变化，增加或者减少一定幅度时，安全文明施工费计算基数会发生改变，安全文明施工费按照计算基数增加或者减少的比例进行据实调整。

$$调整后安全文明施工费 = 调整前安全文明施工费 \times \frac{调整后的计算基数}{调整前计算基数} \qquad (7-9)$$

2）费率发生变化时安全文明施工费的调整。安全文明施工费按照实际发生变化的措施项目按下列规定计算：措施项目中的安全文明施工费必须按国家或省级、行业建设主管部门的规定计算，不得作为竞争费用。当工程所在地的地方和行业有关规定发生改变或者计费基数发生变化时，其合同价款调整的计算一般为

$$调整后安全文明施工费 = 原计算基数 \times 调整后费率 \qquad (7-10)$$

2. 按单价计算的措施项目变更价款的调整

按单价计算的措施项目是可计量措施项目，在《建设工程工程量清单计价规范》（GB 50500—2013）中规定了其详细的工程量计量规则，它依附于某分部分项实体工程中，与分部分项工程是密不可分的，当工程变更导致实体工程变化时，其相对应的措施项目费也会发生改变。

以房屋建筑及装饰装修工程为例，按单价计算的措施项目包括脚手架工程，混凝土模板及支架，垂直运输，超高施工增加，大型机械设备进出场及安拆以及施工排水、降水。以钢筋混凝土工程为例，通过 WBS 分解得出脚手架、混凝土模板及支架项目与钢筋混凝土工程的映射关系，如图 7-4 所示。

按单价计算的措施项目费，按照实际发生变化的措施项目，并依据分部分项的综合单价估价原则进行其综合单价的调整。

3. 按总价（按系数）计算的措施项目变更价款的调整

按总价计算的措施项目是不可计量的措施项目，其服务于多个分部分项工程，但是其措施项目消耗量不能准确分配到单位工程量的分部分项工程中，但是此类措施项目的消耗量与施工组织设计有很强的关联性，施工组织设计中的施工方案不同，相应的措施项目也会不同。

以房屋建筑及装饰装修工程为例，按总价（或系数）计算的措施项目包括：夜间施工、

非夜间施工照明、二次搬运、冬雨季施工、地上地下设施以及建筑物的临时保护设施、已完工程及设备保护等措施项目。

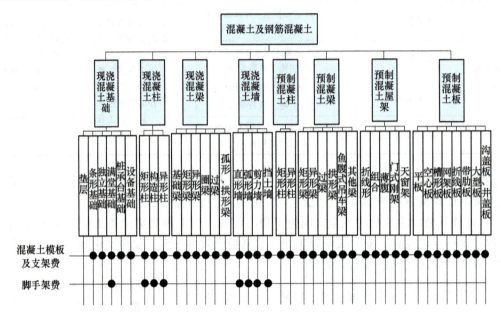

图 7-4　脚手架、混凝土模板及支架项目与钢筋混凝土工程的映射关系

部分按总价计算的措施项目费用的计算见表 7-2。

表 7-2　部分按总价计算的措施项目费用的计算

序号	费用名称	计算	计算基数及费率
1	夜间施工增加费	夜间施工增加费＝计算基数×夜间施工增加费费率（%）	计算基数是定额人工费或定额人工费与定额机械费之和，其中材料费与机械费均不含可抵扣的增值税进项税额 费率由工程造价管理机构根据各专业工程特点和调查资料综合分析后确定
2	二次搬运费	二次搬运费＝计算基数×二次搬运费费率（%）	
3	冬雨季施工增加费	冬雨季施工增加费＝计算基数×冬雨季施工增加费费率（%）	
4	已完工程及设备保护费	已完工程及设备保护费＝计算基数×已完工程及设备保护费费率（%）	

当工程变更引起施工方案改变，按总价（或系数）计算的措施项目费用的调整按照实际发生变化的措施项目调整，但应考虑承包人的报价浮动因素，即调整金额按照实际调整金额乘以报价浮动率计算，计算如下：

$$调整后的措施项目费 = 工程量清单中填报的措施项目费 \pm 变更部分的措施项目费 \times 承包人报价浮动率 \quad (7-11)$$

其中，报价浮动率参照式（7-6）和式（7-7）。

四、常见变更类事项引起的合同价款调整

《建设工程工程量清单计价规范》（GB 50500—2013）将工程变更定义为，合同工程实

施过程中由发包人提出或由承包人提出经发包人批准的合同工程任何一项工作的增、减、取消或施工工艺、顺序、时间的改变；设计图的修改；施工条件的改变；招标工程量清单的错、漏从而引起合同条件的改变或工程量的增减变化。显然，在工程量清单计价方式下，项目特征不符、工程量清单缺项、工程量偏差、删减工作等情形都属于工程变更的外延范围，在一定条件下造成工程变更，从而需要调整合同价款。

（一）项目特征不符引起的合同价款调整

1. 项目特征不符的概念

《建设工程工程量清单计价规范》（GB 50500—2013）将项目特征定义为，构成分部分项工程项目、措施项目自身价值的本质特征。这是对体现分部分项工程量清单、措施项目清单价值的特有属性和本质特征的描述。

项目特征描述的准确性是确定一个清单项目综合单价不可缺少的重要依据，是区分清单项目的依据，是履行合同义务的基础。但由于工程量清单编制人员主观因素、施工图的设计深度和质量问题、项目特征描述方法不合理等因素会出现项目特征不符的情况。

项目特征不符的情况具体为：

（1）项目特征的描述不完整　项目特征描述不完整主要是指对于清单计价规范中规定必须描述的内容没有展开全面的描述。对其中任何一项必须描述的内容而没有进行描述时都将影响综合单价的确定。因此，必须描述涉及正确计量的内容，如门窗洞口尺寸或框外围尺寸；涉及结构要求的内容，如混凝土构件的混凝土强度等级；涉及材质要求的内容，如油漆的品种、管材的材质等；涉及安装方式的内容，如管道工程中钢管的连接方式。

（2）项目特征描述错误　清单项目特征的描述与设计图不符，例如某桥涵工程中，招标时某桥墩项目工程量清单项目特征中描述为薄壁式桥墩C40，而实际施工图中该项目为柱式桥墩C30；清单项目特征的描述与实际施工要求不符，例如在进行实心砖墙的特征描述时，要从砖品种、规格、强度等级、墙体类型、墙体厚度、墙体高度、勾缝要求、砂浆强度等级、配合比六个方面进行描述，其中任何一项描述错误都会构成对实心砖墙项目特征的描述与实际施工要求不符。

2. 项目特征不符引起合同价款调整的依据

1）项目特征不符属于发包人承担的责任。《建设工程工程量清单计价规范》（GB 50500—2013）指出招标人必须对清单项目的准确性与完整性负责，发包人在招标工程量清单中对项目特征的描述，应被认为是准确的和全面的，并且与实际施工要求相符合。在投标人编制投标文件时，应按照招标工程量清单中的项目特征描述来确定综合单价。因此，项目特征不符的责任应由发包人承担，在施工中当项目特征描述与设计图不符时，可以按照设计图进行调整。

2）项目特征不符属于工程变更的范畴，承包人不得擅自变更。尽管《标准施工招标文件》中规定的合同解释顺序中图样的解释顺序在已标价工程量清单之前，但是并不意味着承包商可以直接按图施工，而是要求承包人应按照发包人提供的招标工程量清单，根据其项目特征描述的内容及有关要求实施合同工程，直到项目被改变为止。可见，尽管项目特征不符由发包人承担相应的责任，但只有发包人确认该项变更后才能进行相应的合同价款的调整。

3. 项目特征不符引起合同价款调整值的确定

承包人应按照发包人提供的设计图实施合同工程，若在合同履行期间，出现设计图（含设计变更）与招标工程量清单任一项目的特征描述不符，且该变化引起该项目的工程造价增减变化的，应按照实际施工的项目特征按工程变更的规定重新确定相应工程量清单项目的综合单价，调整合同价款。综合单价确定原则以及措施项目费计算方法参照前文内容，此处不再赘述。

案例分析

（1）**案例背景**　A单位办公楼经过公开招标由B公司中标承建。该办公楼的建设时间为2011年2月至2012年3月，建筑面积7874.56m^2，主体10层，局部9层。

该工程采用的合同方式为以工程量清单为基础的固定单价合同。工程结算评审时，承发包双方因外窗材料价格调整的问题始终不能达成一致意见。按照办公楼施工图的设计要求应采用隔热断桥铝型材，但工程量清单的项目特征描述为普通铝合金材料，与设计图不符。B公司的投标报价按照工程量清单的项目特征进行组价，但在施工中为办公楼安装了隔热断桥铝型材外窗。

在进行工程结算时，B公司要求按照其实际使用材料调整材料价格，计入结算总价。但A单位提出其已在投标须知中规定，投标人在投标报价前需要对工程量清单进行审查，补充漏项并修正错误，否则，视为投标人认可工程量清单，如有遗漏或者错误，则由投标人自行负责，履行合同过程中不会因此调整合同价款。据此，A单位认为不应对材料价格进行调整。

（2）**矛盾焦点**　对案例背景进行分析可知本案例的矛盾焦点在于：在招标工程量清单中对项目特征的描述与施工图设计描述不符时，应由哪一方来承担责任。

（3）**分析过程**　发包人在投标须知中要求承包人对招标工程量清单进行审查，补充漏项并修正错误，否则，视为投标人认可工程量清单，如有遗漏或者错误，则由投标人自行负责，履行合同过程中不会因此调整合同价款。这种看法是错误的，即使承包人对招标工程量清单进行了审查并且没有提出异议，但并不意味着承包人应承担此项风险。

《建设工程工程量清单计价规范》（GB 50500—2013）第9.4.1条的规定，发包人在招标工程量清单中对项目特征的描述，应被认为是准确的和全面的，并且与实际施工要求相符合。承包人应按照发包人提供的招标工程量清单，根据其项目特征描述的内容及有关要求实施合同工程，直到其被改变为止。可见：

1）发包人应对项目特征描述的准确性和全面性负责，并且应与实际施工要求相符合。在本案例中，外窗材料的项目特征描述为普通铝合金材料，但施工图的设计要求为隔热断桥铝型材，项目特征描述不准确，发包人应为此负责。

2）承包人应按照发包人提供的招标工程量清单，根据其项目特征描述的内容及有关要求实施工程，直到其被改变为止。"被改变"是指承包人应告知发包人项目特征描述不准确，应由发包人发出变更指令进行变更。在本案例中承包人直接按照图样施工，并没有向发包人提出变更申请，擅自为办公楼安装了隔热断桥铝型材外窗，这属于承包人擅自变更的行为，承包人应为此产生的费用负责。

(4) 经验总结 项目特征描述的准确性与全面性是由发包人负责的,但在出现项目特征与施工图不符时,承包人也不应进行擅自变更,直接按照图施工,而应先提交变更申请,再进行变更,若擅自变更很可能与发包人产生纠纷。

(二) 工程量清单缺项引起的合同价款调整

1. 工程量清单缺项的概念

工程量清单缺项是指招标方或招标代理机构提供的招标文件中的招标工程量清单没有很好地反映工程内容,与招标文件、施工图脱节,造成招标过程中补遗工作量的增加,从而引起项目费用增加,进而会影响工程工期、质量。工程量清单缺项除了包括分部分项工程量清单项目缺项外,还包括措施项目的缺项。

若施工图的工程内容在计价规范中有相应的项目编码和项目名称,但工程量清单中并未反映出来,则认定为工程量清单缺项;另一种情况,若施工图的工程内容在计价规范中没有反映出来,却是应该由工程量清单编制者进行补充的清单项目,也属于工程量清单缺项。但是若施工图表达出的工程内容,虽然在计价规范的"项目名称"中没有反映,但在本清单项目已经列出的某个"项目特征"中有所反映,则不属于清单漏项,而应当作为主体项目的附属项目,并入综合单价计价。

2. 工程量清单缺项引起合同价款调整值的确定

招标工程量清单缺项的原因主要包括设计变更、施工条件改变、招标工程量清单编制错误等。据此,《建设工程工程量清单计价规范》(GB 50500—2013)对工程量清单缺项引起合同价款调整的规定如下,具体的计算方法参见本节工程变更引起合同价款调整值确定的相关内容。

1)合同履行期间,由于招标工程量清单中缺项、新增分部分项工程清单项目的,应按照实体项目工程变更估价原则规定确定综合单价,调整合同价款。

分部分项工程量清单缺项是在招标投标阶段工程量清单编制失误造成的缺少一项或者几项分部分项工程量清单项目。招标工程量清单缺项引起新增分部分项工程项目的,属于工程变更的一种。

2)新增分部分项工程清单项目后,引起措施项目发生变化的,应按照措施项目变化的调价原则的规定,在承包人提交的实施方案被发包人批准后,调整合同价款。

承包人提出调整措施项目费,应事先将拟实施的方案提交监理工程师确认,并详细说明与原方案措施项目相比的变化情况,拟实施的方案经监理工程师认可,并报发包人批准后,按照工程变更估价三原则以及措施项目费的调价原则调整合同价款。

3)由于招标工程量清单中措施项目缺项,承包人应将新增措施项目实施方案提交发包人批准后,按照措施项目变化的调价原则以及工程变更综合单价确定原则的规定调整合同价款。

措施项目清单项目可由投标人自行依据拟建工程的施工组织设计、施工技术方案、施工规范、工程验收规范以及招标文件和设计文件来增补。若因承包人自身原因导致施工方案的改变,进而导致措施项目缺项的情况不能被招标人认可。但是招标文件以及设计文件等也是编制措施项目的重要依据,应该由招标人提供,如果因发包人原因或招标文件和设计文件的缺陷导致措施项目漏项,则给予调整。

案例分析

(1) **案例背景** 四川省甲市某市政工程公司承建的某学院南北校区下穿人行应急通道工程于 2012 年 3 月 28 日开工建设，2012 年 5 月 10 日竣工验收，评为合格工程，已投入使用。

施工单位进场后，由于无专项深基坑支护施工方案，无法进行施工作业，经与建设单位联系，因原设计单位无深基坑支护设计资质，故设计单位在施工图中已明确规定应由具有相应资质的设计单位进行深基坑支护方案设计。

由于该工程招标文件及清单中均无深基坑支护方案项目，建设单位及清单编制单位在招标时未考虑该费用，经咨询建设主管部门，该工程基础已超过 5m，属深基坑施工作业，必须由具有深基坑处理及设计资质的单位进行设计，并由专家论证后方可实施。

2012 年 4 月，经建设单位比选后由某岩土工程有限公司设计，该方案经研究院评审通过，由总承包单位分包给具有深基坑处理资质的施工单位实施。2012 年 5 月，与建设单位签订了该项方案的补充协议。

施工单位投标报价时，由于无具体的施工图及清单，故无报价。2012 年 11 月经审计部门审核，意见为：该项目应为措施项目费，投标单位在投标时已考虑该费用。目前该项目费用为 72 万余元，并且处于结算审计中。建设单位、施工单位均认为此次深基坑支护工程主要是钢筋混凝土挡墙和土钉喷锚等，属于实体工程，不应计入措施项目。此外，下穿通道工程的招标工程量清单中对此部分实体工程未列出相应的分部分项，应属于清单漏项，需按照相关程序进行工程量变更增减。

(2) **矛盾焦点** 双方争议的焦点：
1) 该深基坑支护是否构成实体项目。
2) 工程量清单中措施项目缺项能否调整合同价款，给予支付。

(3) **分析过程**

1) 依据 2009 年《四川省建设工程工程量清单计价定额》（以下简称《计价定额》）土建定额说明及计算规则中对土方工程的相关规定：深基础的支护结构，如钢板桩、H 钢桩、预制钢筋混凝土板桩、钻孔灌注混凝土排桩挡墙、预制钢筋混凝土排桩挡墙、人工挖孔灌注混凝土排桩挡墙、旋喷桩地下连续墙和基坑内的水平钢支撑、水平钢筋混凝土支撑、锚杆拉固、基坑外锚、排桩的圈梁、H 钢桩之间的木挡土板以及施工降水等，应按有关措施项目计算。可见，某学院南北校区下穿人行应急通道深基坑支护属于措施项目。

2) 根据《四川省建设工程工程量清单计价管理办法》（川建发〔112〕号）第十三条规定：

措施项目清单是指为完成工程项目施工，发生于该工程施工前和施工过程中的技术、生活、安全等方面的非工程实体项目的清单。

措施项目清单由发包人根据拟建工程的具体情况及拟定的施工方案或施工组织设计参照计价规范和《计价定额》编制。计价规范和《计价定额》未列出的项目，发包人可做补充。发包人招标时未列的措施项目，实际施工发生时另行计算。

某学院南北校区下穿人行应急通道工程在招标时，工程量清单中未列明深基坑支护项目，而在实际施工中实施了该措施项目。适用于《四川省建设工程工程量清单计价管理办法》（川建发〔112〕号）第十三条：发包人招标时未列的措施项目，实际施工发生时另行计算。

(4) 处理建议　根据以上分析，给出处理建议，认定某学院南北校区下穿人行应急通道深基坑支护属于措施项目。依据《建设工程工程量清单计价规范》（GB 50500—2013）对措施项目缺项的规定，由于招标工程量清单中措施项目缺项，承包人应将新增措施项目实施方案提交发包人批准后，按照工程变更相关规定调整合同价款。并且依据《四川省建设工程工程量清单计价管理办法》（川建发〔112〕号）第十三条应对该项目深基坑支护费用（72万余元）予以支付。

（三）工程量偏差引起的合同价款调整

1. 工程量偏差的概念

工程量偏差为承包人按照合同工程的图样（含经发包人批准由承包人提供的图样）实施，按照现行国家计量规范规定的工程量计算规则计算得到的完成合同工程项目应予计量的工程量与相应的招标工程量清单项目列出的工程量之间出现的量差。

2. 工程量偏差引起合同价款调整的依据

《建设工程工程量清单计价规范》（GB 50500—2013）规定合同履行期间若应予计算的实际工程量与招标工程量清单出现偏差，且符合以下规定时，发承包双方应调整合同价款。

1）对于任一招标工程量清单项目，如果因实际计量工程量与招标工程量清单中的工程量的工程量偏差和由工程变更等原因引起的工程量偏差超过15%时，调整原则为：当工程量增加15%以上时，其增加部分的工程量的综合单价应予调低；当工程量减少15%以上时，减少后剩余部分的工程量的综合单价应予调高。

2）如果工程量出现第1）条的变化，且该变化引起相关措施项目相应发生变化，按系数或单一总价方式计价的，工程量增加的措施项目费调增，工程量减少的措施项目费调减。

3. 工程量偏差引起合同价款调整的方法

（1）工程量偏差引起分部分项工程费调整的方法　在工程量偏差超过15%时，按照工程量增加超过15%与工程量减少超过15%两种情况调整，见下文1）与2）。在确定了属于哪种情况之后，新综合单价的确定方法可参照下文3）和4）。

1）当 $Q_1 > 1.15 Q_0$ 时

$$S = 1.15 Q_0 P_0 + (Q_1 - 1.15 Q_0) P_1$$

2）当 $Q_1 < 0.85 Q_0$ 时

$$S = Q_1 P_1$$

式中　S——调整后的某一分部分项工程费结算价；
　　　Q_1——最终完成的工程量；
　　　Q_0——招标工程量清单中列出的工程量；
　　　P_1——按照最终完成工程量重新调整后的综合单价；
　　　P_0——承包人在工程量清单中填报的综合单价。

采用上述两式的关键是确定新的综合单价，即 P_1。确定的方法，一是发承包双方协商确定，二是与招标控制价相联系，当工程量偏差项目出现承包人在工程量清单中填报的综合单价与发包人招标控制价相应清单项目的综合单价偏差超过15%时，工程量偏差项目综合单价的调整可参照3）与4）。

3) 当 $P_0<P_2(1-L)\times(1-15\%)$ 时，该类项目的综合单价 P_1 按照 $P_2(1-L)\times(1-15\%)$ 调整。其中，P_2——发包人招标控制价相应项目的综合单价；L——承包人的报价浮动率。

4) 当 $P_0>P_2\times(1+15\%)$ 时，该类项目的综合单价 P_1 按照 $P_2\times(1+15\%)$ 调整。

5) 当 $P_0>P_2(1-L)\times(1-15\%)$ 或 $P_0<P_2(1+15\%)$ 时，可不调整。

【例 7-5】 某大学一幢学生宿舍楼项目招标工程量清单中，序号 45、项目编码 020506001001、项目名称"抹灰面油漆"、项目特征描述"内墙及顶棚抹瓷粉乳胶漆"，工程量 21600m²，在施工过程中，承包方发现各层宿舍房间的内置阳台内墙立面乳胶漆项目漏项，经监理工程师和业主确认，其工程量偏差 4320m²，增加 20%。此项目的招标控制价的综合单价为 20 元/m²，投标报价的综合单价为 25 元/m²，请问该分部分项工程费应如何调整？

【解】 根据 4），20 元/m² × (1+15%) = 23 元/m²，由于 25 大于 23，该项目变更后的综合单价应调整为 23 元/m²。

由于工程量增加 20%，可按照 1）计算调整的费用：

$$S = 1.15Q_0P_0+(Q_1-1.15Q_0)P_1$$
$$= [1.15\times21600\times25+(21600+4320-1.15\times21600)\times23]元$$
$$= (621000+24840)元$$
$$= 645840 元$$

此项目分部分项工程费为 645840 元。

(2) 工程量偏差引起措施项目费调整的方法

1) 安全文明施工费的调整。当工程量变化导致安全文明施工费计取基数（如分部分项工程费）变化时，其费用变化按最终审定的计取基数进行调整。如《江苏省建设工程现场安全文明施工措施费计价管理方法》规定，现场安全文明施工费以分部分项工程费为计取基数，结算时按审定的分部分项工程费进行调整。

【例 7-6】 某省高校建设二期工程研究生公寓，建筑规模 2.5 万 m²，分 2 栋，每栋 16 层。招标方式采用公开招标。招标文件中规定，根据该省《建设工程现场安全文明施工措施费计价方法》规定，安全文明施工费的计取基数为分部分项工程费总额的 2.0%，其中安全文明施工费中的临时设施费采用总价包干形式，为安全文明施工费总额的 40%。该省某房地产开发经营集团中标，分部分项工程费总额为 6610 万，安全文明施工费按照招标文件的规定，总额为 132.2 万元，其中临时设施费为 52.88 万元。

施工过程中由于融资渠道出现问题，该项目资金不能如期到款，因此业主提出了变更指令，将原来的建设规模由每栋 16 层缩减至每栋 14 层。该项目最终审定的分部分项工程费为 5950 万元，因此业主提出对安全文明施工费的调整，调整方法根据该省《建设工程现场安全文明施工措施费计价方法》的规定，最终应该支付给承包商的安全文明施工费为 [132.2×(5950/6610)] 万元 = 119 万元。而承包商认为合同中规定安全文明施工费中的临时设施计价为总价包干，因此临时设施费用不应该调整，承包商认为最终应该得到的安全文明施工费总额为 [52.88+(132.2-52.88)×(5950/6610)] 万元 = 124.28 万元。

以上案例中，业主与承包商之间的关键矛盾在于以总价包干计价的临时设施项目费 52.88 万元是否应该调整。临时设施费是指施工企业为进行建筑工程施工所必须搭设的生活和生产用的临时建筑物或构筑物,如临时宿舍、办公室、加工厂等。首先,根据临时设施的作用和实际发生来看,临时设施一般在项目开工初期已经一次性地全部投入,其计价方式采用总价包干。其次,由于本案例中的工程变更是由于业主资金不充足的原因导致的,且工程量的变化并没有导致施工组织设计的改变。因此,本案例中关于安全文明施工费的争议的解决更偏向于承包商,即临时设施费不能调整,其他安全文明施工费按照分部分项工程费的变化比例调整。

2)按单价计算的措施项目费的调整。工程量偏差引起按单价计算的措施项目发生变化的,其调整方法与工程量偏差引起综合单价调整的原则一致。

【例 7-7】 某新建商场大楼采用公开招标,招标控制价为 7800 万元,某承包单位以 7750 万元中标。工程量清单中 C30 混凝土框架梁的清单工程量为 12000m^3,措施项目中 C30 混凝土框架梁的梁模模板及支架综合单价为 43 元/m^2。施工过程中发现,承包商依据施工图测算出 C30 混凝土框架梁实际工程量为 8000m^3,承包商进一步测算出 C30 混凝土框架梁的梁模模板及支架工程量减少 30%。经设计单位与业主核实,工程量偏差原因属于业主计算错误。最终,双方依照《建设工程工程量清单计价规范》(GB 50500—2013)中的规定,对 C30 混凝土框架梁的梁模模板及支架的综合单价调减,经双方商定综合单价降低 5%,最终确定为 41 元/m^2。

3)按总价计算的措施项目费的调整。工程量偏差引起按系数或单一总价方式计算的措施项目发生变化的,《建设工程工程量清单计价规范》(GB 50500—2013)中规定工程量增加的措施项目费调增,工程量减少的措施项目费调减。

上述原则是基于按系数或按总价计算的措施项目特点确定的。按系数或按总价计算的措施项目是与整个建设项目相关的综合取定的费用,一般不固定于特定的分部分项工程,其费用几乎平均分配于各项它服务的分部分项工程之中。所以,当工程量增加时,相当于措施项目费分摊增大,要保证平均值不变措施项目费应该调增;当工程量减少时,相当于措施项目费分摊的基数减小,要保证平均值不变措施项目费应该调减。

【例 7-8】 广西某项目的装修分部分项工程,甲乙双方签订了合同,合同中给出了由于工程量偏差引起价款调整的计算原则:

1)原措施项目费中已有的措施项目,按原措施项目费的组价方法调整。

2)原措施项目费中没有的措施项目,由承包人根据措施项目变更情况,提出适当的措施项目费变更,经发包人确认后调整。

① 当 $S_1>1.15S_0$ 时,由承包人按本条款在递交竣工结算文件时,参照下述公式向发包人提出,由发、承包双方人员核实确认后执行。

$$M_1 = M_0 \left(\frac{S_1}{S_0} - 0.15 \right)$$

② 当 $S_1<0.85S_0$ 时,由发包人按本条款核实竣工结算文件时按下述公式向承包人提出,经发包人、承包人确认后执行。

$$M_1 = M_0 \left(\frac{S_1}{S_0} + 0.15 \right)$$

式中 S_1——最终完成的分部分项工程项目费;

S_0——承包人报价文件的分部分项工程项目费;

M_1——调整后的结算措施项目费;

M_0——承包人在工程量清单中填报的措施项目费。

由于投标时工程量清单中的工程量与实际完成的工程量存在偏差,导致了墙柱面工程项目费从 616297.69 元增加为 756981.26 元,原墙柱面分部分项工程的措施费为 27972.92 元。请计算此项目的合同结算价款。

【解】 最终完成的分部分项工程项目费 756981.26 元比承包人报价文件的分部分项工程项目费 616297.69 元增加 756981.26/616297.69-1=22.83%>15%。

根据,$S_1>1.15S_0$ 时,$M_1=M_0(S_1/S_0-0.15)$

调整后的措施项目费为 $M_1=M_0(S_1/S_0-0.15)$

=27972.92×(756981.26/616297.69-0.15)元=30162.42 元

此项目合同结算时的措施费 30162.42 元,调增了 2189.50 元。

(四) 删减工作引起的合同价款调整

当发包人提出的工程变更因非承包原因删减了合同中的某项原定工作或工程,致使承包人发生的费用或(和)得到的收益不能被包括在其他已支付或应支付的项目中,也未被包含在任何替代的工作或工程中时,承包人有权提出并应得到合理的费用及利润补偿。

这是为了防止某些发包人在签订合同后擅自取消合同中的工作,转由发包人或其他承包人实施而使本合同工程承包人蒙受损失。如发包人以变更名义将取消的工作转由自己或其他人实施,则构成违法。

第四节 物价变化类事项引起的合同价款调整

一、物价变化引起的合同价款调整

(一) 物价变化对合同价款的影响

在不同的合同类型下物价变化的风险分担方式是不同的,对合同价款调整的方式就不同。

1. 单价合同下物价变化的风险分担方式

单价合同是发承包双方约定以工程量清单及其综合单价进行合同价款计算、调整和确认的建设工程施工合同。在单价合同形式下,物价变化的风险属于合同约定的发承包双方共担的风险。物价变化风险可在合同中明确具体的风险范围,物价变化在约定的范围内时,由承包人承担此类风险,物价变化超过约定的范围时,由发包人承担超过部分的风险。

2. 总价合同下物价变化的风险分担方式

总价合同是发承包双方约定以施工图预算及其他预算和有关条件进行合同价款计算、调整和确认的建设工程施工合同。在总价合同形式下,当物价发生变化时,风险一般都是由承包人来承担的。

(二) 物价变化引起合同价款调整的依据

1. 合同履行期间物价变化的调整依据

《标准施工招标文件》(国家九部委令〔2007〕第 56 号)中规定,除专用合同条款另有约定外，因物价波动引起的价格调整原则：发包人承担合同约定范围外的价格调整，承包人承担合同约定范围内的价格调整。

一般情况下，承包人采购材料和工程设备的，应在合同中约定材料、工程设备价格变化的调整范围或幅度，如没有约定，可按照《建设工程工程量清单计价规范》（GB 50500—2013）中的规定：材料、工程设备单价变化超过5%，则超过部分的价格应予调整。也就是说，在这个范围内的变化是不予调整的。这样就把5%以内的材料、工程设备单价变化的风险确定由承包人承担。

2. 合同工程工期延误期间物价变化的调整依据

《建设工程工程量清单计价规范》（GB 50500—2013）规定若是人工、材料、工程设备、机械台班价格波动影响合同价款的情况发生在合同工程的工期延误期间，应按照下列规定确定合同履行期用于调整的价格：

1) 因发包人原因导致工期延误的，则计划进度日期后续工程的价格，采用计划进度日期与实际进度日期两者的较高者。

2) 因承包人原因导致工期延误的，则计划进度日期后续工程的价格，采用计划进度日期与实际进度日期两者的较低者。

可见，工程延误期间物价变化引起的合同价款调整，调整应有利于无过错的一方。

（三）物价变化引起合同价款调整值的确定

《标准施工招标文件》和《建设工程工程量清单计价规范》（GB 50500—2013）都给出了两种价格调整方法，包括价格指数调整价格差额和造价信息调整价格差额。需要注意的是，建筑业实行营改增政策后，工程造价构成费用均不含进项税额，而价格指数的基期价格包含进项税额，因此，为保证基期与报告期计算口径一致，基期价格、报告期价格均不包括可抵扣的增值税进项税额。

1. 价格指数调整价格差额

因人工、材料和工程设备等价格因素波动影响合同价格时，根据投标函附录中的价格指数和权重表约定的数据，按下式计算差额：

$$\Delta P = P_0 \left[A + \left(B_1 \frac{F_{t1}}{F_{01}} + B_2 \frac{F_{t2}}{F_{02}} + B_3 \frac{F_{t3}}{F_{03}} + \cdots + B_n \frac{F_{tn}}{F_{0n}} \right) - 1 \right] \quad (7-12)$$

式中　　ΔP——需调整的价格差额；

P_0——约定的付款证书中承包人应得到的已完成工程量的金额，此项金额应不包括价格调整、不计质量保证金的扣留和支付、预付款的支付和扣回，约定的变更及其他金额已按现行价格计价的，也不计在内；

A——定值权重（即不调部分的权重）；

$B_1, B_2, B_3, \cdots, B_n$——各可调因子的变值权重（即可调部分的权重），为各可调因子在投标函投标总报价中所占的比例；

$F_{t1}, F_{t2}, F_{t3}, \cdots, F_{tn}$——各可调因子的现行价格指数，是指约定的付款证书相关周期最后一天的前42天的各可调因子的价格指数；

$F_{01}, F_{02}, F_{03}, \cdots, F_{0n}$——各可调因子的基本价格指数，是指基准日期的各可调因子的价格指数。

其中在计算过程中应注意以下几点：

1）以上价格调整中的各可调因子、定值和变值权重，以及基本价格指数及其来源在投标函附录价格指数和权重表中约定。价格指数应首先采用有关部门提供的价格指数，缺乏上述价格指数时，才可采用有关部门提供的价格代替。

2）暂时确定调整差额。在计算调整差额时得不到现行价格指数的，应暂用上一次价格指数计算，并在以后的付款中再按实际价格指数进行调整。

3）权重的调整。约定的变更导致原定合同中的权重不合理时，应由承包人和发包人协商权重后再进行调整。

4）承包人工期延误后的价格调整。由于承包人原因未在约定的工期内竣工的，对原约定竣工日期后继续施工的工程，在使用价格调整时，应采用原约定竣工日期与实际竣工日期的两个价格指数中较低的一个作为现行价格指数。

5）若可调因子包括了人工在内，则不适用于下列规定：由发包人承担影响合同价款的因素，其中包括省级或行业建设主管部门发布的人工费调整，但承包人对人工费或人工单价的报价高于发布的除外。

但是，在实际施工过程中价格指数调整差额的方法并不适用于人工单价的调整。价格指数法主要适用于材料单价的调整，如价格指数法适用于使用的材料品种较少，且每种工种使用量较大的土木工程，如公路、水坝等工程。

【例 7-9】某土建工程，合同规定结算款为 200 万元，合同原始投标截止日期为 2008 年 3 月 15 日，工程于 2009 年 2 月建成交付使用，竣工结算支付证书的签发日为 2009 年 3 月 20 日。根据表 7-3 中所列工程人工费、材料费构成比例以及有关价格指数，计算需调整的价格差额。

表 7-3 某土建工程人工费、材料费构成比例及价格指数

项 目	人工费	钢材	水泥	集料	一级红砖	砂	木材	不调值费用
比例	45%	11%	11%	5%	6%	3%	4%	15%
2008 年 2 月指数	100	100.8	102.0	93.6	100.2	95.4	93.4	—
2008 年 3 月指数	105.2	101.9	103.0	95.8	100.2	94.6	95.6	—
2009 年 2 月指数	110.1	98.0	112.9	95.9	98.9	91.1	117.9	—
2009 年 3 月指数	115.2	99.5	110.4	98.6	100.6	95.4	115.8	—

【解】各可调因子的现行价格指数是指约定的付款证书相关周期最后一天的前 42 天的各可调因子的价格指数。由题得竣工结算支付证书签发日为 2009 年 3 月 20 日，前 42 天就是 2009 年的 2 月。基准日期为原始投标截止日前 28 天，则各可调因子的价格指数是 2008 年 2 月的指数，所以需调整的价格差额为

ΔP = 200 万元×[15%+(45%×110.1/100+11%×98.0/100.8+11%×112.9/102.0+5%× 95.9/93.6+6%×98.9/100.2+3%×91.1/95.4+4%×117.9 / 93.4)-1]
　　= 200 万元×[0.15+(0.49545+0.10694+0.12175+0.05123+0.05922+0.02865+0.05049)-1]
　　= 200 万元×(0.15+0.91373-1) = 200 万元×0.06373 ≈ 12.75 万元

2. 采用造价信息调整价款差额

施工期内，因人工、材料、设备和机械台班价格波动影响合同价格时，人工、机械使用

费按照国家或省、自治区、直辖市建设行政管理部门、行业建设管理部门或其授权的工程造价管理机构发布的人工成本信息、机械台班单价或机械使用费系数进行调整；需要进行价格调整的材料，其单价和采购数应由监理人复核，监理人确认需调整的材料单价及数量，作为调整工程合同价格差额的依据。材料费、机械台班价格中均不含可抵扣的进项税额。

(1) 人工费的调整

1) 人工费调整的条件及原则。

① 市场人工工日单价发生变化时人工费的调整。市场人工工日单价是经调查得出由工程所在地的造价管理机构发布的人工成本信息，反映现行市场中的人工价格变化的情况。

市场人工工日单价发生变化，如果超过合同约定的变化幅度，应对人工费进行调整，如浙江省《关于加强建设工程人工、材料要素价格风险控制的指导意见》（建发〔2008〕163号）规定了人工费的调整幅度为结算期人工市场价或合同前80%工期月份的人工信息价平均值与投标报价文件编制期对应的市场价或信息价之比上涨或下降15%以上时应该调整。

② 定额人工工日单价发生变化时人工费的调整。定额人工工日单价是指由行政部门（或准行政部门）颁布的建筑业生产工人人工日工资单价，其一般是与地区定额配套使用，具有较强的政策性且相对稳定。

定额人工工日单价发生变化时，应对人工费进行调整，如《建设工程工程量清单计价规范》（GB 50500—2013）规定人工单价发生变化且符合省级或行业建设主管部门发布的人工费调整，但承包人对人工费或人工单价的报价高于发布的除外，发承包双方应按省级或行业建设主管部门或其授权的工程造价管理机构发布的人工成本文件调整合同价款。

A. 当承包人的人工费报价低于新人工成本信息时，人工费予以调整。

B. 当承包人的人工费报价高于新人工成本信息时，人工费不予调整。

2) 人工费调整的方法。在满足人工费调整的条件以及遵循人工费调整原则的基础上，采用造价信息调整人工单价差额时，根据造价信息中人工费信息的分类不同可以有两种调整价差的方法，分别为调价系数法和绝对值法。

① 调价系数法。当造价机构发布了人工单价的调整系数后，按合同约定人工单价要按照造价信息进行调整的，承发包双方确定新的人工单价。

$$人工单价价差 = 原投标报价中的人工单价 \times (调价系数 - 1) \tag{7-13}$$

$$人工费调整差额 = 人工消耗量 \times 人工单价价差 \tag{7-14}$$

② 绝对值法。当造价机构发布了各工种新的人工单价时，按合同约定人工单价要按照造价文件的规定进行调整。

$$人工单价价差 = 新的人工单价 - 原投标报价的人工单价 \tag{7-15}$$

$$人工费调整差额 = 人工消耗量 \times 人工单价价差 \tag{7-16}$$

【例7-10】 河南省某建筑工程甲标段2011年2月开工建设。该标段合同约定人工费按照工程施工期间国家、河南省发布的法律、法规以及政策性文件的规定进行调整。投标时甲标段投标人人工费报价为40元/工日，当时河南省人工费定额是43元/工日，项目开工后一个月，即2011年3月河南省建设管理部门发布了《关于调整〈河南省建设工程工程量清单综合单价（2008）〉人工费单价的通知》，公布的人工费价格是53元/工日，承包人认为人工费调整价格为：(53-40)元/工日，发包人认为人工费调整价格为(53-43)元/工日，双方对人工费调整的具体额度产生纠纷。

【解】 由于人工单价的增加为工程施工期间河南省建设管理部门发布的人工单价变化的相关政策性文件的规定导致的调整，按照合同约定此部分人工单价调整的风险由发包人承担。

投标时河南省人工费定额是43元/工日，承包人投标报价是40元/工日，人工单价存在价差，表明承包人愿意承担这部分人工单价价差的风险，承担的人工单价风险价格为(43-40)元/工日=3元/工日。

项目开工时，承包人应继续承担这部分人工单价的风险，不能因人工单价的上涨而改变，因此承包人承担人工单价上涨3元/工日的风险。所以在进行人工单价调整时，调整的价格为(53-43)元/工日。

(2) 材料、工程设备价款调整 材料、工程设备价格变化的价款调整根据发承包双方约定的风险范围按以下规定进行，其中材料价格、工程设备价格（包括投标报价中的单价、基准单价、当期价格、材料实际价格、指导价、信息价）中均不含可抵扣的进项税额。

1) 当承包人投标报价中材料单价低于基准单价。施工期间材料单价涨幅以基准单价为基础超过合同约定的风险幅度值时，或材料单价跌幅以投标报价为基础超过合同约定的风险幅度值时，其超过部分按实调整。

【例7-11】 某工程合同中约定承包人承担5%的某钢材价格风险。其预算用量为150t，承包人投标报价中该钢材价格为2800元/t，同时期行业部门发布的钢材价格单价为2850元/t。结算时该钢材价格涨至3100元/t。请计算该钢材的结算价款。

【解】 本题中基准价格大于承包人投标报价，并且钢材涨价，当钢材价格在2850元/t及2850×(1+5%)元/t=2992.5元/t之间波动时，钢材价格不调整，一旦高于2992.5元/t，超过部分据实调整。

所以：

钢材单价价差：(3100-2992.5)元/t=107.5元/t

结算时该钢材材料费应调增107.5×150×(1+9%)元=17576.25元

2) 当承包人投标报价中材料单价高于基准单价。施工期间，材料单价的涨幅以投标报价为基础超过合同约定的风险幅度值时，或材料单价的跌幅以基准单价为基础超过合同约定的风险幅度值时，其超过部分按实调整。

【例7-12】 某工程合同中约定承包人承担5%的某钢材价格风险。其预算用量为150t，承包人投标报价中该钢材价格为2850元/t，同时期行业部门发布的钢材价格单价为2800元/t。结算时该钢材价格跌至2600元/t。请计算该钢材的结算价款。

【解】 本题中投标报价大于基准价格，并且钢材价格下跌，当钢材价格在2800×(1-5%)元/t=2660元/t及2800元/t之间波动时，钢材价格不调整，一旦低于2660元/t，超过部分据实调整。

所以：

钢材单价价差为=(2600-2660)元/t=-60元/t

结算时该钢材材料费应调减 60×150×（1+9%）= 9810 元

3）当承包人投标报价中材料单价等于基准单价。施工期间单价涨、跌以基准价为基础超过合同约定的风险幅度时，其超过部分按实结算。

4）采用实际价格调整差额。有些地区规定对钢材、木材、水泥等三大材料的价格采取按实际价格结算的方法。按照实际价格结算，承包人应在采购材料前将采购数量和新的材料单价报发包人核对，确认用于本合同工程，发包人应确认采购材料的数量和单价。发包人在收到承包人报送的确认资料后 3 个工作日内不予答复的视为已经认可，作为调整工程价款的根据。如果承包人未报经发包人核对即自行采购材料，再报发包人确认调整工程价款的，如发包人不同意，则不做调整。政府定价或政府指导价管理的原材料价格依据政策性文件进行调整。

发包人对承包人的采购申请需要确认采购三要素：材料实际价格、材料购买时间、材料消耗量。

① 材料实际价格的确定。材料按实际价格调整的关键是要掌握市场行情，把所定的实际价格控制在市场平均价格范围内。建筑材料的实际价格应首先用同时期的材料指导价或信息价为标准进行衡量。如果承包人能够出具材料购买发票，且经核实材料发票是真实的，则按照发票价格，考虑运杂费、采购保管费，测定实际价。但如果发票价格与同质量的同种材料的指导价相差悬殊，并且没有特殊原因的情况下，不认可发票价，因为这种发票不具有真实性。因此，确定建筑材料实际价格，应综合参考市场标准与购买实际等多种因素测定，以保证材料成本计算的准确与合理。

② 材料购买时间的确定。材料的购买时间应与工程施工进度基本吻合，即按施工进度要求，确定与之相适应的市场价格标准。但如果材料购买时间与施工进度之间偏差太大，导致材料购买的真实价格与施工时的市场价格不一致，也应以施工时的市场价格为依据进行计算。其计算所用的材料量为工程进度实际所需的材料用量，而非承包人已经购买的所有材料量。

③ 材料消耗量的确定。影响实际价格法进行调整价款计算正确与否的关键因素之一是材料的消耗量，该消耗量理论上应以预算用量为准。如钢材用量应按设计图要求计算质量，通过套用相应定额求得总耗用量。而当工程施工过程中发生了变更，导致钢材的实际用量比当初预算量多时，该材料的消耗量应为发生在价格调整有效期间的钢材使用量，其应以新增工程所需的实际用钢量来计算。竣工结算时也应依最终的设计图来调整。

（3）施工机械台班费的调整 在施工期间，因施工机械台班价格波动影响合同价款时，施工机械使用费按照国家或省、自治区、直辖市建设行政主管部门、行业建设管理部门或其授权的工程造价管理机构发布的机械台班单价或机械台班系数进行调整。

在施工期间，当施工机械台班单价或施工机械使用费发生变化超过省级或行业建设主管部门或其授权的工程造价管理机构规定的范围时，按其规定调整合同价款。

案例分析

（1）**案例背景** 在某建设项目施工过程中，发承包双方签订了施工合同，并在合同中规定当材料价格变化幅度超过 5% 时，即对超过部分的价格进行对应价款的调整。承包人在投标报价时钢材报价为 5000 元/t，在合同的实际履行过程中，发生了材料价格上涨的情况，在 6 月 1 日钢材市场价格上涨到 6000 元/t。承包人为防止钢材的进一步涨价，对钢材进行储备性采购，在 6 月 3 日购买钢材 1000t，而按照工程的施工组织设计，当月的进度计划用钢量为 500t。

承发包双方都认为应进行合同价款的调整，但承包人认为按照合同的约定应该调整 1000t 钢材的合同价款，而发包方认为应调整 500t 钢材的合同价款。承发包双方因此而产生了纠纷，影响了工程的施工进度。

(2) 矛盾焦点 承包人以预防涨价为由，预购钢材超出了预算用量时，是否应对预购的所有钢材均进行调整？

(3) 分析过程 钢材的消耗量理论上应以预算用量为准，在上述案例中承包人基于自身角度，为防止钢材进一步涨价而超出预算用量一倍购入钢材，这个风险应由其自身承担。对于承包人多采购的 500t 钢材，在以后的工程实施过程中，若钢材价格继续上涨，则应按照新的价格去计算价款调整，承包人可取得额外的收益。若钢材价格回落，也应按照新的价格计算价款调整，承包人应承担由此导致的损失。

(4) 处理建议 按照发包方提出的价款调整额来进行结算，即按照工程进度的实际需求量（500t）支付承包人价款调整额。

二、暂估价引起的合同价款调整

(一) 暂估价的概念及含义

暂估价是指招标人在工程量清单中提供的，用于支付在施工过程中必然发生，但在施工合同签订时暂时不能确定价格的材料、工程设备的单价和专业工程的价格。暂估价分为材料暂估价、工程设备暂估价和专业工程暂估价。

使用暂估价的主动权和决定权在发包人，发包人可以利用通用条款中有关暂估价的规定，在合同中将必然发生但暂时不能确定价格的材料、工程设备和专业工程先以暂估价的形式暂定下来。

(二) 暂估价引起合同价款调整值的确定

1. 材料、工程设备暂估价的调整方法及计算

招标工程量清单中的"材料和工程设备暂估价单价表"中的单价是此类材料、工程设备本身运至施工现场内的出库前形成的综合平均单价（不含可抵扣的进项税额），不包括其本身所对应的管理费、利润、规费、税金以及这些材料和工程设备的安装、安装所需要的辅助材料、安装损耗、驻厂监造以及发生在现场内的验收、存储、保管、开箱、二次倒运、从存放地点运至安装地点以及其他任何必要的辅助工作（以下简称"暂估价材料和工程设备的安装及辅助工作"）所发生的费用及其对应的管理费、利润、规费和税金。

(1) 投标报价时投标人对材料、工程设备暂估价的计价 投标人编制投标报价时，除应将此类暂估价本身纳入分部分项工程量清单相应子目的综合单价以外，投标人还应将材料和工程设备的安装及辅助工作所发生的费用以及与此类费用有关的管理费和利润包含在分部

分项工程量清单相应子目的综合单价中,并计取相应的规费和税金。

(2) 工程结算时材料、工程设备暂估价实际价格的确定 暂估价材料实际价格主要是通过公开招标、邀请招标、询价采购、竞争性谈判等方法确定的。一般情况下,暂估价材料实际价格除了大宗材料(如钢材、水泥等)用公开招标的方式确定实际价格外,其他暂估价材料实际价格适宜用竞争性谈判或询价采购的方式来确定。

建筑业实行营改增政策后,北京市颁布《关于建筑业营业税改增值税调整北京市建设工程计价依据的实施意见》(京建发〔2016〕116号),文件指出建设工程的暂估价、确认价均应为不包含进项税额的材料单价,结算时的价格差额只计取税金。

(3) 工程结算时材料、工程设备暂估价的调整

1)《建设工程工程量清单计价规范》(GB 50500—2013)规定的调整原则。

① 发包人在招标工程量清单中给定暂估价的材料、工程设备不属于依法必须招标的,应由承包人按照合同约定采购,经发包人确认单价后取代暂估价,调整合同价款。

② 发包人在招标工程量清单中给定暂估价的材料、工程设备属于依法招标的,应由发承包双方以招标方式选择供应商,确定价格,并应以此为依据取代暂估价,调整合同价款。

应说明的是,《建设工程工程量清单计价规范》(GB 50500—2013)只规定了调整的原则,没有规定具体的调整方法。应注意的是,暂估材料或工程设备的单价确定后,在综合单价中只应取代原暂估价单价,不应在综合单价中涉及企业管理费或利润等其他费用的变动。例如,某工程招标,将现浇混凝土构件钢筋作为暂估价,为3500元/t,工程实施后,根据市场价格变动,将各规格现浇钢筋加权平均认定为4100元/t,此时,应在综合单价中以4100元/t取代3500元/t。

2)《标准施工招标文件》(国家九部委令〔2007〕第56号)规定的调整方法。

① 发包人在工程量清单中给定暂估价的材料和工程设备不属于依法必须招标的范围或未达到规定的规模标准的,经监理人确认的材料、工程设备的价格与工程量清单中所列的暂估价的金额差以及相应的税金等其他费用列入合同价格。

② 发包人在工程量清单中给定暂估价的材料、工程设备属于依法必须招标的范围并达到规定的规模标准的,中标金额与工程量清单中所列的暂估价的金额差以及相应的税金等其他费用列入合同价格。

《标准施工招标文件》明确规定调整的是最终确认价和工程量清单中所列暂估价的金额差以及相应的税金。

材料(工程设备)暂估价调整数额=(实际确认价格−招标时暂估价格)×材料数量×(1+税率)

(7-17)

2. 专业工程暂估价的调整方法及计算

招标工程量清单中的"专业工程暂估价表"中列明的专业工程暂估价,是指分包人实施专业工程"营改增"后的含税工程造价(即包含了该专业工程中所有供应、安装、完工、调试、修复缺陷等全部工作)。

(1) 投标报价时投标人对专业工程暂估价的计价 投标人在编制投标报价时,应按"专业工程暂估价表"中列出的金额直接纳入其他项目清单的投标价格并计取相应的税金。除将此类暂估价纳入其他项目清单的投标价格并计取相应的税金以外,投标人还需

要根据招标文件规定的内容考虑相应的总承包服务费以及与总承包服务费有关的规费和税金。

（2）工程结算时专业工程暂估价的调整

1）必须招标的专业工程招标人的确定原则。

《建设工程工程量清单计价规范》（GB 50500—2013）中规定了对于必须招标的专业工程招标人的确定原则：除合同另有约定外，承包人不参加投标的专业工程发包招标，应由承包人作为招标人，但拟定的招标文件、评标工作、评标结果应报送发包人批准。与组织招标工作有关的费用应当被认为包括在承包人的签约合同价（投标总报价）中；承包人参加投标的专业工程发包招标，应由发包人作为招标人，与组织招标工作有关的费用由发包人承担。同等条件下，应优先选择承包人中标。

2）专业工程暂估价的调整方法。

①《建设工程工程量清单计价规范》（GB 50500—2013）规定的调整原则。

A. 发包人在招标工程量清单中给定暂估价的专业工程，属于依法必须招标的，应当由发承包双方依法组织招标选择专业分包人，并接受有管辖权的建设工程招标投标管理机构的监督。以专业工程发包中标价为依据取代专业工程暂估价，调整合同价款。

B. 发包人在工程量清单中给定暂估价的专业工程不属于依法必须招标的，应按照工程变更的相应规定确定专业工程价款。并以此为依据取代专业工程暂估价，调整合同价款。

②《标准施工招标文件》规定的调整方法。

A. 发包人在工程量清单中给定暂估价的专业工程属于依法必须招标的范围或达到规定的规模标准的，由发包人和承包人以招标的方式选择供应商或分包人。发包人和承包人的权利义务关系在专用合同条款中约定。中标金额与工程量清单中所列的暂估价的金额差以及相应的税金等其他费用列入合同价格。

B. 发包人在工程量清单中给定暂估价的专业工程不属于依法必须招标的范围或未达到规定的规模标准的，由监理人按照变更估价原则进行估价，但专用合同条款另有约定的除外。经估价的专业工程与工程量清单中所列的暂估价的金额差以及相应的税金等其他费用列入合同价格。

$$专业工程暂估价调整数额=(实际确认价格-招标时暂估价格)\times(1+税率) \qquad (7\text{-}18)$$

案例分析

1. 案例背景

发包人与承包人就某工程签订施工总承包合同。在招标文件中，招标人规定将铝合金门窗工程作为专业工程暂估价。但承包人在投标报价时，将铝合金门窗作为材料暂估价格计入分部分项工程综合单价中，并以此为基础计取了相关措施项目费和规费，还对铝合金门窗工程部分收取2%的总承包服务费。在工程建设过程中，由发包人、监理、审计等部门共同对该门窗工程进行询价，由施工单位签订分包合同，分包合同中单价为总费用单价，含所有费用。

在工程结算中，发包人认为应扣除原合同总价中铝合金门窗暂定综合单价以及相应的措施项目费和规费，再以分包合同中的价格取代专业工程暂估价。施工企业认为应以分包合同的价格做材料价差处理，并计取相应的措施项目费和规费以及总承包服务费，因此形成造价纠纷。

2. 矛盾焦点

该工程造价纠纷的矛盾焦点：

(1) 关于材料暂估和专业工程暂估的争议　在结算中，发包人认为应扣除原合同总价中铝合金门窗暂定综合单价以及相应的措施费和规费，再以分包合同中的价格取代专业工程暂估价，是将铝合金门窗工程作为专业工程暂估价处理。而承包人在结算时，要求做材料价差，并计取措施项目费和规费，这明显是将铝合金门窗工程作为材料暂估价处理。双方对铝合金门窗工程是该作为专业工程暂估价还是该作为材料暂估价处理，形成争议。

(2) 关于总承包服务费的争议　该工程在进行专业工程发包时，由发包人、监理、审计部门对门窗工程询价，由施工单位签订分包合同。结算时，发包人认为是承包人与分包单位签订的分包合同，属于承包人的分包工程，不应计取总承包管理费；而承包人认为即使是承包人与分包单位签订的合同，但分包人是由发包人、监理、审计部门共同选定，自己并没有参与分包人的选择，可以计取总承包服务费。双方对总承包服务费的结算形成争议。

3. 分析过程

1) 按材料暂估价结算还是按专业工程暂估价结算？暂估价是招标人在招标文件中提供的用于支付必然要发生但暂时不能确定价格的材料、工程设备的单价以及专业工程的金额。一般而言，为方便合同管理与计价，材料暂估价需要纳入分部分项工程量项目综合单价中，在结算时将确定价格取代暂估价，调整合同价款；专业工程暂估价以"项"为单位，给出综合暂估价（即包含除规费、税金以外的管理费、利润等），在结算时以专业工程发包中标价为依据取代专业工程暂估价，调整合同价款。

本案例中，招标人在招标文件中规定将铝合金门窗工作作为专业工程进行暂估。但承包人在投标时显然混淆了材料暂估价和专业工程暂估价的概念，一方面，将铝合金作为材料暂估价计入综合单价中，并计取了相关措施项目费和规费；另一方面，又将铝合金门窗工程作为专业工程暂估，计取了总承包服务费。因此，在结算时应该依照招标文件将铝合金门窗工程作为专业工程暂估价进行调整，以分包合同的价格取代专业工程暂估价。

2) 是否应该计取总承包服务费？总承包服务费是指总承包人为配合协调发包人进行的专业工程发包，对发包人自行采购的工程设备、材料等进行保管以及施工现场管理、竣工资料汇总整理等服务所需的费用。这就指明计取总承包服务费的专业工程分包合同、材料采购合同的主体是发包人和分包商，或者由发包人指定发包，总承包人在其中只起配合协调作用。并不是所有分包专业工程都需要计取总承包服务费。如果在未来工作中由发包人直接指定发包，或者发包人独立发包，则可以计取总承包服务费；如果由总承包人进行独立发包或者包含在总承包范围内的专业分包工程，总承包人对专业工程的协调工作应包括在其投标报价中，不再重复计取总承包服务费。专业工程分包类型决定了是否计取总承包服务费，如图7-5所示。

本案例中，发包人原意是想将铝合金门窗工程作为专业工程暂估价处理。在施工过程中，专业分包人实际上是由发包人、监理、审计等部门共同确定，虽然由总承包单位直接与分包公司签订专业分包合同，合同主体为总承包人和分包人，但属于因招标人的意愿进行分包，因此应该计取总承包服务费。

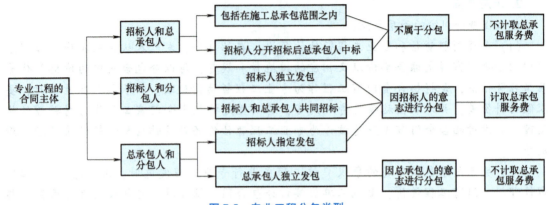

图 7-5 专业工程分包类型

资料来源：柯洪，崔智鹏，陈琛．总承包服务费确定问题研究 [J]．建筑经济，2015，36（2）：80-83．

4. 处理建议

工程招投标过程中，为避免在结算中产生争议，一方面招标人不得任意设置暂估价项目，应该尽量深化施工设计图；另一方面投标人应严格区分暂估价中的材料暂估价与专业工程暂估价。投标人编制投标报价时，材料暂估价应计入分部分项工程综合单价中，而专业工程暂估价则应纳入其他项目清单中。

第五节 索赔类事项引起的合同价款调整

一、索赔的概述

（一）索赔的概念

《建设工程工程量清单计价规范》（GB 50500—2013）规定，索赔是在合同履行过程中，合同当事人一方因非己方的原因而遭受损失，按合同约定或法律法规规定应由对方承担责任，从而向对方提出补偿的要求。

索赔是双向的，但在工程实践中，发包人索赔数量较小，而且处理方便，可以通过冲账、扣拨工程款、扣保证金等实现对承包人的索赔；而承包人对发包人的索赔则比较困难一些。索赔有较广泛的含义，可以概括为以下三个方面：

1) 一方严重违约使另一方蒙受损失，受损方向对方提出补偿损失的要求。

2) 发生一方应承担责任的特殊风险或遇到不利自然、物质条件等情况，使另一方蒙受较大损失而提出补偿损失要求。

3) 一方本应当获得的正当利益，由于没能及时得到监理人的确认和另一方应给予的支持，而以正式函件向另一方索赔。

（二）索赔的分类

索赔从不同的角度，根据不同的标准，可以进行不同的分类。按索赔所根据的理由分为合同外索赔、合同内索赔及道义索赔；按索赔目的可以将工程索赔分为工期索赔和费用索赔（包含利润索赔）；按索赔的事件性质可将索赔分为工程延误索赔、工程变更索赔、合同被迫中止索赔、工程加速索赔、意外风险和不可预见因素索赔以及其他索赔，如图7-6所示。

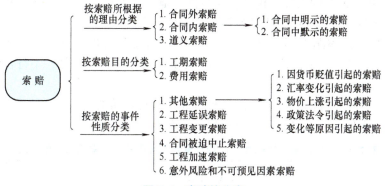

图 7-6　索赔的分类

（三）索赔的程序

1. 承包人提出索赔的程序

《标准施工招标文件》规定：根据合同约定，承包人认为非承包人原因发生的事件造成了承包人的损失，应按以下程序向发包人提出索赔：

1）承包人应在知道或应当知道索赔事件发生后28天内，向发包人提交索赔意向通知书，说明发生索赔事件的事由。承包人逾期未发出索赔意向通知书的，丧失索赔的权利。

2）承包人应在发出索赔意向通知书后28天内，向发包人正式提交索赔通知书。索赔通知书应详细说明索赔理由和要求，并附必要的记录和证明材料。

3）索赔事件具有连续影响的，承包人应继续提交延续索赔通知，说明连续影响的实际情况和记录。

4）在索赔事件影响结束后的28天内，承包人应向发包人提交最终索赔通知书，说明最终索赔要求，并附必要的记录和证明材料。

在合同约定时应遵循《建设工程工程量清单计价规范》（GB 50500—2013）对承包人提出索赔程序的规定。

2. 发包人处理索赔的程序

根据《标准施工招标文件》，发包人应按下列程序处理索赔：

1）发包人收到承包人的索赔通知书后，应及时查验承包人的记录和证明材料。

2）发包人应在收到索赔通知书或有关索赔的进一步证明材料后的28天内，将索赔处理结果答复承包人，如果发包人逾期未做出答复，视为承包人索赔要求已被发包人认可。

3）承包人接受索赔处理结果的，索赔款项作为增加合同价款，在当期进度款中进行支付。发包人认为由于承包人的原因造成发包人的损失，应参照承包人索赔程序进行索赔。

二、索赔引起合同价款调整的依据

索赔的关键是要对合同中因非己方的原因而造成的损失，依据合同约定或法律规定来确定索赔事件是否应由对方承担责任。依据《中华人民共和国民法通则》第111条规定，当事人一方不履行合同义务或者履行合同义务不符合约定条件的，另一方有权要求履行或者采取补救措施，并有权要求赔偿损失。

索赔的合同依据主要包括：

1）该工程项目的合同文件，包括合同条件、施工技术规程、工程量清单及图样中能找到索赔依据的索赔要求、现场签证单等都属于"合同索赔"。

2）对于"非合同索赔"应依据工程所在地的法律法规文件执行。每一项工程的合同文件，都适用于工程所在国的法律法规的约束，按其法律法规进行解释，不符合法律的合同条款无效，也就无法拥有索赔权。

发、承包双方应在合同中约定可以索赔的事项以及索赔的内容。《标准施工招标文件》规定了承包人可向发包人索赔的事项和内容，见表 7-4。

表 7-4 《标准施工招标文件》规定承包人可向发包人索赔的事项和内容

分类	索赔类型	主要内容	可补偿内容		
			工期	费用	利润
工期费用利润都能补偿	发包人的违约责任	迟延提供图样	√	√	√
		迟延提供施工场地	√	√	√
		发包人提供材料、工程设备不合格或迟延提供或变更交货地点	√	√	√
		承包人依据发包人提供的错误资料导致测量放线错误	√	√	√
		因发包人原因造成工期延误	√	√	√
		发包人暂停施工造成工期延误	√	√	√
		工程暂停后因发包人原因无法按时复工	√	√	√
		因发包人原因导致承包人工程返工	√	√	√
		监理人对已经覆盖的隐蔽工程要求重新检查且检查结果合格			
		因发包人提供的材料、工程设备造成工程不合格			
		承包人应监理人要求对材料、工程设备和工程重新检验且检验结果合格			
		发包人在工程竣工前提前占用工程			
		因发包人违约导致承包人暂停施工			
费用利润补偿		发包人的原因导致试运行失败的		√	√
		工程移交后因发包人原因出现新的缺陷或损坏的修复		√	√
费用补偿		发包人要求承包人提前竣工		√	
		发包人要求向承包人提前交付材料和工程设备		√	
工期补偿	发包人应承担的风险（无利润补偿）	异常恶劣的气候条件导致工期延误	√		
		因不可抗力造成工期延误	√		
费用补偿		提前向承包人提供材料、工程设备		√	
		因发包人原因造成承包人人员工伤事故		√	
		工程移交后因发包人原因出现的缺陷修复后的试验和试运行		√	
		因不可抗力停工期间应监理人要求照管、清理、修复工程		√	
工期费用补偿		施工中发现文物、古迹	√	√	
		监理人指令迟延或错误	√	√	
		施工中遇到不利物质条件	√	√	
		发包人更换其提供的不合格材料、工程设备	√	√	

根据表7-4可以发现，不同原因引起索赔权分配是不一样的。按照索赔权的不同又可以将索赔归类：第一，发包人原因引起的工程延误可以索赔工期、费用、利润，除非发生这一事件不引起工期的顺延，此时没必要索赔工期。第二，客观风险（不可抗力、异常恶劣气候）引起的索赔事件，只可以索赔工期。第三，发包人责任（不利物质条件）引起的索赔，可以索赔工期和费用，不可以索赔利润。第四，缺陷责任期内发包人的责任导致的索赔只有费用、利润，在此期间不需要索赔工期。第五，政策引起的价格调整和发包人要求提前交付材料和设备的只能索赔费用。

三、索赔费用的构成及计算

（一）承包人索赔费用的构成

《建设工程工程量清单计价规范》（GB 50500—2013）中规定了承包人获得赔偿的方式，并规定了具体可以索赔的费用。承包人要求赔偿时，除了工期索赔之外还可以选择以下一项或几项方式获得费用赔偿：

1）要求发包人支付实际发生的额外费用。
2）要求发包人支付合理的预期利润。
3）要求发包人按合同的约定支付违约金。

按照住建部《建筑安装工程费用项目组成》（建标〔2013〕44号），建筑安装工程造价构成要素划分包括人工费、材料费、施工机具使用费、利润、规费、税金，索赔也可沿用建筑安装工程造价构成来确定索赔值，并且根据引起的原因不同，索赔费用构成也不尽一致，但是把所有的可索赔费用项目归纳起来，包含：人工费、材料费、施工机具使用费、利润、企业管理费、规费及其他额外费用的增加等索赔项目。建筑业实行营改增政策后，计算索赔费用时均要求除去材料费和施工机具使用费中包含的可抵扣增值税进项税额。

（二）发包人索赔费用的构成

《建设工程工程量清单计价规范》（GB 50500—2013）中规定了发包人获得赔偿的方式，并规定了具体可以索赔的费用。发包人要求赔偿时，除了可以延长质量缺陷修复期限之外，还可以选择以下一项或几项方式获得赔偿：

1）要求承包人支付实际发生的额外费用。
2）要求承包人按合同的约定支付违约金。

承包人应付给发包人的索赔金额可以从拟支付承包人的合同价款中扣除，或由承包人以其他方式支付给发包人。发包人可索赔的项目见表7-5。

表7-5 发包人可索赔的项目

索赔项目	具体索赔项目	主要内容
延长质量缺陷修复期限	延长质量缺陷修复期限	按承包人实际拖延的工期延长
额外费用	发包人实际支付的额外费用	因承包人原因导致的工期拖延，发包人的管理费用
		因承包人原因导致的合同终止，发包人的损失
		因承包人使用不合格材料、工程设备，发包人的材料、设备购置费
		因承包人原因导致的工程缺陷，发包人的损失
违约金	违约金	按照合同约定的金额或比例要求承包人支付违约金

(三) 索赔费用的计算方法

1. 人工费

人工费主要包括生产工人的工资、津贴、加班费、奖金等。对于索赔费用中的人工费部分来说，主要是指完成合同之外的额外工作所花费的人工费用；由于非承包人责任的功效降低多增加的人工费用；超过法定工作时间的加班费用；法定的人工增长以及非承包人责任造成的工程延误导致的人员窝工费；相应增加的人身保险和各种社会保险支出等。在以下几种情况下，承包人可以提出人工费的索赔。

人工费计算的特点决定了人工费索赔的特点，因此，可以得到三种方式下的统一的计算公式：

$$\Delta M_人 = Q_1 P_1 - Q_0 P_0 \tag{7-19}$$

式中 Q_1——变化后的人工消耗量；

Q_0——投标书中计划消耗量；

P_1——变化后的人工日工资单价；

P_0——单价分析表中的人工日工资单价。

对于不同因素下的人工费索赔，可以赋予上述参数不同的含义。

(1) 超过法定时间的加班

$$\text{索赔值} = \text{加班用工量} \times \text{加班补偿率} \tag{7-20}$$

其中，加班用工量可以根据工人出勤记录、工人人数等证明、工作进出场记录计算得出。加班补偿率遵照合同约定。

(2) 人员窝工、闲置

$$\text{索赔值} = \text{窝工人工量} \times \text{窝工率} \tag{7-21}$$

其中，窝工人工量可以依据工人出勤记录、工人人数等证明以及窝工工日的签认证明得到，窝工率可采用最低人工工资标准（元/工日），人工单价的60%~70%，最低平均日工资。

(3) 工期延误期间的工资上涨　工期延误使得随后的工作大量后延，因此精确计算工期延误引起的工资上涨索赔必须首先计算延误之后的全部工作量与新单价的乘积，再计算无延误状态下的实际成本，最后取两者之差得到。但是，施工企业在进度计划设计时，一般需要将资源平均分配，因此每一阶段人工相差量不大，所以工期延误期间的工资上涨可以简化为以下公式：

$$\text{索赔值} = \text{延误用工量} \times \text{人工工资上涨幅度} \tag{7-22}$$

其中，延误用工量依据工人出勤记录、工人人数等证明以及窝工工日的签认证明得到，人工工资上涨幅度可采用合同中规定的调价方法（价格指数或价格信息调价法）。

(4) 劳动率降低导致工效降低

$$\text{索赔值} = \text{实际用工量下的人工成本} - \text{正常劳动率下的人工成本} \tag{7-23}$$

其中，实际用工量下的人工成本为实际用工量与人工费率乘积；正常劳动率是指行业数据、企业类似项目数据、本项目无干扰工作的效率。

(5) 用工量增加

$$\text{索赔值} = \text{增加的用工量} \times \text{人工单价} \tag{7-24}$$

其中，增加的用工量根据工人出勤记录、工人人数等证明计算得到，人工单价根据投标文件得到。

2. 材料和工程设备费

可索赔的材料和工程设备费主要包括：由于索赔事项导致材料和工程设备用量超过计划用量而增加的材料和工程设备费；由于客观原因导致材料和工程设备价格大幅度上涨；由于非承包人责任工程延误导致的材料和工程设备价格上涨；由于非承包人原因致使材料和工程设备的运杂费、采购与保管费用的上涨；由于非承包人原因致使额外易耗品使用增加等。

材料和工程设备费索赔与人工费索赔不同：第一，不存在低效率；第二，不存在不同时段工作而费用不同的情况。材料费索赔的基本公式是

$$\Delta M_{材} = Q_{材1} P_{材1} - Q_{材0} P_{材0} \quad (7\text{-}25)$$

（1）材料和工程设备用量增加

$$索赔值 = 材料用量增加值 \times 材料单价 \quad (7\text{-}26)$$

其中，材料和工程设备用量增加量根据建筑材料的领料、退料方面的记录、凭证和报表等得到，材料单价取自投标文件。

（2）工期延误期间的材料和工程设备价格上涨　工期延误使得随后的工作大量后延，因此精确计算工期延误引起的材料上涨索赔，延误材料用量是指未完工程材料用量，必须首先计算延误之后的全部材料用量与新单价的乘积，再计算无延误状态下的实际成本，最后取两者之差得到。但是，施工企业在进度计划设计时，一般需要将资源平均分配，因此每一阶段材料用量相差量不大，所以工期延误期间的工资上涨可以简化为以下公式：

$$索赔值 = 延误材料用量 \times 材料单价上涨幅度 \quad (7\text{-}27)$$

其中，延误材料和工程设备用量根据建筑材料和工程设备的采购、订货、运输、进场、使用方面的记录、凭证和报表，每月成本计划与实际进度及成本报告得到；材料和工程设备单价上涨幅度可采用合同中规定的调价方法（价格指数或价格信息调价法）得到，其主要依据包括国家或省、自治区、直辖市的政府物价管理部门或统计部门提供的价格指数，行业建设部门授权的工程造价机构公布的材料价格。

（3）材料和工程设备运费增加（未延期）

$$索赔值 = 材料运量 \times 运费单价增量 \quad (7\text{-}28)$$

其中，材料和工程设备运量根据建筑材料的进场、使用方面的记录、凭证和报表等计算得到，运费单价增量则参照合同中综合单价分析表材料和工程设备单价。

（4）材料和工程设备的保管费增加（未延期）　按照财会材料和工程设备的保管费的计算方法，材料保管费的计算方法为

$$索赔值 = 仓储时间增量 \times 仓储材料量 \times 单位存储成本 \quad (7\text{-}29)$$

其中，材料和工程设备的仓储时间、仓储材料量根据仓储记录得到，单位仓储成本根据企业财务会计得到。

3. 施工机具使用费

可索赔的施工机具使用费用主要包括：由于完成额外工作增加的施工机具使用费；非承包人责任导致的工效降低而增加的机械设备闲置、折旧和修理费分摊、租赁费用；由于发包人或工程师原因造成的机械设备停工的窝工费；非承包人原因增加的设备保险费、运费及进口关税等。

(1) 劳动率降低导致工效降低

$$索赔值 = 实际台班消耗成本 - 正常劳动率下的台班成本 \qquad (7\text{-}30)$$

其中，实际台班消耗成本等于实际台班消耗量与台班单价乘积；正常劳动率可以根据行业数据、企业类似项目数据、本项目无干扰工作的效率计算得到。

(2) 机械闲置（租赁设备）

$$索赔值 = 机械闲置量 \times 租赁单价 \qquad (7\text{-}31)$$

其中，机械闲置量可以依据工期延误记录等证明；租赁单价可根据投标报价单价分析表、租赁合同等得到。

(3) 机械台班用量增加

$$索赔值 = 增加的机械台班量 \times 台班单价 \qquad (7\text{-}32)$$

其中，增加的台班量根据工程量增加值及定额等计算得到；台班单价根据投标文件得到。

(4) 工期延误期间的台班单价上涨　工期延误使得随后的工作大量后延，因此精确计算工期延误引起的台班单价上涨索赔必须首先计算延误之后的全部工作量与新单价的乘积，再计算无延误状态下的实际成本，最后取两者之差得到。但是，施工企业在进度计划设计时，一般需要将资源平均分配，因此每一阶段台班使用量相差量不大，所以工期延误期间的台班单价上涨可以简化为以下公式：

$$索赔值 = 延误台班用量 \times 台班单价上涨幅度 \qquad (7\text{-}33)$$

其中，延误台班用量依据台班使用计划、进度计划、工期延长记录等计算得到；台班单价工资上涨幅度可采用合同中规定的调价方法（价格指数或价格信息调价法）。

(5) 机械窝工、闲置（承包商设备）

$$索赔值 = 机械闲置量 \times 窝工单价 \qquad (7\text{-}34)$$

其中，机械闲置量可以依据工期延误记录等证明；窝工单价可根据机械台班折旧费计取。

4. 措施项目费

措施项目费应分为两类，可以计算工程量的措施项目，应采用综合单价计价，如果发生索赔事件，具体的人工费、材料费、机械使用费应参照直接工程费中的人工费、材料费、机械使用费方式确定其费用。以"项"为计量单位的，按项计价，其价格组成与综合单价相同，应包括除规费、税金以外的全部费用。如果发生索赔事件导致了该类措施项目的额外增加，其索赔值参照"第二章工程造价的构成"中措施项目费用计算方式确定。

5. 规费和企业管理费

间接费包括规费和企业管理费，间接费是通过取一定的计算基数，然后在这个基数的基础上取一定费率：

$$间接费 = 取费基数 \times 间接费率 \qquad (7\text{-}35)$$

其中，

$$间接费率 = 规费费率 + 企业管理费费率$$

规费的费率应根据省级政府或省级有关权力部门的规定列项，作为不可竞争费用；管理费费率是承包人根据企业自身管理水平而确定，在投标报价中应写明。间接费率不以索赔事件发生而改变，但是其取费基数的改变会导致间接费发生改变。

6. 利润

对于不同性质的索赔，取得利润索赔的成功率是不同的，在以下几种情况下承包人一般可以提出利润索赔：因涉及变更等引起的工程量增加；施工条件变化导致的索赔；施工范围变更导致的索赔；合同延期导致机会利润损失；由于发包人导致机会利润损失等。

国内工程利润索赔与国际工程利润索赔不同。国际工程可采用计算总部管理费索赔值的Hudson公式或Eichleay公式计算利润索赔值。Hudson公式：企业管理费索赔=（企业管理费和利润分摊率×合同额/合同工期）×延误时间。Eichleay公式：先按合同额分配管理费，再用日费率法计算损失：争议合同应分摊的管理费=争议合同额×同期总部管理费总额/承包商同期完成的总合同额；日管理费率=争议合同应分摊的管理费/争议合同实际执行天数；管理费索赔值=日管理费率×争议合同延长天数。

这两种算法都是基于单位时间的损失量视角，这显然与国内利润索赔不同。国内工程利润索赔值的确定一般采取预期利润率的方法，见表7-6。

表7-6 国内工程利润索赔值的确定

费用索赔的因素	计算方法	参数的确定	证明材料
删减工程	所删减工程的价值与预期利润率的乘积	预期利润率的确定：同类企业平均利润率、行业平均利润率、（已完工程合同价值-已完工程的成本）/已完工程合同价值	企业财务会计报表、项目开支明细、历次支付申请及支付证书
额外工程	额外工程的价值与预期利润率的乘积		
发包人原因造成工期延误	可索赔的费用与预期利润率的乘积		

7. 增值税

以上6项索赔费用的发生，都会引起增值税销项税额的改变，因此，在价款结算时，都应以扣除可抵扣的进项税额后的索赔费用，乘以增值税税率，计算相应的增值税销项税额。

8. 其他

（1）利息　利息又称融资成本或资金成本，是企业取得使用资金所付出的代价。融资成本主要有两种：额外的利息支出和使用自有资金引起的机会损失。只要因发包人违约（如发包人拖延或拒绝支付各种工程款、预付款或拖延退还扣留的保留金）或其他合法索赔事项直接引起额外贷款，承包人有权向发包人就相关的利息提出索赔。

（2）分包商索赔　索赔费用中的分包费用是指分包商的索赔款项，一般包括人工费、材料费、施工机具使用费等。因发包人或工程师原因造成分包商的额外损失，分包商首先应向承包人提出索赔要求和索赔报告，然后以承包人的名义向发包人提出分包工程增加费及相应管理费用索赔。

（3）其他手续费　包括相应保函费、保险费、银行手续费及其他额外费用的增加等，这些费用需要承包人按时提供确实证据和票据，据实索赔。

四、常见索赔事项引起的合同价款调整

（一）工期延误引起的合同价款调整

1. 工期延误引起的索赔

由于有额外或附加的工程量或工程性质及等级上的变更、合同条款指明可能的延误、异常恶劣的气候条件、不可抗力、发包人的延误或阻碍、非承包人的原因或发包人违约而发生的其他特殊情况等而影响施工进度，而且受影响的工序处在工程施工进度网络计划的关键线路上，承包人有权要求延长本合同工程或单项工程的工期。如果此延误工期期间发生了相关

费用,承包人有权向发包人提出相关联的费用索赔。一般来说,工期延误往往会伴随着费用的索赔,因此将工期延误引起的合同价款调整分为两部分:一是工期索赔,二是由于工期延误引起的费用索赔。

2. 工期延误引起的索赔依据

(1) 工期索赔的相关规定　如果由于非承包人自身原因造成工程延期,在《建设工程工程量清单计价规范》(GB 50500—2013) 和《标准施工招标文件》中都规定承包人有权向发包人提出工期延长的索赔要求,这是施工合同赋予承包人要求延长工期的正当权利。若承包人的费用索赔与工期索赔要求相关联时,发包人在做出费用索赔的批准决定时,应结合工程延期,综合做出费用赔偿和工程延期的决定。

《建设工程工程量清单计价规范》(GB 50500—2013) 中规定了延长工期为承包人索赔方式之一,FIDIC《施工合同条件》以及我国的《建设工程施工合同(示范文本)》(GF-2017-0201) 都对工期可以相应顺延进行了规定。此外,英国 JCT 合同和 IFC 合同都有相应的规定。

(2) 工期索赔的计算　工期索赔的计算方法有网络图分析法和比例分析法。

1) 网络图分析法。网络图分析法是利用进度计划的网络图,分析其关键线路。如果延误的工作为关键工作,则总延误的时间为批准顺延的工期;如果延误的工作为非关键工作,当该工作由于延误超过时差限制而成为关键工作时,可以批准延误时间与时差的差值;若该工作延误后仍为非关键工作,则不存在工期索赔问题。

在对缩短工期的索赔中,应索赔其对总工期的影响,不应依据该工作的工作时间的缩短值进行索赔。因为:第一,处于非关键路径上的工作存在总时差,该工作的工作时间缩短不会影响总工期的变化,只会造成该工作总时差变得更大,因此该工作的工作时间的变化不应得到索赔;第二,处于关键路径上的工作,该工作的工作时间缩短会影响总工期的变化,但可能会造成关键路径的改变,因此工期的缩短值与该工作的工作时间缩短值不相同。基于以上的分析,可以得出以下两条结论:

① 处于非关键路径上的工作,该工作的工作时间的缩短值一律不应计算在索赔值内。

② 处于关键路径上的工作,除非该工作的工作时间的变化引起关键路径改变及总工期的变化,一般应就该工作的作业时间缩短值给予索赔。

关键路径改变情况下计算索赔值的依据是:工期变化前后的差值。

【例 7-13】　某建筑公司(承包人)与某建设单位(发包人)签订了某单层工业厂房的施工合同。工程项目的进度计划总工期为 31 周。由于该项目急于投入使用,在合同中规定,工期每提前(或拖后)1 周奖励(或惩罚)3 万元。承包人按时提交了施工方案和施工网络进度计划,网络计划工作时间见表 7-7,初始施工进度计划网络图如图 7-7 所示,并得到了发包人的批准。

表 7-7　网络计划工作时间

工作名称	A	B	C	D	E	F	G	H	I	J	K
持续时间(周)	3	5	3	6	5	7	3	4	4	8	5

在施工中出现了如下几项事件:

事件 1:在 B 工序施工中,因施工机械故障,造成人工窝工 2 周。

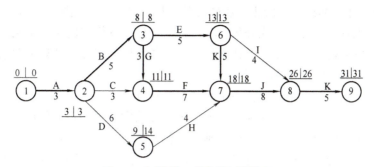

图 7-7 初始施工进度计划网络图

事件 2：在 D 工序施工开始时，发现地下有软土层，按发包人代表指示对该地进行复查，承包人等待处理和复查时延误 2 周。

事件 3：在 E 工序施工中，发生合同专用条款规定的异常恶劣的气候天气（施工期内平均日气温-5℃以下），导致工期延误两天。

事件 4：在 J 工序施工时，由于设计图不合适，导致发包人重新设计，延误了 3 周。

其余各项工作实际作业时间和费用均与原计划相符。试分析承包人可以得到的工期索赔。

【解】 1）对事件进行分析：

事件 1 施工机械故障造成的窝工，是承包人的责任，所以不能索赔。

事件 2 属于不可抗力情况发生，是可原谅的延误，承包人可以进行工期索赔。

事件 3 属于异常恶劣的气候条件，发包人需承担工期风险，故承包人可以提出工期索赔。

事件 4 发包人的原因导致图样延误，同样可以进行工期索赔。

2）对网络计划进行分析：

初始施工网络计划的关键路线为 1→2→3→4→7→8→9，1→2→3→6→7→8→9。根据对事件的分析可知，事件 1 是承包人自身原因导致的，不能索赔工期。因此，仅需要对事件 2、3、4 造成的工期调整进行分析。将事件 2、3、4 造成的延误时间带入原网络计划，得到实际施工网络图如图 7-8 所示。

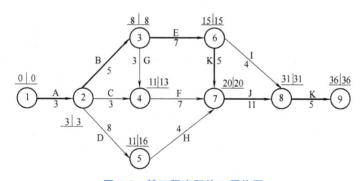

图 7-8 某工程实际施工网络图

通过比较两图发现，关键路线变为 1→2→3→6→7→8→9，总工期延长了 5 周。其中 D 延误后仍不在关键线路上，说明对总工期不产生影响，因此不能索赔工期。而 E、J 延误后仍然在关键线路上，并使得总工期拖延了 5 周，因此可以要求延长 5 周工期。

2) 比例分析法。网络图分析法虽然最科学、最合理，但在实际工程中，干扰事件常常仅影响某些单项工程、单位工程或分部分项工程的工期，分析它们对总工期的影响，可以采用更为简单的比例分析法，即以某个技术经济指标作为比较基础，计算工期索赔值。

3. 工期延误引起的费用索赔的计算

工期延误的索赔包括两个方面：一是承包人要求延长工期；二是承包人要求偿付由于非承包人原因导致工期延误而造成的损失，这两个方面的索赔报告要求分别编制，因为工期和费用索赔并不一定同时成立。如果工期拖延的责任在承包人方面，则承包人无权提出索赔。

发包人未按施工合同的规定履行自己应负的责任，除竣工日期得以顺延外，还应赔偿承包方因此发生的实际费用损失。由于不同原因引起的工期延误其索赔费用也不相同。例如：

1) 由于发包人原因造成整个工程停工，造成全部人工和机械设备的停滞，其他分包商也受影响，承包人还要支付现场管理费，承包人因完成的合同工作量减少而减少了管理费的收入等。

2) 由于发包人原因造成非关键线路工作停工，则总工期不延长。但若这种干扰造成承包人人工和设备的停工，则承包人有权对由于这种停工所造成的费用提出索赔。在干扰发生时，工程师有权指令承包人，同时承包人也有责任在可能的情况下尽量将停滞的人工和设备用于他处，以减少损失。当然发包人应对由于这种安排而产生的费用损失（如工作效率损失、设备的搬迁费用等）负责。如果工程的其他方面仍顺利进行，承包人完成的工程量没有变化，这些干扰一般不涉及管理费的赔偿。

3) 在工程某个阶段，由于发包人的干扰造成工程虽未停工，但却在一种混乱的低效率状态下施工，例如发包人打乱施工次序，局部停工造成人力、设备的集中使用。由于不断出现加班或等待变更指令等状况，完成工作量较少，这样不仅工期拖延，而且也有费用损失，包括劳动力、设备低效率损失，现场管理费和总部管理费损失等。

因此，在具体工期延误引起的费用索赔时可以分析导致工期延误的原因，从而再进一步确定其可索赔的费用构成，归纳起来，工期延误引起的索赔费用的构成及计算见表7-8。

表7-8 工期延误引起的索赔费用的构成及计算

索赔事件	序号	可能费用项目	费用项目说明	计算方法
工期延误	1	人工费	包括工资上涨、现场停工、窝工、生产效率降低、不合理使用劳动力等损失	停工、窝工按实际停工工时数和报价单中人工费单价等计算；低效生产的损失按投标书中确定的和实际的劳动力投入量和工作效率、劳动力单价等计算
	2	材料费	因工期延长引起的材料价款上涨，因工期延长引起的材料推迟交货而导致的损失	按实际支出计算
	3	机械设备费	设备因延期引起的折旧费、利息、维修保养费、固定税费、进出场费或租赁费等	按承包人停滞台班数、停滞台班费单价、台班租赁费等计算
	4	管理费	包括现场管理人员的工资、津贴等，现场办公设施的折旧、营运费，现场日常管理费支出，交通费等	按实际支出计算
	5		因工期延长的通货膨胀	按实际支出计算
	6		相应的保险费、保函费	
	7	分包商索赔	分包商因延期向承包人提出的费用索赔	
	8	利润	工程延误导致承包人预期利润的减少	按承包人预期的利润损失计算

4. 共同延误引起索赔的归责

工期索赔管理是我国目前项目管理过程中关键的环节之一，而工期延误的责任归属以及工期延误时间的计算是正确处理工期索赔的前提条件，特别是由共同延误引起的工期延误处理关系到延误各方的切身利益，准确地计算工期延误时间、明确各方的责任，对于维护共同延误各方正当权益有着重要的作用。共同延误可索赔的情形分为以下几种：

1）可补偿延误与不可原谅延误同时发生，对于这种情形下发生的共同延误，延误责任由承包人承担，因为即使在没有可补偿延误发生的情况下，不可原谅延误也已经造成了工程延误。

2）不可补偿延误与不可原谅延误同时发生，对于这种情况下的共同延误，延误责任由承包人承担，因为在没有不可补偿延误时，不可原谅延误也已经导致了工程延期。

3）不可补偿延误与可补偿延误同时发生，与前两种情况下的共同延误相比，延误责任由客观原因造成，则只能进行工期索赔，而不可以进行费用索赔，因为即使没有可补偿延误，不可补偿延误也已经造成了工程施工延误。

4）两项可补偿延误同时发生，两项可补偿延误同时存在时，延误责任由发包人承担，但是只能进行一项可补偿延误索赔。

共同延误的最终结果是致使工期拖延，承包人在可以索赔费用的情况下，其索赔费用的构成与工程延误引起的索赔费用构成是一致的。

一般情况下，共同延误用首发原则划分共同延误的责任，其机理如图 7-9 所示。此外还有：①比例分摊原则，即结合共同延误索赔事件的特点，以共同延误各责任方对整个工期的影响为划分标准，划分共同延误各责任方的责任归属，但是，共同延误各方出于利益的考虑，对于己方在共同延误索赔中所负责任认识不一，因此如何定量分析共同延误各责任方的责任大小并为共同延误各方所接受，才是责任分摊的关键环节；②主导原因原则，即分析这些干扰因素哪个是主导因素，由主导原因的干扰事件承担责任。

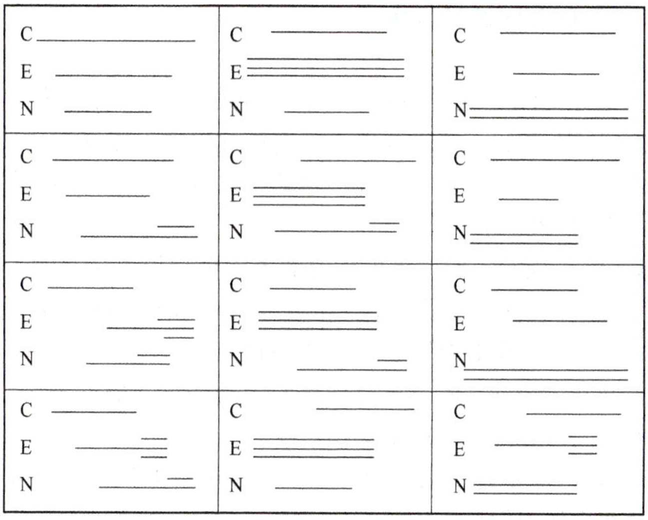

图 7-9 首发原则划分共同延误的责任的机理

注：图中 C 代表承包商，N 代表客观原因，E 代表业主。一条横线表示承包商既不能得到工期的延长，也不能得到经济补偿；两条横线表示承包商可以得到相应工期的延长；三条横线表示承包商既能得到工期的延长，又能得到经济补偿。

【例 7-14】 某工程项目施工采用了包工包全部材料的固定价格合同。工程招标文件参考资料中提供的用砂地点距工地 4km。但是开工后，检查砂子质量不符合要求，承包人只得从另一距工地 20km 的供砂地点采购。而在一个关键工作面上又发生了几种原因造成的临时停工：5月20日到5月26日承包人的施工设备出现了从未出现过的故障；应于5月24日交给承包人的后续图样直到6月10日才交给承包人；6月7日到6月12日施工现场下了该季节罕见的特大暴雨，造成了6月11日到6月14日的该地区的供电全面中断。

请分析和计算承包人可索赔的工期和费用。

【解】 1) 承包人应对自己就招标文件的解释负责并考虑相关风险，承包人应对自己的报价正确性与完备性负责，同时，材料供应的情况变化是一个有经验的承包人能够合理预见到的，所以对承包人增加用砂单价的索赔要求不予批准。

2) 由于几种原因的共同延误，5月20日到5月26日出现的设备故障属于承包人应承担的风险，不予考虑承包人的费用索赔要求，在承包人的延误时间内，不考虑其他原因导致的延误，所以5月24日到5月26日拖交图样不予补偿。5月27日到6月9日是发包人延交图样引起的，为发包人应承担的责任，批准承包人相应的索赔要求，因5月有31日，故可以补偿工期14天，并给予相应经济补偿。在发包人拖交图样影响期间，不考虑6月7日到6月9日特大暴雨的影响，从6月10日到6月12日特大暴雨属于客观原因导致的，不考虑给承包人经济补偿，但给予相应工期延长3天。供电中断属于一个有经验的承包人也无法预见的情况，属于发包人风险，应给承包人相应补偿。但是6月11日到6月12日特大暴雨期间，不考虑停电造成的延误，所以从6月13日到6月14日给承包人2天工期延长和相应费用补偿。

3) 工程师经研究认可了承包人的成本补偿标准，即每天2万元，但不考虑承包人利润损失，所以共批准补偿承包人顺延工期19天，费用补偿 16天×2万元/天=32万元。

(二) 不可抗力引起的合同价款调整

1. 不可抗力的概念

根据《标准施工招标文件》规定中对不可抗力的定义，不可抗力是指承包人和发包人在订立合同时不可预见，在工程施工过程中不可避免发生并不能克服的自然灾害和社会性突发事件，如地震、海啸、瘟疫、水灾、骚乱、暴动、战争和专用合同条款约定的其他情形。

2. 不可抗力的风险分担原则

《标准施工招标文件》规定了发生不可抗力的风险分担原则为各自损失各自承担，工程损失由发包人承担。《建设工程工程量清单计价规范》（GB 50500—2013）也有相应的规定，总结起来可以归纳出不可抗力引起合同价款调整的原则。

除专用合同条款另有约定外，不可抗力导致的人员伤亡、财产损失、费用增加和（或）工期延误等后果，由合同双方按以下原则承担：

1) 永久工程，包括已运至施工场地的材料和工程设备的损害，以及因工程损害造成的第三方人员伤亡和财产损失由发包人承担。

2) 承包人设备的损坏由承包人承担。

3) 发包人和承包人各自承担其人员伤亡和其他财产损失及其相关费用。

4) 承包人的停工损失由承包人承担，但停工期间应监理人要求照管工程和清理、修复工程的金额由发包人承担。

5）不能按期竣工的，应合理延长工期，承包人不需支付逾期竣工违约金。

由不可抗力风险分担的原则可知，如果在施工期间不可抗力已经发生，承包人有权向发包人提出工期的索赔。由于不可抗力发生之后，承包人应发包人要求处理不可抗力后果时，这部分费用应计入合同价款。

3. 不可抗力引起合同价款调整的构成

在《建设工程工程量清单计价规范》（GB 50500—2013）中规定，不可抗力引起合同价款调整的内容包括：

1）合同工程本身的损害、因工程损害导致第三方人员伤亡和财产损失以及运至施工场地用于施工的材料和待安装的设备的损害，应由发包人承担。

2）承包人的施工机械设备损坏及停工损失，应由承包人承担。

3）停工期间，承包人应发包人要求留在施工场地的必要的管理人员及保卫人员的费用，应由发包人承担。

4）不可抗力解除后复工的，若不能按期竣工，应合理延长工期，发包人要求赶工的，赶工费用由发包人承担。其构成与计算如下：

① 人工费。提前竣工时由于夜间施工或工作面紧张引起施工效率的降低，这些效率的降低所导致的直接后果是实际施工时间比正常情况下的施工时间延长。施工时间的延长直接导致人工费的增加。

② 施工机具使用费。提前竣工时的机械费可以按照人工费的计算方法计算。

A. 如果原来机械已经满负荷运转，且已经安排 24 小时制，则要加快施工进度只能增加新机械。

B. 如果原来已经安排流水作业，且工作面已经完全占用，则可以考虑原来的操作人员轮班工作，机械采用 24 小时工作制。

③ 材料费。提前竣工时，材料费的改变主要是原来采购合同的修改所增加的费用，如改变原材料供应计划导致的原合同的违约费，施工进度改变带来的现场材料存储费的改变，由于技术需要变更材料增加的费用或增加新材料产生的费用。

④ 措施项目费。提前竣工时增加的措施项目费主要是指夜间施工增加费、技术措施费。此时夜间施工增加费主要是指夜间施工所发生的夜班补助费、夜间施工降效、夜间施工照明设备摊销及照明用电等费用。

⑤ 管理费。管理费是指为赶工而采取的额外的附加管理费，用增加的直接成本费用乘以一定的费率计算。

⑥ 利润和增值税。按照实际费用发生的情况乘以相应的费率、建筑业增值税税率进行计算。

此外，由于不可抗力解除合同的，发包人应根据相关规定与承包人进行工程价款结算，详细内容在"第八章合同价款的结算与支付"中详细阐述。

【例 7-15】 我国某建筑公司在 A 国承包了一项高速公路工程项目，在招标文件及施工合同中约定，合同工期为 24 个月。但是，在施工期间由于 A 国内政出现变革，导致该国家内战 10 个月，但是为了迎接新总统的就职典礼，需要按原竣工日期竣工，相当于缩短工期 10 个月，工期缩短 41%。

为此，根据已上报施工组织设计（14个月工期），项目为赶工采用设施，因赶工期而增加的费用归纳为以下几项，细分如下详述（以下单位均为"美元"）。

1）增加人工费。由于合同工期的缩短、现场交通因素等，必须在夜间施工的，按夜班施工工程部分的用工数、发生工日单价40%计算夜班增加费，夜班增加费包括夜餐费、照明费、降效费和临时照明设施费，补助费不计费用，仅计取税金。具体发生人员增加费用见表7-9。

表7-9 人员增加费用

职 称	原正常计划投入人员（人）	赶工需增加的夜间作业人员（人）	日人均工资（美元/人）	增加工资金额（美元/天）	夜间工日增加费（美元/天）
高级工程师	1	2	266.7	2×266.7 =533.4	2×266.7×40% =213.36
工程师	2	2	166.7	2×166.7 =333.4	2×166.7×40% =133.36
助理工程师	3	4	100	4×100 =400	4×100×40% =160
技术员	4	6	83.33	6×83.33 =499.98	6×83.33×40% =199.992
合计	10	14		1766.78	706.712

注：1. 施工发生日历天数为120天，管理人员为三班制，每班连续工作8h，其增加费计算公式为：（增加工资金额+增加工资总额×40%）×120=发生管理人员工资增加费。

2. 增加人数为14人。

以上为工程技术管理人员的增加人数和相应增加的每天工资金额，实际发生为120日历天，管理人员合计工资增加费为

$$(1766.78+1766.78\times 40\%)\times 120 \text{ 美元} = 296819.04 \text{ 美元}$$

2）机械、材料增加费（见表7-10）。

表7-10 机械、材料增加费

序号	项目名称	金额（美元）	备 注
1	柴油打桩机5t以外 （2834.86美元/台班）增加3台	2834.86×3×35 =297660.3	
2	塔式起重机60kN/m以内	85688.69	
3	桩基施工排水、降水费， 污水泵（出口直径φ150小型）	247.11×6×35 =51893.1	
4	租用柴油发电机（功率200kW中型）2台24小时交换使用 （包括燃油费及其他费用）	2×1.5×1019.02×90 =275135.4	
5	购置柴油发电机1台（功率200kW中型）	174825	（按机械原值计取）
	合计（美元）	885202.49	

3）其他增加费用（见表7-11）。

表 7-11 其他增加费用

序 号	增加费用项目	增加费用（美元）	备 注
1	工程保险费	120103.72	
2	安全文明施工措施费	33173.86	
3	施工围栏增加费	50124.08	
4	临时设施增加住房面积（396m²）	83376.00	
5	生产劳动奖励	65000.00	
6	工程排污费	23958.9	
	合计（美元）	375736.56	

4）增加费用总价（见表 7-12）。

表 7-12 增加费用总价

序 号	增加费用项目	增加费用（美元）	备 注
1	管理人员增加费用	296819.04	
2	机械、材料增加费	885202.49	
3	其他增加费用	375736.56	
4	管理费	406172.0836	
5	增值税	216032.3191	
6	增加工程费总额（美元）	2179962.4927	

（三）提前竣工引起的合同价款调整

1. 提前竣工的概念

《建设工程工程量清单计价规范》（GB 50500—2013）规定，提前竣工是指因发包人的需求，承发包双方商定对合同工程的进度计划进行压缩，使得合同工程的实际工期在少于原定合同工期（日历天数）内完成。

原定合同工期等于可原谅的合理顺延工期加上合同协议书上双方约定的工期之和，提前竣工情形包括：

1）由于非承包人责任造成工期拖延，发包人希望工程能按时交付，由发包人（工程师）指令承包人采取加速措施。

2）工程未拖延，由于市场等原因，发包人希望工程提前交付，与承包人协商采取加速措施。

3）由于发生干扰事件，已经造成工期拖延，发包人直接指令承包人加速施工按原计划工期完工，并且最终确定工期拖延是发包人原因。

2. 提前竣工引起合同价款调整的依据

《标准施工招标文件》规定，发包人要求承包人提前竣工，或承包人提出提前竣工的建议能够给发包人带来效益的，应由监理人与承包人共同协商采取加快工程进度的措施和修订合同进度计划。发包人应承担承包人由此增加的费用，并向承包人支付专用合同条款约定的相应奖金。

同时《建设工程工程量清单计价规范》（GB 50500—2013）规定，招标人应当依据相关工程的工期定额合理计算工期，压缩的工期天数不得超过定额工期的20%，超过者，应在招标文件中明示增加赶工费用。此处的增加赶工费用与赶工补偿中包括的赶工费不同。赶工费是承包人应发包人的要求，采取加快工程进度的措施，使合同工程工期缩短产生的，应由发包人支付的费用。

发包人要求合同工程提前竣工，应征得承包人同意后与承包人商定采取加快工程进度的措施，并修订合同工程进度计划。发包人应承担承包人由此增加的提前竣工（赶工补偿）费。

发承包双方应在合同中约定提前竣工每日历天应补偿额度，除合同另有约定外，提前竣工补偿的最高限额为合同价款的5%。此项费用作为增加合同价款，列入竣工结算文件中，与结算款一并支付。

因此，对于发包人提出的提前竣工费需要在合同条款中列明。

3. 提前竣工（赶工补偿）费的构成

提前竣工（赶工补偿）费包括：

1）人工费，包括因发包人指令工程加速造成增加劳动力投入、不经济地使用劳动力使生产效率降低、节假日加班、夜班补贴。

2）材料费，包括增加材料的投入、不经济地使用材料、因材料需提前交货给材料供应商的补偿、改变运输方式、材料代用等。

3）施工机具使用费，包括增加机械使用时间、不经济地使用机械、增加新设备的投入。

管理费包括增加管理人员的工资、增加人员的其他费用、增加临时设施费、现场日常管理费支出。

4）分包商费用。分包商费用一般包括人工费、材料费、施工机具使用费等。

案例分析

（1）**案例背景** 某工程公司承担某电站3台180MW水轮式发电机安装工程。该电站按承包合同规定，2006年9月15日由甲方提供1号机水轮机埋件安装工作面，2006年10月15日开始水轮机蜗壳安装，2007年1月1日由机电安装单位向土建施工单位移交混凝土浇筑工作面，2007年年底首台机组发电。但该工程由于前期投资不到位，土建工程工期比原合同拖后2个多月，且又处在冬季施工，当时业主为了保证2007年年底投产的目标，要求进行冬季加快施工。针对这种情况，承包方项目部进行认真分析，提出了该单元项目抢工期方案。该方案中提出了增加工作面，采用工序间合理搭接的流水作业方式。

（2）**矛盾焦点** 根据该方案需要增加相应的机械设备和采取相应的冬季保温措施（当时月份最低达-18℃），该方案各项费用累计180万元。当将预算报监理工程师审批时，由于监理工程师及业主个别人认为这都是承包商自己的事情，业主不承担任何费用，业主只要求工期，使承包商补偿受阻。

（3）**分析过程** 针对提前竣工的问题，项目部当时认真分析合同条款，并根据业主主要领导人当时的工期导向思想，提出了索赔的主要依据和抢工期对2007年年底投产的重要性和必要性。赶工补偿的理由主要有以下几点：

1）根据合同规定及技术规定要求，当室外温度低于-10℃，金属结构焊接工作应当停工，当时厂房未封顶，冬季施工缺乏条件。

2）合同报价中没有列出冬季施工的相应费用。

3）按合同期相应的工作面交面拖延，承包方的有关工作面也应相应顺延。借此承包方同业主及监理工程师进行几次协商讨论，基本达成了共识。

但业主认为该费用太高，无法向董事会交代，要求费用降至130万元左右，其他费用以提前竣工的奖金形式支付。总工期为48天，在此基础上每提前1天嘉奖人民币3万元，并签订补充协议。承包方项目部及时动员内部职工，充分挖潜，将原来粗线条的计划分解为日计划，按日计划对班组进行考核，对施工人员奖罚结合。同时在施工中加强影响工期因素的记录和工序调整分析，对因业主及监理工程师等原因引起的工期延误及时发出索赔通知书备案。最终以实际工期33天，业主及监理工程师原因分别延误2天工期，累计应当提前19天提交工作面。经过协商达成提前工期17天的共识，业主支付嘉奖17×3万元=51万元，该单元项目结算130万元+51万元=181万元，成功地达到了预期的索赔目的，取得了良好的经济效益。同时业主达到了抢回工期一个多月的目的，为2007年年底投产奠定了良好的基础，对此业主也给予了充分肯定，也为企业赢得了良好的社会效益。

(4) 经验总结　该项目属于加速施工引起的索赔。而加速施工的原因是业主前期投资不到位影响了工期，造成合同工期不能实现，承包方理应顺延工期，但业主要求通过赶工保证合同工期，这实际上是业主要求提前工期。根据合同示范文本规定，在双方协商采取赶工措施后，双方按照由于提前竣工而采取加速施工的实际成本加上提前竣工后的奖励，实现对承包人的赶工补偿。

(四) 误期赔偿引起的合同价款调整

1. 误期赔偿的概念

《建设工程工程量清单计价规范》（GB 50500—2013）第一次定义了误期赔偿费：承包人未按照合同工程的计划进度施工，导致实际工期超过合同工期（包括经发包人批准的延长工期），承包人应向发包人赔偿损失的费用。

按期完工是承包人的合同义务，若承包人存在不可原谅的工期延误，不能按照合同约定按期完成工程而使发包人遭受损失，则承包人需要赔偿发包人的损失而支付的一笔款项，即误期赔偿费。误期赔偿是对承包人误期完工造成发包人损害的一种强有力的补救措施。误期赔偿是发包人对承包人的一项索赔。误期赔偿的目的是对工程风险的合理分配，是保证合同目标的正常实现，保护发包人的正当利益，实现合同公平、公正、自由的原则。

误期赔偿费与罚款的概念是不同的，前者的额度是获得赔偿一方因对方违约而损失的额度，而后者则是带有惩罚性质，通常大于实际损失。由于在工程合同中，误期赔偿费标准是在合同签订前由业主方确定下来的，只是在招标时对拖期损失的一种合理预见，因此其与实际的误期损失可能不一致。但如果误期赔偿费标准明显高于业主的损失，或被认为带有惩罚性质，则有可能被法律认定此规定没有效力。

2. 误期赔偿引起合同价款调整的依据

《建设工程工程量清单计价规范》（GB 50500—2013）规定，如果承包人未按照合同约定施工，导致实际进度迟于计划进度的，承包人应加快进度，实现合同工期。合同工程发生误期，承包人应赔偿发包人由此造成的损失，并按照合同约定向发包人支付误期赔偿费。即使承包人支付误期赔偿费，也不能免除承包人按照合同约定应承担的任何责任和应履行的任何义务。发承包双方应在合同中约定误期赔偿费，明确每日历天应赔额度。误期赔偿费列入竣工结算文件中，在结算款中扣除。如果在工程竣工之前，合同工程内的某单项（位）工程已通过了竣工验收，且该单项（位）工程接收证书中表明的竣工日期并未延误，而是合同工程的其他部分产生了工期延误，则误期赔偿费应按照已颁发工程接收证书的单项（位）工程造价占合同价款的比例幅度予以扣减。

《标准施工招标文件》规定，承包人的工期延误，发包人可向承包人索赔误期赔偿。FIDIC《施工合同条件》规定，如果承包人未能遵守要求，承包人应当为其违约行为向雇主支付误期损害赔偿费。因此，误期赔偿属于发包人索赔的范畴，是指对发包人实际损失费的计算，而不是罚款。

3. 误期赔偿引起合同价款调整费用的构成

土建工程施工合同中规定的误期赔偿费，通常都是由发包人在招标文件中确定的。发包人在确定这一赔偿金的费率时，一般要考虑以下诸因素。

1）由于本工程项目拖期竣工而不能使用，租用其他建筑物时的租赁费。
2）继续使用原建筑物或租用其他建筑物的维修费用。
3）由于工程拖期而引起的投资（或贷款）利息。
4）工程拖期带来的附加监理费。
5）原计划收入款额的落空部分，如过桥费、高速公路收费，发电站的电费所包含的合理利润部分。

【例 7-16】 某建设工程项目由发包人和承包人签订了建设工程施工承包合同，承包合同规定：工程分为三个标段施工，工程项目的开工日期为 2011 年 7 月 20 日，完工日期为 2011 年 12 月 7 日，施工日历天数为 140 天。并约定：承包人必须按提交的各项工程进度计划的时间节点组织施工，否则，每误期一天，向开发商支付 20000 元，若存在已竣工的工程项目则误期赔偿标准可以按比例扣减。在实际施工过程中，标段 1 和标段 2 均已按期完成，标段 3 因承包人自身原因导致工程误期 5 天，标段 3 的工程价款占整个建设项目合同价款的 40%。

则误期赔偿费应该如何确定？在实际计算误期赔偿费过程中，承包人认为工期延误 5 天，自身因素影响甚小，不应考虑，原约定的误期赔偿费应予以减少，是否正确？

【解】 首先，误期赔偿的优势：误期赔偿费的计算标准在合同签订时已做了规定，在发生承包人责任的误期时需承包人赔偿的损害是有限的，并且发包人在接收误期完成的工程时也不必证明其由于该延误而发生的损失，所以，误期赔偿费应以合同的约定额度加以计算。

其次，该工程标段 3 的误期是由承包人自身原因导致的，则这部分工程误期的风险应由承包人自己承担。

再次，按照合同约定标段 3 的工程价款占整个合同价款的 40%，则标段 3 导致的误期赔偿的标准为（20000×40%）元/天＝8000 元/天。

最后，按照合同约定的竣工日期，该工程由于承包人原因延误5天，需承包人支付发包人5天的误期赔偿费。

按照合同约定的误期赔偿标准以及实际施工过程中的误期时间，计算该工程的误期赔偿费＝8000元/天×5天＝40000元。

第六节 现场签证和暂列金额引起的合同价款调整

一、现场签证引起的合同价款调整

（一）现场签证引起的合同价款调整概述

1. 现场签证的概念

由于施工生产的特殊性，在施工过程中往往会出现一些与合同工程或合同约定不一致或未约定的事项，这时就需要发承包双方用书面形式记录下来，各地对此的称谓不一，如称为工程签证、施工签证、技术核定单等。《建设工程工程量清单计价规范》（GB 50500—2013）将其定义为现场签证，即指发包人现场代表（或其授权的监理人、工程造价咨询人）与承包人现场代表就施工过程中涉及的责任事件所做的签证说明。

2. 现场签证的情形

现场签证有多种情形，《建设工程工程量清单计价规范》（GB 50500—2013）条文说明将其归为以下六种：

1) 发包人的口头指令，需要承包人将其提出，由发包人转换成书面签证。

2) 发包人的书面通知如涉及工程实施，需要承包人就完成此通知需要的人工、材料、机械设备等内容向发包人提出，取得发包人的签证确认。

3) 合同工程招标工程量清单中已有，但施工中发现与其不符，比如土方类别、出现流沙等，需承包人及时向发包人提出签证确认，以便调整合同价款。

4) 由于发包人原因未按合同约定提供场地、材料、设备或停水、停电等造成承包人停工，承包人需及时向发包人提出现场签证，以便计算索赔费用。

5) 合同中约定材料、设备等价格，由于市场发生变化，需承包人向发包人提出采购数量及其单价，以便发包人核对后取得发包人的签证确认。

6) 由于其他施工条件、合同条件变化需现场签证的事项等。

可见，现场签证的种类繁多，发承包双方在工程实施过程中来往信函就责任事件的证明均可成为现场签证，但并不是所有的签证均可马上算出价款，有的需要经过索赔程序，这时的签证只是索赔的依据，有的签证可能根本不涉及价款，只是某一事件的证明。

所以现场签证本身就是一种证据，它作为证据既可作为引起合同价款调整事项的结算依据，又可作为对合同价款调整事项的确认程序。

表7-13所示为现场签证表，此表不仅针对现场签证需要价款结算支付的情形，其他内容如上文所列诸如材料采购等现场签证情形也可适用。

表 7-13　现场签证表

工程名称：　　　　　　　　　　标段：　　　　　　　　　　编号：

施工部位		日　　期	

致：　　　　　　　　　　　　　　　　　　　　　　　　　　　　　　　　（发包人全称）
　　根据_____（指令人姓名）　年　月　日的口头指令或你方_____（或监理人）　年　月　日的书面通知，我方要求完成此项工作应支付价款金额为（大写）_____，（小写）_____，请予核准。
　　附：1. 签证事由及原因：
　　　　2. 附图及计算式：

　　　　　　　　　　　　　　　　　　　　　　　　　　　　　　　承包人（章）
造价人员_____　承包人代表_____　　　　　　　　　　日　　期_____

复核意见： 你方提出的此项签证申请经复核： □不同意此项签证，具体意见见附件。 □同意此项签证，签证金额的计算，由造价工程师复核。 　　　　　　　　监理工程师_____ 　　　　　　　　日　　期_____	复核意见： □此项签证按承包人中标的计日工单价计算，金额为（大写）_____元，（小写）_____元。 □此项签证因无计日工单价，金额为（大写）_____元，（小写）_____元。 　　　　　　　　造价工程师_____ 　　　　　　　　日　　期_____

审核意见：
□不同意此项签证。
□同意此项签证，价款与本期进度款同期支付。

　　　　　　　　　　　　　　　　　　　　　　　　　　　　　　　　发包人（章）
　　　　　　　　　　　　　　　　　　　　　　　　　　　　　　　　发包人代表_____
　　　　　　　　　　　　　　　　　　　　　　　　　　　　　　　　日　　期_____

注：1. 在选择栏中的"□"内做标识"√"。
　　2. 本表一式四份，由承包人在收到发包人（监理人）的口头或书面通知后，需要价款结算支付时填写，发包人、监理人、造价咨询人、承包人各存一份。

3. 现场签证的效力分析

（1）现场签证是一种法律行为　现场签证是合同双方就合同履行过程中的变更及实际施工活动的变动引起的发承包双方权利义务关系变化重新予以确认并达成一致意见的结果，是发承包双方的法律行为，是建设工程施工合同中出现的新的补充合同，是整个建设工程施工合同的组成部分。

（2）现场签证具有可执行性　在工程合同价款结算时，凡已获得双方确认的签证，均可直接在工程形象进度结算或工程竣工结算中作为工程量计量及合同价款调整的依据，具有可执行性。

（3）现场签证单本身就是证据　现场签证是发承包双方就工期、费用等意思表示一致而达成的补充协议，是施工合同履行结果和变化确认的事实证据，具有客观性、关联性和合法性。现场签证经发承包双方签字，手续齐全，一般都被认定，并作为合同价款支付的依据，不需要证据来证明。

4. 现场签证的程序

《建设工程工程量清单计价规范》（GB 50500—2013）规定：承包人应发包人要求完成合同以外的零星项目、非承包人责任事件等工作的，发包人应及时以书面形式向承包人发出指令，提供所需的相关资料；承包人在收到指令后，应及时向发包人提出现场签证要求。承包人应在收到发包人指令后的 7 天内，向发包人提交现场签证报告，发包人应在收到现场签证报告后的 48 小时内对报告内容进行核实，予以确认或提出修改意见。发包人在收到承包人现场签证报告后的 48 小时内未确认也未提出修改意见的，视为承包人提交的现场签证报告已被发包人认可，现场签证的程序示意图如图 7-10 所示。

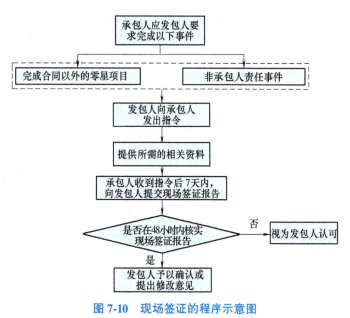

图 7-10 现场签证的程序示意图

（二）现场签证引起合同价款调整的依据

1. 现场签证风险责任的划分

现场签证是一种互认，其主体必须为发承包双方当事人，只有一方当事人签字不是现场签证；发承包双方当事人必须对行使现场签证权利的人员进行必要的授权，缺乏授权的人员签署的现场签证单往往不能发生签证的效力；现场签证的内容必须涉及工期顺延和（或）费用的变化和（或）从技术的角度陈述某一项目的实际施工情况等内容；现场签证双方必须就涉及工期顺延和（或）费用的变化和（或）从技术的角度陈述某一项目的实际施工情况等内容协商一致，通常表述为双方一致同意、发包人同意、发包人批准等。

合同工程发生现场签证事项，未经发包人签证确认，承包人便擅自施工的，除非征得发包人书面同意，否则发生的费用应由承包人承担。

2. 现场签证范围的规定

根据《建设工程工程量清单计价规范》（GB 50500—2013），现场签证的范围包括：一是完成合同以外的零星项目；二是非承包人责任事件；三是合同工程内容因现场条件、地质水文、发包人要求不一致的情况。

当对合同以外零星项目或非承包人责任事件进行签证时，现场签证单可以与变更指令、索赔报告等文件一样，是合同价款调整和结算的计价依据；而当现场签证以"承包人与发包人核定一致"的事项出现时，签证则是对变更、索赔等合同调整事项的确认程序，是双方一致意思的表达，可以作为后续发承包双方继续对该事件进行工程变更或索赔处理的证据。

（1）完成合同以外的零星项目的现场签证　零星项目内容：第一类完成合同以外的零星项目，包括零星用工、修复工程、技改项目及二次装饰工程等。零星用工可以细分为：①由于现场条件经常发生变化，施工过程中会出现诸如穿墙打洞、凿除砖墙或混凝土之类的零星工作，也会出现许多零星用工；②垃圾清理、改变料场后填筑施工便道、迎水坡滩地填筑整平之类的工程量等；修复工程包括原来已经做好的部位不是完全合格，经过修复满足功能要求；技改项目包括新老风、水、电、气等的衔接等；二次装饰工程施工中，由于人们的审美观念不断变化，对细部要求和装饰效果也会随之变化，使得现场签证难免发生。

零星项目签证案例

2014年9月2日，某业主单位与施工单位签订"建设工程施工合同"，该合同约定：2014年9月10日开工，2015年8月10日竣工；土建工程按《全国统一安装工程基础定额安徽省综合估价表》，安装工程按《全国统一安装工程基础定额安徽省综合估价表》，审定的施工图预算加减现场签证，加设计变更增加的工程量为最终价款；如当地定额主管部门有新标准、新规定，按新标准、新规定执行。

2014年9月10日，工程正式开工。合同履行期间，发包人指令施工单位改变料场后填筑施工便道。施工单位及时按照现场签证的程序向发包人办理了现场签证。

（2）非承包人责任事件的现场签证　非承包人责任事件内容：第二类非承包人责任事件，包括停水、停电、停工超过规定时间范围的损失，窝工、机械租赁、材料租赁等的损失，业主资金不到位致使长时间停工的损失。停水、停电、停工超过规定时间范围的损失包括停电造成现场的塔式起重机等机械不能正常运转，工人停工、机械停滞、周转材料停滞而增加租赁费、工期拖延等损失。窝工、机械租赁、材料租赁等的损失包括施工过程中由于图样及有关技术资料交付时间延期，而现场劳动力无法调剂施工造成乙方窝工损失，应向甲方办理签证手续等。业主资金不到位致使长时间停工的损失包括由于甲方资金不到位，中途长时间停工，造成大型机械长期闲置的损失，可以办理签证。

非承包人责任事件签证案例

某小型水坝工程，是均质土坝，下游设滤水坝址，土方填筑量876150m^3，砂砾石滤料78500m^3，中标合同价7369920美元，工期1年半。

开始施工后，因停水、停电造成了承包人停工10天。因此，承包商及时向业主提出了相应的现场签证。

（3）合同工程内容因场地条件、地质水文、发包人要求不一致的项目签证　合同工程内容与实际不一致的项目内容：第三类合同工程内容因场地条件、地质水文、发包人要求不一致的项目，包括场地条件与合同工程内容不一致、地质水文与合同工程内容不一致及发包人要求改变原合同工程内容。其中，场地条件与合同工程内容不一致包括开挖基础后，发现有地下管道、电缆、古墓等。这些属于不可预见因素，可根据实际发生的费用项目，经甲乙双方签字认可办理手续；地质水文与合同工程内容不一致包括由于地质资料不详或甲方在开工前没有提供地质资料，或虽然提供了，但和实际情况不相符，造成基础土方开挖时的措施费用增加，可就此办理现场签证。发包人要求不一致的项目包括业主单位为方便管理、协调环境等在施工阶段提出的设计修改和各种变更而导致的施工现场签证等。

合同工程内容与实际不一致的项目签证案例

某大型水利工程，按国际工程管理模式进行国际性公开招标，按FIDIC《施工合同条件》进行施工管理，采取国际通行的咨询工程师制度进行施工监理。由于业主及工程师的管理制度较严密，参与施工的承包商的水平较高，整个工程进展顺利，工程质量好。但是，在施工过程中，在地质勘查时遇到了文物古迹。

针对此不可预见的文物古迹，施工单位及时将此现场情形向业主办理了现场签证。有利于后续的施工正常进展。

(三) 现场签证引起合同价款调整值的确定

现场签证费用的确定分为两个部分，一部分是单价的确定，一部分是量的确定。现场签证的工程量是由监理人现场签认完成该类项目所需的人工、材料、工程设备和施工机械台班的数量；现场签证的综合单价的确认则分为两种情况：有计日工单价的现场签证费用的确定和没有计日工单价的现场签证费用的确定。

1. 以计日工方式计价的现场签证引起的合同价款调整

对于以计日工方式计价的现场签证费用的计算，单价可直接套用计日工表中的综合单价。

1) 承包人提出计日工计价申请书。采用计日工计价的任何一项变更工作，承包人应在该项变更的实施过程中，每天提交以下报表和有关凭证送发包人复核：

① 工作名称、内容和数量。
② 投入该工作所有人员的姓名、工种、级别和耗用工时。
③ 投入该工作的材料名称、类别和数量。
④ 投入该工作的施工设备型号、台数和耗用台时。
⑤ 发包人要求提交的其他资料和凭证。

2) 承包人编制现场签证报告。任一计日工项目持续进行时，承包人应在该项工作实施结束后的 24 小时内向发包人提交有计日工记录汇总的现场签证报告一式三份。

3) 发包人复核现场签证报告。发包人在收到承包人提交现场签证报告后的 2 天内予以确认并将其中一份返还给承包人，作为计日工计价和支付的依据。发包人逾期未确认也未提出修改意见的，应视为承包人提交的现场签证报告已被发包人认可。

4) 计日工价款计算与支付。任一计日工项目实施结束，承包人应按照确认的计日工现场签证报告核实该类项目的工程数量，并应根据核实的工程数量和承包人已标价工程量清单中的计日工综合单价计算，提出应付价款；已标价工程量清单中没有该类计日工综合单价的，由发承包双方按变更估价的三原则的规定商定计日工单价计算。

每个支付期末，承包人应按照相关规定向发包人提交本期间所有计日工记录的现场签证汇总表，并应说明本期间自己认为有权得到的计日工金额，调整合同价款，列入进度款支付。

2. 无计日工单价的现场签证引起的合同价款调整

对无计日工单价的现场签证费用的计算，人工、材料、施工机械台班的综合单价的确定原则如下：

1) 人工综合单价的确定。对于无计日工单价的现场签证项目中的人工费，其单价核定通常比合同单价偏高，监理工程师可视具体工种及情况而定。

2) 材料综合单价的确定。对于无计日工单价的现场签证项目中的材料费用，应按承包商采购此种材料的实际费用加上合同中规定的其他计费费率进行计量支付，该费用包括了材料费和运输费、装卸费、管理费、正常损耗及利润等。监理工程师可将供货商和运货商的发票作为实际费用的支付依据。

3) 施工机械综合单价的确定。对于无计日工单价的现场签证项目中的机械设备，可参照概（预）算定额中有关机械设备的台班定额，根据工程量大小，通过计算确定。

二、暂列金额的性质与使用范围

（一）暂列金额的性质

暂列金额是招标人在工程量清单中暂定并包括在合同价款中的一笔款项。用于工程施工合同签订时未确定或者不可预见的材料、工程设备、服务的采购，施工中可能发生的工程变更、合同约定调整因素出现时的工程价款调整以及发生的索赔、现场签证确认等的费用。

《建设工程工程量清单计价规范》（GB 50500—2013）规定，已签约合同价中的暂列金额由发包人掌握使用。暂列金额在法律法规中规定的使用权很明确，即为发包方掌握暂列金额使用权。尽管暂列金额计入合同价格内，但其使用却归发包人或监理人控制。

（二）由暂列金额中支出的合同价款调整事项

1) 在招标投标阶段，暂列金额由招标人在清单中的"暂列金额明细表"中列出，投标人应将招标人列出的暂列金额计入投标总价中。

2) 在施工阶段，发生合同价款调整事项，包括：①法律法规变化；②工程变更；③项目特征不符；④工程量清单缺项；⑤工程量偏差；⑥计日工；⑦现场签证；⑧物价变化；⑨暂估价；⑩不可抗力；⑪提前竣工（赶工补偿）；⑫误期赔偿；⑬索赔。发包人在将上述13条的调整价款由暂列金额支付给承包人后，暂列金额余额（如有）归发包人所有。

案例分析

1. 案例背景

某实验室工程，招标文件中详细开列了工程所在地的地质、水文情况，并向承包商说明了地下岩层情况。承包商投标阶段进行了现场踏勘，踏勘结果与招标文件中的描述相符。招标文件中规定，施工阶段的工程变更款项在暂列金额中支付。然而承包商在投标报价时，没有考虑工程入岩的措施项目费用及降水增加的机械台班费用。开挖后，承包商要求每根桩增加500元的入岩费和共计60个抽水台班费，且此增加的措施项目已构成变更，应从暂列金额中支付，共计3万元。审监部门认为此项费用不应支付，因为增加的措施项目费用没有体现在投标报价中，此两项费用应该认为已经包含在了其他工程实体项目内了，不予支付。

2. 矛盾焦点

增加的3万元措施项目费是否应该从暂列金额中支付给承包商？

3. 分析过程

从表面来看，施工过程中已经发生，且招标文件中规定：施工阶段的工程变更款项在暂列金额中支付，此款项应该支付给承包商。然而承包商在投标报价时不但要考虑施工工艺，还要根据地勘报告考虑土质情况、水文情况，并结合这些情况对措施项目进行综合报价。对于合理增加的措施项目，要求投标人在技术标中给予充分说明，工程量清单一经报出，即被认为包括了该工程应该发生所有措施项目的全部费用。本案例中发包人已经提供了详尽的地勘资料，且承包商通过现场踏勘证实资料无误。因此，可认为承包商增加的3万元措施项目费已经综合考虑到其他工程实体项目内了，不能构成变更，且不能从暂列金额中得到支付。暂列金额是招标人在工程量清单中暂定并且包括在合同价款中的一笔款项，其特点是不一定会发生。

4. 处理建议

1）承发包双发签订合同时应该详细规定暂列金额所对应的合同价款调整事项和支付方法。

2）施工阶段发生意外事项时，首先应该认定此事项是否构成了合同中所列的调整事项，然后考虑是否应从暂列金额中支出。

本章综合训练

基础训练

1. 法律法规变化引起的合同价款调整的内容包括什么？
2. 按照索赔事件的性质分类，在施工中发现地下流沙引起的索赔属于哪种类型的索赔？
3. 暂估价中的材料费和专业工程费分别应以何种方式进行计取？
4. 暂估价与暂列金额的区别是什么？
5. 不可抗力发生后，不仅对工程造成了损害，对措施项目如模板和脚手架也造成了损坏，措施项目费由业主承担吗？
6. 在《建设工程工程量清单计价规范》（GB 50500—2013）中规定，人工费纳入发包人承担的风险范围，如果招标文件及合同中均约定人工费变化超过10%方予调整，按照"有约定从约定，无约定从法定"的原则，这样的约定是否可行？

能力拓展

某施工单位（承包人）于2014年2月参加某综合楼工程的投标，根据发包人提供的全部施工图和工程量清单提出报价并中标，2014年3月开始施工。该工程采用的合同方式是以工程量清单为基础的固定单价合同。计价依据为《建设工程工程量清单计价规范》（GB 50500—2013）。合同约定了合同价款调整因素和调整方法，摘要如下：

1. 合同价款的调整因素

1）分部分项工程量清单：设计变更、施工洽商部分据实调整。由于工程量清单的工程数量与施工图之间存在差异，幅度在3%以内的，不予调整；超出3%的部分据实调整。

2）措施项目清单：投标报价中的措施项目费，包干使用，不做调整。

3）综合单价的调整：出现新增、错项、漏项的项目或原有清单工程量变化超过10%的，调整综合单价。

2. 调整综合单价的方法

由于工程量清单漏项、错项或设计变更、施工洽谈引起新的工程量清单项目，其综合单价由承包人根据当期市场价格水平提出，经发包人确认后作为结算的依据。

施工过程中发生了以下事件：

事件一：工程量清单给出的基础垫层工程量为180m³，而根据施工图计算的垫层工程量为185m³。

事件二：工程量清单给出的挖基础土方工程量为9600m³，而根据施工图计算的挖基础土方工程量为10080m³。挖基础土方的综合单价为40元/m³。

事件三：合同中约定的施工排水、降水费用为133000元，施工过程中考虑到该年份雨水较多，施工排水、降水费用增加到 140000 元。

事件四：施工过程中，由于预拌混凝土出现质量问题，导致部分梁的承载能力不足，经设计和发包人同意，对梁进行了加固，设计单位进行了计算并提出加固方案。由于此项设计变更造成费用增加 8000 元。

事件五：因发包人改变部分房间用途，提出设计变更，防静电活动地面由原来的 400m^2 增加到 500m^2，合同确定的综合单价为 420 元/m^2，施工时市场价格水平发生变化，施工单位根据当时市场价格水平，确定综合单价为 435 元/m^2，经发包人和监理工程师审核并批准。

问题：
1. 该工程采用的是固定单价合同，合同中又约定了综合单价的调整方法，该约定是否妥当？为什么？
2. 该项目施工过程中所发生的以上事件，是否可以进行相应合同价款的调整？如果可以调整，应该怎样调整？

参考资料：《建设工程价款结算暂行办法》（财建〔2004〕369 号）、《建设工程施工合同（示范文本）》（GF-2017-0201）、《建设工程施工发包与承包计价管理办法》（住建部令第 16 号）。

案例分析

【案例】某教学楼项目因设计变更导致综合单价重新确定

某教学楼项目，2013 年 8 月开工，2015 年 9 月竣工验收并交付使用，建筑面积 18356m^2，地上 16 层，地下 2 层。钢筋混凝土灌注桩基础，框架剪力墙结构，水、暖、电消防齐全，地砖地面，外墙聚苯乙烯泡沫塑料板保温，喷仿石涂料。建设单位为某中学。

招标时，工程量清单描述的外墙保温隔热层做法为：①20mm 厚 1∶3 水泥砂浆找平；②30mm 厚 1∶1（质量比）水泥专用胶黏剂刮于板背面；③50mm 厚聚苯乙烯泡沫塑料板加压粘牢，板背面打磨成细麻面；④1.5mm 厚专用胶贴加强网于需加强部位；⑤1.5mm 厚专用胶粘贴耐碱网格布于整个墙面并用抹刀将网压入胶泥中；⑥基层整修平整，不露网纹及麻面痕。

该项施工单位中标综合单价为 40.6 元/m^2。在实际施工过程中按相应的工程建设管理程序出具了设计变更，聚苯乙烯泡沫塑料板厚度由 50mm 变更为 70mm，其他做法不变。施工单位接到设计变更后，在规定的时间内核算人员套用 2012 年《全国统一建筑工程基础定额河北省消耗量定额》进行重新组价，提出了变更后的综合单价为 62.3 元/m^2，要求追加工程造价 24.96 万元。但评审单位认为保温板厚度变化，其他做法不变，应适用《建设工程工程量清单计价规范》（GB 50500—2013）中规定的合同中有类似的综合单价，参照类似的综合单价确定，而不应重新组价。

【矛盾焦点】

施工单位认为设计变更与工程量清单描述不符，应套用定额进行重新组价；评审单位认为此设计变更在原工程量清单中有类似的项目应参考原综合单价。所以，本案例的矛盾焦点是：此设计变更是否属于变更估价三原则中的有类似综合单价的情形，如果属于应参考，如果不属于应进行重新组价。

【问题分析】

根据《建设工程工程量清单计价规范》（GB 50500—2013）的规定，因分部分项工程量清单漏项或非承包人原因的工程变更，造成增加新的工程量清单项目，其对应的综合单价如果合同中有类似的综合单价，参照类似的综合单价确定。本案例要确定设计变更是否在清单中有类似综合单价，应从以下两方面分析：

首先，应确定有类似综合单价的情形的表现形式。财政部、建设部印发的《建设工程价款结算暂行办法》（财建〔2004〕369 号）规定了分部分项工程量清单的漏项或非承包人原因引起的工程变更，造成增加新的工程量清单项目时，新增项目综合单价的确定原则，这一原则是以已标价工程量清单为依据的。采用适用的项目单价的前提是其采用的材料、施工工艺和方法基本相似，不增加关键线路上工程的施工时间，可仅就其变更后的差异部分，参考类似的项目单价由发、承包双方协商新的项目单价。

其次，应确定此项变更是否属于有类似综合单价的情形。50mm 厚的聚苯乙烯泡沫塑料板保温隔热墙变更为 70mm 厚应是：其采用的材料、施工工艺和方法基本相似，不增加关键线路上工程的施工时间，属于有类似综合单价的情形。所以，可仅就其变更为 70mm 厚的聚苯乙烯泡沫塑料板，参考类似的 50mm 厚综合单价，确定其综合单价。

依据《建设工程工程量清单计价规范》（GB 50500—2013）9.3.1 条规定，参照类似的 50mm 厚的聚苯乙烯泡沫塑料板保温隔热墙综合单价分析表，重组变更为 70mm 厚的综合单价为 46.77 元/m²。

【案例总结】

评审人员在评审工程变更项目时，要严格按《建设工程工程量清单计价规范》（GB 50500—2013）的规定确定变更后的项目综合单价，纠正施工单位一有工程变更就重新套用定额获取高额利润的习惯做法；对工程变更影响综合单价变化的情况，要严格区分"已有适用""有类似""没有适用或类似"三种情况，合理地确定变更后的项目综合单价。

财政部、建设部印发的《建设工程价款结算暂行办法》（财建〔2004〕369 号）第十条规定了分部分项工程量清单的漏项和非承包人原因引起的工程变更，造成新增的工程量清单项目时，新增项目综合单价的确定原则。这一原则是以已标价工程量清单为依据的。

1）直接采用适用的项目单价的前提是其采用的材料、施工工艺和方法相同，也不增加关键线路上工程的施工时间。

2）采用类似项目的单价的前提是其采用的材料、施工工艺和方法基本类似，不增加关键线路上工程的施工时间，可仅就其变更后的差异部分，参考类似的项目单价由发、承包双方协商新的项目单价。

3）无法找到适用和类似的项目单价时，应采用招标投标时的基础资料，按照成本加利润的原则，由承发包双方协商新的综合单价。

物价异常波动引起固定价格合同的合同价款的调整

2007—2008 年，我国建筑市场主要材料价格发生了较大幅度的上涨。特别是在 2008 年下半年，建筑材料价格上涨更加明显，其中 $D25$ 圆钢的价格从 2007 年 5 月的 2500 元/t 涨到 2008 年 6 月的 6900 元/t，上涨率高达 176%；$D25$ 二级螺纹钢的价格也由 2007 年 2 月的 3200 元/t 涨到了 2008 年 5 月的 6100 元/t，上涨率为 90.6%；18a 槽钢最高时上涨了 96.5%，如图 1 所示。

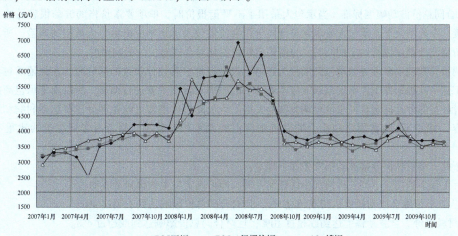

图 1 2007—2008 年常用钢材的价格波动

这种情况的发生主要与当时全国迎奥运大兴工程建设有关。由于大量的工程需要建设，导致工程建设材料的供不应求，从而引发建筑材料价格的大幅度上涨。

1. 物价异常波动引发固定价格合同价款纠纷

某集团（以下简称"发包人"）与承包人在 2007 年签订固定价格合同，合同价款确定的依据是初步设计文件，合同条款中约定"物价波动原因引起的价款调整一律由承包人承担"。在工程施工期间，钢材的价格上涨了 35%，工程在进入竣工结算阶段的时候发承包双方对合同中"物价一律不调"的约定产生了分歧，承包人认为应该调整钢材价格，这使发包人陷入两难境地，一方面按照公平的原则来说，确实应该调整钢材的价格，另一方面考虑可能留下负面影响，让其他承包人认为在以后的投标中，可以先向发包人报低价，然后在施工过程中调整合同价款。

2. 物价异常波动引发固定价格合同价款纠纷的原因

当物价发生大幅波动时，按照合同的约定，承包商不可向发包方提出调整价款的要求。而在微利的建筑行业，承包商往往无力单独承担此项风险，从而导致双方价款纠纷，影响工程项目的顺利进行。究其根源，该类纠纷产生的主要原因在于承发包双方当初签订的合同条款没有对风险进行合理的分担。

3. 固定价格合同条件下发生物价异常波动引起施工企业巨亏是否应该进行调整？

《中华人民共和国民法典》规定，在合同的订立之初显失公平的情况下，可以对原有合同中的部分条款进行变更或撤销。从合同要保证公平的角度来分析，物价波动一律不调可归属于无限价格风险的范畴。这样约定既违背了承发包双方应合理分担风险的基本原则，又基本上属于合同签订之初的显失公平情况，所以承包人可依照《中华人民共和国民法典》的规定申请对原有合同中的部分条款进行变更或撤销。

通过对以上法律的分析可得，当固定价格合同在发生了重大的事件变更时，合同双方中利益受损的一方可依照以上法律申请对其原合同进行调整。但该调整不是对原有合同效力的否定，而是建立在原有合同有效的基础之上的，对合同的调整是为了更加注重合同的公平性。该类调整不是对合同权威性的破坏，而是对合同本质原则的遵循。

4. 固定价格合同条件下发生物价异常波动应如何进行认定与调整？

(1) 物价异常波动的认定标准　当施工过程中发生物价变化时，只有同时达到单项要素价格（人工、材料、机械的价格）综合波动幅度标准和合同总价波动幅度标准时，才能够将其界定为物价的异常波动。

1) 单项要素价格综合波动幅度标准。一般情况下，当人工价格的波动幅度大于 5%，或材料价格的波动幅度大于 10%，或机械价格的波动幅度大于 10%，三者中有一种情况发生时，就可认为发生了单项要素价格的异常波动。

2) 合同总价波动幅度标准。当承包人采用了不平衡报价时，单项要素价格的波动很容易达到约定的调整幅度。在此情况下，承包人要求调整合同价款会使发包人承担本应由承包人承担的风险，所以在对单项要素价格波动幅度进行约定的同时，也需约定物价变化对合同总价的影响幅度。

当物价异常波动事件导致承包商的损失超过了投标报价中其预计收益的部分时，在保证承包商不低于成本施工这一前提条件下，承发包双方应本着公平的原则对合同价款进行调整，所以确定承包商报价中所含的预计收益部分是确定合同总价可调幅度的关键。承包商报价中的可收益部分主要包括利润和风险费用两个内容，利润与风险费用之和在合同总价中所占的比重相对较小，两者占合同总价的比重一般不超过 4%。

基于此，可对物价异常波动幅度做如下规定：

实际工程中若发生下列三种情况中的任何一种，即可判定发生物价异常波动：

① 人工单价综合波动幅度达到或超过 5%，且对合同总价影响达到或超过 4%。
② 材料单价综合波动幅度达到或超过 10%，且对合同总价影响达到或超过 4%。
③ 机械单价综合波动幅度达到或超过 10%，且对合同总价影响达到或超过 4%。

物价异常波动的具体判断程序如图 2 所示。

(2) 物价异常波动的调整方式　在固定价格合同条件下，当发生物价异常波动事件时，承包人通常可采用两种应对措施来维护自身的合理利益。其一为采取友好协商的方式来争取与发包方达成一致意见，通过签订补充协议的形式来获得物价异常上涨给自身造成的损失的补偿；其二为通过仲裁或诉讼等手段来依法维护自身的合法权益，引用相关文件中有关情势变更的规定来获得法律的支持。

5. 合理建议

发包人在招标投标阶段，没有准确的工程量清单，所依据的设计图为初步设计图，工程量是不准确的，但发包人往往使用的是固定价格合同，在合同中约定整个工程中"物价一律不调整"。这实际上违反了风险分担的公平性原则和低成本分担原则，同时面对市场价格异动引起施工企业亏损时，若不调整，必然导致合同难以继续执行，为后面纠纷的产生埋下了隐患。

所以，针对本案例，建议采用单价合同，可将钢材作为材料暂估价。钢材由于市场价格波动大，价值量大，且在工程施工过程中材料消耗量大，是工程造价的重要影响因素。为了有效地达到投资控制目的，建筑材料中市场价格波动大，价值量大的材料采用暂估价更能发挥其综合效用，能够有效控制工程造价，保证工程施工进度和工程质量，最终能合理地确认工程造价。

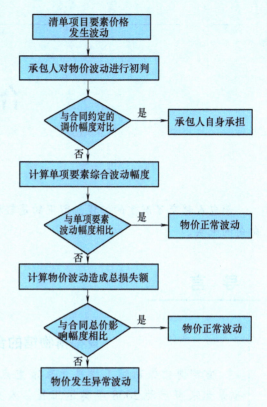

图2　物价异常波动的具体判断程序图

推荐阅读材料

[1] 成虎. 建筑工程合同管理与索赔 [M]. 南京：东南大学出版社，2008.
[2] 梁鑑，陈勇强. 国际工程施工索赔 [M]. 3版. 北京：中国建筑工业出版社，2011.
[3] 白均生. 建设工程合同管理与变更索赔实务 [M]. 北京：中国水利电出版社，2012.
[4] 李洁，成虎，PATRICK X. BOT/PPP公路项目风险和可变合同条件研究 [M]. 南京：东南大学出版社，2015.
[5] 严玲，吴量. 专业工程暂估价调整与支付研究 [J]. 建筑经济，2014，35（7）：56-59.
[6] 尹贻林，徐慧声，李亚光，等. 2013版清单计价模式下现场签证对合同价款调整的多案例研究 [J]. 项目管理技术，2015，13（6）：19-24.
[7] 严敏，李建苹，严玲. 风险责任视角下的招标工程量清单中措施项目缺项的合同价款调整研究 [J]. 项目管理技术，2014，12（5）：15-20.
[8] 严玲，丁乾星，张笑文. 不利物质条件下建设项目合同补偿研究 [J]. 建筑经济，2015，36（11）：55-59.
[9] 张笑文，丁乾星，严玲. 建设工程现场签证的竣工结算审核问题研究 [J]. 价值工程，2015（29）：65-68.

二维码形式客观题

微信扫描二维码，可在线做题，提交后可查看答案。

第八章
合同价款的结算与支付

> 承包人移交了沉重的工程,留下的是轻松的心情;业主送走了紧张的心理,接收的是沉甸甸的果实。
>
> ——张水波[一]

导 言

首都博物馆的合同价款结算与支付

首都博物馆新馆工程是北京市重点工程,也是北京市启动2008年奥运工程、人文工程的标志性建筑。该工程是大型综合性博物馆,由中国建筑设计研究院和法国AREP公司联合设计,北京建工集团有限责任公司承建。工程地处西长安街白云路北口西侧,占地面积2.48万m²,总建筑面积63390m²,建筑高度41m,地上5层,地下2层。地下平面呈长方形,东西长152m,南北宽66m。地上主体结构由基本展厅、专题展厅和办公楼三部分组成,展厅首层高达10m。

首都博物馆工程基础为钢筋混凝土梁板式筏形基础。主体为框架剪力墙体系;屋顶为钢结构;椭圆斜筒结构为抗侧力筒体。筒长36m,短轴27m,直径90cm,壁厚40cm,斜率10:3,倾角17.5°;椭圆平面并设有9根独立圆形斜柱及90°圆心角的弧形斜墙。椭圆斜筒从地上2层开始破外墙,斜出建筑装饰面。该工程规模和施工难度,在国内尚无先例。

北京建工集团有限责任公司于2002年2月28日中标该工程,2003年1月24日实

[一] 张水波(1968—),男,教授,博士,天津大学管理与经济学部副主任,天津大学国际工程管理学院院长,清华大学国际工程项目管理研究院特聘教授,英国皇家特许建造师学会资深会员(FCIOB),英国皇家测量师学会资深会员(FRICS),中国对外承包工程商会专家委员会国际工程专家,中国国际经济贸易仲裁委员会仲裁员,香港大学建筑学院工程项目管理博士,天津大学项目管理学会执行主席。

现工程混凝土主体结构封顶，原计划2004年10月底实现外檐亮相。

合同价款的结算与支付问题伴随工程的整个实施过程，首都博物馆新馆工程实施中面临的与合同价款结算与支付相关的几个重要问题如下：

1. 工程变更与工程结算

由于该工程属于奥运工程，质量和工期至关重要。施工过程中存在大量变更，同时由于引进了多种特殊工艺和特殊材料，这些在原工程量清单中没有包含，所以该部分必然引起工程变更而导致合同价款调整，对合同价款结算与支付建设单位及承包商给予了足够重视。

2. 预付款与工程结算

该工程的基础是钢筋混凝土基础，占地面积大，因此在预付款中要考虑钢材价格，通货膨胀会导致钢材价格大幅度上升，是主要的风险。建设单位在充分了解市场价格之后，提高了预付款的比例，避免了承包人在开工时的资金链条过于紧张。

3. 专业分包与工程结算

对于施工中专业分包的项目，建设单位在招标文件的补充条款中规定了各项变更的计价标准，对运用了特殊工艺和材料的部分，承包人根据审定后的预算来编制分包项目的预算，此举极大地避免了投资失控的风险。

4. 工程量与工程结算

首都博物馆新馆工程以独特复杂的造型吸引了广泛的关注。该工程的基础是钢筋混凝土梁板式筏形基础，9根独立圆形斜柱及90°圆心角的弧形斜墙较为复杂，致使广联达软件建模计量的匹配程度降低，影响工程计量的准确性，进一步影响计价及结算工作。业主在编制招标工程量清单时，应用"构件分解"等技术解决计量问题，大大提高了计量的准确性，在一定程度上为后期结算时的计量计价工作消除了隐患。

5. 合同价款结算与支付的流程

在合同价款支付流程中，承包人提出申请，递交相关资料，监理单位派出的监理工程师进行审核，包括预付款额度的真实性、工程进度款中的工程量计量是否准确、竣工结算资料是否齐全以及竣工结算款是否正确等问题，审核合格后签署支付证书；监理工程师签署的支付证书提交给业主，业主委托工程项目咨询公司进行复核，合格后签署支付证书，并递交北京市审计署或者具有相应资质的咨询公司进行审计，合格后由财政部门拨款给业主单位，业主拨款给承包人并通知监理工程师合同价款支付情况，便于监理工程师监督施工以及承包人对合同价款的使用情况。

可见，建设工程合同价款结算与支付是工程实施过程中造价控制的关键内容，它涵盖了包括预付款、安全文明施工费、进度款等环节的期中支付，竣工结算支付及合同解除的价款结算与支付等各个环节。同时，合同价款的结算与支付问题也是承包商的核心关切点。那么，工程预付款的额度怎样确定？工程进度款将如何支付？竣工结算款与最终结清又将怎样展开？本章将对项目各个环节合同价款的结算与支付进行详细讲解。

——资料来源：孙昌增.业主方工程价款支付与结算的控制研究[D]．天津：天津理工大学，2010.

本章导读

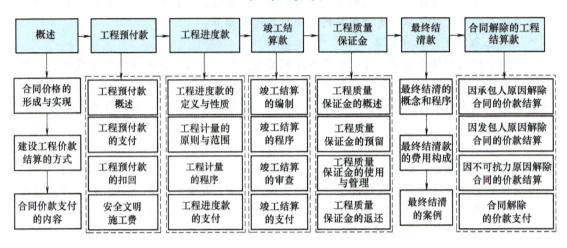

第一节 概　　述

一、合同价格的形成与实现

（一）从签约合同价到合同价款调整

以 2000 年《中华人民共和国招标投标法》的颁布与实施为标志，我国建筑产品市场形成了完整的招标投标制度，发承包双方需要经过严格的招标、投标、评标程序，最终发包人与中标人签订发承包合同。发承包双方在合同中约定的工程造价，包括分部分项工程费、措施项目费、其他项目费、规费和税金的合同总金额，即签约合同价。

然而，由于合同具有天然的不完备性[⊖]，缔约双方无法预见施工过程中的所有风险，例如物价波动、施工条件的变化、不可抗力、设计变更等情况。上述变化可能导致发承包双方的权利、责任、利益失去平衡，为了提高合同的执行效率，发承包双方针对施工过程中可能出现的风险以及干扰合同平衡的事项需要建立起一套合理的调整机制，使得双方的权利、责任、利益恢复平衡。

在双方权利、责任、利益重新分配的过程中，签约合同价并不能够体现施工过程中的变化所导致的利益重新分配，需要在签约合同价的基础上加上（或扣减）施工过程中的变化所导致的价款调整值。因此，在施工过程中，当出现合同约定的合同价款调整因素时，发承包双方根据合同约定对合同价款进行调整。

（二）从合同价款的结算到合同价格的实现

合同价格是指承包人按合同约定完成了包括缺陷责任期内的全部承包工作后，发包人应

⊖ 西蒙的有限理论认为：人们在做决策时，并非事前收集掌握了全部所需要的信息和所有备选的方案，也并非知道所有方案的可能后果，从而按"效用函数"或"优先顺序"做选择。决策人所知道的只是有限的信息、有限的选择方案和对不完全方案的可能后果的有限预测。再加上合同条款、签订合同双方用词的不完全标准，导致合同的不完备固有属性。

付给承包人的金额,包括在履行合同过程中按合同约定进行的变更和调整。合同价格实现的关键环节是合同价款的结算与支付。《建设工程工程量清单计价规范》(GB 50500—2013)中与合同价款结算对应的概念是工程结算。工程结算是指发承包双方根据国家有关法律、法规规定和合同约定,对合同工程在实施中、终止时、已完工后的工程项目进行的合同价款计算、调整和确认。

合同价款支付表现为在施工过程中发包人对承包人预付及扣回、期中支付、工程完工后的竣工结算价款的支付以及合同解除的价款支付。然而,无论是期中支付、竣工结算与支付还是最终结清与支付,发包人支付给承包人的合同价款都需要经过承包人提交支付申请书,发包人审核并签发支付证书以及按照规定的具体时限支付合同价款几个环节。合同价格的实现过程如图 8-1 所示。

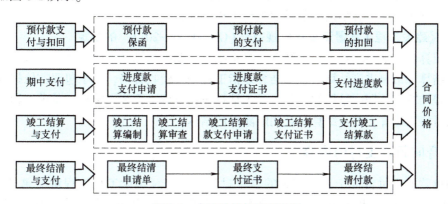

图 8-1 合同价格的实现过程

当承包人履行合同义务之后,发包人经过一定程序履行支付义务,付给承包人的最终工程款,即合同价格⊖。当然,也存在发包人无法或者没有能力支付给承包人的情况,这种情况应当按照相关法律的规定处理。

在第六章、第七章已经详细介绍了交易过程中合同价款的形成、施工阶段合同价款的调整,本章将着重介绍合同价款的结算与支付的相关知识。

二、建设工程价款结算的方式

(一)《建设工程价款结算暂行办法》(财建〔2004〕369 号)的规定

建设工程价款结算,即工程结算(Settlement),是对建设工程的发承包合同价款进行约定和依据合同约定进行工程预付款、工程进度款、工程竣工价款结算的活动,并规定了工程进度款结算可采取按月结算与支付的方式和分阶段结算与支付方式,此外,还有其他的结算与支付方式。

⊖ 在本书中签约合同价(合同价款)是双方对工程造价初始约定的合同价格;而合同价格除了包括约定的合同价格之外,还包括工程变更、调价、签证、物价波动以及索赔等合同价款调整的金额;需要注意的是,在《最高人民法院关于建设工程价款优先受偿权问题的批复》(法释〔2002〕16 号)中,建筑工程价款中不应当包含索赔费用,因为索赔属于违约责任。本书没有采用这个解释,而是引用《建设工程工程量清单计价规范》(GB 50500—2013)中将索赔归入引起合同价款调整的因素的做法,因此本书合同价款包括了工程索赔。

1. 按月结算与支付

按月结算与支付即按月支付进度款、竣工后清算。合同工期在两个年度以上的工程，在年终进行工程盘点，办理年度结算。这是我国现行建筑安装工程较常用的一种结算方法。工程进度款的支付可以采取按月结算与支付。

2. 分阶段结算与支付

分阶段结算与支付，即当年开工、当年不能竣工的工程按照工程形象进度，划分不同阶段进行结算。具体划分在合同中明确。

3. 双方约定的其他结算方式

其他结算方式，比如包工包料的预付款按合同约定支付，原则上预付比例不低于合同金额的10%，不高于合同金额的30%。而且，预付的工程款必须在合同中约定抵扣方式，并在工程进度款中扣回。又如按形象进度支付工程进度款。

(二)《建设工程工程量清单计价规范》(GB 50500—2013) 的规定

工程结算包括期中结算、竣工结算、终止结算。期中结算又称中间结算，包括月度、季度、年度结算和形象进度结算。竣工结算是指工程竣工验收合格，发承包双方依据合同约定办理的工程结算，是期中结算的汇总。竣工结算包括单位工程竣工结算、单项工程竣工结算和建设项目竣工结算。终止结算是合同解除后的结算。

三、合同价款支付的内容

合同价款的支付贯穿于工程实施的整个过程。按照《建设工程工程量清单计价规范》(GB 50500—2013) 的相关规定，工程量清单计价模式下的合同价款的支付分为工程预付、期中支付、竣工结算、最终结清与合同解除的价款支付，对应形成了承包人获得的工程价款，包括工程预付款、工程进度款、竣工结算款、质量保证金的返还款以及最终结清款等。

这样，根据支付的时间与流程，合同价款结算与支付的内容如图8-2所示。

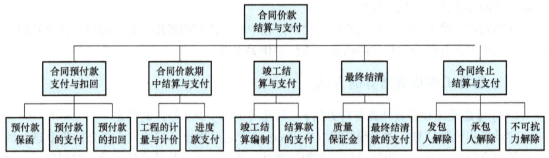

图8-2 合同价款结算与支付的内容

第一，按照工程实施进度，合同价款的首次支付为预付款的支付，随着工程的进展，预付款在进度款中逐次扣回。

第二，随着工程的进展，每个计量周期结束，发包人都需向承包人支付工程进度款，即进行期中支付，支付内容包括每个计量周期内承包人完成的清单项目合同价款，工程变更、工程索赔、价格调整等因素引起的合同价款的调整，以及质量保证金的扣减和预付款的扣回等。

第三，工程完工进入竣工阶段后，工程竣工结算与支付同步进行。

第四，在合同约定的缺陷责任期终止后，按照合同约定向承包人返还剩余质量保证金，并完成最终结清。

此外，合同价款结算与支付还包括因发承包人原因违约导致的合同解除情况下的价款结算与支付。

第二节 工程预付款

一、工程预付款概述

（一）工程预付款定义与性质

1. 工程预付款的定义

《建设工程工程量清单计价规范》（GB 50500—2013）规定，工程预付款是由发包人按照合同约定，在正式开工前预先支付给承包人，用于购买合同工程施工所需的材料、工程设备，以及组织施工机械和人员进场等的价款。此外，《标准施工招标文件》还强调工程预付款必须专用于合同工程，并且工程预付款的额度和预付办法在专用合同条款中约定。

而对于预付款的扣回事宜等，《建设工程价款结算暂行办法》（财建〔2004〕369号）则规定，预付的工程款必须在合同中事先约定，并在工程进度款中进行抵扣；凡是没有签订合同或不具备施工条件的工程，发包人不得预付工程款，不得以预付款为名转移资金。

2. 工程预付款的性质

工程预付款相当于发包人提供给承包人的一笔无息贷款，是用于帮助承包人改善现金流的[一]。此外，为了规避未来物价上涨引起的风险，开工前，承包人采用预付款购置用于合同工程的材料、施工设备等，还可以发挥抵御通货膨胀的作用。

预付款是合同的提前履行，预付款给付的目的在于帮助对方履行合同。预付款具有以下性质：

1）预付款为主合同给付的一部分，当事人关于预付款的约定具有诺成性，不以实际交付为生效要件。

2）预付款为价款的先付，在性质上仍属清偿。

3）预付款无双向或单向担保的效力，当事人不履行合同而致合同解除时，预付款应当返还。各方的违约责任通过合同约定的其他条款来定，如果没有约定违约责任的，一般不承担违约责任。

（二）工程预付款的额度及确定方法

1. 工程预付款的额度

《建设工程工程量清单计价规范》（GB 50500—2013）以及《建设工程价款结算暂行办法》（财建〔2004〕369号）对工程预付款的额度均做了如下规定：包工包料工程的预付款

[一] 张水波，何伯森. FIDIC新版合同条件导读与解析［M］. 北京：中国建筑工业出版社，2003.

按合同约定拨付，原则上预付比例不低于合同金额（扣除暂列金额）的10%，不高于合同金额（扣除暂列金额）的30%；对重大工程项目，按年度工程计划逐年预付。

但是，固定总价合同的预付款一般为合同总额的10%～20%，也有很低的，低到合同总额的5%。此款在开工前付给承包人，事先承包人要提交预付款保函或保证金。扣回方式及时间在合同中另行约定。

在实际工作中，工程预付款限额受各工程类型、合同工期、承包方式、供应体制等因素影响。一般来说，以下情况的工程预付款要高一些：

1) 主要材料在工程造价中所占比重大的项目。
2) 工期短的工程。
3) 材料由施工单位自行购置的较之由建设单位供应的。

发包人负责供给一切材料且只包定额工日的工程项目，可以不向承包人预付工程款。

2. 工程预付款数额的确定方法

工程预付款数额的确定有以下两种方法[一]：

（1）百分比法　百分比法是按中标的合同造价（减去不属于承包商的费用，以下同）的一定比例确定预付备料款额度的一种方法，也有以年度完成工作量为基数确定预付款，前者较为常用。工程预付款数额的计算公式为

$$\text{工程预付款数额} = \text{中标合同价} \times \text{预付款比例} \tag{8-1}$$

（2）数学计算法　数学计算法是根据主要材料（含结构件等）费占年度承包工程总价的比例、材料储备定额天数和年度施工天数等因素，通过数学公式计算预付备料款数额的一种方法。其计算公式为

$$\text{工程备料款数额} = \frac{\text{合同价} \times \text{材料费比例}}{\text{年度施工天数}} \times \text{材料储备定额天数} \tag{8-2}$$

其中，年度施工天数按365天日历天计算；材料储备定额天数由当地材料供应的在途天数、加工天数、整理天数、供应间隔天数、保险天数等因素决定。

二、工程预付款的支付

（一）工程预付款的支付条件

发包人为了规避物价上涨引起的物价调整风险，通常会多付给承包人预付款以购置材料、施工设备等。同时，承包人必须在合同约定的时间内提交预付款保函。预付款保函作为对发包人预付款安全的一种保障措施，其本质体现为发包人对承包人违约风险的转移。预付款保函涉及发包人、担保银行以及承包人三方的利益。

发承包双方在施工合同中应约定：承包人在收到预付款前是否需要向发包人提交预付款保函、预付款保函的形式、预付款保函的担保金额、担保金额是否允许根据预付款扣回的数额相应递减等内容。一般，预付款保函金额始终保持与预付款等额，即随着承包人对预付款的偿还逐渐递减保函金额。

通过承包人提供的预付款保函，当承包人不履行其责任或拒绝退还预付款时，发包人可

[一] 全国一级建造师执业资格考试用书编写委员会. 建筑工程管理与实务 [M]. 北京：中国建筑工业出版社，2019.

向银行索要赔偿。为了保证这一目的的顺利实现，承包人提供的预付款保函金额一般应与发包人支付的工程预付款的金额相等，但也可根据工程的具体情况由承发包双方在合同中协商约定。

（二）工程预付款的支付时间

预付款的支付时间是发承包双方在合同专用条款中进行约定的重要内容之一。

依据《建设工程工程量清单计价规范》（GB 50500—2013），发包人应在收到支付申请的 7 天内进行核实后向承包人发出预付款支付证书，并在签发支付证书后的 7 天内向承包人支付预付款[一]。发包人没有按合同约定按时支付预付款的，承包人可催告发包人支付；发包人在预付款期满后的 7 天内仍未支付的，承包人可在付款期满后的第 8 天起暂停施工[二]。发包人应承担由此增加的费用和（或）延误的工期，并向承包人支付合理利润。《建设工程工程量清单计价规范》（GB 50500—2013）中明确提出预付款支付证书，进一步规范了工程价款支付程序。

三、工程预付款的扣回

（一）工程预付款的扣回方式

工程预付款的扣回方式必须在合同中约定，常用的扣回方式有以下几种：

1. 按公式计算

这种方法原则上是在未完工程所需主要材料及构件的价值等于预付备料款时起扣。从每次结算的工程款中按材料及构件费所占比例抵扣工程价款，竣工前全部扣清。

从未施工工程尚需的主要材料及构件的价值相当于工程预付款数额扣起，从每次中间结算工程价款中，按材料及构件费所占比例抵扣工程价款，至竣工之前全部扣清。

《建设项目全过程造价咨询规程》（CECA/GC 4—2017）建议，工程预付款起扣点可以采用下述公式计算：

$$T = P - \frac{M}{N} \tag{8-3}$$

式中　T——起扣点，即预付备料款开始扣回的累计完成工作量金额；

M——预付备料款数额；

N——主要材料及构件费所占比例；

P——承包工程价款总额（或建安工作量价值）。

【例 8-1】　某工程计划完成年度建筑安装工程工作量为 600 万元，根据合同规定工程预付款额度为 20%，材料比例为 60%，8 月份累计完成建筑安装工作量 500 万元，当月完成建筑安装工作量 100 万元；9 月份当月完成建筑安装工作量为 90 万元。试计算累计工作量起

[一] 对于工程预付款的支付时间，《建设工程价款结算暂行办法》（财建〔2004〕369 号）规定，在具备施工条件的前提下，发包人应在双方签订合同后的一个月内或不迟于约定的开工日期前的 7 天内预付工程款。

[二] 对于发包人不按约定支付预付款，《建设工程价款结算暂行办法》（财建〔2004〕369 号）规定，承包人应在预付时间到期后 10 天内向发包人发出要求预付的通知，发包人收到通知后仍不按要求预付，承包人可在发出通知 14 天后停止施工，发包人应从约定应付之日起向承包人支付应付款的利息（利率按同期银行贷款利率计），并承担违约责任。

扣点,以及8、9月终结算时应该扣回的工程预付款数额。

【解】 工程预付款数额为
$$600 万元 \times 20\% = 120 万元$$
累计工作量表示的起扣点为
$$(600 - 120/60\%) 万元 = 400 万元$$
8月份应扣回工程预付款数额为
$$(500 - 400) 万元 \times 60\% = 60 万元$$
9月份应扣回工程预付款数额为
$$90 万元 \times 60\% = 54 万元$$

依据式(8-3),自起扣点开始,在每次工程价款结算中扣回工程预付款。扣回的数额应等于本次工程价款中材料和构件费的数额,即工程价款的数额和材料及构件费占比的乘积。

1) 第一次扣回工程预付款数额的计算公式:
$$a_1 = (\sum_{i=1}^{n} T_i - T) N \tag{8-4}$$

式中 a_1——第一次扣回工程预付款数额;

$\sum_{i=1}^{n} T_i$——累计已完工程价值;

T——起扣点,即工程预付款开始扣回的累计已完工程价值;

N——主要材料及构件费所占比例。

2) 第二次及以后各次扣回工程预付款数额的计算公式:
$$a_i = T_i N \tag{8-5}$$

式中 a_i——第i次扣回工程预付款数额($i>1$);

T_i——第i次扣回工程预付款时,当期结算的已完工程价值。

2. 按合同约定计算

在承包人完成工程的价款累计金额达到合同总价的一定比例后(按行业惯例该比例为10%),承包人开始向发包人还款,发包人从每次应付给承包人的金额中扣回工程预付款,发包人至少在合同规定的完工期前一定时间内(按行业惯例该时间为3个月)将工程预付款的总计金额按逐次分摊的办法扣回。

在实际中,情况比较复杂,有些工程工期较短,预付款无须分期扣回。有些工程工期较长,如跨年度施工,预付备料款可以少扣或不扣,并于次年按应预付工程款调整,多退少补。具体来说,跨年度工程,预计次年承包工程价值大于或相当于当年承包工程价值时,可以不扣回当年的预付备料款,如小于当年承包工程价值,应按实际承包工程价值进行调整,在当年扣回部分预付备料款,并将未扣回部分转入次年,以此类推,直到竣工年度。

【例 8-2】 某堤防工程项目业主与承包人签订了工程施工承包合同。合同中估算工程量为 5300m³,单价为 180 元/m³。合同工期为 6 个月。有关付款条款如下:

1) 开工前业主应向承包人支付估算合同总价 20%的工程预付款。
2) 工程预付款从承包人获得累计工程款超过估算合同价的 30%以后的下一个月起,至第 5 个月均匀扣回。

承包人每月实际完成工程量见表 8-1。

表 8-1 承包人每月实际完成工程量

月　份	1	2	3	4	5	6
完成工程量/m³	800	1000	1200	1200	1200	500
累计完成工程量/m³	800	1800	3000	4200	5400	5900

问题：(1) 估算合同总价为多少？

(2) 工程预付款为多少？工程预付款从哪个月起扣回？每月应扣回工程预付款为多少？

【解】 问题（1）：依题意估算合同总价：(5300×180) 元 = 95.4 万元

问题（2）：

1) 工程预付款 = 估算合同总价×20% = 95.4 万元×20% = 19.08 万元

2) 预付款的起扣日期

估算合同价×30% = 95.4 万元×30% = 28.62 万元

第 1 个月累计工程款 = (800×180) 元 = 144000 元 = 14.4 万元

第 2 个月累计工程款 = (1800×180) 元 = 324000 元 = 32.4 万元

32.4 万元 > 28.62 万元

依题意，经计算工程预付款从第 3 个月起扣。

3) 依题意，工程预付款应从第 3~5 个月均匀扣回。

每月扣：(19.08÷3) 万元 = 6.36 万元

（二）工程预付款扣回程序

发包人拨付给承包人的工程预付款属于预支性质。随着工程进度的推进，拨付的工程进度款数额不断增加，工程所需主要材料、构件的储备逐步减少，原已支付的工程预付款应以抵扣的方式从工程价款中予以陆续扣回。依据《建设工程工程量清单计价规范》（GB 50500—2013）对于预付款的规定，工程预付款扣回程序如图 8-3 所示。

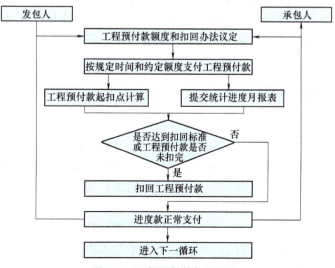

图 8-3 工程预付款扣回程序

（三）预付款保函的退还

《建设工程工程量清单计价规范》（GB 50500—2013）规定，承包人的预付款保函（如有）的担保金额根据预付款扣回的数额相应递减，但在预付款扣回之前一直保持有效。发包人应在预付款扣完后的14天内将预付款保函退还给承包人。

四、安全文明施工费

发包人应在工程开工后28天内预付不低于当年施工进度计划的安全文明施工费总额的50%，其余部分按照提前安排的原则进行分解，与进度款同期支付。

发包人没有按时支付安全文明施工费的，承包人可催告发包人支付；发包人在付款期满后的7天仍未支付的，若发生安全事故，发包人应承担连带责任。

第三节 工程进度款

一、工程进度款的定义与性质

工程进度款是发包人在合同工程施工过程中，按照合同约定对付款周期内承包人完成的合同价款给予支付的款项，是合同价款期中结算支付的一种。

进度款是对工程执行过程中根据承包人完成的工程量给予的临时付款。监理人出具进度付款证书，不应视为监理人已同意、批准或接受了承包人完成的该部分工作。监理人签发的支付证书只表明，发包人同意支付临时款项的数额，并不表示他完全认可了承包人完成的工作质量。这样规定的主要目的是避免承包人的投机行为。进度计量结论是临时性的，只能作为支付当期进度款的依据，不能作为最终价款支付的依据。

工程进度付款涉及政府投资资金的，按照国库集中支付等国家相关规定和专用合同条款的约定办理。

工程进度款的额度以及支付需通过对已完工程量进行计量与复核来确定并实现。对于单价合同，发包人支付工程进度款之前要先对已完工程进行计量与复核，以确定承包人所完成的工程量，进而确定应支付给承包人的工程进度款；对于总价合同，发承包双方按照支付分解表或者专用条款中的约定对已完工程进行计量并确定工程进度，进而确定应支付的工程进度款。

二、工程计量的原则与范围

（一）工程计量的概念

所谓工程计量，就是发承包双方根据合同约定，对承包人完成合同工程的数量进行的计算和确认。具体来说，就是双方根据设计图、技术规范以及施工合同约定的计量方式和计算方法，对承包人已经完成的质量合格的工程实体数量进行测量与计算，并以物理计量单位或自然计量单位进行标识、确认的过程。

招标工程量清单中所列的数量，通常是根据设计图计算的数量，是对合同工程的估计工程量。工程施工过程中，通常会由于一些原因导致承包人实际完成工程量与工程量清单中所列工程量的不一致。比如，招标工程量清单缺项或项目特征描述与实际不符、工程变更、现场施工条件的变化、现场签证、暂估价中的专业工程发包等。因此,在工程合同价款结算前,必须对承包人履行合同义务所完成的实际工程进行准确的计量。

(二) 工程计量的原则

工程计量的原则包括下列三个方面:

1) 不符合合同文件要求的工程不予计量。即工程必须满足设计图、技术规范等合同文件对其在工程质量上的要求,同时有关的工程质量验收资料齐全、手续完备,满足合同文件对其在工程管理上的要求。

2) 按合同文件所规定的方法、范围、内容和单位计量。工程计量的方法、范围、内容和单位受合同文件所约束,其中工程量清单(说明)、技术规范、合同条款均会从不同角度、不同侧面涉及这方面的内容。在计量中要严格遵循这些文件的规定,并且一定要结合起来使用。

3) 因承包人原因造成的超出合同工程范围施工或返工的工程量,发包人不予计量。

(三) 工程计量的范围与依据

1. 工程计量的范围

工程计量的范围包括:工程量清单及工程变更所修订的工程量清单的内容;合同文件中规定的各种费用支付项目,如费用索赔、各种预付款、价格调整、违约金等。

2. 工程计量的依据

工程计量的依据包括:工程量清单及说明、合同图样、工程变更令及其修订的工程量清单、合同条件、技术规范、有关计量的补充协议、质量合格证书等。

(四) 工程计量的方法

工程量必须按照相关工程现行国家工程量计算规范规定的工程量计算规则计算。工程计量可选择按月或按工程形象进度分段计量,具体计量周期在合同中约定。因承包人原因造成的超出合同工程范围施工或返工的工程量,发包人不予计量。通常区分单价合同和总价合同规定不同的计量方法,成本加酬金合同按照单价合同的计量规定进行计量。

1. 单价合同计量

单价合同工程量必须以承包人完成合同工程应予计量的且依据国家现行工程量计算规则计算得到的工程量确定。进行工程计量时,若发现招标工程量清单中出现缺项、工程量偏差,或因工程变更引起工程量的增减,应按承包人在履行合同义务中完成的工程量计算。

2. 总价合同计量

采用工程量清单方式招标形成的总价合同,工程量应按照与单价合同相同的方式计算。采用经审定批准的施工图及其预算方式发包形成的总价合同,除按照工程变更规定引起的工程量增减外,总价合同各项目的工程量是承包人用于结算的最终工程量。总价合同约定的项目计量应以合同工程经审定批准的施工图为依据,发承包双方应按合同中约定的工程计量的形象目标或时间节点进行计量。

三、工程计量的程序

(一) 承包人提交已完工程量报表

承包人对已完成的工程进行计量,向监理人提交进度付款申请单、已完工程量报表和有关计量资料。已完工程量报表中的结算工程量是承包人实际完成的,并按合同约定的计量方法进行计量的工程量。

(二) 监理人复核已完工程量

1. 单价合同已完工程量的复核

(1) 单价子目的工程量的复核　承包人完成工程量清单中每个子目的工程量后,监理人应要求承包人派人共同对每个子目的历次计量报表进行汇总,以核实最终结算工程量。监理人可要求承包人提供补充计量资料,以确定最后一次进度付款的准确工程量。承包人未按监理人要求派员参加的,监理人最终核实的工程量视为承包人完成该子目的准确工程量。

监理人对承包人提交的已完工程量报表进行复核,以确定实际完成的工程量。对数量有异议的,可要求承包人按合同约定进行共同复核和抽样复测。承包人应协助监理人进行复核并按监理人要求提供补充计量资料。承包人未按监理人要求参加复核,监理人复核或修正的工程量视为承包人实际完成的工程量。

监理人应在收到承包人提交的工程量报表后的7天内进行复核,监理人未在约定时间内复核的,承包人提交的工程量报表中的工程量视为承包人实际完成的工程量,据此计算工程价款。

监理人认为有必要时,可通知承包人共同进行联合测量、计量,承包人应遵照执行。

(2) 总价子目的工程量的复核　监理人对承包人提交的其在合同约定的每个计量周期内,向监理人提交的进度付款申请单、专用合同条款约定的合同总价项目进度款支付分解表(见表8-2)所表示的阶段性或分项计量的支持性资料,以及所达到工程形象目标或分阶段需完成的工程量和有关计量资料进行复核,以确定分阶段实际完成的工程量和工程形象目标。

表8-2　总价项目⊖进度款支付分解表

工程名称:　　　　　　　　　　　　　　　　　　　　　　　　　　　(单位:元)

序号	项目名称	总价金额	首次支付	二次支付	三次支付	四次支付	五次支付
	安全文明施工费						
	夜间施工增加费						
	二次搬运费						
	社会保险费						
	住房公积金						
	合计						

编制人(造价人员):　　　　　　　　　　复核人(造价工程师):

注:1. 本表应由承包人在投标报价时根据发包人在招标文件明确的进度款支付周期与报价填写,签订合同时,发承包双方可就支付分解表协商调整后作为合同附件。
　　2. 单价合同使用本表,"支付"栏时间应与单价项目进度款支付周期相同。
　　3. 总价合同使用本表,"支付"栏时间应与约定的工程计量周期相同。

2. 总价合同已完工程量的复核

对于总价合同已完工程量的复核,《标准施工招标文件》并未针对总价合同对其已完

⊖ 总价项目这一概念来源于《建设工程工程量清单计价规范》(GB 50500—2013),工程量清单中以总价计价的项目,即此类项目在相关工程现行国家计量规范中无工程量计量规则,以总价(或计算基础乘费率)计算的项目。

程量的复核程序做出规定[一],但是《建设工程工程量清单计价规范》(GB 50500—2013)有如下规定:

1)采用工程量清单方式招标形成的总价合同,其已完工程量的复核程序同单价合同已完工程量的复核。

2)采用经审定批准的施工图及其预算方式发包形成的总价合同,发包人应在收到承包人提交的达到工程形象目标完成的工程量和有关计量资料的报告后7天内,对承包人提交的上述资料进行复核,以确定实际完成的工程量和工程形象目标。

(三)有异议的计量结果的处理

1. 发包人有异议的处理

发包人对单价子目已完工程量的数量有异议的,可要求承包人按合同约定的工程计量方法,发承包双方进行共同复核和抽样复测。

2. 承包人有异议的处理

若承包人认为发包人核实后的计量结果有误,应在收到计量结果通知后的7天内向发包人提出书面意见,并附上其认为正确的计量结果和详细的计算资料。发包人收到书面意见后,应在7天内对承包人的计量结果进行复核后通知承包人。承包人对复核计量结果仍有异议的,按照合同约定的争议解决办法处理。

四、工程进度款的支付

(一)工程进度款的支付申请

1. 工程价款的计价

合同范围内已实施工程的工程价款按照计价方法不同分为单价子目和总价子目两种。

对于合同范围内的单价子目进度款的支付应该按照施工图进行工程量的计算,乘以工程量清单中的综合单价汇总得来。

对于合同范围内的总价项目应该按照形象进度或支付分解表所确定的金额向承包人支付进度款。

依据《建设工程工程量清单计价规范》(GB 50500—2013),导致合同价款调整的因素共有14项。这14项合同价款调整因素最终会在工程价款的支付中得以体现。合同价款的调整完成后,需在调整金额确定后当期支付工程进度款。进度款支付申请包括的内容如图8-4所示。

2. 工程进度款支付申请的内容

进度款的支付周期与工程计量周期一致。在工程量经复核认可后,承包人应在每个付款周期末,向发包人递交进度款支付申请,并附相应的证明文件。除合同另有约定外,进度款支付申请应包括下列内容:

1)累计已完成的合同价款。
2)累计已实际支付的合同价款。
3)本周期合计完成的合同价款。

[一] 这是缘于总价合同的进度款一般是按形象进度节点进行支付,总价合同已完工程量的复核类似于上文所提及的总价子目已完工程量的复核。故2007年版《标准施工招标文件》不再叙述。

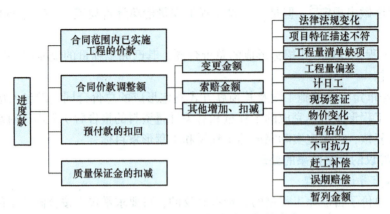

图 8-4 工程进度款支付申请包括的内容

① 本周期已完成单价项目的金额。
② 本周期应支付的总价项目的金额。
③ 本周期已完成的计日工价款。
④ 本周期应支付的安全文明施工费。
⑤ 本周期应增加的金额。
4) 本周期应扣回的预付款。
① 本周期应扣减的金额。
② 本周期实际应支付的合同价款。

(二) 工程进度款的支付流程与支付审核

1. 工程进度款的支付流程

根据《标准施工招标文件》，工程进度款的支付流程如图 8-5 所示。

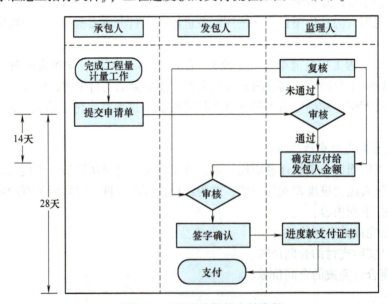

图 8-5 工程进度款的支付流程

监理人在收到承包人进度款支付申请单以及相应的支持性证明文件后的 14 天内完成核查，提出发包人到期应支付给承包人的金额以及相应的支持性材料，经发包人审查同意后，由监理人向承包人出具经发包人签认的进度付款证书。监理人有权扣减承包人未能按照合同要求履行的工作或义务的相应金额。

发包人应在监理人收到进度款支付申请单后的 28 天内，将应付进度款支付给承包人。发包人不按期支付的，按专用合同条款的约定支付逾期付款违约金。

2. 工程进度款支付申请的审核

发包人审核承包人提交的进度款支付申请是进度款支付过程中的重点，发包人在审核承包人提交的进度款支付申请时，应注意以下几项内容：

（1）审核分部分项工程综合单价　发包人应审核每一分部分项工程综合单价的正确性。对于施工过程中未发生变化的分部分项工程，其综合单价应按照投标文件中给出的综合单价计取；施工过程中因法规、物价波动，工程量清单内容错项、漏项，设计变更，工程量增减等原因引起的综合单价发生变化的分部分项工程，其综合单价要严格按照合同约定的调整方法进行调整，并且需经过发、承包双方的确认，避免承包人出现高报、重报的现象。

（2）审核形象进度或已完工程量　对于签订总价合同的工程或作为总价子目支付的单项工程，发包人应审核每一支付周期内承包人实际完成的工程量，对照在合同专用条款中约定的合同总价支付分解表所表示的阶段性或分项计量的支持性资料，以及所达到工程形象目标或分阶段需完成的工程量和有关资料进行审核，达到支付分解表要求的支付进度款，未达到要求的应相应减少支付金额。

（3）审核计日工金额　发包人应审核本支付周期内计日工的数量，依据现场签证或变更报价单上双方确认的计日工的数量，按照投标文件中计日工的综合单价计算本支付周期内应支付的计日工金额。

（4）审核进度款支付比例　发包人应审核进度款支付的比例。审核时发包人要对照本支付周期内应计量的工程量、应支付的进度款，按照合同中约定的比例进行核算，既不能向承包人多付进度款，又要保证承包人的资金周转，避免因资金不到位而影响工程的质量及进度。

（5）审核应抵扣的预付款　发包人应审核是否在本支付周期内抵扣预付款。如果需要，则应按照合同约定的方法详细计算本支付周期应抵扣的预付款的具体数额。

（6）审核应扣除的工程质量保证金　发包人应审核在本支付周期内应扣除的质量保证金。质量保证金的扣除方法和扣除比例应按照合同约定计算。

（7）其他审核注意事项　发包人在审核进度款支付申请的过程中还应注意以下几点：承包人要求对不能计量的工程量［即承包人超出设计图（含设计变更）范围和因承包人原因造成返工的工程量］进行支付的，不能支付；承包人未经发包人同意，擅自将部分主体工程或非主体工程分包的，不能支付；工程质量不合格的部分，不能支付。

3. 工程进度款修正的程序

根据《标准施工招标文件》，在对以往历次已经签发的进度款证书进行汇总和复核的过程中发现错、漏、重复的，发包人有权予以修正，承包人也有权提出修正申请。经双方复核同意的修正，应在本次进度款中支付或扣除。进度款的修正程序如图 8-6 所示。

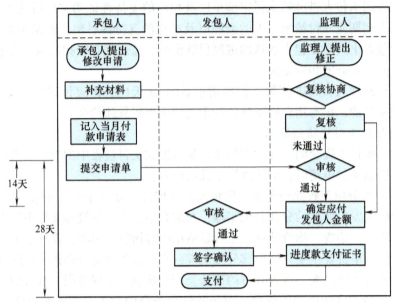

图 8-6 进度款的修正程序

(三) 工程进度款的支付期限与额度

1. 工程进度款的支付期限

工程进度款的支付共有两次审核，涉及两个重要的因素：审核权限和审核时间。

第一次审核是监理人对承包人提交的进度款支付申请表及相应资料的审核。监理人的审核重点包括两方面：对进度款支付申请表中支付内容金额的确定；对支持性证明材料的审核。支持性的证明材料主要有工程量统计表、工程签证表、材料采购发票等。

第二次审核是发包人对监理人确定的支付金额的审核。发包人的审核一般涉及发包人内部多个部门，不同部门之间的审批权限和作用有所区别。为了防止发包人恶意拖延工程进度款的支付，在合同中会约定进度款的审核与支付期限。

《标准施工招标文件》中工程量的审核工作则是在承包人提交进度款支付申请之后由监理人完成，工程量的审核及应付进度款的金额确定需要在 14 天内完成。发包人支付期限为承包人提交进度款支付申请后的 28 天内。综上所述，目前国内承包人从完成工程计量到取得工程进度款的最高期限为 28 天。承包人为了保证工程的顺利进行，至少应准备计量周期+28 天的周转资金。

2. 工程进度款的额度

关于工程进度款的支付额度，《建设工程价款结算暂行办法》（财建〔2004〕369 号）和《建设工程工程量清单计价规范》（GB 50500—2013）都规定，进度款的支付比例按照合同约定，按期中结算价款总额计，发包人应按不低于工程价款的 60%、不高于工程价款的 90%向承包人支付工程进度款。

3. 工程进度款支付时的纳税义务

建筑业实行营改增后，财政部、国家税务总局发布《关于全面推开营业税改增值税试点的通知》（财税〔2016〕36 号），规定一般纳税人跨县（市）提供建筑服务，适用一般计税方法计税的，应以取得的全部价款和价外费用为销售额计算应纳税额。增值税纳税义务、扣缴义务发生时间为纳税人发生应税行为并收讫销售款项或者取得销售款项凭据的当天；先开具发票的，为开具发票的当天。纳税人应以取得的全部价款和价外费用扣除支付的分包款后的余额，按照2%的预征率在建筑服务发生地预缴税款后，向机构所在地主管税务机关进行纳税申报。

增值税的纳税期限分别为1日、3日、5日、10日、15日、1个月或者1个季度，具体纳税期限由主管税务机关根据纳税人应纳税额的大小分别核定。以1个季度为纳税期限的规定适用于小规模纳税人、银行、财务公司、信托投资公司、信用社，以及财政部和国家税务总局规定的其他纳税人。不能按照固定期限纳税的，可以按次纳税。纳税人以1个月或者1个季度为1个纳税期的，自期满之日起15日内申报纳税；以1日、3日、5日、10日或者15日为1个纳税期的，自期满之日起5日内预缴税款，于次月1日起15日内申报纳税并结清上月应纳税款。

一方面，承包人需按当期验工计价来确定收入，而发包人拖欠验工计价款的现象时有发生，滞后问题比较普遍，由《营业税改征增值税试点实施办法》（财税〔2016〕36号附件1）可知，承包人纳税义务发生时间是取得了工程进度款或获得了收进度款的权利的当天，一旦拖欠，承包人将垫税。因此，承包人必须加强对进度款结算流程的管理。另一方面，对发包人来说，支付给承包人的工程款项是发包人可以抵扣的进项税额，因此，发包人可以在合同中约定，承包人应在每次进度款支付前，开取增值税发票，保证发包人进项税额的及时抵扣。

（四）措施项目的进度款支付

《建设工程工程量清单计价规范》（GB 50500—2013）中，措施项目分为以单价计价的措施项目和以总价计价的措施项目。

1. 以单价计价的措施项目费的支付

采用单价计算的措施项目费，按照实际发生变化的措施项目规定确定单价。确定原则是：当工程量增加15%以上时，其增加部分的工程量的综合单价应予调低；当工程量减少15%以上时，减少后剩余部分的工程量的综合单价应予调高。其计算同工程量偏差大于15%的计算方式。其工程量和综合单价发生调整或者变化的应以发承包双方确认调整的工程量和单价计算措施项目费。具体的调整过程参照本书第七章相关内容。

一般情况下，以单价计价的措施项目费的计取有两种方法：

（1）据实计算　建筑装饰装修工程的措施项目费根据项目实际发生情况来计取，如全部水费、电费根据施工现场实际发生情况计取；房屋建筑工程的全部水费、电费按建筑面积以 m^2 为单位计算⊖。

（2）工程量百分率完成法　单价措施项目费支付可以采用工程量百分率完成法，即根据每月完成的单价项目工程值占该措施项目总的预算值的百分数支付的一种方法。根据对应的措施项目活动的实际完成工程量占总工程量的百分比可以求出此类活动的实际完成百分比，然后用该项措施项目的总价乘以这个百分率就可得到应支付的本月该项措施项目费，按百分率完成法支付⊖。

⊖ 全国一级建造师执业资格考试用书编写委员会. 建筑工程管理与实务 [M]. 北京：中国建筑工业出版社，2019.

【例 8-3】 某工程工程量清单报价 C30 框架柱的工程量为 am^3，单价为 b 元/m^3，总价为 c 元，措施项目费模板中柱模为 d 元，在工程施工过程中，某月完成 C30 框架柱的混凝土浇筑量为 em^3。

问题：措施项目费中的模板费用为多少？

【解】 该题中的模板费用属于单价措施项目，其费用可按照工程量×单价来计算，则该月应支付的措施项目费中的模板费用为 $\frac{e}{a}d$。

2. 以总价计价的措施项目费的支付

以总价计价的措施项目包括安全文明施工及其他措施项目。措施项目中的总价项目应根据合同约定的项目和金额计算，如发生调整，参照本书第七章中的相关内容进行调整并计算措施项目费。总价项目进度款支付分解表见表 8-2。

3. 安全文明施工费的支付

（1）安全文明施工费的性质　安全文明施工费是指工程施工期间按照国家现行的环境保护、建筑施工安全、施工现场环境与卫生标准和有关规定，购置和更新施工安全防护用具及设施、改善安全生产条件和作业环境所需要的费用。

发承包双方应在合同条款中约定安全文明施工费的支付计划、使用要求等。安全文明施工措施项目的服务对象为整个工程建设项目或其中的某个单项工程，其作用是保证施工安全、维持良好的施工环境。鉴于安全文明施工措施项目的重要作用，《建设工程工程量清单计价规范》（GB 50500—2013）中规定安全文明施工费必须按照国家或省级、行业建设主管部门的规定计算，不得作为竞争性费用。

安全文明施工费包括的内容和范围，应以国家现行计量规范以及工程所在地省级建设行政主管部门的规定为准。

（2）安全文明施工费的支付额度　为了加强建筑工程安全生产、文明施工管理，保障施工从业人员的作业条件和生活环境，防止施工安全事故发生，建设部出台了《建筑工程安全防护、文明施工措施费用及使用管理规定》（建办〔2005〕89 号），为确保各项安全文明施工费的落实到位提供了强有力的政策保障。其规定，合同工期在一年以内的，建设单位预付安全文明施工费用不得低于该费用总额的 50%；合同工期在一年以上的（含一年），预付安全文明施工费用不得低于该费用总额的 30%，其余费用应当按照工程进度支付。

【例 8-4】 某工程项目发承包双方签订了建设工程施工合同，工期 5 个月，有关背景资料如下：

（1）工程价款方面

1）分项工程项目费用合计 824000 元，包括分项工程 A、B、C 三项，清单工程量分别为 $800m^3$、$1000m^3$、$1100m^3$，综合单价分别为 280 元/m^3、380 元/m^3、200 元/m^3。当分项工程项目工程量增加（或减少）幅度超过 15% 时，综合单价调整系数为 0.9（或 1.1）。

2）单价措施项目费用合计 90000 元，其中与分项工程 B 配套的单价措施项目费用为 36000 元，该费用根据分项工程 B 的工程量变化同比例变化，并在第 5 个月统一调整支付，其他单价措施项目费用不予调整。

3）总价措施项目费用合计130000元，其中安全文明施工费按分项工程和单价措施项目费用之和的5%计取，该费用根据计取基数变化在第5个月统一调整支付，其余总价措施项目费用不予调整。

4）其他项目费用合计206000元，包括暂列金额80000元和需分包的专业工程暂估价120000元（另计总承包服务费5%）。

5）上述工程费用均不包含增值税可抵扣进项税额。

6）管理费和利润按人材机费用之和的20%计取，规费按人材机费、管理费、利润之和的6%计取，增值税税率为9%。

（2）工程款支付方面

1）开工前，发包人按签约合同价（扣除暂列金额和安全文明施工费）的20%支付给承包人作为预付款（在施工期间的第2~4个月的工程款中平均扣回），同时将安全文明施工费按工程款支付方式提前支付给承包人。

2）分项工程项目工程款逐月结算。

3）除安全文明施工费之外的措施项目工程款在施工期间的第1~4个月平均支付。

4）其他项目工程款在发生当月结算。

5）发包人按每次承包人应得工程款的90%支付。

6）发包人在承包人提交竣工结算报告后的30天内完成审查工作，承包人向发包人提供所在开户银行出具的工程质量保函（保函额为竣工结算价的3%），并完成结清支付。

施工期间各个分项工程计划和实际完成工程量见表8-3。

表8-3 各个分项工程计划和实际完成工程量 （单位：m^3）

分项工程		施工周期（月）					合计
		1	2	3	4	5	
A	计划工程量	400	400				800
	实际工程量	300	300	200			800
B	计划工程量	300	400	300			1000
	实际工程量		400	400	400		1200
C	计划工程量			300	400	400	1100
	实际工程量			300	450	350	1100

施工期间第3个月，经发承包双方共同确认：分包专业工程费用为105000元（不含可抵扣进项税），专业分包人获得的增值税可抵扣进项税额合计为7600元。

问题：

1. 该工程的合同价为多少元？安全文明施工费为多少元？开工前发包人应支付给承包人的预付款和安全文明施工费分别为多少元？

2. 施工至第2个月末，承包人累计完成分项工程合同价款为多少元？发包人累计应支付承包人的工程款（不包括开工前支付的工程款）为多少元？分项工程A的进度偏差为多少元（进度偏差是已完成工作预算费用和计划工作预算费用之间的差值）？

3. 该工程的分项工程项目措施项目、分包专业工程项目合同额（含总承包服务费）分别增减多少元？

4. 该工程的竣工结算价为多少元？如果在开工前和施工期间发包人均已按合同约定支付了承包人预付款和各项工程款，则竣工结算时，发包人完成结清支付时应支付给承包人的结算款为多少元（注：计算结果四舍五入取整数）？

【解】

问题1：

1）签约合同价=分部分项工程费+措施项目费+其他项目费用+规费+税金=（824000+90000+130000+206000）元×（1+6%）（1+9%）=1444250元

2）安全文明施工费=（824000+90000）元×（1+6%）×(1+9%)×5%=52802元

3）应支付的预付款=[1444250-52802-80000×（1+6%）×（1+9%）]元×20%=259803元

4）应支付的安全文明施工费=52802元×90%=47522元

问题2：

1）2月末累计完成分项工程合同价款=[（300+300）×280+400×380]元×（1+6%）×(1+9%)=369728元

2）1~4月每月支付的措施项目费=[（90000+130000）×（1+6%）×（1+9%）-52802]元/4=50347元

2~4月每月扣回的预付款=259803元/3=86601元

2月末累计应支付的工程款=[（369728+50347×2）×90%-86601]元=336779元

3）已完工程计划投资=[（300+300）×280×（1+6%）×（1+9%）]元=194107元

拟完工程计划投资=[（400+400）×280×（1+6%）×（1+9%）]元=258810元

分项工程A的进度偏差=（194107-258810）元=64703元

问题3：

1）分项工程中，只有B分项工程的工程量发生改变，增加幅度=（1200-1000）/1000×100%=20%>15%，所以超过部分的综合单价应调低。

B分项工程的新综合单价=（380×0.9）元/m³=342元/m³

分项工程项目增加额=[1000×15%×380+50×380×0.9]元×（1+6%）×（1+9%）=85615元

2）措施项目增加额

①单价措施费=[36000×（1200-1000）/1000×（1+6%）×（1+9%）]元=8319元

②安全文明施工费=（85615+8319）元×5%=4697元

合计：（8319+4697）元=13016元

3）分包专业工程项目减少额=（120000-105000）×（1+5%）×（1+6%）×（1+9%）元 =18198元

问题4：

1）竣工结算价=[1444250-80000×（1+6%）×（1+9%）+85615+13016-18198]元=1432251元

2）应支付给承包人的结算款=1432251元×（1-90%）=143225元

第四节 竣工结算款

一、竣工结算的编制

(一) 竣工结算的编制依据

1. 竣工结算的概念

工程竣工结算是指工程项目完工并经竣工验收合格后,发承包双方按照施工合同的约定对所完成的工程项目进行的合同价款的计算、调整和确认。财政部、建设部于2004年10月发布的《建设工程价款结算暂行办法》规定,工程完工后,发承包双方应按照约定的合同价款及合同价款调整内容以及索赔事项,进行工程竣工结算。工程竣工结算分为单位工程竣工结算(见表8-4)、单项工程竣工结算(见表8-5)和建设项目竣工总结算(见表8-6)。《住房城乡建设部关于进一步推进工程造价管理改革的指导意见》(建标〔2014〕142)中指出,应完善建设工程价款结算办法,转变结算方式,推行过程结算,简化竣工结算。

表 8-4 单位工程竣工结算汇总表

工程名称:　　　　　　　　标段:　　　　　　　　第 页共 页

序　号	汇 总 内 容	金额(元)
1	分部分项工程	
1.1		
1.2		
1.3		
2	措施项目	
2.1	其中:安全文明施工费	
3	其他项目	
3.1	其中:专业工程结算价	
3.2	其中:计日工	
3.3	其中:总承包服务费	
3.4	其中:索赔与现场签证	
4	规费	
5	增值税	
	竣工结算总价合计=1+2+3+4+5	

注:如无单位工程划分,单项工程也使用本表汇总。

表 8-5 单项工程竣工结算汇总表

工程名称:　　　　　　　　　　　　　　　　　　　　　第 页共 页

序　号	单位工程名称	金额(元)	其　中	
			安全文明施工费(元)	规费(元)
	合计			

表8-6 建设项目竣工总结算汇总表

工程名称： 第 页共 页

序 号	单位工程名称	金额（元）	其 中	
			安全文明施工费（元）	规费（元）
	合计			

2. 工程量清单计价下竣工结算的编制依据

依据《建设工程工程量清单计价规范》（GB 50500—2013），工程竣工结算的编制依据如下：

1）清单计价规范。
2）工程合同。
3）发承包双方实施过程中已确认的工程量及其结算的合同价款。
4）发承包双方实施过程中已确认调整后追加（减）的合同价款。
5）建设工程设计文件及相关资料。
6）投标文件。
7）其他依据。

在编制竣工结算时，《建设工程工程量清单计价规范》（GB 50500—2013）强调了将历次计量结果计入竣工结算和强调历次支付的重要性，并规定：

1）发承包双方实施过程中已确认的工程量及其结算的合同价款和发承包双方实施过程中已确认调整后追加（减）的合同价款作为竣工结算编制的依据，强化了工程价款的中间管理环节。

2）竣工结算依据不再局限于索赔、现场签证等，在施工过程中发承包双方确认的合同价款的调整都应该作为竣工结算的依据。

3）《建设工程工程量清单计价规范》（GB 50500—2013）不再将竣工图样单独列入竣工结算的编制与审核依据中，避免了工程量清单计价模式下竣工图重算法结算方式导致的大量争议。

4）不再将招标文件单独列入竣工结算的编制与审核依据中，却将投标文件作为编制依据之一，这既是对业主的约束和行为规范，也是对承包人的一种保护。

（二）竣工结算的编制方法

合同工程完工后，承包人应在经发承包双方确认的合同工程期中价款结算的基础上汇总编制完成竣工结算文件，并在提交竣工验收申请的同时向发包人提交竣工结算文件。编制竣工结算时，应按施工合同约定的工程价款的确定方式、方法、调整等内容，当合同中没有约定或约定不明确的，应按合同约定的计价原则以及相应工程造价管理机构发布的工程计价依据、相关规定等进行竣工结算。

（三）竣工结算的编制内容

1. 单价合同竣工结算的编制

在采用工程量清单计价的方式下，工程竣工结算编制时，单价合同的竣工结算的编制内容应包括：分部分项工程费、措施项目费、其他项目费、规费和税金。依据《建设工程工程量清单计价规范》(GB 50500—2013),应从四个方面进行竣工结算的编制。

(1) 分部分项工程费的编制　分部分项工程的单价项目应依据双方确认的工程量与已标价工程量清单的综合单价计算；如发生调整的，参照本书第七章进行合同价款调整并以发承包双方确认调整的综合单价计算。

(2) 措施项目费的编制

1) 以单价计价的措施项目费的编制。措施项目中的单价项目应依据双方确认的工程量与已标价工程量清单的综合单价计算；如发生调整的，以发承包双方确认调整的综合单价计算。

2) 以总价计价的措施项目费的编制。措施项目中的总价项目应依据合同约定的项目和金额计算；如发生调整的，以发承包双方确认调整的金额计算。

其中，安全文明施工费必须按国家或省级、行业建设主管部门的规定计算。施工过程中，国家或省级、行业建设主管部门对安全文明施工费进行了调整的，措施项目费中的安全文明施工费应做相应调整。

若施工合同中未约定措施项目费结算方法的，可按以下方法结算：

① 与分部分项实体相关的措施项目，应随该分部分项工程的实体工程量的变化，依据双方确定的工程量、合同约定的综合单价进行结算。

② 独立性的措施项目，应充分体现其竞争性，一般应固定不变，按合同价中相应的措施项目费用进行结算。

③ 与整个建设项目相关的综合取定的措施项目费用，可按照投标时的取费基数及费率进行结算。

(3) 其他项目费的编制　其他项目应按下列规定计价：

1) 计日工应按发包人实际签证确认的事项计算。

2) 暂估价应按《建设工程工程量清单计价规范》(GB 50500—2013) 中暂估价的相应规定计算。

3) 总承包服务费应依据合同约定金额计算，如发生调整的，以发承包双方确认调整的金额计算。

4) 施工索赔费用应依据发承包双方确认的索赔事项和金额计算。

5) 现场签证费用应依据发承包双方签证资料确认的金额计算。

6) 暂列金额应减去工程价款调整（包括索赔、现场签证）金额计算，如有余额归发包人。

(4) 规费和税金的编制　规费和税金必须按国家或省级、行业建设主管部门的规定计算⊖。规费中的工程排污费应按工程所在地环境保护部门规定标准缴纳后按实列入。

实施过程中已经确认的工程计量结果和合同价款在竣工结算办理中应直接进入结算。

<u>2. 总价合同竣工结算的编制</u>

工程结算编制时，采用总价合同的，应在合同价基础上对设计变更、工程洽商⊖以及工

⊖ 规费和税金的具体编制可参照本书第二章内容。

⊖ 工程洽商，主要是指施工企业就施工图、设计变更所确定的工程内容以外，施工图预算或预算定额取费中未包含的，而施工中又实际发生费用的施工内容所办理的书面说明。工程洽商也是参建各方就项目实施过程中的未尽事宜提出洽谈商量。在取得一致意见后，或经相关审批确认后的洽商，可作为合同文件的组成部分之一。并且其是施工设计图的补充，与施工图有同等重要的作用。

程索赔等合同约定可以调整的内容进行调整。

二、竣工结算的程序

(一) 承包人提交竣工结算文件

合同工程完工后,承包人应在经发承包双方确认的合同工程期中价款结算的基础上汇总编制完成竣工结算文件,并在提交竣工验收申请的同时向发包人提交竣工结算文件。

承包人未在合同约定的时间内提交竣工结算文件,经发包人催告后14天内仍未提交或没有明确答复,发包人有权根据已有资料编制竣工结算文件,作为办理竣工结算和支付结算款的依据,承包人应予以认可。

(二) 发包人核对竣工结算文件

1) 发包人应在收到承包人提交的竣工结算文件后的28天内核对。发包人经核实,认为承包人还应进一步补充资料和修改结算文件,应在上述时限内向承包人提出核实意见,承包人在收到核实意见后的28天内按照发包人提出的合理要求补充资料,修改竣工结算文件,并再次提交给发包人复核后批准。

2) 发包人应在收到承包人再次提交的竣工结算文件后的28天内予以复核,并将复核结果通知承包人。发包人、承包人对复核结果无异议的,应在7天内在竣工结算文件上签字确认,竣工结算办理完毕;发包人或承包人对复核结果认为有误的,无异议部分办理不完全竣工结算;有异议部分由发承包双方协商解决,协商不成的,按照合同约定的争议解决方式处理。

3) 发包人在收到承包人竣工结算文件后的28天内,不核对竣工结算或未提出核对意见的,视为承包人提交的竣工结算文件已被发包人认可,竣工结算办理完毕。

4) 承包人在收到发包人提出的核实意见后的28天内,不确认也未提出异议的,视为发包人提出的核实意见已被承包人认可,竣工结算办理完毕。

(三) 发包人委托工程造价咨询机构核对竣工结算文件

发包人委托工程造价咨询机构核对竣工结算的,工程造价咨询人应在28天内核对完毕,核对结论与承包人竣工结算文件不一致的,应提交给承包人复核,承包人应在14天内将同意核对结论或不同意的说明提交工程造价咨询机构。承包人逾期未提出书面异议,视为工程造价咨询人核对的竣工结算文件已经承包人认可。

工程造价咨询机构收到承包人提出的异议后,应再次复核,复核无异议的,发承包双方应在7天内在竣工结算文件上签字确认,竣工结算办理完毕;复核后仍有异议的,对于无异议部分办理不完全竣工结算;有异议部分由发承包双方协商解决,协商不成的,按照合同约定的争议解决方式处理。

(四) 竣工结算文件的签认

(1) 拒绝签认的处理 对发包人或发包人委托的工程造价咨询人指派的专业人员与承包人指派的专业人员经核对后无异议并签名确认的竣工结算文件,除非发承包人能提出具体、详细的不同意见,发承包人都应在竣工结算文件上签名确认,如其中一方拒不签认的,按以下规定办理:

1) 若发包人拒不签认的,承包人可不提供竣工验收备案资料,并有权拒绝与发包人或其上级部门委托的工程造价咨询人重新核对竣工结算文件。

2) 若承包人拒不签认的,发包人要求办理竣工验收备案的,承包人不得拒绝提供竣工验收资料，否则，由此造成的损失，承包人承担连带责任。

（2）不得重复核对　合同工程竣工结算核对完成，发承包双方签字确认后，禁止发包人又要求承包人与另一个或多个工程造价咨询人重复核对竣工结算。

（3）时限要求　《基本建设财务规则》（财政部令第81号）指出，行政事业单位的基本建设项目、国有和国有控股企业使用财政资金的基本建设项目，竣工价款结算一般应当在项目竣工验收后2个月内完成，大型项目一般不得超过3个月。

三、竣工结算的审查

（一）竣工结算审查的依据

对于竣工结算审查的依据，《建设工程工程量清单计价规范》（GB 50500—2013）明确规定，工程竣工结算的审查依据与工程竣工结算的编制依据一致，即：

1）清单计价规范。
2）工程合同。
3）发承包双方实施过程中已确认的工程量及其结算的合同价款。
4）发承包双方实施过程中已确认调整后追加（减）的合同价款。
5）建设工程设计文件及相关资料。
6）投标文件。
7）其他依据。

（二）竣工结算审查的内容

1. 单价合同竣工结算的审查

（1）分部分项工程费的审查　审查采用单价合同的工程竣工结算时，应审查发承包双方确认的工程量计算的准确性，依据合同约定的方式审查分部分项工程已标价工程量清单综合单价的计算的准确性，并对设计变更、工程洽商、施工措施以及工程索赔等调整内容进行审查。

（2）措施项目费的审查

1）以单价计价的措施项目费的审查。单价措施项目费的审查同分部分项工程费的审查。

2）以总价计价的措施项目费的审查。审查总价措施项目费时，应审查是否按发承包双方合同约定的项目计算以及金额计算的准确性；工程竣工结算审查中涉及措施项目费用的调整时，措施项目费应依据合同约定的项目和金额计算，发生变更、新增的措施项目，以发承包双方合同约定的计价方式计算；安全文明施工费应审查是否按国家或省级、行业建设主管部门的规定计算。

合同中未约定措施项目费结算方法时，措施项目费按以下方法审查：

① 审查与分部分项实体消耗相关的措施项目，应随该分部分项工程的实体工程量的变化是否依据双方确定的工程量、合同约定的综合单价进行结算。

② 审查独立性的措施项目是否按合同价中相应的措施项目费用进行结算。

③ 审查与整个建设项目相关的综合取定的措施项目费用是否参照投标报价的取费基数及费率进行结算。

（3）其他项目费的审查

1）审查计日工是否按发包人实际签证的数量、投标时的计日工单价，以及确认的事项进行结算。

2）审查暂估价中的材料单价是否按发承包双方最终确认价在分部分项工程费中对相应综合单价进行调整，计入相应分部分项工程费用；对专业工程暂估价结算价的审查应按中标价或发包人、承包人与分包人最终确定的分包工程价进行结算。

3）审查总承包服务费是否依据合同约定的结算方式进行结算，以总价形式固定的总承包服务费不予调整，以费率形式确定的总包服务费，应按专业分包工程中标价或发包人、承包人与分包人最终确定的分包工程价为基数和总承包单位的投标费率计算总承包服务费。

4）审查现场签证费用的计算金额是否是按发承包双方签证资料确认的以及计算金额的准确性。

5）审查暂列金额是否按合同约定计算实际发生的费用，并分别列入相应的分部分项工程费、措施项目费中。

（4）规费和税金的审查　工程竣工结算审查中涉及规费和税金计算时，应按国家、省级或行业建设主管部门的规定计算并调整。

2. 总价合同竣工结算的审查

审查采用总价合同的工程竣工结算时，应审查与合同所约定竣工结算编制方法的一致性，按照合同约定可以调整的内容，在合同价基础上对调整的设计变更、工程洽商以及工程索赔等合同约定可以调整的内容进行审查。

《基本建设财务规则》（财政部令第81号）指出，行政事业单位的基本建设项目、国有和国有控股企业使用财政资金的基本建设项目，项目主管部门应当会同财政部门加强工程价款结算的监督，重点审查工程招投标文件、工程量及各项费用的计取、合同协议、施工变更签证、人工和材料价差、工程索赔等。

四、竣工结算的支付

（一）竣工结算价和竣工结算款

1. 竣工结算价

《建设工程工程量清单计价规范》（GB 50500—2013）规定，竣工结算价是由发承包双方依据国家有关法律、法规和标准规定，按照合同约定确定的，包括在履行合同过程中按合同约定进行的合同价款调整，是承包人按合同约定完成了全部承包工作后，发包人应付给承包人的合同总金额。

2. 竣工结算款

本书所指竣工结算款是发包人签发的竣工结算支付证书中列明的应向承包人支付的结算款金额。

依据《建设工程工程量清单计价规范》（GB 50500—2013），承包人提交的竣工支付申请应包括下列内容：

1）竣工结算合同价款总额（签约合同价经调整后形成的最终合同价）。

2）累计已实际支付的合同价款。

3）应扣留的质量保证金。

4）实际应支付的竣工结算款金额。

其中第四项为竣工结算时发包人应向承包人支付的竣工结算款。

(二) 工程竣工结算款的支付流程

1. 承包人递交竣工结算价款支付申请单

承包人应根据办理的竣工结算文件，向发包人提交竣工结算款支付申请。竣工结算款支付申请（核准）表见表8-7。

表8-7 竣工结算款支付申请（核准）表

工程名称： 　　　　　　　　　　标段： 　　　　　　　　　　编号：

致： （发包人全称）

我方于_____至_____期间已完成合同约定的工作，工程已经完工，根据施工合同的约定，现申请支付竣工结算合同款额为（大写）_____，（小写）_____，请予核准。

序 号	名 称	申请金额（元）	复核金额（元）	备 注
1	竣工结算合同价款总额			
2	累计已实际支付的合同价款			
3	应预留的质量保证金			
4	应支付的竣工结算款金额			

承包人（章）

造价人员_____ 承包人代表_____ 日　期_____

复核意见： □与实际施工情况不相符，修改意见见附件。 □与实际施工情况相符，具体金额由造价工程师复核。 监理工程师_____ 日　期_____	复核意见： 你方提出的竣工结算款支付申请经复核，竣工结算款总额为（大写）_____，（小写）_____，扣除前期支付以及质量保证金后应支付金额为（大写）_____（小写），_____。 造价工程师_____ 日　期_____

审核意见：
□不同意。
□同意，支付时间为本表签发后的15天内。

发包人（章）
发包人代表_____
日　期_____

注：1. 在选择栏中的"□"内做标识"√"。
　　2. 本表一式四份，由承包人填报，发包人、监理人、造价咨询人、承包人各存一份。

2. 发包人进行核对签发竣工结算支付证书

发包人应在收到承包人提交竣工结算款支付申请后7天内予以核实，向承包人签发竣工结算支付证书。

3. 发包人支付竣工结算款

发包人签发竣工结算支付证书后的14天内，按照竣工结算支付证书列明的金额向承包人支付结算款。

发包人在收到承包人提交的竣工结算款支付申请后7天内不予核实,不向承包人签发竣工结算支付证书的,视为承包人的竣工结算款支付申请已被发包人认可;发包人应在收到承包人提交的竣工结算款支付申请7天后的14天内,按照承包人提交的竣工结算款支付申请列明的金额向承包人支付结算款。

《基本建设财务规则》(财政部令第81号)指出,行政事业单位的基本建设项目、国有和国控股企业使用财政资金的基本建设项目,建设单位应当严格按照合同约定和工程价款结算程序支付工程款。

4. 发包人违约支付的处理

发包人未按照规定的程序支付竣工结算款的,承包人可催告发包人支付,并有权获得延迟支付的利息。发包人在竣工结算支付证书签发后或者在收到承包人提交的竣工结算款支付申请7天后的56天内仍未支付的,除法律另有规定外,承包人可与发包人协商将该工程折价,也可直接向人民法院申请将该工程依法拍卖。承包人就该工程折价或拍卖的价款优先受偿。

(三) 工程竣工结算中的争议处理

工程竣工结算中会产生大量纠纷,针对这些纠纷,可以通过相关司法解释的规定进行处理。2002年6月11日,最高人民法院通过了《最高人民法院关于建设工程价款优先受偿权问题的批复》(法释〔2002〕16号),2020年12月29日,最高人民法院通过了《最高人民法院关于审理建设工程施工合同纠纷案件适用法律问题的解释(一)》(法释〔2020〕25号)。司法解释中的处理原则和方法,可以为解决竣工结算中的争议提供极强的参考性意见。

1. 对工程竣工结算价款有异议的处理

依据《建设工程价款结算暂行办法》(财建〔2004〕369号),工程造价咨询机构接受发包人或承包人委托,编审工程竣工结算,应按合同约定和实际履约事项认真办理,出具的竣工结算报告经发、承包双方签字后生效。当事人一方对报告有异议的,可对工程结算中有异议部分,向有关部门申请咨询后协商处理,若不能达成一致的,双方可按合同约定的争议或纠纷解决程序办理。此外,对工期延误引起的结算纠纷最终归结到合同价款的补偿。

典型案例

(1) **案例背景** 某建设工程项目由发包人和承包人签订了建设工程施工承包合同,双方在承包合同中规定:该工程分为三个标段施工,工程项目的开工日期为2013年1月20日,完工日期为2013年5月7日,施工日历天数为100天。并约定:承包人必须按提交的各项工程进度计划的时间节点组织施工,否则,每误期一天,向开发商支付30000元,若存在已竣工的工程项目则误期赔偿标准可以按比例扣减。在实际施工过程中,标段2和标段3均已于合同约定日期完成,标段1因承包人自身原因导致工程误期5天,已知标段1的工程价款占整个建设项目合同价款的50%。发承包双方就由工期延误引起的误期赔偿费问题产生了纠纷。

(2) **案例分析** 此工程标段1的误期赔偿是由于承包人自身原因导致的,因此这部分工程误期的风险应由承包人自己承担。按照合同约定,标段1的工程价款占整个合同价款的50%,则标段1导致的误期赔偿每日历天应赔额度标准为30000元/天×50%=15000元/天。按照合同约定的竣工日期,该工程由于承包人原因延误5天,需承包人支付给发包人5天的误期赔偿费。按照合同约定的误期赔偿标准以及实际施工过程中的误期时间,计算该工程的误期赔偿费用为 15000 元/天×5 天＝75000 元。

(3) **案例点评** 误期赔偿引起的结算纠纷最终归结到价款的补偿，赔偿的额度根据工程项目施工中各标段的施工情况以及对误期赔偿费用的相关规定而确定。误期赔偿标准可以按比例扣减的规定可以控制承包商支付的误期赔偿费用保持在一定范围内，使得金额更加合理，更加贴近项目的实际情况，可以有效维护承包商的正当权益，同时不使发包方利益受损。

2. 对工程质量有异议引起的竣工结算价款纠纷的处理

1）依据《建设工程工程量清单计价规范》(GB 50500—2013)，发包人对工程质量有异议，拒绝办理工程竣工结算的，已竣工验收或已竣工未验收但实际投入使用的工程，其质量争议按该工程保修合同执行，竣工结算按合同约定办理；已竣工未验收且未实际投入使用的工程以及停工、停建工程的质量争议，双方应就有争议的部分委托有资质的检测鉴定机构进行检测，根据检测结果确定解决方案，或按工程质量监督机构的处理决定执行后办理竣工结算，无争议部分的竣工结算按合同约定办理。

2）依据《建设工程价款结算暂行办法》(财建〔2004〕369 号)，发包人对工程质量有异议，已竣工验收或已竣工未验收但实际投入使用的工程，其质量争议按该工程保修合同执行；已竣工未验收且未实际投入使用的工程以及停工、停建工程的质量争议，应当就有争议部分的竣工结算暂缓办理，双方可就有争议的工程委托有资质的检测鉴定机构进行检测，根据检测结果确定解决方案，或按工程质量监督机构的处理决定执行，其余部分的竣工结算依照约定办理。

当事人因工程质量而引起工程造价合同纠纷时，可通过下列办法解决：

① 双方协商解决。

② 按合同条款约定的办法提请调解。

③ 向有关仲裁机构申请仲裁或向人民法院起诉。

第五节 工程质量保证金

一、工程质量保证金的概述

(一) 工程质量保证金的定义

《建设工程质量保证金管理办法》(建质〔2017〕138 号) 规定，工程质量保证金是指发包人与承包人在建设工程承包合同中约定，从应付的工程款中预留，用以保证承包人在缺陷责任期内对建设工程出现的缺陷进行维修的资金。

缺陷是指建设工程质量不符合工程建设强制性标准、设计文件，以及承包合同的约定。

缺陷责任期一般为一年，最长不超过二年，由发、承包双方在合同中约定。

质量保证金在法律性质上是一种现金保证金⊖。其与履约保函的性质类似，目的是保证

⊖ 根据《国务院办公厅关于清理规范工程建设领域保证金的通知》(国办发〔2016〕49 号)，宣布除保留依法依规设立的农民工工资、投标、履约、工程质量四项保证金外，其他保证金一律取消。

承包人在工程执行过程中恰当地履约，如果承包人不履约，那么发包人就可以动用这笔款项去实现承包人本应做的工作。同时，如果在工程进度款支付过程中透支了工程款，发包人还可以从工程质量保证金中予以扣除。工程质量保证金与履约保函一起构成对承包人的约束。

（二）工程质量保证金的约定

发包人应当在招标文件中明确保证金的预留、返还等内容，并与承包人在合同条款中对涉及质量保证金的下列事项进行约定：

1）保证金预留、返还方式。
2）保证金预留比例、期限。
3）保证金是否计付利息，如计付利息，利息的计算方式。
4）缺陷责任期的期限及计算方式。
5）保证金预留、返还及工程维修质量、费用等争议的处理程序。
6）缺陷责任期内出现缺陷的索赔方式。
7）逾期返还保证金的违约金支付办法及违约责任。

二、工程质量保证金的预留

（一）工程质量保证金的预留额度

质量保证金的预留额度为承发包双方在签订合同过程中重点协商的内容之一，该项资金预留额度直接影响竣工后能否及时对工程进行维修。

《基本建设财务规则》（财政部令第81号）规定，全部或者部分使用政府投资的建设项目，按工程价款结算总额3%预留保证金，待工程交付使用缺陷责任期满后清算。资信好的承包人可以用银行保函替代工程质量保证金。

《建设工程质量保证金管理办法》（建质〔2017〕138号）规定，推行银行保函制度，承包人可用银行保函替代预留保证金⊖。在工程项目竣工前，已经缴纳履约保证金的，发包人不得同时预留工程质量保证金。采用工程质量保证担保、工程质量保险等其他保证方式的，发包人不得再预留保证金。

发包人应按照合同约定方式预留保证金，保证金总预留比例不得高于工程价款结算总额的3%，合同约定由承包人以银行保函替代预留保证金的，保函金额不得高于工程价款结算总额的3%。

（二）工程质量保证金的预留程序

依据2007年版《标准施工招标文件》，监理人应从第一个付款周期开始，在发包人的进度付款中，按专用合同条款的约定扣留质量保证金，直至扣留的质量保证金总额达到专用合同条款约定的金额或比例为止。质量保证金的计算额度不包括预付款的支付、扣回以及价款调整的金额。工程量清单计价形成合同价款时，扣留的质量保证金中应包括规费和税金。

【例8-5】 某工程项目业主与承包人签订了工程施工承包合同，合同类型为固定总价合

⊖ 建筑业实行"营改增"政策后，承包人需按当期验工计价来确定收入。而在实践中，进度款期间支付时需预留相应质量保证金，由此承包人不仅不能取得保证金对应的工程进度款，还需垫付这部分资金应缴纳的增值税销项税额。因此，资信好的承包人，应尽量采用银行保函的形式替代工程质量保证金，以便及时拿到相应进度款项及其对应的税金。

同。合同总价为2400万元，建筑主要材料及构配件占合同价的60%。工期为8个月。承包合同规定：

1) 业主向承包人支付合同价20%的工程预付款。
2) 预付款应从未施工工程尚需的主要材料及构配件价值相当于预付款时起扣。
3) 工程进度款按月结算。
4) 业主自第一个月起，从承包人的月进度款中按10%的比例扣留保证金，直至扣到合同价的5%为止；保证金于工程交付使用缺陷责任期满后返还给承包人。
5) 业主供料价款在发生当月的工程进度款中扣回。
6) 每月签发付款最低金额为10万元。

工程结算数据表反映经签证的承包人实际完成的工作量以及业主直接提供的材料和构配件价值，见表8-8。

表8-8　工程结算数据表　　　　　　　　　　　（单位：万元）

月　份	1	2	3	4	5	6	7	8
实际完成工作量	220	340	360	380	360	300	260	180
业主直供的材料和构配件价值	15.0	23.5	17.0	28.5	21.0	18.0	10.5	7.0

问题：各月工程质量保证金的扣除额度？

【解】

第1月份：

第1月份的工程进度款为220万元

第1月份应扣的工程质量保证金为：220万元×10%＝22万元

第2月份：

第2月份的工程进度款为340万元

第2月份应扣的工程质量保证金为：340万元×10%＝34万元

第3月份：

第3月份的工程进度款为360万元

前2个月累计扣留的工程质量保证金为：(22+34)万元＝56万元

工程质量保留金扣留总额为：2400万元×3%＝72万元

第3月份应扣的工程质量保证金为：(72-56)万元＝16万元

三、工程质量保证金的使用与管理

（一）缺陷责任期的起算点

《标准施工招标文件》（国家九部委令〔2007〕第56号）规定，缺陷责任期自实际竣工日期计算。在全部工程竣工验收前，已经发包人提前验收的单位工程，其缺陷责任期的起算日期相应提前。

《建设工程质量保证金管理办法》（建质〔2017〕138号）规定，由于发包人原因导致工程无法按规定期限进行竣（交）工的，在承包人提交竣（交）工验收报告90天后，工程自动进入缺陷责任期。

(二) 质量保证金的使用

《建设工程质量保证金管理办法》规定，缺陷责任期内，由承包人原因造成的缺陷，承包人应负责维修，并承担鉴定及维修费用。如承包人不维修也不承担费用，发包人可按合同约定从保证金或银行保函中扣除，费用超出保证金额的，发包人可按合同约定向承包人进行索赔。承包人维修并承担相应费用后，不免除对工程的损失赔偿责任。

由他人原因造成的缺陷，发包人负责组织维修，承包人不承担费用，且发包人不得从保证金中扣除费用。

《标准施工招标文件》规定，由于承包人原因造成某项缺陷或损坏使某项工程或工程设备不能按原定目标使用而需要再次检查、检验和修复的，发包人有权要求承包人相应延长缺陷责任期，但缺陷责任期最长不超过 2 年；在全部工程竣工验收前，已经发包人提前验收的单位工程，其缺陷责任期的起算日期相应提前。

(三) 工程质量保证金的管理

1. 政府投资项目的质量保证金的管理

缺陷责任期内，实行国库集中支付的政府投资项目，质量保证金的管理应按国库集中支付的有关规定执行。其他的政府投资项目，质量保证金可以预留在财政部门或发包人。

缺陷责任期内，如发包人被撤销，质量保证金随交付使用资产一并移交使用单位管理，由使用单位代行发包人职责。

2. 社会投资项目的质量保证金的管理

社会投资项目采用预留质量保证金方式的，发承包双方可以约定将质量保证金交由金融机构托管；采用工程质量保证担保、工程质量保险等其他保证方式的，发包人不得再预留质量保证金，并按照有关规定执行。

四、工程质量保证金的返还

《建设工程质量保证金管理办法》规定，缺陷责任期内，承包人认真履行合同约定的责任，到期后，承包人向发包人申请返还保证金。

发包人在接到承包人返还保证金申请后，应于 14 天内会同承包人按照合同约定的内容进行核实。如无异议，发包人应当按照约定将保证金返还给承包人。对返还期限没有约定或者约定不明确的，发包人应当在核实后 14 天内将保证金返还承包人，逾期未返还的，依法承担违约责任。发包人在接到承包人返还保证金申请后 14 天内不予答复，经催告后 14 天内仍不予答复，视同认可承包人的返还保证金申请。

若在缺陷责任期满时，承包人没有完成缺陷责任的，发包人有权扣留与未履行责任剩余工作所需金额相应的质量保证金金额，并有权根据约定要求延长缺陷责任期，直至完成剩余工作为止。

第六节 最终结清款

一、最终结清的概念和程序

最终结清的概念来源于 FIDIC《施工合同条件》的结清证明，2007 年版《标准施工招标文件》中首次出现最终结清这一术语,将最终结清定义为:合同约定的缺陷责任期终止后,承包人已按照合同规定完成全部剩余工作且质量合格的,发包人与承包人结清全部剩余款项的活动。

《标准施工招标文件》中的最终结清属于合同管理的一个节点(见图8-7)。

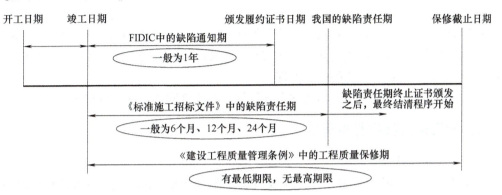

图 8-7　2007 年版《标准施工招标文件》最终结清的时间节点示意图

最终结清的实质是具有最终付款的作用。基于 2007 年版《标准施工招标文件》的最终结清的程序如图 8-8 所示。

1. 最终结清申请单

缺陷责任期终止后,承包人已按照合同规定完成全部剩余工作且质量合格的,发包人签发缺陷责任期终止证书,承包人可按合同约定的份数和期限向发包人提交最终结清申请单,并提供相关证明材料,详细说明承包人根据合同规定已经完成的全部工程价款金额以及承包人认为根据合同规定应进一步支付给他的其他款项。发包人对最终结清申请单内容有异议的,有权要求承包人进行修正和提供补充资料,由承包人向发包人提交修正后的最终结清申请单。

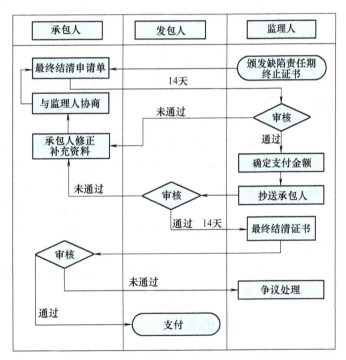

图 8-8　基于 2007 年版《标准施工招标文件》的最终结清程序

2. 最终支付证书

发包人收到承包人提交的最终结清申请单后的 14 天内予以核实,向承包人签发最终结清支付证书。发包人未在约定时间内核实,又未提出具体意见的,视为承包人提交的最终结清支付申请已被发包人认可。

3. 最终结清款的支付

发包人应在签发最终结清支付证书后的 14 天内，按照最终结清支付证书列明的金额向承包人支付最终结清款。最终结清付款后，承包人在合同内享有的索赔权利也自行终止。发包人未按期支付的，承包人可催告发包人在合理的期限内支付，并有权获得延迟支付的利息。

最终结清时，如果承包人被扣留的质量保证金不足以抵减发包人工程缺陷修复费用的，承包人应承担不足部分的补偿责任。最终结清款涉及政府投资资金的，按照国库集中支付等国家相关规定和专用合同条款的约定办理。

承包人对发包人支付的最终结清款有异议的，按照合同约定的争议解决方式处理。

二、最终结清款的费用构成

1. 发包人原因引起的费用

1）若发包人未在规定时间内向承包人支付竣工结算款的，承包人有权获得延期支付的利息。

2）承包人自竣工结算后认为自己有权获得的索赔款额。承包人在提交的最终结清申请中，只限于提出竣工结算后的索赔，提出索赔的期限自发承包双方最终结清时终止。

3）因发包人原因造成的缺陷和（或）损坏，发包人应承担修复和查验的费用，并支付承包人合理利润。

4）任何一项缺陷或损坏修复后，经检查证明其影响了工程或工程设备的使用性能，承包人应重新进行合同约定的试验和试运行，若是发包人原因造成的，则试验和试运行的全部费用应由发包人承担。

2. 承包人原因引起的费用

1）承包人原因造成的缺陷和（或）损坏，应由承包人承担修复和查验的费用。

2）由于承包人原因造成的缺陷和（或）损坏，承包人不能在合理时间内修复缺陷的，发包人可自行修复或委托其他人修复，所需费用和利润应由承包人承担。

3）任何一项缺陷或损坏修复后，经检查证明其影响了工程或工程设备的使用性能，承包人应重新进行合同约定的试验和试运行，若是承包人原因造成的，则试验和试运行的全部费用应由承包人承担。

4）最终结清时，如果承包人被扣留的质量保证金不足以抵减发包人工程缺陷修复费用的，承包人应承担不足部分的补偿责任。

三、最终结清的案例

【例 8-6】 案例背景：2006 年 9 月 9 日，乙施工企业（以下简称乙方）与甲公司（以下简称甲方）就某净水厂工程签订固定总价合同。2007 年 12 月 25 日，工程通过竣工验收并投入使用。2008 年 9 月 18 日，乙方向甲方发函，将 24 份有争议的工程项目费用结算单提交甲方，要求甲方研究解决。2008 年 9 月 28 日，双方召开专题会议，对少数尚有争议的费用项目，监理单位在其签发的会议纪要写明"如上述决定承包人不能接受的话，可以通过其他手段解决"。2008 年 11 月 26 日，经双方及监理单位签字认可确定了竣工结算金额为 762519 万元。随后，双方结清了剩余工程价款。2009 年 12 月 22 日，乙方提起仲裁，要求甲方支付原有争议的24项费用中未同意支付的9项费用。

矛盾焦点：竣工结算后，承包人可否提出索赔？竣工结算是否具有最终结清的性质？

案例分析：首先，我国法律对竣工结算书签订后是否能索赔并无规定，双方当事人对该问题有约定的，应当按约定处理。其次，工程实践中，承发包双方在竣工结算过程中，对个别项目有分歧，但为了避免影响工程的交付使用等，双方先就没有争议的项目签订结算书，但竣工结算书未明示结算范围为施工合同范围内所有事项的结算或双方再无其他争议的表述，不能认为竣工结算书的签订是承发包双方就施工合同范围内的一切事项达成完全的、最终的一致意见。最后，虽然新红皮书（FIDIC《施工合同条件》）规定，最终结算结束后发包人付款义务终止，承包人应在工程最终结算书包括了索赔事宜，否则，对合同及施工引起的任何问题和事件，发包人对承包人不负有责任，但是国际惯例并不适用于国内建设工程施工合同结算，在没有明确约定的情况下，不应认为竣工结算具有"最终结清"的性质。

综上所述，如果承发包双方未明示竣工结算后双方再无其他争议，竣工结算后，任一方仍可提出索赔。

该案例中，仲裁支持乙方的索赔。

案例总结：

1）只要是竣工结算未涉及的项目，承包人在竣工结算后，仍可提出索赔。承包人应书面催告发包人协商解决尚未结算完毕，双方仍存有争议的结算项目，积极主张自己的权利。

2）如果发包人拒绝协商解决争议项目，或双方无法协商一致，也不能通过委托造价咨询机构审价来解决的，承包人应及时提起诉讼或仲裁。

3）为了避免竣工结算后，发包人再提起工期反索赔、质量反索赔，承包人可以在竣工结算书上写明"双方再无其他争议"。

第七节　合同解除的工程结算款

一、因承包人原因解除合同的价款结算

（一）因承包人原因解除合同的情形

承包人具有下列法定情形之一，或者具有合同约定的发包人可以解除合同的其他承包人违约情形，发包人有权依法解除工程合同：

1）明确表示或者以行为表明不履行合同主要义务的。
2）合同约定的期限内没有完工，且在发包人催告的合理期限内仍未完工的。
3）已经完成的工程质量不合格，并拒绝修复的。
4）将承包的工程转包、违法分包的。
5）承包人其他致使合同目的不能实现的违约情形。

（二）结算条件

根据《最高人民法院关于审理建设工程施工合同纠纷案件适用法律问题的解释（一）》（法释〔2020〕25号）的规定，合同解除后，承包人能否要求发包人结算并支付工程价款，

关键要看已完工程质量是否合格，已经完成的工程质量合格的，发包人应当支付相应的工程价款。

工程合同解除后，双方应该对已完工程质量进行验收。双方对质量存在争议的可申请鉴定。对于未验收就被发包人实际使用的工程，根据《最高人民法院关于审理建设工程施工合同纠纷案件适用法律问题的解释（一）》（法释〔2020〕25号）的规定，建设工程未经竣工验收，发包人擅自使用后，又以使用部分质量不符合约定为由主张权利的，不予支持；但是承包人应当在建设工程的合理使用寿命内对地基基础工程和主体结构质量承担民事责任，承包人仅对地基基础和主体结构部分的质量责任负责，工程项目其他的质量问题应由擅自使用工程的发包人负责。同样，工程未经验收、工程量未经界定、未经价款结算，擅自使用，特别是擅自改建、改变用途，导致工程量无法核对的，发包人也应该承担举证不能的法律后果。

确定已完部位和数量是合同解除后工程价款结算的技术要求。与竣工结算一样，合同解除结算时需要工程计量。在竣工结算中，因为合同工程已经竣工，工程计量通常就是根据合同图样核对工程变更情况，甚至无须到工程现场查看。在合同解除结算中，工程处于未竣工状态，大量分部分项工程已完部位及数量需要到现场核对。一旦工程现场被变动、损坏，如锈蚀、偷盗，又如发包人委托第三方施工，则已完工程就难以计量，难以结算。因此，承包人在移交工程现场前，务必与发包人等确定清楚已完工程部位和数量。

（三）结算程序

按照《建设工程工程量清单计价规范》（GB 50500—2013）的规定，因承包人违约解除合同的，发包人应暂停向承包人支付任何价款。

发包人应在合同解除后28天内核实合同解除时承包人已完成的全部合同价款以及按施工进度计划已运至现场的材料和工程设备货款，按合同约定核算承包人应支付的违约金以及造成损失的索赔金额，并将结果通知承包人。

发承包双方应在28天内予以确认或提出意见，并办理结算合同价款。

如果发包人应扣除的金额超过了应支付的金额，则承包人应在合同解除后的56天内将其差额退还给发包人。

发承包双方不能就解除合同后的结算达成一致的，按照合同约定的争议解决方式处理。

二、因发包人原因解除合同的价款结算

（一）因发包人原因解除合同的情形

发包人具有下列情形之一致使承包人无法施工的，或者具有合同约定的承包人可以解除合同的其他发包人违约情形，承包人有权解除工程合同：

1）不履行合同约定的协助义务且经催告后在合理期限内仍不履行的。在工程合同履行过程中，发包人对承包人的某些工作有相应的协助义务，主要包括办理施工所需的相关手续、协调总分包关系、协调相邻关系、提供施工图等，如果发包人不履行有关协助义务，导致承包人无法施工或是无法继续施工的，应认定为发包人未履行合同约定的主要义务，经承包人催告后，发包人仍未履行相应义务的，承包人有权解除合同。例如，发包人因未取得施工许可证或规划许可证而被建设行政主管部门责令停工，且在承包人催告后的合理期限内仍未取得施工许可证使工程复工的，承包人有权依法解除合同。

2）提供的主要建筑材料、建筑构配件和设备不符合强制性标准且经催告后在合理期限内仍未纠正的。《建设工程施工合同（示范文本）》（GF-2017-0201）规定，发包人提供的建筑材料、建筑构配件和设备必须符合国家强制性标准，因为其质量直接关系到工程质量。如果发包人提供的建筑材料和设备等不符合国家强制性标准，致使承包人无法施工的，应认定发包人没有履行合同约定的主要义务，经承包人催告后，发包人在合理期限内仍未予以退换的，承包人有权依法解除合同。

3）发包人其他导致合同目的不能实现的违约行为。例如，因发包人经济状况恶化，依据《中华人民共和国合同法》第68条的规定主张不安抗辩权，同时要求发包人提供履约担保，发包人不能提供或者拒绝提供履约担保的，承包人可以解除合同。

（二）结算程序

因发包人违约解除合同的，一方面发包人应按照《建设工程工程量清单计价规范》（GB 50500—2013）中关于因不可抗力解除合同的规定，向承包人支付各项价款，此外发包人还应按合同约定核算发包人应支付的违约金以及给承包人造成损失或损害的索赔金额费用。该笔费用由承包人提出，发包人核实后与承包人协商确定后的7天内向承包人签发支付证书。协商不能达成一致的，按照合同约定的争议解决方式处理。

【例8-7】 **案例背景**：2011年3月12日，天津某房地产开发公司与天津某建筑公司签订合同，委托建筑公司在天津市郊建设办公综合楼。办公楼主楼初定37层，占地面积约30亩（1亩=666.6m^2），建筑面积约9万m^2，土地每亩按73万元（含土地平整费）计算，开发建设费造价暂按建筑面积7500元/m^{2}计算。同时双方就设立共管账户、付款方式、合同工期、担保义务及双方其他权利义务等方面进行了约定，并指出如一方违约，应向守约方依法支付违约金。

协议签订后，发包方按期支付工程进度款，承包方如约完成办公楼桩基础工程。2014年8月16日，建筑公司完成了办公楼地下室工程。2014年12月5日，建筑公司完成办公楼四层楼面结构工程。按合同规定的时间及工程进度，房地产开发公司应于2014年10月7日支付的工程款，但一直拖延到2014年12月5日时仍未支付。建筑公司拒绝继续履行合同而单方解除合同，该工程处于停工状态。

工程停工后，建筑公司向法院提起诉讼，针对违约金及损失赔偿部分，建筑公司要求：

1）房地产开发公司支付拖欠进度款2000万元及利息294万元。

2）建筑公司要求房地产开发公司支付全部工程款的万分之二的违约金共计16万元。

3）房地产开发公司支付因合同解除向分包人，材料供货商以及机械设备、模板扣件等租赁方所承担的违约金以及因合同解除后的机械闲置费、停工人工费、剩余建筑材料、订购建筑材料已付定金、进出场、搬迁费等损失共计21万元。

4）房地产开发公司支付建筑公司预期的利润。

5）由房地产开发公司承担本案全部诉讼费用。

而房地产公司就建筑公司的诉求提出了异议：

1）建筑公司要求开发公司支付全部工程款的万分之二作为违约金是不合理的，因为合同仅约定了一方违约应依法向守约一方支付违约金，但是对于违约金的具体数额未作具体说明，属于约定不明的情况，其要求违约金的诉求不应该被支持。

2) 不承担对建筑单位与分包人、材料供货商以及机械设备等供应商违约的责任。

案例分析：房地产开发公司与建筑公司签订的施工合同的意思表示真实，内容合法，合同有效。因为天津某房地产开发公司迟延付款违约在先，故本案例的争议焦点归结为发包人违约的合同解除后价款的结算与支付问题以及违约方即某房地产开发公司如何承担违约责任问题。具体涉及两个问题：

① 建筑公司主张违约金的诉求是否合理。

在本案例建设工程施工合同中，双方争执的重点是对违约金的具体数额法律无明确规定而合同又约定"依法支付违约金"。然而在建设工程上，由于违约的种类繁多，客观上为以法律方式制定违约金标准带来困难，因此建设工程合同违约金没有具体法律标准，但是这并不代表违约责任的消亡。

对建设工程违约金约定不明的处理，可参考《中华人民共和国合同法》第一百一十三条关于"当事人一方不履行合同义务或者履行合同义务不符合约定，给对方造成损失的，损失赔偿额应当相当于因违约所造成的损失，包括合同履行后可以获得的利益，但不得超过违反合同一方订立合同时预见到或者应当预见到的因违反合同可能造成的损失"之规定，其明确规定了不履行合同义务或者履行合同义务不符合约定给对方所造成的损失即违约损失，违约金数额一般以给损失方所造成的实际损失为限。在合同订立时难以对实际损失做出准确的预测，但也应综合考虑合同的标的额、替代交易的难度、合同相对人的商誉等相关情况，将违约金限定在合理的数额范围内。

② 建筑公司是否可以主张损失赔偿。

在本案中因发包人违约致使合同的解除，事实上给建筑单位造成了损失，其主张损失赔偿的诉求是可以支持的，但是建筑单位要求违约金以及损失赔偿的过程中，显然存在重复填补的不合理行为。如建筑公司要求房地产开发公司支付其因合同解除向材料供货商所承担的违约金之后，又要求房地产开发公司支付因合同解除后的订购建筑材料已付定金等损失，明显存在主张赔偿性违约金与违约损失的重复赔偿的行为。

案例总结：合同法第一百一十三条规定："当事人一方不履行合同义务或者履行合同义务不符合约定，给对方造成损失的，损失赔偿额应当相当于因违约所造成的损失，包括合同履行后可以获得的利益。"本案中，因发包人违约致使合同的解除，给承包人带来了可得利益的损失，但是具体的数额需要房地产开发公司与建筑公司共同协商，原则上不得超过房地产开发公司订立合同时预见到或者应当预见到的因违反合同可能造成的损失。

三、因不可抗力原因解除合同的价款结算

《建设工程工程量清单计价规范》（GB 50500—2013）规定，由于不可抗力解除合同的，发包人应向承包人支付合同解除之日前已完成工程但尚未支付的合同价款。此外，发包人还应支付下列金额：

1) 合同工程本身的损害，因工程损害导致第三方人员伤亡和财产损失及其费用增加。

2) 已实施或部分实施的措施项目应付价款。

3）承包人为合同工程合理订购且已交付的材料和工程设备货款。发包人一经支付此项货款，该材料和工程设备即成为发包人的财产。

4）承包人撤离现场所需的合理费用，包括员工遣送费和临时工程拆除、施工设备运离现场的费用。

5）承包人为完成合同工程而预期开支的任何合理费用，且该项费用未包括在本款其他各项支付之内。

发承包双方办理结算合同价款时，应扣除合同解除之日前发包人应向承包人收回的价款。当发包人应扣除的金额超过了应支付的金额，则承包人应在合同解除后的56天内将其差额退还给发包人。

四、合同解除的价款支付

合同解除的价款结算通常是指结算合同解除日以前所完成工作的价款。合同解除结算的支付方式有已完工程价法和未完工程价法两种。

（一）已完工程价法

采用已完工程价法结算时，难点在于措施项目费（开办费）等中的总价项目结算。

总价项目在进场前或退场后一次性发生，有的在施工期间发生；在施工期间发生的，有的和工程量相关，有的和时间相关。因此，合同解除结算时存在四种情况：

1）在进场前一次性发生的总价项目，比如临时设施搭设费，因合同解除前通常仅按已完工程量摊销，故合同解除后还应补偿未完工程对应的部分。

2）在退场后一次性发生的总价项目，因解除前未支付，解除后应一次性支付。

3）在施工期间发生的与时间相关的总价项目，比如模板租赁费，一般按已完工期比例结算。

4）在施工期间发生的与工程量相关的总价项目，一般按已完工程量比例计算。

（二）未完工程价法

以第三人完成的未完工程价为基础，然后用原合同价减去该未完工程价即得出已完工程价，可以称之为未完工程价法。这种支付方法主要适用于总价合同因发包人原因解除的情形。

通过这种方式，未完工程选聘第三人施工增加的成本就转嫁给了承包人，对发包人有利。承包人应注意这种方法的风险。

解除结算款一般在解除结算完毕即应全额支付，而无须扣留质保金。2007年版《标准施工招标文件》规定，合同因发包人违约解除的，解除后28天内应支付解除结算款；合同因承包人违约解除的，先确认价款、违约金、赔偿金后支付。

本章综合训练

基础训练

1. 某项工程业主与承包人签订了施工合同，合同中含有两个子项工程，估算工程量A项为2300m^3，B项为3200m^3，经协商综合单价A项为180元/m^3，B项为160元/m^3，承包合同规定：

1）开工前业主应向承包人支付合同价20%的预付款。

2）业主自第一个月起，从承包人的工程款中按5%的比例扣留保修金。

3) 当子项工程实际量超过估算工程量10%时,可进行调价,调整系数为0.9。
4) 根据市场情况规定价格调整系数平均按1.2计算。
5) 工程师签发月度付款最低金额为25万元。
6) 预付款在最后两个月扣除,每月扣50%。
7) 规费费率为3.32%,增值税税率为9%。

承包人每月实际完成并经工程师签证确认的工程量见表1。

表1 每月实际完成并经工程师签证确认的工程量 （单位：m³）

月 份	1	2	3	4
A	500	800	800	600
B	700	900	800	600

问题：

1) 工程预付款是多少？
2) 第1月、第2月、第3月、第4月分别应付给承包人的工程款是多少？

2. 某业主与承包人签订了某建筑安装工程项目总承包施工合同。承包范围包括土建工程和水、电、通风建筑设备安装工程,合同总价为4800万元。工期为2年,第1年已完成2600万元,第2年应完成2200万元。承包合同规定：

1) 业主应向承包人支付当年合同价25%的工程预付款。
2) 工程预付款应从未施工工程中所需的主要材料及构配件价值相当于工程预付款时起扣,每月以抵充工程款的方式陆续扣留,竣工前全部扣清；主要材料及设备费比重按62.5%考虑。
3) 工程质量保证金为承包合同总价的3%,经双方协商,业主从每月承包人的工程款中按3%的比例扣留。在缺陷责任期满后,工程质量保证金及其利息扣除已支出费用后的剩余部分退还给承包人。
4) 业主按实际完成建安工作量每月向承包人支付工程款,但当承包人每月实际完成的建安工作量少于计划完成建安工作量的10%以上（含10%）时,业主可按5%的比例扣留工程款,在工程竣工结算时将扣留工程款退还给承包人。
5) 除设计变更和其他不可抗力因素外,合同价格不做调整。
6) 由业主直接提供的材料和设备在发生当月的工程款中扣回其费用。

经业主的工程师代表签认的承包人在第2年各月计划和实际完成的建安工作量以及业主直接提供的材料、设备价值见工程结算数据表（见表2）。

表2 工程结算数据表

月 份	1~6	7	8	9	10	11	12
计划完成建安工作量/m³	1100	200	200	200	190	190	120
实际完成建安工作量/m³	1110	180	210	205	195	180	120
业主直接提供材料、设备价值（万元）	90.56	35.5	24.4	10.5	21	10.5	5.5

问题：

1) 估算合同总价为多少？
2) 工程预付款为多少？工程预付款从哪个月起扣留？每月应扣工程预付款为多少？
3) 每月工程量价款为多少？业主应支付给承包人的工程款为多少？

能力拓展

一、案例分析

【案例背景】 某市政工程，招标文件中的措施项目清单中混凝土模板项目单位为项、工程量为1（即总价包干）。投标时投标人在投标文件中给予招标人措施费优惠，只计入部分混凝土模板，如投标人在投标文件中未计混凝土立柱模板。但是，在施工过程中发生了变更，混凝土立柱工程量较施工图增加了30%，同时，在施工过程中，承包人发现招标文件的工程量清单中立柱混凝土量计算错误，少计算30%立柱混凝土量。

【案例问题】
1）立柱增加部分（30%）的模板费用发包人是否应给予支付？
2）发包人对于少计算的30%的立柱混凝土的模板费用是否应予支付？

二、计算题

某工程通过工程量清单招标确定某承包人为中标人。甲乙双方签订的承包合同包括的分项工程清单工程量和投标综合单价以及所需劳动量（45元/综合工日）见分项工程计价数据表（表3）。工期为5个月。有关合同价款的条款如下：

表3 分项工程计价数据表

分项工程	A	B	C	D	E	F	G	H	I	J	K	合计
清单工程量/m²	150	180	300	180	240	135	225	200	225	180	360	—
综合单价（元/m²）	180	160	150	240	200	220	200	240	160	170	200	—
分项工程项目费用（万元）	2.70	2.88	4.50	4.32	4.80	2.97	4.50	4.80	3.60	3.06	7.20	45.33
劳动量（综合工日）	80	180	200	210	240	210	180	120	280	150	150	2000

1）采用单价合同。分项工程项目和措施项目的管理费均按人工、材料、机械费之和的12%计算，利润与风险均按人工、材料、机械费和管理费之和的7%计算；暂列金额为5.7万元；规费费率为3.34%，税金率为3.45%。

2）措施项目费为8万元，在工期内前4个月与进度款同时平均拨付。

3）分项工程H的主要材料，总量为205m²，暂估价为60元/m²，当实际购买价格增减幅度在暂估价的±5%以内时，不予调整，超过时按实结算。

4）当每项分项工程的工程量增加（或减少）幅度超过清单工程量的10%时，调整综合单价，调整系数为0.9（或1.1）。

5）工程预付款为合同总价的20%，在开工前7天拨付，在第3、4两个月均匀扣回。

6）第1月至第4月末，对实际完成工程量进行计量，发包人支付承包人工程进度款的90%。

7）第5月末办理竣工结算，扣留工程实际总造价的3%作为工程质量保证金，其余工程款于竣工验收后30天内结清。

8）由于工程急于投入使用，合同约定工期不得拖延。如果出现因业主方的工程量增加或其他原因导致关键线路上的工作持续时间延长，承包人应在相应分项工程上采取赶工措施，业主方给予承包人赶工补偿800元/天，如因承包人原因造成工期拖延，每拖延工期1天罚款2000元。

9）其他未尽事宜，按《建设工程工程量清单计价规范》（GB 50500—2013）等相关文件规定执行。

在工程开工之前，承包人向总监理工程师提交了施工进度计划（见表4），该计划得到总监理工程师的批准。

表4 施工进度计划表

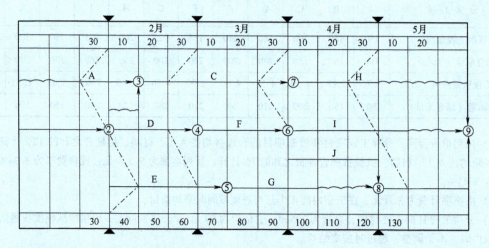

在施工过程中，于每月末检查核实的进度（见表5中的实际进度前锋线）。最后该工程在5月末如期竣工。

表5 施工实际进度检查记录表

根据核实的有关记录，有如下几项事件应该在工程进度款或结算款中予以考虑：

1) 第2个月现场签证的计日工费用2.8万元，该工作对工期无影响。
2) 分项工程H的主要材料购买价为65元/m²。
3) 分项工程J的实际工程量比清单工程量增加60m²。
4) 从第4个月起，当地造价主管部门规定，人工综合工日单价应上调为50元/综合工日。

问题：
1) 该工程的合同价为多少？工程预付款为多少？
2) 前4个月每月业主应支付给承包人的工程款为多少？
3) 第5个月末办理竣工结算，结算款为多少？

案例分析

【案例背景】

某单位办公楼工程全部由政府投资兴建。该工程由某市建筑设计院设计，为地上7层、地下1层（车库）的全框架结构，总建筑面积 12500m²。该工程按照《中华人民共和国招标投标法》的有关规定，实行公开招标，A 建筑公司为中标单位。A 建筑公司在收到建设方发出的中标通知书后的第 7 天，即与发包人签订施工合同。合同协议书中规定设计变更及增减工程量应按《建设工程工程量清单计价规范》（GB 50500—2013）中的相关规定调整综合单价，即已标价工程量清单中有适用于变更工程项目的，采用该项目的单价；已标价工程量清单中没有适用但有类似于变更工程项目的，可在合理范围内参照类似项目的单价；已标价工程量清单中没有适用也没有类似于变更工程项目的，由承包人根据变更工程资料、计量规则和计价办法、工程造价管理机构发布的信息价格和承包人报价浮动率提出变更工程项目的单价，报发包人确认后调整。

在该工程装修阶段，施工过程中在原设计图范围内增加了铺地砖工程的面积，双方就铺地砖的单价签署了一份补充协议，协议约定铺地砖按 50 元/m²（不包括主材）计算。而承包人的投标文件中并没有该地砖的单价；此时，该地砖的市场价格为 26 元/m²。发包人对 A 公司编制的竣工结算审查时，对地砖的价格按照补充协议中的 50 元/m² 单价计算提出质疑。

【矛盾焦点】

发包人将竣工结算报送财政评审中心时，财政评审中心认为施工过程中新增的工程项目在原设计图范围内，属工程变更。按照合同约定应按《建设工程工程量清单计价规范》（GB 50500—2013）中的相关规定调整综合单价。而本案例补充协议中铺地砖按 50 元/m² 的约定属双方协商结果，以双方协商结果作为新增工程的结算依据是不合理的。因此，财政部门决定应核减工程造价：铺地砖按 26 元/m²（不包括主材）计算，两单价相差 24 元，铺装面积 6000m²，审减 14.4 万元。

【问题分析】

首先，合同中已明确约定设计变更及增减工程量应按《建设工程工程量清单计价规范》（GB 50500—2013）中的相关规定调整综合单价，而本案例中出现了工程变更后双方没有根据合同对工程变更的规定来处理；其次，双方的补充协议中规定的铺地砖的价格远高于同期市场价格水平。因此，本案例中以补充协议中双方约定的地砖价格作为竣工结算的依据是不合理的。最终拨付给承包人的竣工结算款比提交的竣工结算报告中总额少 14.4 万元。

【案例总结】

承发包双方对竣工结算的编制与审核的重要依据为施工发包合同，专业分包合同，补充合同及有关材料、设备采购合同等。订立的合同是发包人与承包人双方协商约定的结果，双方对合同的内容均认可。然而《财政投资评审管理规定》规定，建设单位审查后的竣工结算还需要相关财政部门进行评价与审查。对竣工结算审查的依据是合同，然而财政评审中心不仅依据合同的内容进行审查，还需要审查合同内容制定的合理性与合法性，对于非法或不合理的合同协议，财政部门可拒绝拨付竣工结算款。

由此可见，竣工结算款的审查依据与支付依据是有差异的。发包人对竣工结算的审查依据为双方签订的合同，而发包人对竣工结算款的支付依据是经财政评审中心审查后的竣工结算款。两者的不同是财政资金规范、安全、有效运行的基本保证，防止发包人与承包人合谋，损害国家利益。

延展阅读

FIDIC《施工合同条件》下的合同价款结算与支付

（一）FIDIC《施工合同条件》合同价格[一]的形成与实现

FIDIC《施工合同条件》（以下简称"新红皮书"）中规定合同价格（Contract Price）应该按照第 12.3

[一] 为了区分合同价格与合同价款，FIDIC《施工合同条件》使用了"中标合同款额"（Accepted Contract Amount）与"合同价格"（Contract Price），前者是指承包商投标报价，经过评标和合同谈判之后而确定下来的业主接受的金额，这个金额实际上只是名义合同价格，对应于本书第六章中的"中标价"；后者指的是实际应付给承包商的最终工程款，是工程结束时的最终合同价格，与本书中工程全部完成后的"竣工结算价"含义一致。

款"估价"通过单价乘以实际完成工程量来确定，加上包干项，并按照合同规定进行调整。工程量表或其他数据表中列出的工程量只是估算工程量，由估算工程量形成的中标合同金额为"接受的合同金额"（Accepted Contract Amount）。在新红皮书中，合同价格的动态与实现如图1所示。

（二）预付款（Advance Payment）

1. 预付款的支付条件及时间

业主应向承包人支付一笔无息贷款用于工程启动，投标书附录中规定预付款的额度、支付次数、时间及货币品种和比例。

业主应在签发中标函后的42天内，或者在承包人提交了履约保证和预付款保函（保函由业主批准的国家的相应机构，按业主同意的格式开具）以及提交了预付款报表后的21天内，向承包人支付第一笔预付款。之后工程师应签发第一笔预付款证书。

承包人应保证预付款保函在归还全部预付款之前一直有效，但担保额度可随预付款的归还而减少。如在保函期满前28天仍未还清，则应延长保函有效期直到预付款全部还清为止。

2. 预付款的扣回

在新红皮书中，预付款的扣回可用以下公式[一]：

$$R = \frac{A(C-aS)}{(b-a)S}$$

式中 R——在每个期中支付证书中累计扣还的预付款总数；

A——预付款的总额度；

S——中标合同金额；

C——截至每个期中支付证书中累计签证的应付工程款总数，该款额的具体计算办法取决于合同的具体规定，C的取值范围为：$aS<C<bS$；

a——期中支付额度累计达到整个中标合同金额开始扣还预付款的百分数；

b——当期中支付款累计额度（同样该款额的具体计算办法取决于合同的具体规定）等于中标合同金额的一个百分数，到此百分数，预付款必须扣还完毕。

此公式的最大优点就是在确定了归还的条件后，准确地将每次应归还的预付款计算出，具有很大的操作性和实用价值[二]。

如果投标书附录中未规定预付款扣还方式，则可按以下规定扣还预付款：

1）开始扣还时间：当期中付款（不包含预付款和保留金的扣减与退还）超过中标合同金额与暂定金额之差的10%时。

2）扣还比例：按预付款的货币品种与比例，扣还每次月支付证书中金额（不包括预付款和保留金的扣减与退还）的25%，直到预付款还清为止。

如果在整个接收证书签发前，或由于业主提出的终止，或由于承包人提出的终止，或由不可抗力导致的终止，在终止之前，预付款尚未还清，则承包人应立即偿还剩余部分。

（三）期中支付（Interim Payment）

期中付款类似于我国的进度款，其性质为工程执行过程中根据承包人完成的工程量给予的临时付款。

1. 承包人提交报表

承包人应按工程师批准的格式在每个月末之后向工程师提交一式六份报表，详细说明承包人认为自己有权得到的款额，并附有证明文件，包括根据第4.21款"进度报告"规定的该月进度报告；月进度报告应包括下列内容（月进度报告的内容应按顺序列出，但可视情况增减有关内容，涉及的款额用应支付的各类相应货币表示）：

[一] 张水波，何伯森. FIDIC新版合同条件导读与解析 [M]. 北京：中国建筑工业出版社，2003.

[二] 关于预付款的进一步讨论，可参阅：何伯森. 国际工程合同与合同管理 [M]. 北京：中国建筑工业出版社，2010.

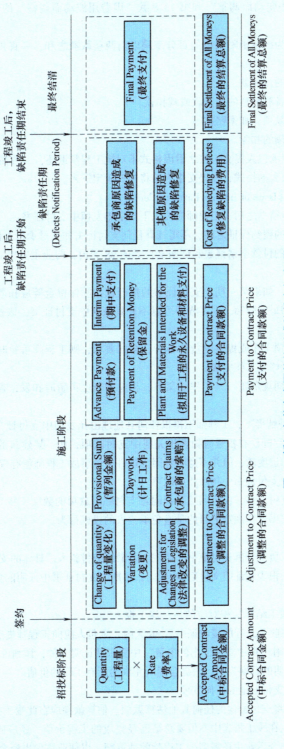

图 1 新红皮书中合同价格形成的动态与实现

资料来源：柯洪，崔智鹏，陈琛．总承包服务费确定问题研究[J]．建筑经济，2015，36（2）：80-83．

1) 截止该月底完成的工程价值以及编制的承包人文件的价值，包括变更款，但下面各项内容包括的则在本项中不再列出。

2) 因第13.7款"因立法变动而调整"和第13.8款"因费用波动而调整"的各类款项，根据情况，可以上调，也可以扣减。

3) 保留金的扣除，额度为投标函附录中的百分率乘以前两项款额之和，一直扣到投标函附录规定的保留金限额为止。

4) 支付的预付款或扣回的预付款。

5) 拟用于工程的永久设备和材料的预支款或减扣款。

6) 其他应追加或减扣的款项，如索赔款等。

7) 对以前支付证书中款额的扣除。

需要注意的是，为了避免承包人提交报表之后因格式不对被工程师退还，一般在第一次提交报表之前，可以提前与工程师一起商定报表的格式，在提交报表前将格式确定下来。

2. 期中支付证书的签发（Issue of Interim Payment Certificates）

在承包人提交期中支付申请书之后，工程师应按以下规定签发期中支付证书：

1) 业主收到承包人提交的履约保证之前，不得开具任何支付证书和支付承包人任何款额。

2) 工程师在收到承包人的付款申请报表和证明文件后的28天内，向业主发出期中支付证书，说明支付金额，并附详细说明。

3) 在接收证书签发以前，如果某一期中支付证书的数额在扣除保留金等应扣款项之后，其净值小于投标函附录中的期中支付证书最低限额，则工程师可以不开具该期中支付证书，该款额转至下月支付，同时应通知承包人。

4) 如果承包人实施的某项工作或提供的货物不符合合同要求，则工程师可暂时将相应的修复或重置费用从支付证书中扣除，直到修复工作完成。

5) 如果承包人没有按合同规定履行某工作或义务，相应款额也可暂时扣发，直至承包人履约该工作或义务。

6) 在除第4) 和5) 两种情形下，工程师不得以任何其他理由扣发期中支付证书。需要注意的是，在第4) 和5) 两种情形下，工程师仅有权暂时扣发相关期中支付款项，如：某建筑的混凝土块出现质量问题，工程师有权扣发该工作的进度款，但并不意味着因为这件质量事故工程师就有权扣发该月的支付证书，而是指工程师可以从相关期中支付证书中扣除相应款项。

工程师签发了一份期中支付证书，仅表明工程师同意支付临时款项的数额，并不表示他完全认可了承包人完成的工作质量。新红皮书这样规定的目的是避免承包人的投机行为。

3. 期中付款的支付

在新红皮书中，工程师只负责开具支付证书，业主才是最终的付款人。具体的支付程序及支付条件为：业主应在工程师收到承包人的报表和证明文件后56天内，将期中支付证书中证明的款额支付给承包人。

（四）竣工报表

新红皮书中与我国的"竣工结算"相对应的是"竣工报表"。

新红皮书规定，承包人在收到工程的接收证书后84天内，承包人应向工程师提交按其批准的格式编制的竣工报表（一式六份），并附"期中支付证书的申请"中要求的证明文件，详细说明：

1) 到工程的接收证书注明的日期为止，根据合同所完成的所有工作的价值。

2) 承包人认为应进一步支付给他的任何款项。

3) 承包人认为根据合同将支付给他的任何其他估算款额。估算款额应在此竣工报表中单独列出。

工程基本完工时，承包人在竣工报表中不但要总结已经完成的工程价值，还应向业主提出到期需要支付给承包人的款额，还应提出今后业主还需多少工程款的估算额，以便业主做出资金准备。

工程师应根据"期中支付证书的颁发"开具支付证书。

由此可见，新红皮书中的"竣工报表"强调竣工结算是合同管理的一个节点，注重合同管理中的历次计量支付过程。

（五）保留金（Retention Money）

新红皮书中规定的"保留金"相当于我国的"工程质量保证金"。保留金是业主在期中支付款中扣发的一种款额，实际上是一种现金保证，与履约保函的性质类似，目的是保证承包人在工程执行过程中恰当履约，否则业主可以动用这笔款项去做承包人本来应该做的工作，如缺陷通知期内承包人本应修复的工程缺陷。同时，如果在期中支付过程透支了工程款，业主可以从保留金中予以扣除。保留金与履约保函一起构成对承包人的约束。

1. 保留金的扣除

在期中支付款中已经扣除保留金，其额度为投标函附录中的百分率乘以该月底完成的工程价值以及编制的承包人文件的价值（包括变更款）与因立法变更、费用调整的款项之和（或者之差），一直扣到投标函附录规定的保留金限额为止。

需要注意的是，保留金的限额指的是中标合同款额的百分比，并不是最终的合同价格的百分比。

2. 保留金的支付

保留金的支付是分阶段的，新红皮书对于"保留金的支付"规定：

1）当已颁发工程接收证书时，工程师应确认将保留金的前一半支付给承包人。也即，退还金额＝保留金总额×50%。

如果签发的接收证书只是某一工程区段/部分，支付的保留金额为

$$第一次退还金额 = \frac{区段或部分工程的估算合同价值}{整个工程的估算的最终合同价格} \times 保留金总额 \times 40\%$$

在该区段的缺陷通知期到期后，应再次退还保留金：

$$第二次退还金额 = \frac{区段或部分工程的估算合同价值}{整个工程的估算的最终合同价格} \times 保留金总额 \times 40\%$$

2）在各缺陷通知期的最末一个期满日期后，工程师应迅速确认将保留金未付的余额付给承包人。

3）若承包人仍有某工作没有完成，工程师有权扣发相应的费用。

4）计算这些比例时，无须考虑新红皮书中的"因法律改变的调整"和"因成本改变的调整"中规定的任何调整。

从新红皮书中的规定可以看出，如果工程没有进行区段划分，则所有保留金分两次退还，签发接收证书后先退还一半，另一半在缺陷通知期结束后退还。

如果涉及工程区段部分，则分三次退还：区段接收证书签发之后返回40%，该区段缺陷通知期到期之后返回40%，剩余20%待最后的缺陷通知期结束后退还。

但如果某区段的缺陷通知期是最迟的一个，那么该区段保留金归还应为：接收证书签发后返回40%，缺陷通知期结束后返回60%。

若是颁发接收证书后发现工程缺陷，由于相关的那部分的工程款已经支付，因此，工程师可以从本应返回的保留金中，将该维修工作所需要的费用额度暂时扣发。

（六）最终付款

1. 承包人提交最终报表

在提交最终报表时，承包人应提交一份书面结清单，确认最终报表的总额为根据或参照合同应支付给他的所有款项的全部和最终的结算额。

承包人可在该结清单上注明，只有在全部未支付的余额得到支付且履约保证退还给承包人当日起，该结清单才能生效。

结清单生效意味着发承包双方合同关系的终止，最终付款时间节点示意图如图2所示。

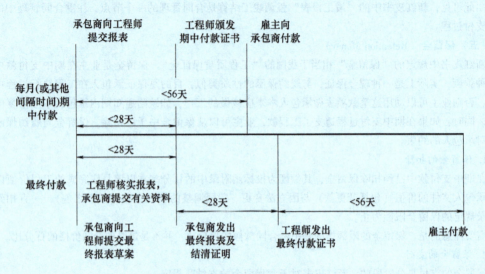

图 2　最终付款时间节点示意图

2. 最终报表的审核

新红皮书中最终付款程序如图 3 所示。

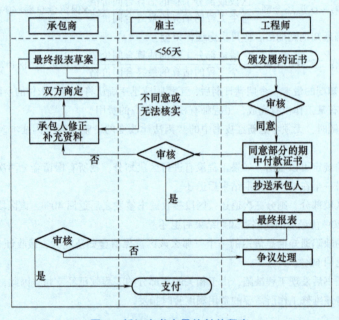

图 3　新红皮书中最终付款程序

3. 最终付款的费用计算

依据 FIDIC《施工合同条件》，承包人提交的最终报表中应该列明：根据合同所完成的所有工作的价值和承包人认为根据合同或其他规定应进一步支付给他的任何款项。

最终付款的费用计算包括以下四个部分：

（1）修补缺陷的费用　如果所有缺陷通知期内的，按照雇主或雇主代表"完成扫尾工作和修补缺陷"中所述工作的必要性是由下列原因引起的，其实施中的风险和费用应由承包人承担：

1）任何承包人负责的设计。

2）永久设备、材料或工艺不符合合同要求。

3）承包人未履行其任何其他义务。

如果此类工作归因于其他原因，雇主或雇主代表应迅速通知承包人，并应按"变更程序"中的规定处理。

（2）未能补救缺陷的费用　如果承包人未能在合理时间内修补任何缺陷或损害，雇主（或雇主代表）可确定一个日期，规定在该日或该日之前修补缺陷或损害，并且应就该日期向承包人发出通知。

如果承包人到该日期尚未修补好缺陷或损害，并且这些修补工作应由承包人自费进行，雇主可以：

1）以合理的方式由自己或他人进行此项工作，并由承包人承担费用，但承包人对此项工作将不再负责任；并且承包人向雇主支付由雇主修补缺陷或损害导致的合理费用。

2）要求工程师对合同价格的合理减少额做出商定或决定。

3）如果缺陷或损害使雇主实质上丧失了工程或工程的任何主要部分的整个利益时，终止整个合同或其有关不能按原定意图使用的该主要部分。雇主还应有权在不损害根据合同或其他规定所具有的任何其他权利的情况下，收回对工程或该部分工程的全部支出总额，加上融资费用和拆除工程、清理现场以及将生产设备和材料退还给承包人所支出的费用。

（3）清除有缺陷的部分工程的费用　若此类缺陷或损害不能在现场迅速修复，在雇主同意的前提下，承包人可将任何有缺陷或损害的永久设备移出现场进行修理。此类同意可要求承包人以该部分的重置成本、增加履约担保的金额，或提供其他适当的担保。

（4）业主延迟付款的利息　业主未能在上述规定的期限内对承包人进行支付，则承包人有权获得按投标书附录中注明的利率计算的利息。

相比于我国的合同管理支付，FIDIC《施工合同文件》中的最终结清范围还包含了未支付的施工阶段的工程价款。

推荐阅读材料

［1］国际咨询工程师联合会，中国工程咨询协会.施工合同条件［M］.北京：机械工业出版社，2002.

［2］国际咨询工程师联合会，中国工程咨询协会.设计采购施工（EPC）/交钥匙工程合同条件［M］.北京：机械工业出版社，2002.

［3］胡晓娟.工程结算［M］.重庆：重庆大学出版社，2015.

［4］尼尔 G 巴尼.FIDIC 系列工程合同范本：编制原理与应用指南［M］.张水波，王佳伟，仉乐，等译.北京：中国建筑工业出版社，2008.

［5］方春艳.工程结算与决算［M］.北京：中国电力出版社，2016.

［6］何伯森.国际工程合同与合同管理［M］.2 版.北京：中国建筑工业出版社，2010.

［7］杨明亮，丁红华，李英.建设工程项目全过程审计案例［M］.北京：中国时代经济出版社，2010.

［8］周和生.建设项目管理审计［M］.北京：化学工业出版社，2010.

二维码形式客观题

微信扫描二维码，可在线做题，提交后可查看答案。

第八章 客观题

参考文献

[1] 住房和城乡建设部标准定额研究所. 建设工程工程量清单计价规范：GB 50500—2013 [S]. 北京：中国计划出版社, 2013.

[2] 中国建设工程造价管理协会. 建设项目全过程造价咨询规程：CECA/GC 4—2009 [S]. 北京：中国计划出版社, 2009.

[3] 中国建设工程造价管理协会. 建设工程造价咨询规范：GB/T 51095—2015 [S]. 北京：中国建筑工业出版社, 2015.

[4] 全国造价工程师执业资格考试培训教材编审委员会. 建设工程计价 [M]. 北京：中国计划出版社, 2013.

[5] 规范编制组. 2013建设工程计价计量规范辅导 [M]. 北京：中国计划出版社, 2013.